Wagenbreth/Steiner   Geologische Streifzüge

Autoren:
Otfried Wagenbreth, Freiberg
Walter Steiner, Weimar

Geologische Streifzüge

Landschaft und Erdgeschichte
zwischen
Kap Arkona und Fichtelberg

4., unveränderte Auflage
Mit 70 Farbfotos, 12 Schwarzweißfotos
und 117 geologischen Blockbildern

Dem "Forscher an der Küste"
zum geologischen
Verständnis.

Mit unseren besten Wünschen

Gisela und Peter [illegible]

Deutscher Verlag
für Grundstoffindustrie, Leipzig

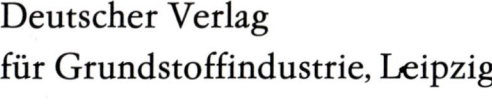

Annotation

Geologische Streifzüge: Landschaft und Erdgeschichte zwischen Kap Arkona und Fichtelberg / von Otfried Wagenbreth und Walter Steiner. – 4., unveränd. Aufl. – Leipzig : Dt. Verl. für Grundstoffind., 1990. – 204 S. : mit 70 Farbf., 12 Schwarzweißf. und 117 geolog. Blockbild.

NE : 2. Verf. :

Nach einführenden allgemeinverständlichen Bemerkungen über die Grundlagen der Geologie werden Bau und Bildungsgeschichte der Landschaften in der DDR dargestellt: das Tiefland im Norden, die Ostseeküste, das nördliche Harzvorland, der Harz, das östliche und südliche Harzvorland, das Thüringer Becken, der Thüringer Wald, das Thüringisch-Vogtländische Schiefergebirge, das Erzgebirge, das Erzgebirgische Becken, Nordwestsachsen, die Elbtalzone und die Lausitz. Ein Ausblick auf die mögliche geologische Entwicklung Europas sowie eine Betrachtung über die Landschaft Mitteleuropas in der Geschichte der Geologie schließen das Buch ab. Der Text wird durch zahlreiche geologische Blockbilder und Profilschnitte sowie zum großen Teil farbige Landschaftsfotos ergänzt.

Vorderer Vorsatz
Elbsandsteingebirge. Blick vom Kleinen Bärenstein nach Osten auf Lilienstein, Pfaffenstein und Königstein.

Hinterer Vorsatz
Typisches Landschaftsbild der »Mecklenburgischen Schweiz« bei Burg Schlitz. Es handelt sich um Endmoränen des Pommerschen Stadiums, die wenig jünger sind als die Pommersche Haupteisrandlage.

ISBN 3-342-00227-1

Vorwort

Mit dem vorliegenden Buch wollen wir allen denjenigen, die im täglichen Leben, in der Freizeit oder im Urlaub die Landschaften der Deutschen Demokratischen Republik interessiert und bewußt erleben, zeigen, was sich ihrem Auge im Untergrund verbirgt, wie es im Boden unter dieser Landschaft aussieht. Wir wollen betrachten, wie sich der geologische Untergrund in den Jahrmillionen der Erdgeschichte entwickelt hat und welche geologischen Prozesse ablaufen mußten, um die Landschaften zu der heutigen Form zu prägen.

Uns geht es nicht um eine allgemeine Darstellung von Erdgeschichte, Landschaftsform und Untergrund, sondern die »Geologischen Streifzüge« führen den Leser zu ganz konkreten Teilgebieten unserer heimatlichen Landschaft. Die Blockbilder stellen zum großen Teil Landschaften dar, die von bestimmten Standpunkten aus so überschaut werden können, wie sie das Buch in der Graphik zeigt. Andere Blockbilder führen ebenso konkrete Landschaften aus der Vogelperspektive vor. Doch wird es dem Leser leichtfallen, die dargestellten Formen auch beim Blick von der Erdoberfläche wiederzuerkennen. In jedem Fall findet er in den Blockbildern den Untergrund dargestellt, wie er sich zeigen würde, wenn man die Erdkruste aufschneiden könnte.

Da wir einem möglichst breiten Kreis naturwissenschaftlich interessierter Menschen diese geologischen Kenntnisse nahebringen wollen, haben wir bewußt auf eine allgemeinverständliche und besonders anschauliche Darlegungsart sowohl des Textes als auch der Bilder Wert gelegt. Zum besseren Verständnis der Zusammenhänge mußte vieles vereinfacht werden. Zahlreiche bekannte, aber für unsere Absicht unwesentliche Details – vor allem aus dem tieferen Untergrund – mußten unberücksichtigt bleiben. Aus gleichem Grunde haben wir auf die für die Arbeit der Fachgeologen standardisierten petrographischen und stratigraphischen Begriffe verzichtet und auch in dieser Hinsicht den Text bewußt allgemeinverständlich gehalten.

So war es auch nicht möglich, die Landschaften und den geologischen Bau unseres Landes allumfassend darzustellen. Wir mußten uns auf die geologisch interessantesten und dabei auch landschaftlich reizvollen Gebiete beschränken. Die Auswahl fiel uns stellenweise schwer. Gebiete, die nicht behandelt werden konnten, sind zum Beispiel die Ostseeküste zwischen Kühlungsborn und Warnemünde, die engere Umgebung von Magdeburg, das Gebiet Aschersleben – Nachterstedt, Kickelhahn und Manebach im Thüringer Wald, das obere Vogtland, der Granitkessel von Kirchberg südlich von Zwickau und zum Teil auch die Umgebung von Meißen.

Dem Anliegen des Buches entsprechend können die Blockbilder und Profile als die Kernpunkte der Darstellung betrachtet werden. Die Fotos sollen eine Brücke zur bekannten und vertrauten Landschaft schlagen.

Mancher Leser mag es als gewagt empfinden, daß wir in einem der Schlußabschnitte eine über Hunderte von Millionen Jahren reichende Prognose über die geologische Zukunft Europas geben. Wir sind uns der Unsicherheiten einer solchen Voraussage selbstverständlich voll bewußt, halten es aber vom Prinzip wissenschaftlicher Erkenntnis her für möglich und von der Sache her für reizvoll, die von den Geowissenschaften erkannten Gesetzmäßigkeiten der Erdgeschichte für eine solche Prognose zu nutzen.

Für zahlreiche wertvolle Hinweise und für die Hilfe bei der Beschaffung von Material danken wir den Herren Prof. Dr. H. BARTHEL, Dresden, Lichtbildner K. G. BEYER, Weimar, Dr. H. DOUFFET, Freiberg, Dr.-Ing. R. CIESIELSKI, Freiberg, Dr. L. EISSMANN, Leipzig, Dr. K. KERKMANN, Gotha, Dr. P. LANGE, Weimar, Dr. W. LORENZ, Freiberg, Dr. H. LUTZENS, Halberstadt, Dr. H. RAST, Leipzig, Prof. Dr. K. RUCHHOLZ, Greifswald, Dr. R. SCHUBERT, Lehesten, Prof. Dr. M. SCHWAB, Halle, Prof. Dr. G. SEIDEL, Weimar, Dipl.-Geol. H. F. STREICHAN, Rüdersdorf, Prof. Dr. R. VOGEL, Weimar, Dr. H. WALTHER, Dresden, Dr. H. WIEFEL, Jena. Besonderer Dank gebührt den Herren Prof. Dr. G. MÖBUS und Dr. H. PRESCHER für die Durchsicht und Begutachtung des Manuskripts, Herrn H. KUTSCHKE für die Anfertigung der Reinzeichnungen sowie dem Verlag für die vielfältigen Bemühungen um die Gestaltung und Herausgabe des Buches.

OTFRIED WAGENBRETH
WALTER STEINER

Inhaltsverzeichnis

9   Erdgeschichte, Landschaftsbild und Mensch

11 Gesteinsbildung, Gesteinsverformung und Gesteinszerstörung in der Erdgeschichte

11 Die Schichtfolge
12 Gesteinsverformung und Gebirgsbildung
19 Untergrund und Landschaftsform

21 Bau und Bildungsgeschichte der Landschaften in der DDR

21 Überblick über das Gesamtgebiet der DDR

23 Das Tiefland im Norden
    Überblick 23
    Von Anklam nach Dresden 30
    Die südlichsten Endmoränen 31
    Von Meißen bis Wittenberge 32
    Fläming und Elbtal 33
    Letzlinger Heide – Altmark 35
    Um Berlin und Rüdersdorf 36
    Warnowtal und Recknitztal bei Güstrow 37
    Werbellinsee und Joachimsthaler Endmoränenbogen 37
    Die Feldberger Seen 39
    Der Tollensesee bei Neubrandenburg 40

42 Die Ostseeküste
    Überblick 42
    Fischland, Darß und Zingst 43
    Die Insel Hiddensee 45
    Die Insel Rügen 48
    Die Insel Usedom 50

53 Der Flechtinger Höhenzug und das nördliche Harzvorland
    Überblick 53
    Die Flechtinger Scholle 54
    Der Staßfurt-Oscherslebener Salzsattel 57
    Hakel, Huy und Fallstein 58
    Halberstadt – Blankenburg 59
    Die Aufrichtungszone am Harznordrand 60

64 Der Harz
    Überblick 64
    Meisdorf – Mägdesprung 67
    Auerberg – Stolberg – Rottleberode 68
    Ilfeld – Netzkater 69
    Das Bodetal bei Thale 70
    Elbingerode – Rübeland 71
    Der Brocken und seine Umgebung 73

76 Das östliche und südliche Harzvorland
    Überblick 76
    Hettstedt – Eisleben – Sangerhausen 78
    Die Umgebung von Halle 79
    Das Geiseltal 81
    Goldene Aue – Kyffhäuser – Frankenhausen 82
    Wendelstein – Nebra – Karsdorf – Bad Kösen 83

85 Das Thüringer Becken
    Überblick 85
    Buntsandsteinhöhen und Muschelkalktäler 88
    Die Finnestörung 90
    Windleite, Hainleite und Bilzingsleben 92
    Ohmgebirge und Dün 93
    Hainich und Fahner Höhe 95
    Ettersberg und Ilmtalgraben bei Weimar 95
    Bad Berka – Kranichfeld – Blankenhain 96
    Dornburg – Jena – Kahla – Rudolstadt 97
    Saalfeld – Stadtilm – Arnstadt – Gotha 99

102 Thüringer Wald und Südthüringen
    Überblick 102
    Rings um den Thüringer Wald 104
    Von Ilmenau nach Elgersburg 105
    Um Tambach-Dietharz 106

Friedrichroda *108*
Ringberg, Wartberge und Hörselberge *109*
Eisenach – Wartburg *111*
Die Drachenschlucht *112*
Förtha – Ettenhausen – Merkers *113*
Die Nordrhön *114*
Immelborn – Bad Liebenstein *115*
Trusetal – Brotterode – Inselsberg *118*
Von Meiningen nach Suhl und Zella-Mehlis *118*

119 Das Thüringisch-Vogtländische Schiefergebirge
Überblick *119*
Das Schwarzatal *121*
Bad Blankenburg – Oberweißbach – Großbreitenbach *122*
Die Feengrotten bei Saalfeld *124*
Saalfeld – Ziegenrück – Lehesten *124*
Kamsdorf – Könitz – Pößneck *127*
Neustadt an der Orla – Schleiz – Zeulenroda *130*
Das Tal der Weißen Elster *130*
Rotliegendes und Zechstein bei Gera *132*

134 Das Erzgebirge
Überblick *134*
Freiberg – Mulda – Frauenstein *136*
Hammerunterwiesenthal *137*
Zöblitz – Ansprung *138*
Flöha – Plaue – Augustusburg *140*
Altenberg/Osterzgebirge *141*
Der historische Silberbergbau *142*
Die obererzgebirgischen Basaltberge *144*

146 Das Granulitgebirge und das Erzgebirgische Becken
Überblick *146*
Zwickau – Oelsnitz *148*
Die Höhen des Granulitgebirges *149*
Die Täler des Granulitgebirges *149*

150 Nordwestsachsen
Überblick *150*

Leipzig – Oschatz *151*
Beucha – Grimma – Rochlitz – Altenburg *153*
Das Braunkohlenrevier des Weißelsterbeckens südlich von Leipzig *156*

159 Die Elbtalzone
Überblick *159*
Rings um Meißen *161*
Tharandt – Freital – Dresden *161*
Das Elbsandsteingebirge *164*
Dippoldiswalde – Königstein – Hohnstein *166*

170 Ober- und Niederlausitz
Überblick *170*
Dresden – Bautzen – Görlitz *170*
Stolpen – Löbau – Landeskrone *174*
Das Zittauer Becken und das Zittauer Gebirge *174*
Das Niederlausitzer Braunkohlenrevier *177*

179 Der geologische Bau und die geologische Zukunft Europas

182 Die Landschaft Mitteleuropas in der Geschichte der Geologie

187 *Geologische Museen und Museen mit größeren geologischen Abteilungen*

190 *Quellen-, Literatur- und Bildquellenverzeichnis*

192 *Sachwörterverzeichnis*

195 *Ortsverzeichnis*

»Da nun seit so vielen Jahren Berg um Berg bestiegen, Fels um Fels beklettert und beklopft..., so hatte ich die Naturerscheinungen dieser Art teils selbst gezeichnet..., teils zeichnen lassen... Bei allem diesem schwebte mir immer ein Modell im Sinne, wodurch das anschaulicher zu machen wäre, wovon man sich in der Natur überzeugt hatte. Es sollte auf der Oberfläche eine Landschaft vorstellen, die aus dem flachen Lande bis an das höchste Gebirge sich erhob. Hatte man die Durchschnittsteile auseinander gerückt, so zeigte sich an den innern Profilen das Fallen, Streichen und was sonst verlangt werden möchte.«

JOHANN WOLFGANG V. GOETHE (1749–1832)
Gedanken zur Konstruktion eines geologischen Blockbildes (in den Tag- und Jahresheften 1807, Weimarer Ausgabe, I. Abt. Bd. 36, S. 7)

Erdgeschichte, Landschaftsbild und Mensch

Nicht nur dem Geowissenschaftler, sondern den meisten Menschen ist bekannt, daß die Erde einige Milliarden Jahre alt ist und eine Geschichte hat. Im Alltag aber empfinden wir die Landschaft als etwas dem Menschen von der Natur Vorgegebenes, das allenfalls vom Menschen verändert wird. Berge und Täler sind offenbar so unveränderlich, daß ältere Landkarten – sofern sie genau genug gezeichnet sind – auch heute noch gelten und künftig benutzbar bleiben. Seit über tausend Jahren ist den Bewohnern Mitteleuropas z. B. der Thüringer Wald als Gebirge und der Raum Leipzig – Bitterfeld als Tiefebene bekannt und im Bewußtsein. Die Felsen im Thüringer Wald und im Harz haben heute noch dieselben Formen, wie sie vor rund 200 Jahren GOETHE gezeichnet hat. Auch das flache Land, die Hügel und Täler haben sich kaum verändert. Diesen Widerspruch zwischen der Erkenntnis, daß die Erde eine Geschichte hat, die Landschaft also etwas Gewordenes ist, und der menschlichen Erfahrung, daß wir sie als etwas jeder Generation unverändert Vorgegebenes betrachten, lösen wir gewöhnlich mit dem Hinweis auf die geringe Geschwindigkeit geologischer Vorgänge. Was in einem Jahr oder in einem Jahrzehnt eine nur unscheinbare Veränderung der Landschaft bewirkt, kann sie im Laufe von Jahrmillionen, also in der millionenfachen Zeit, doch deutlich verwandeln. Jedes Lehrbuch der Geologie gibt darüber Auskunft, daß wir uns anstelle eines heutigen Gebirges einst ein Meer und anstelle eines Flachlandes ein Gebirge vorstellen müssen und wann (vor wieviel Millionen Jahren) das war. Der Geologe nennt uns auch den Beleg für seine Behauptung: die beispielsweise in einem Steinbruch erhaltenen und der Beobachtung zugänglichen Ablagerungen aus jener Zeit, die er mit Hilfe der im Gestein enthaltenen Versteinerungen, z. B. Muscheln, Ammonshörner, Seelilien, Korallen u. a., als Meeresablagerungen deuten kann und deren Alter sich direkt oder indirekt mit modernen physikalischen Untersuchungen hinreichend genau bestimmen läßt.

Die genannte Aussage des Geologen reicht aber für das erdgeschichtliche Verständnis in zweifacher Hinsicht nicht aus. Erstens sagt sie nicht, warum und auf welche Weise, mit welchen Zwischenstufen aus jenem Meer in erdgeschichtlicher Vergangenheit unsere heutige Landschaft geworden ist, und zweitens gewinnt man aus ihr kein Verständnis für die Ursache und die Entstehung der Details, von denen die Landschaft heute geprägt wird. Dazu gehört eine komplexere Betrachtungsweise. Als erstes müssen wir feststellen, welche Gesteine den Untergrund einer Landschaft bilden, wie diese Gesteine gelagert sind und wie die Verwitterungsfestigkeit der Gesteine und ihre Lagerungsverhältnisse die Einzelheiten der Landschaftsformen ursächlich bestimmen. Wenn wir dann die Entstehung des Gesteins in geologischer Vergangenheit sowie seine Veränderungen und teilweise Zerstörung in den folgenden Zeitabschnitten der Erdgeschichte analysieren, dann überschauen wir den Werdegang der Landschaft bis zu ihrem gegenwärtigen Aussehen. Dann ist uns auch die Landschaft unserer täglichen Umgebung nicht etwas ewig Gleichbleibendes, sondern wir können sie – trotz der schwer vorstellbaren Zeiträume der Jahrmillionen – als etwas Gewordenes und sich Veränderndes empfinden.

Übrigens überschreiten nicht alle erdgeschichtlichen Vorgänge die einem Menschen überschaubaren Zeiträume. Es gibt geologische Veränderungen der Landschaft, die in kurzer Zeit vor sich gehen und die – finden sie heute und in bewohntem Gebiet statt – katastrophale Folgen haben können. Es sind dies z. B. stärkere Erdbeben und Vulkanausbrüche, die den Bewohnern Mitteleuropas allerdings glücklicherweise meist nur durch Presse, Rundfunk und Fernsehen aus anderen Ländern bekannt werden. Die Menschen in Jugoslawien, der Türkei oder Japan kennen Erdbeben – Erschütterungen und Verschiebungen der Erdkruste – aus eigenem Erleben. In Island ändert sich oft in wenigen Tagen das Landschaftsbild durch Aufschüttung vulkanischer Massen. In Italien müssen die Einwohner um Ätna und Vesuv mit Vulkaneruptionen rechnen, die ihre Existenz gefährden, aber auch das Landschaftsbild verändern. Vom Vesuv ist zeichnerisch festgehalten worden, wie er seine Gestalt von Jahrhundert zu Jahrhundert geändert hat.

Aber auch im Gebiet unserer Republik gibt es an einigen Stellen plötzliche Veränderungen des Landschaftsbildes, wenn auch nur selten mit katastrophalen Folgen und meist nur mit kleinen lokalen Änderungen des Geländes. An einigen Stellen unserer Ostseeküste reißen Sturmfluten Teile der Steilküste ab. Das Meer vergrößert sich auf Kosten des

Festlandes. Die einzelne Sturmflut verlegt die Küste nur um wenige Dezimeter bis Meter; aber an den heute vor der Küste im Wasser erkennbaren Überresten der vor etwa 100 Jahren gebauten Buhnen und an einem heute in der Ostsee liegenden Überrest einer alten Kirche von Hiddensee können wir direkt ablesen, wie sich seitdem die Wirkungen der einzelnen Sturmfluten summiert haben und wie sich in dieser historisch ziemlich kurzen Zeit das Landschaftsbild verändert hat.

Auch im Binnenland gibt es ähnliche plötzliche Veränderungen. Wo Salz im Untergrund liegt und vom Grundwasser aufgelöst wird, bricht das Gestein darüber nach, und die Landoberfläche senkt sich. So können vor unseren Augen Teiche und Seen in der Landschaft entstehen.

In industriell hochentwickelten Ländern sind allerdings an vielen Stellen die vom Menschen verursachten Veränderungen des Landschaftsbildes größer als die naturbedingten. Durch die Landwirtschaft wird zwar überall die Feldeinteilung, nur an wenigen Stellen aber die eigentliche Landschaftsform umgestaltet; aber schon durch den Wasserbau entstehen mit Flußregulierungen und Flußverlegungen in den Talauen neue Landschaftsbilder. Der Bergbau schafft mit Halden, Pingen und Restlöchern neue Landschaftsformen, die das Relief einer Landschaft oft intensiver machen, als es vorher gewesen ist. Da der Bergbau schon mit der Lage der Gruben und mit ihrer Erstreckung die Form und Lage der nutzbaren Gesteinskörper widerspiegelt, kann man an Halden, Pingen und Restlöchern oft auch Einzelheiten der Erdgeschichte ablesen. Wechselbeziehungen zwischen Erdgeschichte, Landschaftsbild und Bergbau werden in den folgenden Abschnitten von vielen Orten der DDR beschrieben.

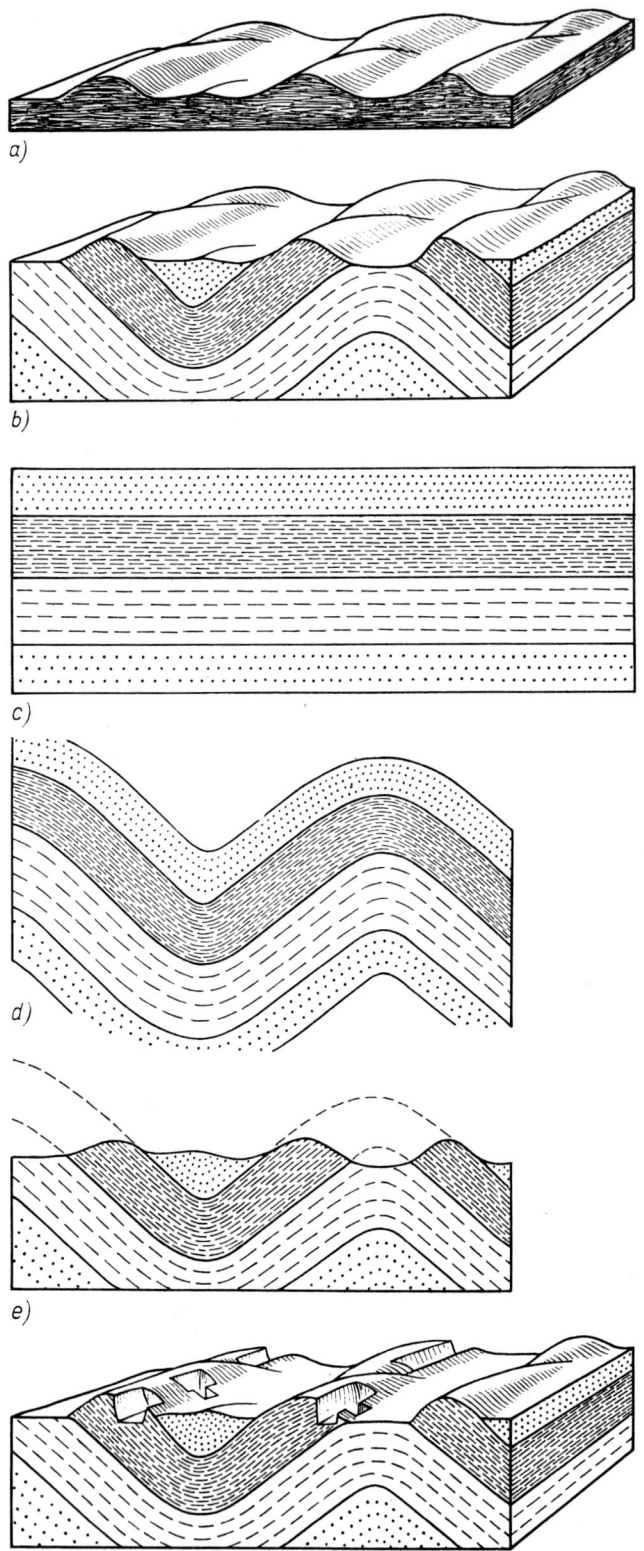

Landschaft, Untergrund und Erdgeschichte

a) die Landschaft
b) die Landschaft in Abhängigkeit vom Gestein des Untergrundes
c) die Schichten nach ihrer Ablagerung
d) nach ihrer Verformung
e) nach ihrer Abtragung zur heutigen Landschaft
f) Steinbrüche dort, wo die nutzbare Schicht zutage tritt

Gesteinsbildung, Gesteinsverformung und Gesteinszerstörung in der Erdgeschichte

Gesteinsbildung, Gesteinsverformung und Gesteinszerstörung sind Vorgänge an der Erdoberfläche und in der Erdkruste, die man eigentlich nicht getrennt betrachten darf. Bei einer Sturmflut wird das Gestein der Steilküste zerstört. Es rutscht in die Brandung, wird dort zerkleinert und je nach Korngröße an der Küste oder draußen im Meer in Schichten abgelagert, die – wenn sie vorher nicht wieder zerstört werden – in Tausenden und Millionen Jahren als Gesteine vorliegen. Wie diese beschaffen sind, hängt mit von der Art des Gesteins ab, das das Material dazu geliefert hat.

Oft werden die auf dem Meeresboden waagerecht abgelagerten Schichten gefaltet. Später steigen Bereiche des Gesteins über den Meeresspiegel empor. Sobald aber diese Bereiche als Inseln auf der Landkarte erscheinen, setzt die Abtragung ein. Gestein wird zerstört, und ehe die Faltung vollendet ist, sind die oberen Faltenteile bereits abgetragen. Zum besseren Verständnis müssen die Vorgänge jedoch isoliert und abstrakt betrachtet werden.

Die Schichtfolge

An vielen Felswänden, z. B. im Elbsandsteingebirge, im Buntsandstein des Unstruttales bei Nebra und im Muschelkalk von Jena – Dornburg – Rudelsburg, beobachten wir das Gestein in Form übereinanderliegender waagerechter Schichten. Von diesen sind die unteren die älteren, die oberen die jüngeren. Von unten nach oben ergibt sich daraus die Altersfolge der Schichten.

Jede Schichtfuge war einst Erdoberfläche (Landoberfläche oder Meeresboden), und zwar nachdem die Schicht darunter abgelagert worden war und bis die nächsthöhere Schicht sedimentiert wurde. In Form der Schichtfugen sind uns also unzählig viele Erdoberflächen erhalten, die alle einst Leben trugen und auf denen uns die Überreste des Lebens konserviert heute zur Verfügung stehen, um daraus die Entwicklung der Lebewelt abzuleiten. Die Art der Einbettung der Versteinerungen läßt oft die Entscheidung der Frage zu, ob die Schichtfläche einst Landoberfläche oder Meeresboden war.

Aus der Beschaffenheit des Gesteins und aus den darin enthaltenen Versteinerungen kann man schließen, in welchem Landschaftstyp das Gestein in geologischer Vergangenheit gebildet worden ist. In flachen Meeren oder in festländischen Wasserbecken haben sich Kalksteine, Tone und Schiefertone, viele Sandsteine und eine Reihe von Konglomeraten (verfestigter Kies) gebildet. Muscheln, Ammonshörner, Korallen und Reste anderer Meeresbewohner bezeugen das Meer als Bildungsraum. Holzreste und Blattabdrücke sind vom Festland eingeschwemmt, weisen also meist auf die Nähe der Uferregion.

Kalkstein hat sich in Form des Travertins auch auf dem Festland gebildet, und zwar als Niederschlag aus kalkhaltigen Quellen. Kies, Sand und Ton kennen wir alle als Ablagerungen unserer Flüsse. Auch in geologischer Vergangenheit haben die Flüsse die gleichen Gesteine sedimentiert. Stammen diese Ablagerungen aus den älteren Perioden der Erdgeschichte, dann sind sie oft zu festen Gesteinen verkittet. Aus Kies wurde Konglomerat, aus Sand der Sandstein und aus Ton der Schieferton. Sand und Sandstein kann bei entsprechenden Anzeichen aber auch als Dünenbildung oder Wüstensediment betrachtet werden. Die bisher genannten Gesteine können also in verschiedenem Landschaftsmilieu entstanden sein.

Eindeutig im Meer entstanden sind dagegen mächtige Schichten von Gips und Anhydrit, Steinsalz und Kalisalze; die Kohlengesteine (Torf, Braunkohle, Steinkohle) bildeten sich in Mooren und Sümpfen, Geschiebelehm und Geschiebemergel sind Ablagerungen des eiszeitlichen Eises, und der Löß ist eiszeitlicher Steppenstaub.

Um die von den Schichten repräsentierte zeitliche Abfolge der Gesteine in eine zeitliche Abfolge der Landschaftsbilder umzudeuten, muß man die Ausdeutung der Gesteine in der von diesen bestimmten Altersfolge aneinanderreihen.

Um nun die gesamte Erdgeschichte auf diese Weise skizzieren zu können, muß man die an verschiedenen Orten beobachtbaren Teilschichtenfolgen zu einer altersmäßig geordneten Gesamtschichtenfolge ordnen. Das haben die Geologen getan und dabei jeweils zusammengehörende Schichtgruppen mit Namen bezeichnet, die nun die betreffende Periode der Erdgeschichte kennzeichnen. Diese

Namen sind ziemlich willkürlich nach typischen Gesteinen oder nach besonderen Vorkommen der Schichten gewählt oder spiegeln frühere Vorstellungen wider (z. B. Kreide = Zeit des Gesteins Kreide, Devon nach der englischen Landschaft Devonshire). In diese Perioden werden alle gleich alten Gesteine eingeordnet, auch wenn sie in verschiedenem Landschaftsmilieu entstanden sind. Die Perioden der Erdgeschichte und ihre wichtigsten Abteilungen dienen in den folgenden Abschnitten der erdgeschichtlichen Kennzeichnung der landschaftsformenden Gesteine. Für diese Fragen sind die aus dem radioaktiven Zerfall von Elementen ableitbaren absoluten Altersangaben nur von untergeordneter Bedeutung.

Gesteinsverformung und Gebirgsbildung

Schon das Übereinander von einigen tausend Metern Sedimentgestein zwingt zu dem Schluß, daß sich die Erdkruste bewegt. Wenn wir – wie es tatsächlich der Fall ist – etliche hundert bis tausend Meter mächtige Gesteine übereinander finden, die als Sedimente in einem Flachmeer zu deuten sind, dann müssen wir annehmen, daß die Erdkruste langsam und stetig eingesunken ist und Sedimente in einer Mächtigkeit abgelagert wurden, die der Senkung entsprach. So konnte trotz der Senkung der Erdkruste das Flachmeer als solches lange Zeit bestehenbleiben.

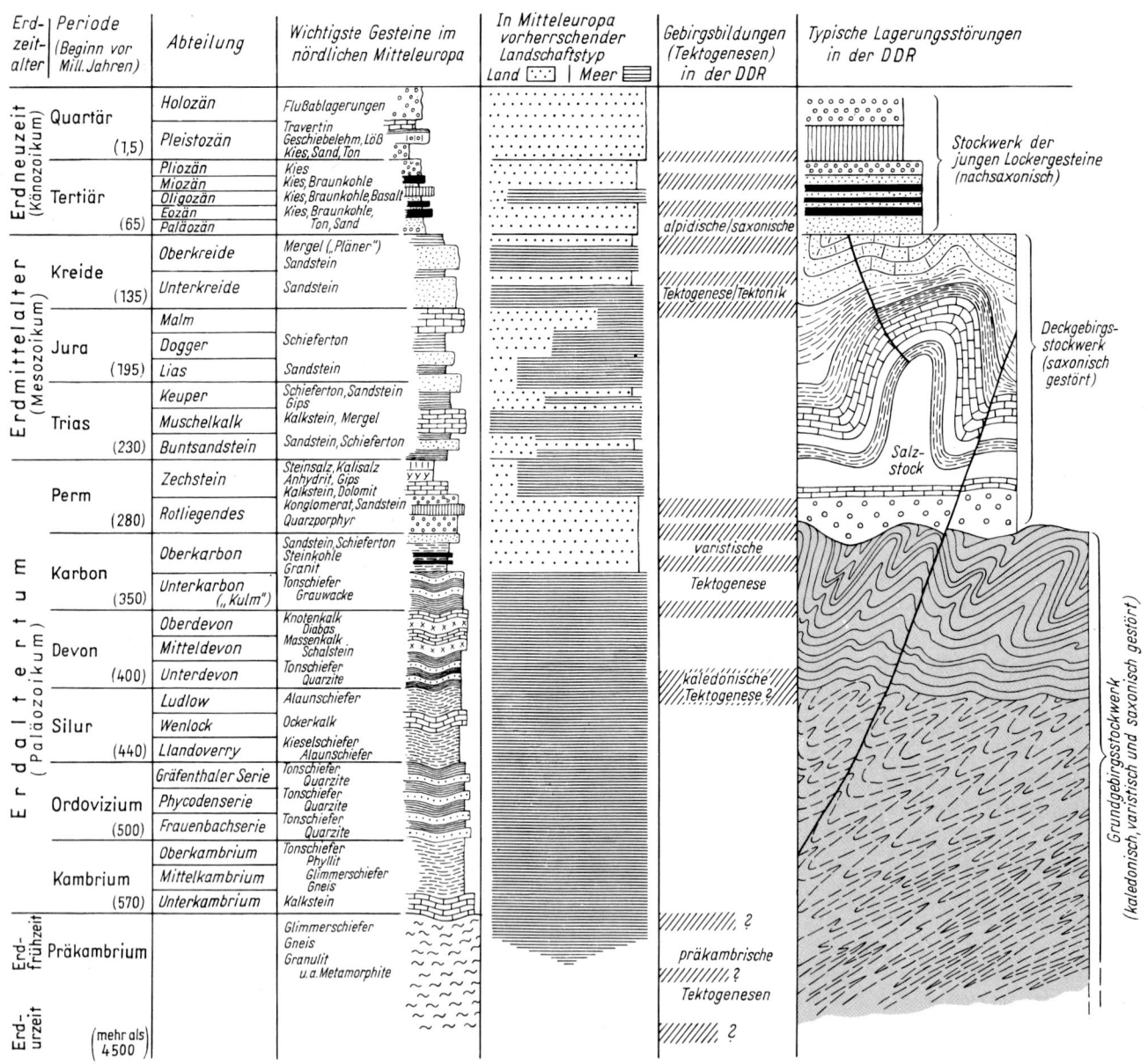

Die Perioden der Erdgeschichte und die wichtigsten Gesteine (zum Teil stark vereinfacht dargestellt)

Horizontale Schichtflächen bestimmen die Bankung im Buntsandstein des Unstruttales oberhalb Nebra

Wo Senkung und Sedimentation nicht einander entsprachen, mußte sich das Landschaftsbild ändern. Senkte sich das küstennahe Flachland (um zehntel Millimeter je Jahr), dann drang das Meer vor. Hob sich die Erdkruste im Bereich eines Flachmeeres, dann wich das Meer zurück, und neues Festland stieg aus ihm empor. Für beides gibt es in der Erdgeschichte der DDR deutliche Beispiele. In den ersten Millionen Jahren des Tertiärs kippten Bereiche Mitteleuropas so nach Nordwesten ein, daß die Nordsee bis in den Raum Böhlen – Borna vordrang. Der Bereich des Erzgebirges hob sich dagegen zu dem jetzigen Mittelgebirge heraus.

Vor der Meeresküste entwickelten sich Sümpfe und Moore, denen unsere Braunkohlenflöze entstammen. Hebungen der Erdkruste ließen schließlich das Meer wieder bis in den Bereich der heutigen Nordsee zurückweichen.

Hebungen der Erdkruste sind überhaupt die Ursache dafür, daß wir heute auf dem Festland Meeressedimente finden, wie z. B. den Muschelkalk aus dem Meer der Mittleren Trias in Thüringen.

Bei den bisher genannten Hebungen und Senkungen der Erdkruste wird deren innere Struktur nicht unbedingt verändert, d. h., die gehobenen Meeresschichten liegen auf dem Festland ebenso ebenflächig (wenn auch schwach geneigt) wie einst unter dem Meeresspiegel. Es gibt aber auch Verformungen der Erdkruste, bei denen die Gesteine in völlig andere Lagerungsverhältnisse umgeformt werden. Das ist z. B. bei der Bildung von Faltengebirgen der Fall. Hierzu sammeln sich über Dutzende von Millionen Jahren in einem großen Senkungsgebiet, einer Geosynklinale, einige tausend Meter Sediment an, meist Flachmeerablagerungen, die dann in mehreren Faltungsakten durch seitlichen Druck

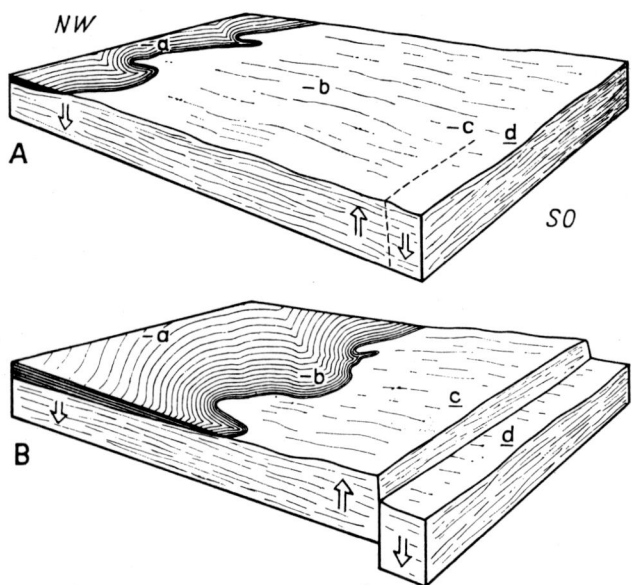

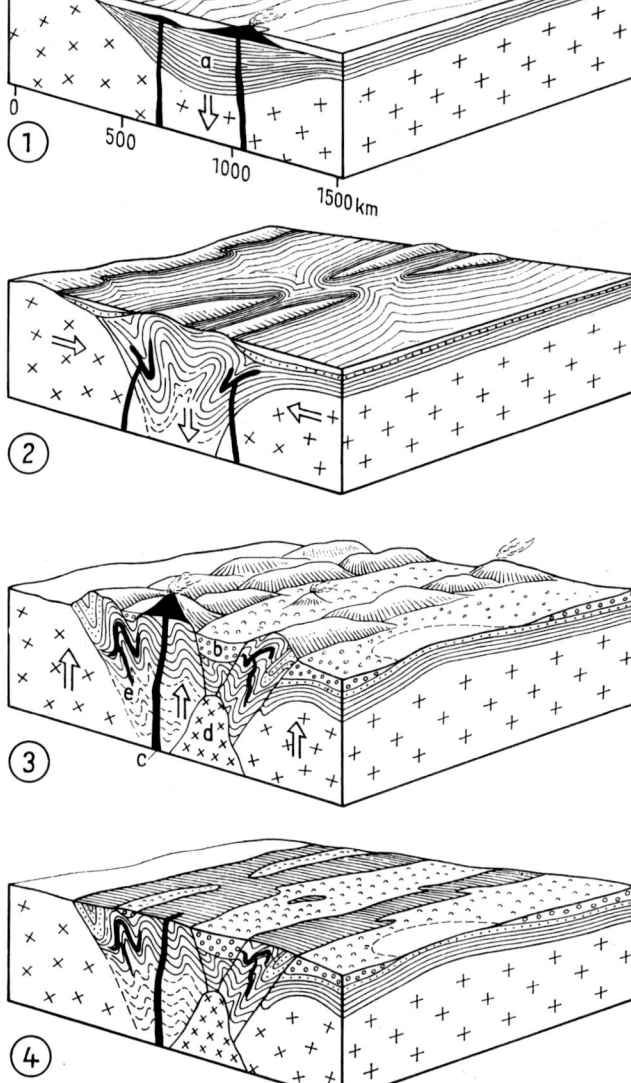

Schollenkippungen und der tertiäre Meeresvorstoß im Raum Leipzig
A das Gebiet Mitteleuropas zu Beginn des Tertiärs; *a* Hamburg, *b* Leipzig, *c* Annaberg/Erzgebirge, *d* Most/ČSSR; *B* dasselbe Gebiet im Oligozän; Meer nach SO vorgedrungen, Erzgebirge gehoben, Ohřetalgraben gesenkt

in mehr oder weniger enge Falten zusammengepreßt werden. Dabei können ganze Schichtpakete älteren Gesteins auch über jüngere Schichten geschoben werden. Solche Falten treten in ganz verschiedenen Größenordnungen auf. Es gibt welche von zehn und mehr Kilometern Breite, die man nur anhand der Gesteinsverteilung feststellen kann, und andere, die man in einem Steinbruch oder an Felsen im ganzen überschaut, und noch kleinere, die nur wenige Zentimeter bis Dezimeter groß sind.

Die Faltungsvorgänge verliefen für menschliche Maßstäbe langsam und stetig, so daß der Zusammenhang der Schichten im wesentlichen gewahrt blieb. Da die Faltung meist unter der Erdoberfläche in Meeresgebieten stattfand, entstand dabei nicht sogleich ein Gebirge. Dazu mußte sich das Gebiet als Ganzes heben. Das geschah, indem der durch die Faltung versteifte Erdkrustenteil zerbrach und sich die Schollen gegenseitig verschoben. An solchen Verwerfungen stiegen manche Schollen stärker empor, andere sanken später wieder ein.

Sobald die Falten bzw. die Schollen aus dem Meer auftauchten, setzte die Abtragung ein. Der Verwitterungsschutt wurde unmittelbar in der Nachbarschaft in den tiefer gebliebenen Bereichen zu neuen Gesteinsschichten sedimentiert. Wie hoch das Gebirge schließlich den Meeresspiegel überragte, war weniger von der Intensität der Faltung als vielmehr von dem Verhältnis zwischen Aufstieg und Abtragung abhängig. Hob sich die Erdkruste so schnell, daß die Abtragung nicht folgen konnte, dann erreichte das Gebirge beachtliche Höhen. (Beim Himalaja hat

Werden und Vergehen eines Faltengebirges
① Geosynklinale *a*, mit untermeerischem Vulkanismus
② die Faltung der Geosynklinalsedimente durch seitlichen Druck
③ der Aufstieg des Gebirges, die Zerteilung in einzelne Schollen zwischen Verwerfungen, die Sedimentation von Abtragungsschutt *b*, Vulkanismus *c* und Tiefengesteine *d* sowie Bereiche der Metamorphose *e*
④ die Gesteinsverteilung auf der fast ebenen Erdoberfläche nach Abtragung des Gebirges

man gegenwärtig Hebungsbeträge von einigen Dezimetern pro Jahr festgestellt!)

Im Laufe der Erdgeschichte klingt aber jede Hebung einmal aus, und nach Jahrmillionen, nachdem die Abtragung weitergewirkt hat, ist das Gebirge wieder restlos eingeebnet, also in der Landschaft wieder zur Ebene geworden.

Gefaltete altpaläozoische Schichtfolgen bauen das Thüringische Schiefergebirge auf. Sattel in unterkarbonischen Kulmtonschiefern und -grauwacken bei Ziegenrück

Nur der Geologe kann aus der im Untergrund verborgenen Gebirgswurzel das einstige Gebirge gedanklich rekonstruieren, ebenso wie der Zahnarzt aus einer Zahnwurzel auf Art, Aussehen und Struktur eines abgebrochenen Zahnes schließen kann.

Für die Rekonstruktion eines Gebirges sind einige Begleiterscheinungen der Gebirgsbildung wichtig. So ist der Vulkanismus mit den Stadien des geotektonischen Zyklus ursächlich verbunden. Im Geosynklinalstadium finden untermeerische Vulkanausbrüche statt, deren Produkte – flachgestreckte, bis mehrere Dekameter mächtige Lager von dunklem, eisenreichem Diabas – den im Meer abgelagerten Gesteinsschichten zwischengeschaltet sind. Im Faltungsstadium und im Stadium des Aufstiegs im ganzen drang ebenfalls schmelzflüssiges Magma teils intrusiv, teils durch Aufnahme von Nebengesteinsmassen empor. Teils blieb es in der Erdkruste stecken und bildete dann kleinere und größere Granitkörper, teils brach es – Vulkane bildend – bis zur Erdoberfläche durch und erstarrte in Form von Lavagesteinen (Quarzporphyr, Porphyrit) oder als vulkanische Asche (z. B. Porphyrtuff). Nach Abtragung des Gebirges förderten neue Vulkane wieder dunkle, rela-

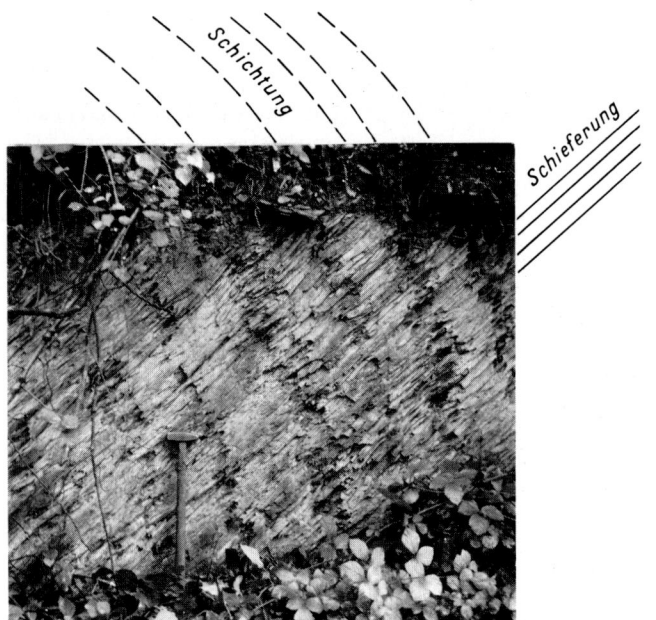

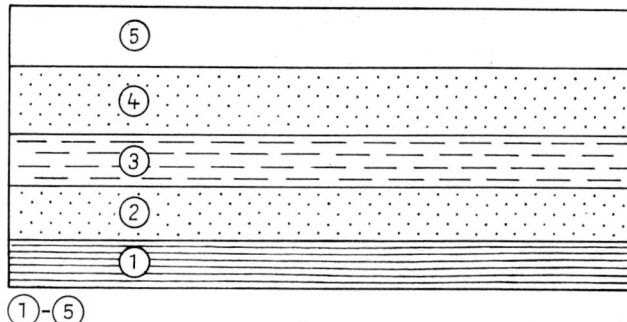

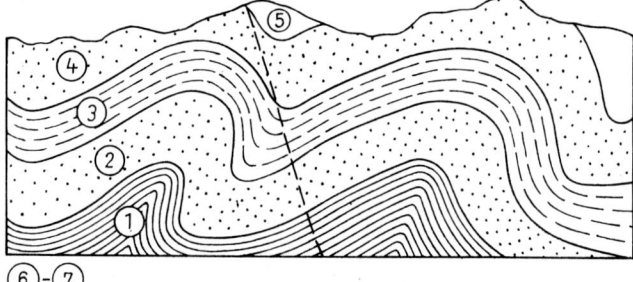

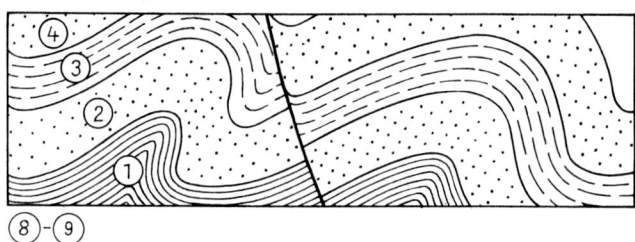

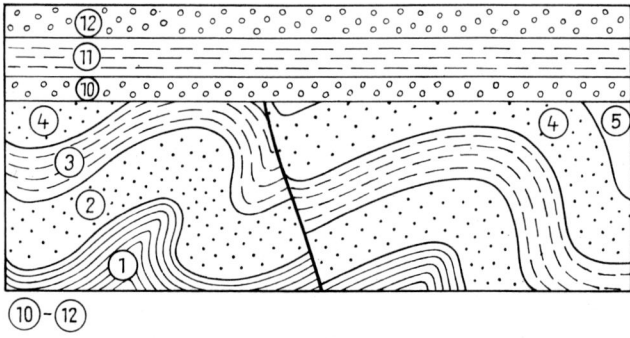

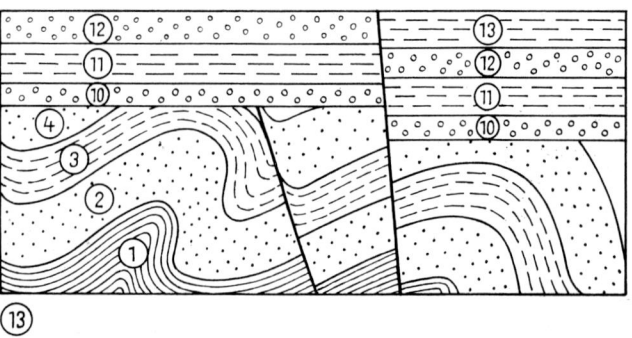

Schichtung, durch Faltung steilgestellt, und Schieferung, die Schichtung schräg durchsetzend. Das Gestein ist quer zur Schieferung gepreßt, in Richtung der Schieferung gestreckt worden. Das Bild zeigt deformierten Kalkknotenschiefer unterhalb von Reichenbach bei Unterloquitz, Kreis Saalfeld

Das Altersgesetz von tektonischen Lagerungsstörungen anhand von diskordanter Lagerung; die Zahlen geben die Altersfolge der Schichten und der geologischen Prozesse an

①–⑤ Ablagerung horizontaler Schichten
⑥–⑦ Faltung ⑥ und teilweise Abtragung ⑦ dieser Schichten
⑧–⑨ Verwerfung der Schichten ⑧ und völlige Einebnung des Reliefs ⑨
⑩–⑫ Diskordanz: neue Schichten waagerecht (ungestört) über den gestörten und eingeebneten Schichten; die Falten und die Verwerfung sind jünger als Schicht ⑤ und älter als Schicht ⑩
⑬ dieselben Schichten mit neuer Verwerfung, diese ist jünger als Schicht ⑬

tiv eisenreiche Lava, die uns heute als Basaltgestein vorliegt.

Andere Begleiterscheinungen der Gebirgsbildung betreffen die gefalteten Gesteine selbst. Der ungeheure seitliche Druck, der die Gesteine zu Falten zusammengepreßt hat, prägt ihnen auch die Schieferung auf, eine dünnplattige Spaltbarkeit senkrecht zur Druckrichtung. Wo Tonschiefer oder andere geschieferte Gesteine zu beobachten sind, erkennt man die Schieferung oft deutlicher als die ursprüngliche Schichtung des gefalteten Sedimentgesteins. Besonders stark und ebenflächig ausgebildete Schieferung kann Tonschiefer als Dachschiefer geeignet machen. Unterliegen in größerer Tiefe die Gesteine nicht nur dem gebirgsbildenden Druck, sondern auch dem Druck der auflagernden Massen und entsprechend höheren Temperaturen, dann werden sie metamorph, d. h., sie kristallisieren zu völlig andersartigen Gesteinen, den Kristallinen Schiefern, um. So entstehen aus Tonschiefern je nach dem Metamorphosegrad Phyllit, Glimmerschiefer oder Gneis. Aber auch Granit kann zu Gneis umkristallisieren. Unter bestimmten Bedingungen entsteht aus Quarzporphyr oder aus sandigtonigen Sedimentgesteinen Granulit, aus Sandstein Quarzit, aus Kalkstein Marmor, aus Basalt – aber auch aus tonigen Kalken! – Amphibolit. So können sich je nach den Bedingungen der Metamorphose aus gleichen Ausgangsgesteinen verschiedene Metamorphite oder aus verschiedenen Gesteinen gleiche Metamorphite bilden. Das macht die erdgeschichtliche Analyse von Gegenden mit Kristallinen Schiefern im Untergrund besonders schwierig.

Metamorphe Gesteine entstehen aber auch durch Berührung mit heißem, schmelzflüssigem Magma. Dringt dieses in der Erdkruste empor, dann verändert es das in seiner Umgebung anstehende Gestein im sog. Kontakthof. Typische Gesteine für diesen Bereich sind Hornfels, Fruchtschiefer und Knotenschiefer.

Alle hier genannten Vorgänge der Gesteinsverformung und Gebirgsbildung, des Vulkanismus und der Metamorphose müssen vom Geologen in die Zeitskala der erdgeschichtlichen Perioden eingeordnet werden. Das ist mit Hilfe einfacher Altersbeziehungen leicht möglich.

Für vulkanische Gesteine gilt: Jedes an der Erdoberfläche erstarrte vulkanische Gestein ist jünger als seine

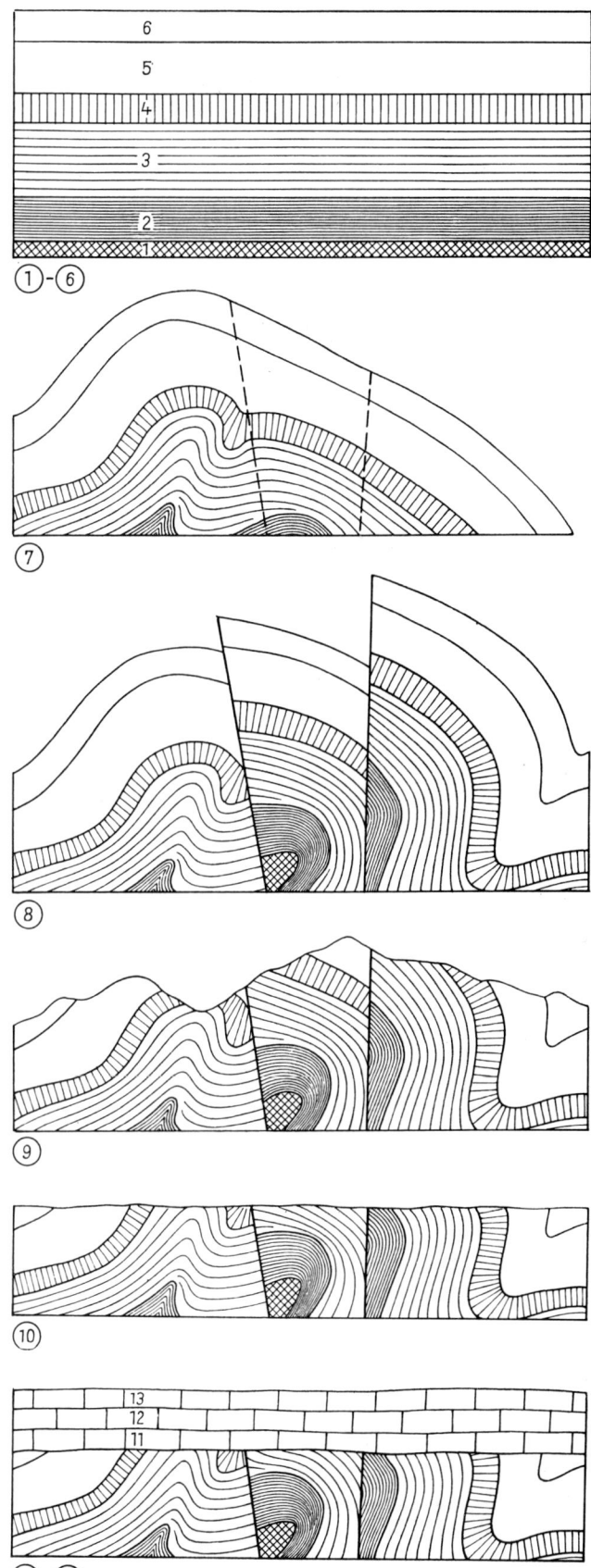

Die Entwicklungsgeschichte des Obernitzer Bohlens
①–⑥ Ablagerung der oberdevonischen Schichten
⑦ ihre Faltung
⑧ drei Schollen gegeneinander verworfen,
⑦ und ⑧ ohne Berücksichtigung der Abtragung
⑨ die Abtragung der gefalteten und verworfenen Schichten zu einem Gebirge
⑩ dessen Abtragung und Einebnung;
⑪–⑬ diskordante Auflagerung der Schichten des Zechsteinmeeres

Unterlage und älter als die bedeckenden Schichten. Jedes Tiefengestein und jeder Gang (mit Gestein oder Mineralen ausgefüllte Spalte) ist jünger als das Nebengestein.

Für die Schieferung und Metamorphose gilt selbstverständlich: Jede Gesteinsumwandlung setzt ein (zeitlich mehr oder weniger weit) vorher gebildetes Gestein voraus.

Das Alter von Lagerungsstörungen der Gesteine dagegen ist nicht in jedem Fall eindeutig und genau genug zu bestimmen. Man benutzt dazu – wenn vorhanden! – die Diskordanzen und formuliert das Altersgesetz: Der Vorgang einer Lagerungsstörung ist jünger als das jüngste noch gestörte Gestein und älter als das älteste, nicht mehr betroffene Gestein.

Daraus folgt eine ziemlich genaue Altersangabe, wenn zwischen dem jüngsten gestörten und dem ältesten ungestörten Gestein nur eine kleine Schichtlücke besteht. In der Zeit dieser Schichtlücke muß die untere Schichtserie tektonisch verformt worden sein. Rückschlüsse auf den Wandel des Landschaftsbildes kann man jedoch auch dann ziehen, wenn die Schichtlücke größere Zeiträume umfaßt. Ein Beispiel dafür bildet der berühmte Obernitzer Bohlen bei Saalfeld. Dort liegen Meeressedimente aus der Zechsteinzeit flach auf gefalteten Tonschiefern und Kalkknotenschiefern des Oberen Devons. Die Schichtlücke umfaßt also die Zeit des gesamten Karbons und Unteren Perms, also etwa 100 Millionen Jahre. In dieser Zeit sind die altpaläozoischen Meeressedimente gefaltet, verworfen und zu Höhenrücken des Varistischen Gebirges erhoben, aber auch von den Kräften der Verwitterung und Abtragung wieder erniedrigt und fast völlig eingeebnet worden. Nachdem Millionen Jahre lang das Gebiet ein flaches Festland war, auf dem nur lokale Hügelzüge und Felsrippen als kümmerliche Überbleibsel an das ehemalige Gebirge erinnerten, senkte sich das ganze Gebiet so, daß das Meer von Norden vorrückte, die Küste zurückwich und diskordant über dem Oberdevon von Saalfeld die neuen Meeresschichten der Zechsteinzeit abgelagert wurden.

Denselben erdgeschichtlichen Wandel im Landschaftsbild bezeugen uns Diskordanzen auch an anderer Stelle, z. B. bei Gera. Wenn man dort vergleicht, auf welchem Untergrund die Zechsteinschichten aufliegen und von welchen Schichten des detaillierten Zechsteinprofils die tieferen Gesteine bedeckt werden, dann kann man sogar ableiten, wann welche Tonschieferklippe noch als lokale Insel aus dem Meer herausgeragt hat. Durch genauere Untersuchung dieses Sachverhalts ist heute noch nachzuweisen, wie die Inseln und Untiefen im Meer der Zechsteinzeit mit ihrer Verteilung die Lage der Höhenzüge des Millionen Jahre zuvor entstandenen und vergangenen Varistischen Gebirges nachgezeichnet haben.

Ordnet man die so mit Hilfe von Diskordanzen nachgewiesenen Verformungen der Erdkruste in die Zeitskala ein, dann findet man Perioden mit häufigen Störungsakten. Zahlreiche einzelne tektonische Phasen vereinigen sich zu großen, mehrere Dutzend Millionen Jahre andauernden

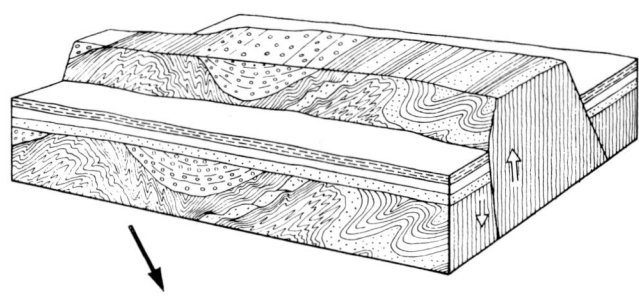

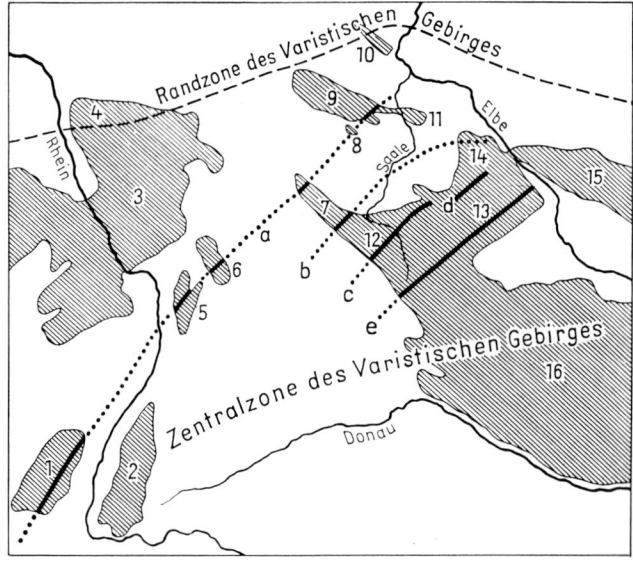

Grundgebirgsaufragung, dargestellt am Beispiel des Thüringer Waldes
oben: In der gehobenen Scholle ist das varistisch gefaltete Grundgebirge von der Abtragung freigelegt und bildet jetzt die Erdoberfläche. Im beiderseitigen Vorland wird das Grundgebirge von jüngeren Deckschichten verhüllt
unten: Aufragungen des varistisch gefalteten Grundgebirges (schraffiert) in Mitteleuropa
1 Vogesen, *2* Schwarzwald, *3* Rheinisches Schiefergebirge, *4* Ruhrgebiet, *5* Odenwald, *6* Spessart, *7* Thüringer Wald, *8* Kyffhäuser, *9* Harz, *10* Flechtinger Höhenzug, *11* Hallescher Porphyrkomplex, *12* Thüringisch-Vogtländisches Schiefergebirge, *13* Erzgebirge, *14* Granulitgebirge und nordsächsischer Eruptivkomplex, *15* Lausitzer Granitmassiv, *16* Böhmisches Massiv. Die wichtigsten Sattelzonen des Varistischen Gebirges: *a* Spessart-Ruhla-Unterharz-Sattel, *b* Schwarzburg – nordsächsischer Sattel, *c* Bergaer Sattel, *d* Granulitgebirgssattel, *e* Fichtelgebirgs-Erzgebirgssattel

Tektogenesen, die jeweils an der betreffenden Region der Erdkruste Gebirge entstehen ließen. Die ältesten Tektogenesen sind heute so überprägt, daß sie für das Landschaftsbild der DDR praktisch keine Bedeutung haben. Die varistische Tektogenese hat zwar in Mitteleuropa ein ausgedehntes Gebirge gebildet; dieses war aber (wie erläutert) schon zur Zeit des Zechsteinmeeres völlig eingeebnet. Wir finden heute nur noch die Wurzeln des Varistischen Gebirges im Untergrund, und zwar an der Erdoberfläche auch nur dort, wo das damals gefaltete Grundgebirge später erneut gehoben und von jüngeren Schichten entblößt worden ist. An den anderen Stellen liegen dieselben Wurzeln des Varistischen Gebirges heute bis zu mehreren tausend Metern tief im Untergrund verborgen.

Eine Häufung tektonischer Prozesse in der Kreidezeit und im Tertiär ließ die Alpen und die anderen jungen südeuropäischen Kettengebirge entstehen, die heute dort noch (nach etwa 20 bis 120 Millionen Jahren) das Landschaftsbild bestimmen. Zur gleichen Zeit, aber mit geringerer Intensität und mit anderem »Bauplan«, entstand in Niedersachsen und in den umgebenden Gebieten, auch in der DDR, die saxonische Tektonik. Wo die varistische Tektogenese die Erdkruste versteift hatte, konnten in der saxonischen Tektonik nur Verwerfungen entstehen, unter anderen allerdings auch so große, die unsere heutigen Mittelgebirge begrenzen! In jüngeren, plastischeren Gesteinen, vor allem in Salzschichtenfolgen, verursachte aber auch die saxonische Tektonik intensive Gesteinsfaltungen, allerdings ohne dabei Faltengebirge zu bilden. In jedem Fall – sowohl mit den Verwerfungen wie auch mit der Salztektonik – hat die saxonische Tektonik größten Einfluß auf das gegenwärtige Landschaftsbild der DDR.

Untergrund und Landschaftsform

Von den Gesteinen und ihrer nachträglichen Verformung wird die gegenwärtige Form der Landschaft bestimmt, allerdings nur mehr oder weniger indirekt. Die Verwitterung und Abtragung der Gesteine wirken an der Erdoberfläche generell erniedrigend und einebnend. Die abgetragenen Massen füllen Vertiefungen der Erdoberfläche aus, so daß das Endziel dieser Vorgänge eine tiefliegende Ebene ist. Dieses Ziel wird aber in der Erdgeschichte kaum je erreicht, da die Gesteine der Abtragung unterschiedlichen Widerstand entgegensetzen, die festeren also Hügel und Felsen, sog. Härtlinge bilden, und neue Hebungen und Senkungen erneut Reliefunterschiede und damit Abtragung hervorrufen.

Die Abtragung eines gehobenen Gebietes beginnt mit der Bildung von Tälern, die eine Hochscholle schließlich so zerteilen, daß von den einstigen Hochflächen nur Grate und Höhenrücken übrigbleiben. Indem diese allmählich auch erniedrigt werden, schafft die Abtragung eine tiefliegende Ebene (oder besser Fastebene, da einige Härtlinge stets die Ausbildung einer völligen Ebene verhindern). Die Anordnung der Härtlinge auf einer Fastebene oder Rumpffläche ist stets vom geologischen Bau des Untergrundes bestimmt.

Sowohl im Stadium der Talbildung wie auch bei der Modellierung der Rumpfflächen kann der Gesteinsuntergrund in verschiedener Weise bestimmt werden. Feste Gesteinsbänke bilden am Talhang Schichtstufen, auf der Rumpffläche Schichtrippen. Die lokale Form der Rumpf-

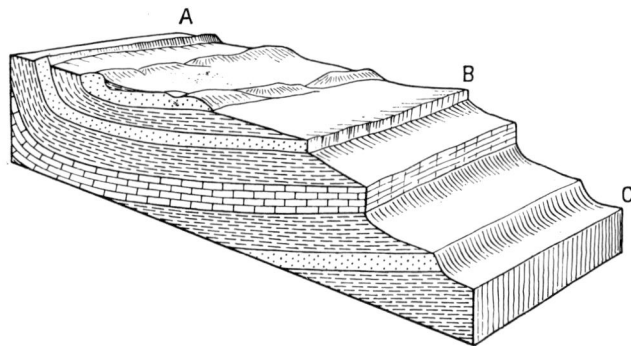

Schichtrippenlandschaft (*A–B*) und Schichtstufen am Talhang (*B–C*); (die Schichten mit Punkt- und Mauerwerksignatur setzen der Abtragung den größeren Widerstand entgegen)

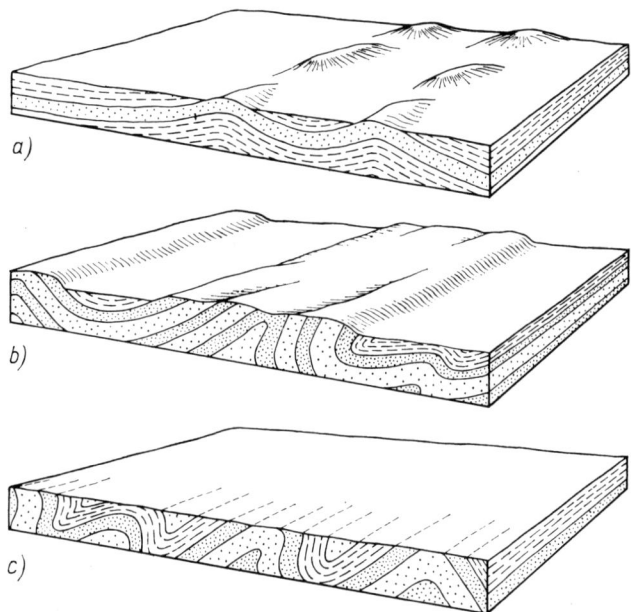

Einebnung und Gesteinsfestigkeit in der Landschaft
a Härtlinge nur eines Gesteins in der Ebene; *b* eine Gesteinsserie (eng- und weitpunktiert) überragt die Einebnung; *c* die Ebene schneidet alle Gesteine gleichmäßig ab

fläche wird entweder durch das einzelne Gestein oder durch Gesteinsserien bestimmt, oder aber die Landoberfläche schneidet die verschiedenen Gesteine undifferenziert ab.

Bei völliger Einebnung läßt die Landschaft keine Strukturen des Untergrundes erkennen. Sind einzelne Gesteine als Härtlinge von der Abtragung herausmodelliert worden oder überragt in der Landschaft eine ganze Gesteinsserie ihre Umgebung, dann kann man in der Richtung und Gliederung dieser Landschaftselemente die geologischen Strukturen des Untergrundes erkennen. Beispiele dafür werden in diesem Buch aus fast allen Landschaften der Deutschen Demokratischen Republik vorgestellt.

Bei mehrfachem Wechsel von Abtragung (Talerosion) und Hebung des Gebietes bilden sich in den Tälern Ter-

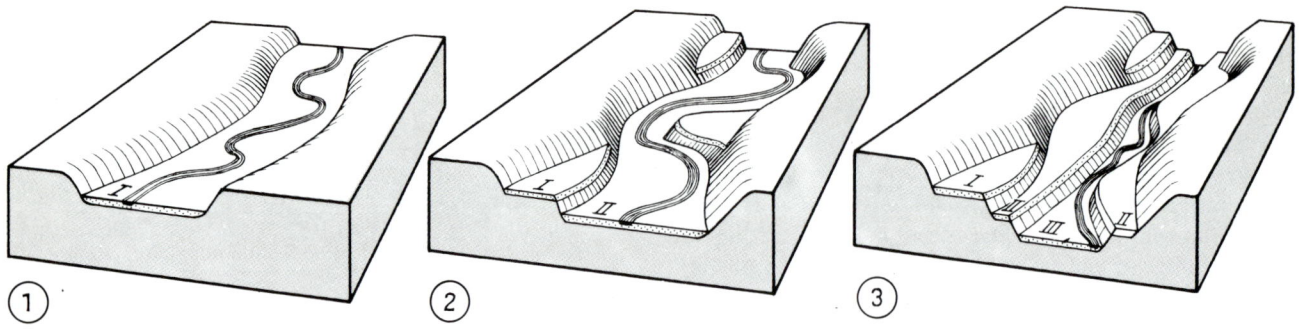

Die Bildung von Flußterrassen *I*, *II* als Reste alter Talauen oberhalb der jüngsten Talaue *III* durch periodischen Wechsel von Tiefenerosion und Seitenerosion in den Zeitabschnitten ①, ②, ③

rassen, und zwar auf folgende Weise: Wenn ein Fluß sein Tal bis zu bestimmter Tiefe eingeschnitten hat, bewirkt er Seitenerosion und schafft sich eine breite Talaue, auf der er Kies, Sand und Ton sedimentiert. Wird das Gebiet gehoben, dann muß der Fluß erneut Tiefenerosion leisten, bis die Hebung kompensiert ist und er wieder Seitenerosion ausüben kann. Dieser Wechsel zwischen Tiefenerosion und Seitenerosion kann sich mehrfach wiederholen, und dementsprechend zahlreiche Terrassenreste findet man an den Hängen unserer Täler. Dabei sind die obersten Terrassen die ältesten.

Klimatische Einflüsse können diesen Prozeß modifizieren. Dies ist insbesondere während des quartären Eiszeitalters geschehen. Der Wechsel von Kalt- und Warmzeiten führte zu einer unterschiedlichen Wasserführung in den Flüssen, die auf die Prozesse der Erosion und Sedimentation großen Einfluß hatten.

Besonders deutliche Flußterrassen aus dem Tertiär und dem Quartär findet man in den Tälern der Saale, der Ilm, der Weißen Elster und der Mulde. Das Flußnetz der Deutschen Demokratischen Republik hat sich in den Grundzügen am Ende des Tertiärs, also vor etwa 10 Millionen Jahren herausgebildet und ist in den Einzelheiten im Laufe des Pleistozäns und Holozäns geformt worden. Dabei haben manche Flüsse Teile ihres Laufes überhaupt verlegt, z. B. die Elbe nördlich von Dresden, die Freiberger Mulde bei Döbeln, die Zwickauer Mulde bei Grimma – Naunhof, die Weiße Elster und die Saale bei Leipzig – Halle und die Unstrut in ihrem Unterlauf.

Im Tiefland findet Abtragung nur lokal und in begrenztem Ausmaß statt. Dort wird die Landschaft in der Hauptsache durch die Aufschüttung von Sedimenten bestimmt, wie bei den einzelnen Landschaftstypen behandelt werden wird. Die Flußsedimente sind im Tiefland so gelagert, wie es der Altersfolge entspricht: die älteren Kiese und Sande unten, die jüngeren darüber.

Zu den großen Geschieben der quartären Eiszeit gehört der Kleine Markgrafenstein aus einem schwedischen, grobkristallinen, gneisartigen Granit in den Rauenschen Bergen bei Fürstenwalde, Bezirk Frankfurt/Oder. Vier Meter ragt er empor, weitere zwei Meter steckt er in der Erde. Der etwa 100 Kubikmeter große Riesenfindling hat einen Umfang von 22 Metern. Vor etwa 15 000 Jahren taute hier das weichselkaltzeitliche Inlandeis ab. Es entstanden die Endmoränen des Frankfurter Stadiums

Bau und Bildungsgeschichte der Landschaften in der DDR

An jeder unserer Landschaften, besonders deutlich aber in den landschaftlich abwechslungsreichen, deshalb auch von zahlreichen Urlaubern und Touristen besuchten Gebieten, können wir erkennen, wie das heutige Landschaftsbild bestimmt wird: Erstens durch die Gesteine des Untergrundes und die geologischen Verhältnisse zur Zeit ihrer Entstehung, zweitens durch tektonische Verformungen der Erdkruste im Laufe ihrer weiteren Geschichte, drittens durch die Abtragungs- und Aufschüttungsvorgänge in geologisch jüngerer Zeit und schließlich viertens lokal durch den Bergbau und andere Tätigkeiten des Menschen heute und in den vergangenen Jahrzehnten und Jahrhunderten.

Ehe wir das an den einzelnen Landschaften betrachten, wollen wir uns über die landschaftliche Großgliederung der DDR einen Überblick verschaffen.

Überblick über das Gesamtgebiet der DDR

Die nördlichen zwei Drittel von der Ostseeküste nach Süden etwa *bis zur Linie Magdeburg – Köthen – Leipzig – Riesa – Görlitz* werden von den eiszeitlichen Aufschüttungen der Grundmoränen, Endmoränen und Sander sowie von den Urstromtälern geformt. Zu diesem Landschaftstyp gehört eigentlich auch das *Küstengebiet*, doch erhält dieses durch die gegenwärtige geologische Tätigkeit des Meeres seine besondere Prägung und soll deshalb in einem selbständigen Abschnitt behandelt werden.

Die eiszeitlichen Sedimente der Nord- und Mittelbezirke werden nur an wenigen Stellen von älteren Gesteinen des Untergrundes durchragt, die dann auch nur kleine Flächen

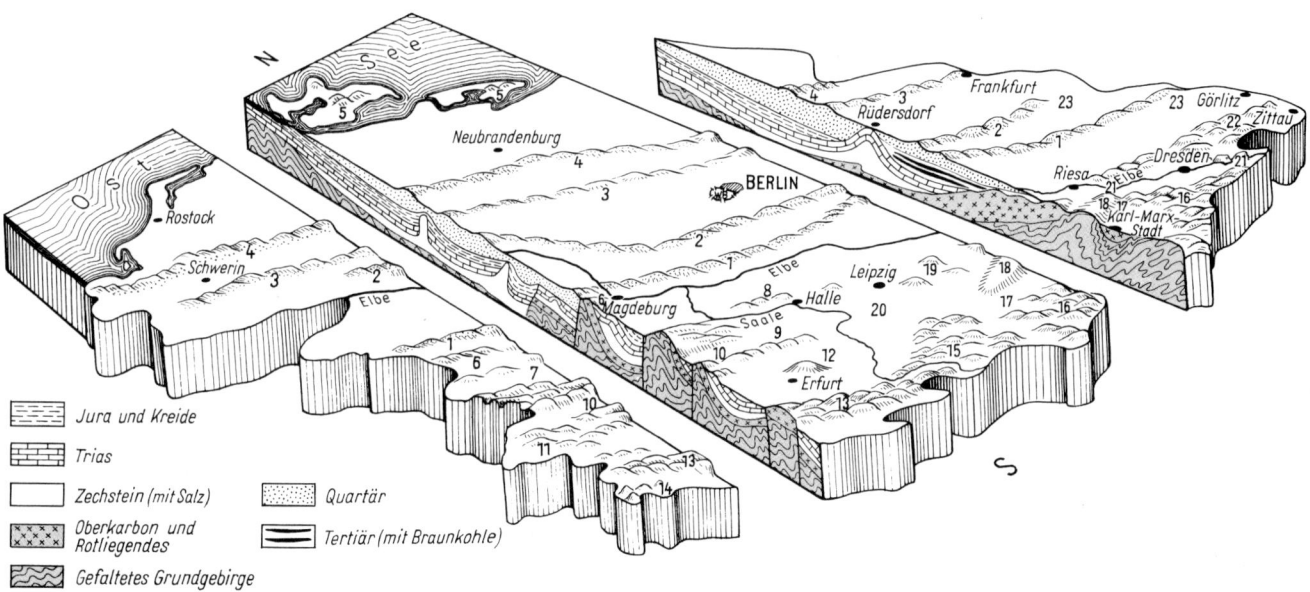

Die geologischen Baueinheiten der DDR

1–5 Endmoränenzüge des nördlichen Tieflandes, *6* Flechtinger Höhenzug, *7* Harz, *8* Hallescher Porphyrkomplex, *9* Finne, *10* Kyffhäuser, *11* Eichsfeld, *12* Ettersberg bei Weimar, *13* Thüringer Wald, *14* Nordrhön, *15* Thüringisch-Vogtländisches Schiefergebirge, *16* Erzgebirge, *17* Erzgebirgisches Becken, *18* Granulitgebirge, *19* Nordsächsischer Eruptivkomplex, *20* Weißelsterbecken (Braunkohlenrevier), *21* Elbtalzone, *22* Oberlausitz, *23* Niederlausitz
Die in der Legende erläuterten Schichtsymbole gelten nur für die Profildurchschnitte

einnehmen, dort aber landschaftlich besonders auffallen und nicht selten industrielle Bedeutung haben. Nach Süden werden die eiszeitlichen Sedimente generell geringmächtiger. Die Gesteine des älteren Untergrundes tauchen allerdings an der Südgrenze des Tieflandes in tektonisch verschiedener Weise empor. Stets aber bestimmen sie dann das Landschaftsbild.

Im *nördlichen Harzvorland* sind es die Schichten der Trias, des Jura und der Kreidezeit und stellenweise des Tertiärs, deren teils komplizierte Lagerungsverhältnisse von der Salztektonik des in der Tiefe liegenden Zechsteinsalzes bestimmt werden. Das noch ältere Gestein unter dem Zechstein beeinflußt die Lagerungsverhältnisse der höheren Schichten nur indirekt, das Landschaftsbild überhaupt nicht. Nur am Nordrand dieses Gebietes bei Magdeburg – Haldensleben – Flechtingen reichen die alten Gesteine des Karbons und Unterperms bis an die Erdoberfläche hinauf, grenzen aber nach Norden an großen Verwerfungen scharf an das von eiszeitlichen Ablagerungen geprägte Gebiet.

An der Linie Wernigerode – Blankenburg – Thale – Ballenstedt grenzt der *Harz* an einer auch die Landschaft bestimmenden Verwerfung scharf an das nördliche Harzvorland. Der Harz stellt eine an Verwerfungen hoch über seine Umgebung herausgehobene Scholle dar, auf der Abtragungsvorgänge alle die dort vom Oberen Perm an abgelagerten Schichten restlos wieder beseitigt haben. Die einstige Hebung der Scholle war also noch wesentlich höher, als es der heutige Höhenunterschied zwischen dem Harz und seinem Vorland anzeigt. Aufgrund der genannten Abtragungsvorgänge liegen im Harz heute Gesteine des Silurs, Devons, Karbons und stellenweise des Unteren Perms an der Oberfläche. Ihre Verteilung und damit Besonderheiten des Landschaftsbildes werden von den Strukturen bestimmt, die im Oberkarbon von der Varistischen Gebirgsbildung geformt wurden.

Das *östliche und südliche Harzvorland* besteht vorwiegend aus Schichten des Perms, der Trias und des Tertiärs, die an Störungszonen, besonders bei Halle und im Kyffhäuser, von älteren Gesteinen überragt werden. Nach Osten geht das Harzvorland allmählich in das nordwestsächsische Tiefland mit seinen flachgelagerten Schichten des Tertiärs und Pleistozäns über. Nach Süden grenzt das Harzvorland mit der Finnestörung scharf an das Thüringer Becken.

Das *Thüringer Becken* wird von Buntsandstein, Muschelkalk und Keuper, also den Schichten der Trias, schüsselförmig aufgebaut. In der Tiefe verborgen liegt der Zechstein mit seinen Salzschichtenfolgen. Das Thüringer Becken grenzt mit NW–SO-streichenden Störungszonen im Norden scharf an das südliche Harzvorland, im Süden ebenso scharf an den Thüringer Wald. Durch ebenso NW–SO-gestreckte Störungszonen im Inneren des Beckens wird der schüsselförmige Aufbau im Detail noch kompliziert. Nach West und Ost tauchen die Schichten allmählich auf: nach Westen mit einem Übergang der Buntsandsteinlandschaft in das hessische Bergland, nach Osten tritt der Zechstein am Beckenrand bei Saalfeld – Pößneck – Gera an die Oberfläche, und zwar in Form eines schmalen Streifens; östlich davon treten die noch älteren Gesteine des Ordoviziums, Silurs, Devons und Unterkarbons hervor und bilden das Thüringische Schiefergebirge.

Der *Thüringer Wald* ist wie der Harz eine zwischen Verwerfungen emporgehobene, NW–SO-gestreckte Scholle, auf der Abtragungsvorgänge ebenfalls die einst auf ihm abgelagerten Schichten der Trias wieder entfernt haben. Dadurch liegen an der heutigen Oberfläche des Gebirges vorwiegend Gesteine des Unteren Perms, stellenweise auch ältere Gesteine frei. Ebenso wie beim Harz werden deren Lagerungsverhältnisse und damit indirekt auch das jetzige Landschaftsbild vom Bau des einstigen Varistischen Gebirges bestimmt, allerdings modifiziert durch die jüngere saxonische Tektonik und die genannten Abtragungsvorgänge.

Südthüringen, südlich vom Thüringer Wald, wird ebenso wie das Thüringer Becken von den Schichten des Buntsandsteins und Muschelkalks aufgebaut, die damit Südthüringen auch landschaftlich weithin dem Thüringer Becken vergleichbar machen. Allerdings erhält Südthüringen durch eine Anzahl Basaltberge als Ausläufer des tertiären Vulkanismus der Rhön noch eine besondere Note.

Das *Thüringisch-Vogtländische Schiefergebirge* besteht wie der Harz aus den von der Varistischen Gebirgsbildung verformten Gesteinen des Ordoviziums, Silurs, Devons und Unterkarbons, wird aber nicht von Verwerfungen scharf begrenzt, sondern bildet fast ringsum zu seiner Umgebung allmähliche Übergänge. Nach Westen taucht es unter das Thüringer Becken unter, nach Norden unter den Zechstein und Buntsandstein von NW-Sachsen und des – im weiteren Sinne – südöstlichen Harzvorlandes. Nach Osten wird es teilweise von den jüngeren Schichten des Unteren Perms im Erzgebirgischen Becken überlagert, teilweise bildet es durch Gesteine verschiedenen Metamorphosegrades allmähliche Übergänge in die Kristallinen Schiefer des Erzgebirges. Besonders im Übergangsgebiet zum Erzgebirge sind den alten Gesteinen einige größere Granitvorkommen eingeschaltet.

Das *Erzgebirge* ist der vorwiegend aus Kristallinen Schiefern aufgebaute Südostteil der sächsischen Pultscholle, d. h. eines nur im Süden hoch emporgehobenen und deshalb nach Nordwesten geneigten Erdkrustenteils. Diese Pultscholle reicht bis in den Raum Leipzig und geht dort in die relativ flache Lagerung älterer Gesteine unter den tertiären und pleistozänen Lockergesteinen des Leipzig-Bitterfelder Raumes über. Auf dieser ganzen Pultscholle sind Strukturen des alten Varistischen Gebirges mehr oder weniger vollständig freigelegt und bestimmen den Charakter der heutigen Landschaft. Die Kristallinen Schiefer des Erzgebirges markieren im Raum Schwarzenberg – Annaberg – Marienberg – Freiberg eine Zone von Höhenrücken des Varistischen Gebirges, von denen allerdings nur noch die Wurzeln erhalten sind und nicht mehr das gegenwärtige

Landschaftsbild beeinflußt wird. Dieses wird durch jüngere Abtragungsvorgänge bestimmt, die durch verschiedene Gesteine – Kristalline Schiefer, ältere und jüngere Magmatite – sehr differenziert verliefen.

Nordwestlich an das Erzgebirge anschließend erstreckt sich von Zwickau bis östlich Karl-Marx-Stadt das *Erzgebirgische Becken*, eine mit dem Abtragungsschutt des Varistischen Gebirges gefüllte Muldenzone eben dieses Gebirges. Aufgrund der leichteren Abtragungsfähigkeit der oberkarbonisch-unterpermischen Gesteine bildet das Erzgebirgische Becken auch heute eine verhältnismäßig tief gelegene flachwellige Landschaft, auf die nach Norden zu mit dem *Granulitgebirge* wieder ein Komplex Kristalliner Schiefer folgt. Nördlich des von Glauchau über Waldheim – Mittweida bis Roßwein gestreckten Granulitgebirges liegt nochmals eine Muldenzone, das *Nordwestsächsische Eruptivgebiet*. Im Gegensatz zum Erzgebirgischen Becken wird diese Muldenzone jedoch kaum von alten Abtragungssedimenten, sondern fast ausschließlich von mächtigen vulkanischen Gesteinen des Unteren Perms gefüllt. Diese Gesteine tauchen nach N und NW flach unter die genannten tertiären und pleistozänen Lockergesteine des Raumes Leipzig – Bitterfeld unter.

Im Nordosten werden die einzelnen Strukturelemente der sächsischen Pultscholle in NW–SO-Richtung von der *Elbtalzone* abgeschnitten. Dieser schmale Streifen ist eine besonders neuralgische Linie der Erdkruste, ein bei Bewegungen der Erdkruste seit Beginn der erforschbaren Erdgeschichte immer wieder tektonisch aktives Lineament. Deshalb finden wir dort kleinere Gesteinskomplexe verschiedener Art und verschiedenen Alters, z. B. das Elbtalschiefergebirge mit Gesteinen des Devons und Unterkarbons, den karbonisch-permischen Meißner Syenit-Granit-Komplex, das mit Sedimenten des Unterperms gefüllte Freitaler Becken und das Elbsandsteingebirge (die Sächsische Schweiz) mit kreidezeitlichen Sedimenten.

Nordöstlich der Elbtalzone liegt das große Granitgebiet der *Oberlausitz*, wo verschieden alte Granitkomplexe ineinandergeschachtelt sind und gemeinsam eine weitgespannte bergig-kuppige Landschaft bilden, die bis Görlitz – Zittau reicht. Von Süden her greifen aus der ČSSR Ausläufer der aus kreidezeitlichem Sandstein bestehenden Böhmischen Schweiz als Zittauer Gebirge auf die DDR über, während zahlreiche Basalt- und Phonolithkuppen als Ausläufer des Böhmischen Mittelgebirges das Landschaftsbild im Raum Zittau – Löbau – Görlitz mitbestimmen. Nach Norden taucht das Granitgebiet der Oberlausitz allmählich unter das Flachland der *Niederlausitz* unter, wo braunkohlenführende Schichten des Tertiärs und eiszeitliche Lockergesteine den unmittelbaren Untergrund bilden und das Landschaftsbild prägen.

Nachdem wir bei diesem Überblick über die geologisch bestimmten Landschaften die von der Eiszeit geprägten Gebiete des Tieflandes im Westen der DDR nach Süden zu im Harzvorland und Harz verlassen hatten, kehren wir im Osten von der Oberlausitz her über die Niederlausitz zu ihnen zurück und wollen nun den inneren Zusammenhang zwischen Landschaft und Untergrund im Detail in einzelnen Streifzügen verfolgen.

Das Tiefland im Norden

Überblick

Der größte Teil der DDR wird von Tiefland gebildet. Von der Ostseeküste im Norden bis etwa zur Linie Magdeburg – Köthen – Leipzig – Riesa – Görlitz haben vor allem die geologischen Vorgänge des Pleistozäns und des Holozäns – die mehrmaligen Vereisungen sowie die Erosions- und Sedimentationsvorgänge der Zeiten zwischen den Eisvorstößen und der Nacheiszeit – eine Landschaft geschaffen, die teils durch weite Ebenen, teils durch wellige Höhenzüge, Talungen und Seen geprägt wird.

Die Ablagerungen des Pleistozäns und Holozäns sind in diesem Gebiet meist mehrere Dutzend bis mehrere hundert Meter mächtig. Bohrungen haben darunter bis zu mehreren tausend Metern Tiefe Gesteine des Karbons und Perms sowie aus Trias, Jura, Kreide und Tertiär nachgewiesen.

Die großen Endmoränenberge bestehen neben Geschiebemergel aus mächtigen Schmelzwasserkiesen und -sanden. In der abgebildeten Kiesgrube ist der typische ungleichmäßige Körnungsaufbau ebenso zu sehen wie Sackungsstrukturen an der Stelle ehemaliger, am Ende der Eiszeit geschmolzener Toteisblöcke

23

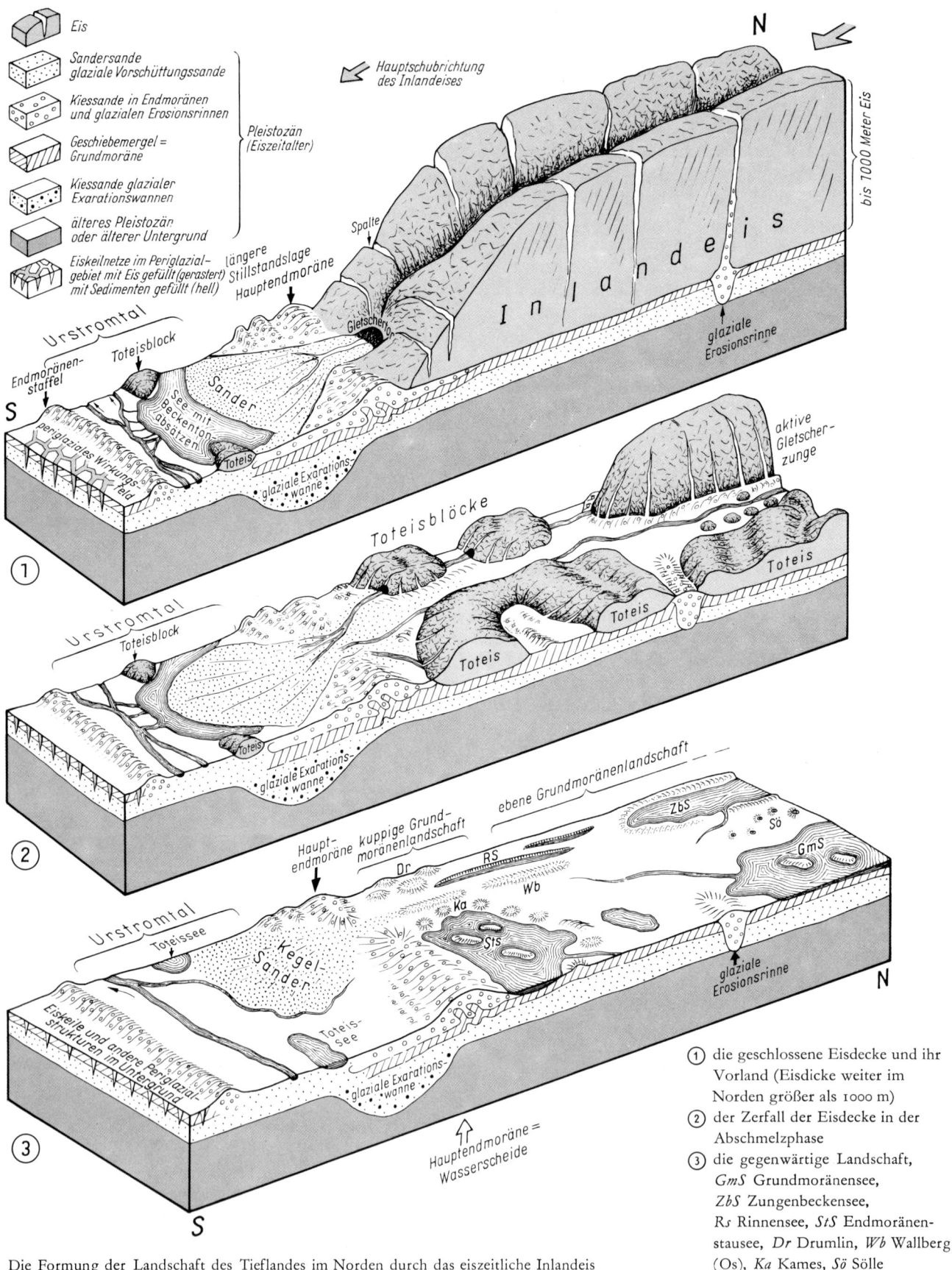

Die Formung der Landschaft des Tieflandes im Norden durch das eiszeitliche Inlandeis

Mächtigkeit und Tiefenlage dieser Schichten bezeugen lang andauernde Senkungen während der genannten Perioden. Der Senkungsbetrag erreichte im Zentrum mehr als 5000 m, wurde aber stets durch Sedimentation von Gesteinsmaterial kompensiert. Das Gebiet dieser Senkungs- und Sedimentationsvorgänge ist deshalb nur als geologisch-tektonische Struktureinheit, nicht als Landschaftsform zu verstehen. Auf das heutige Landschaftsbild des Tieflandes haben die Gesteine dieser Senke nur indirekt und lokal Einfluß – indirekt, indem die Senkungen Ursache für das tiefe Niveau des Gesamtgebietes sind, und lokal, da an einigen Stellen durch salztektonische Aufpressungen ältere Gesteine doch an der gegenwärtigen Landoberfläche liegen.

Geformt wurde das gegenwärtige Landschaftsbild des Tieflandes im wesentlichen von den pleistozänen Vereisungen und den damit verbundenen Begleiterscheinungen. Infolge eines Abfalls der Jahresmitteltemperaturen rückten die skandinavischen Gletscher mehrmals über das Ostseegebiet nach Süden vor, breiteten sich als geschlossene Inlandeismassen über große Gebiete des Tieflandes im Norden aus und hinterließen beim Abschmelzen den bei ihrem Vorrücken aus dem Untergrund aufgenommenen Gesteinsschutt. Mit diesem Sedimentmaterial überdeckten sie ein ziemlich stark gegliedertes voreiszeitliches bzw. eiszeitliches Relief. Die Mächtigkeit der eiszeitlichen Sedimente nimmt von Süden nach Norden generell zu, beträgt im Durchschnitt etwa 50 bis 100 m, erreicht aber lokal mehr als 400 m.

Bei einem Vorstoß schuf die Inlandeisdecke eine gesetzmäßig gegliederte Landschaft. Wenn der Rand des Inlandeises bei einem Gleichgewicht von Nachschub und Abschmelzen längere Zeit im gleichen Bereich verblieb, schütteten dort die Schmelzwässer Endmoränen auf, die heute mehr oder weniger große Höhenrücken darstellen. Diese Aufschüttungsendmoränen enthalten oft grobe Blockpackungen nordischen Gesteinsmaterials, aber auch Kies- und Sandmassen, ja sogar Bereiche lehmig-tonigen Materials.

Das südliche Vorland der Endmoränen wurde maßgeblich durch das Schmelzwasser geformt. Dieses stammte teils vom Eisrand selbst, teils aber auch von der Oberfläche des Inlandeises. Besonders im Sommer entstand auf der Oberfläche des Eises Schmelzwasser, stürzte in Eisspalten, floß unter dem Eis dessen Rand zu, durchbrach die Endmoränen und lagerte ebenso wie das Schmelzwasser vom Eisrand Kies und Sand in Form der flächenhaft kegelförmigen Sander ab. Diese sind heute teils unscharf umgrenzt, teils in Lage und Umgrenzung aber noch so deutlich erkennbar, daß man sie einzeln benannt hat (z. B. Sülstorfer Sander, Beelitzer Sander u. a.). Südlich der Sander flossen die Schmelzwässer zwar in vielen Rinnsalen verschiedener Größe, aber doch in einem einheitlichen Talzug nach Nordwest ab, der allgemeinen Abdachung des Tieflandes zur Nordsee folgend. Das tiefliegende Flachland eines Urstromtales begleitete als ein mehrere Kilometer breiter Streifen

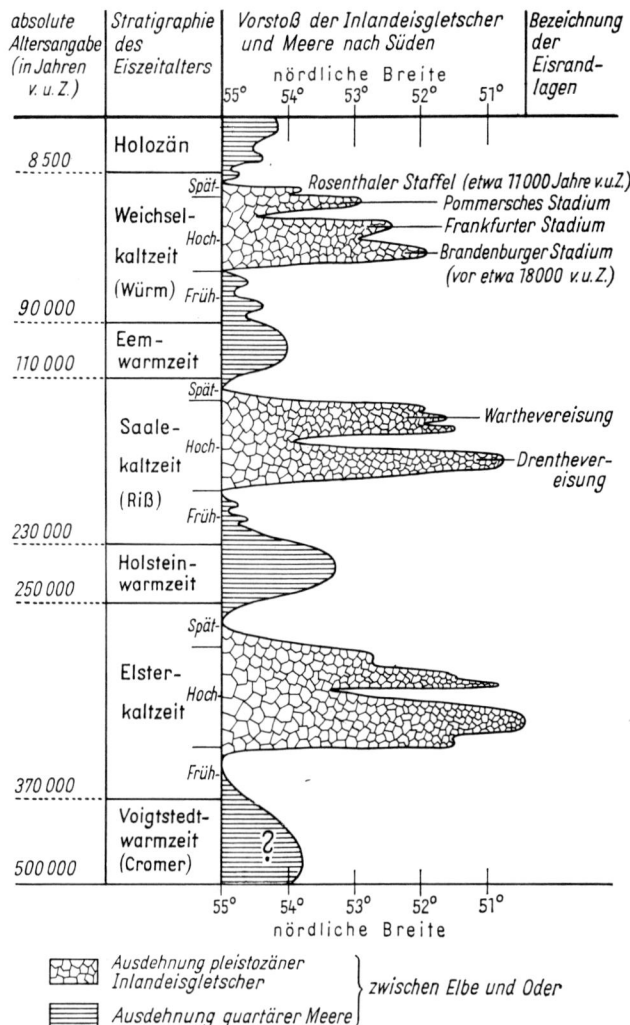

Die Gliederung des Quartärs (Eiszeit und Nacheiszeit) (in Anlehnung an L. Eissmann und A. Müller, 1979)

die Endmoränen der zugehörigen Haupteisrandlagen auf ihrer ganzen Länge.

Schmolz dann das Eis stärker ab, als es Nachschub erhielt, gab es großflächig auch das Gebiet nördlich der Endmoränen frei. Der im Eis enthaltene Gesteinsschutt wurde, dem Abschmelzen entsprechend, auf die Landoberfläche »heruntergeprojiziert« und bildete die aus Geschiebelehm oder Geschiebemergel bestehende großflächig abgelagerte Grundmoräne.

Die genannten Landschaftsformen unterscheiden sich auch durch jeweils typischen Bewuchs und spezifische Nutzungsformen: Die Grundmoränenlandschaft wird vorwiegend landwirtschaftlich genutzt. Die Endmoränen tragen oft Laubwald, die nährstoffarmen Sander dagegen Kiefernwald. In den Urstromtälern herrschen wegen des hohen Grundwasserspiegels Wiesen und Weiden vor.

Eisrandlagen, Sander und Urstromtäler

Endmoränen: *1* Rückmarsdorfer Endmoräne, *2* Petersberger Staffel, *3* Plankener Stadium, *4* Warthestadium, *5* Brandenburger Stadium, *6* Frankfurter Stadium, *7* Pommersches Stadium, *8* Rosenthaler Staffel, *9* Velgaster Staffel, *10* Nordrügenstaffel;

Urstromtäler:
I Magdeburger Urstromtal,
II Baruther Urstromtal,
III Berliner Urstromtal,
IV Eberswalder Urstromtal,
V Pommersches Urstromtal

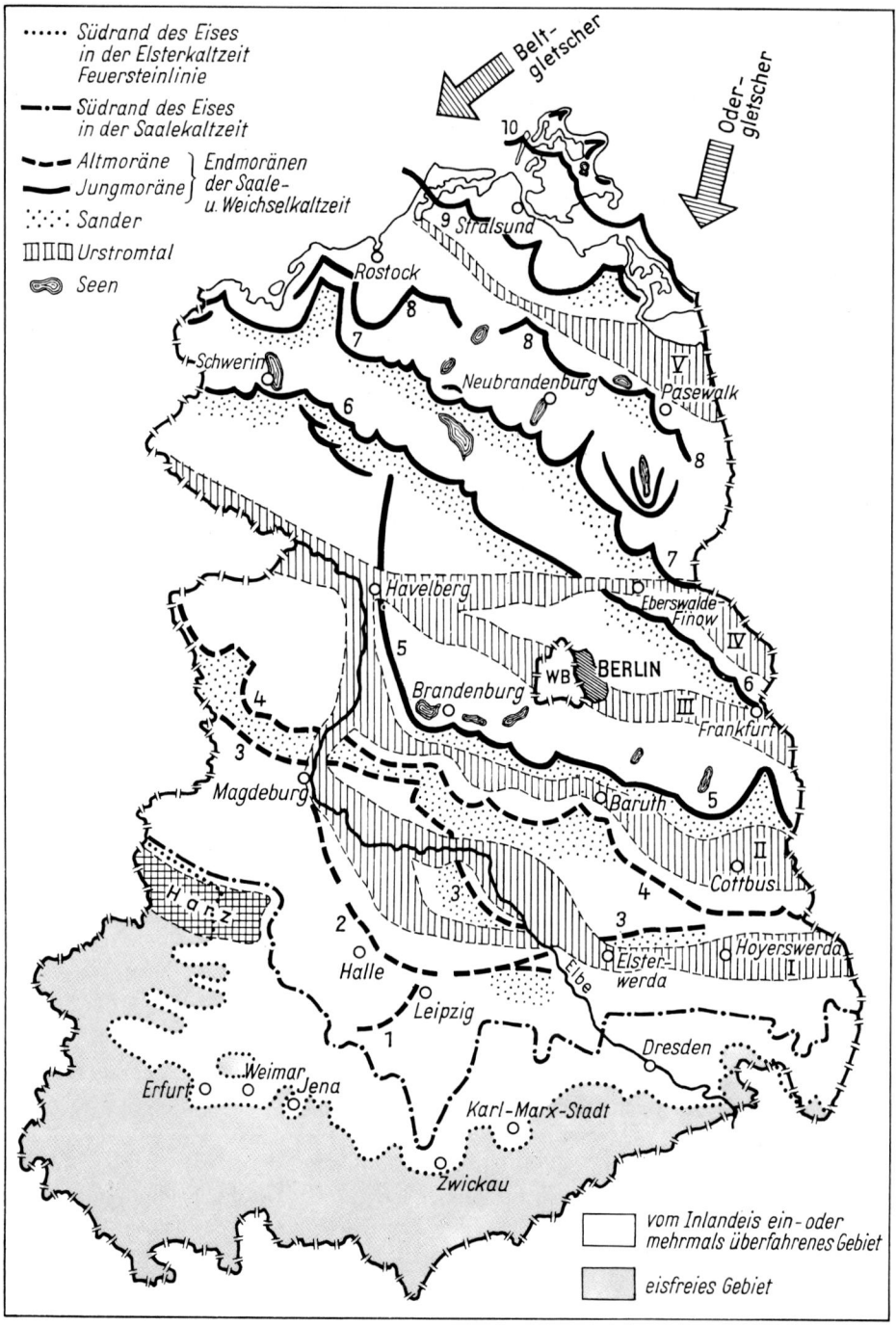

Im einzelnen sind die hier genannten Landschaftsformen – wie die Vorgänge bei einem Eisvorstoß – noch differenzierter: In der Nähe der Endmoräne ist die Grundmoräne stärker kuppig, weiter nördlich mehr flachwellig. Für die kuppige Grundmoränenlandschaft sind flachelliptische Rückenberge, die Drumlins, typisch; das sind Schmelzwasserbildungen mit einer Decke aus Geschiebemergel, die oft Rinnen- und Zungenbeckenseen flankieren. Die vom Eis geprägte Landschaft enthält Seen verschiedener Entstehung: Endmoränenkuppen und Drumlins umschließen oft abflußlose Seebecken. Quer zur Endmoräne, also generell in Fließrichtung der Schmelzwässer, haben diese in die Endmoräne oder in die Sander schmale, steilufrige und tiefe Rinnenseen eingeschnitten. Dabei handelte es sich oft auch um Erosionsvorgänge am Boden tiefreichender Gletscherspalten, zum Teil unter Mitwirkung gespannten, d. h. unter Druck stehenden Wassers. Ausschmelzende Toteisschollen bildeten größere und kleinere Seen in den Sandern, den Urstromtälern oder auch in der Grundmoränenlandschaft. Toteis war sicher auch an der Bildung der Rinnenseen mitbeteiligt. Kleine ausschmelzende Toteisblöcke haben in der Grundmoränenlandschaft die Sölle (Singular: Soll) entstehen lassen; das sind rundliche, oft wassergefüllte Vertiefungen bis zu etwa 30 m Durchmesser. Stellenweise sind die Sölle so zahlreich, daß die Landschaft wie von Kratern geprägt erscheint. Ehemalige Eiszungen am Rande der Inlandeismassen schufen durch tiefe Ausschürfungen langgestreckte, meist breite und oft tiefe Zungenbeckenseen. Die mehr runden, großflächigen und flachen Grundmoränenseen nördlich von Endmoränen sind durch Ausschürfen des Untergrundes durch das vorrückende Eis entstanden. Schmelzwässer haben in den Seen oft Bänder- und Beckentone abgelagert, die wertvolle Ziegelrohstoffe darstellen.

Wenn das ausgeschürfte Material des Untergrundes vom Eis weiter südlich zu Höhenrücken zusammengeschoben wird, dann können diese zwar landschaftlich den Aufschüttungsendmoränen ähneln, erweisen sich aber durch ihren inneren Bau als Stauchendmoränen. Die meisten Endmoränen sind wohl Mischformen von Aufschüttungs- und Stauchendmoränen.

Die Grundmoränenlandschaft enthält besonders nahe an den Endmoränenzügen noch besondere Landschaftsformen, so die aus Toteisschollen entstandenen Kames aus Feinsanden und Schluffen und als Sedimente in Eisspalten oder Eistunneln die Wallberge oder Oser (Singular: Os), die nach Größe und Form oft Bahndämmen sehr ähnlich sind.

Die weitere Umgebung südlich des Inlandeises ist von Fließerdebildung und der Sedimentation von Löß (eiszeitlichem Steppenstaub) bestimmt gewesen. Beide, Fließerden und Löß, haben Reliefunterschiede in gewissem Maße ausgeglichen.

Dreimal drang das Eis während des Pleistozäns von Skandinavien her in das Tiefland im Norden vor. Jeder große Eisvorstoß war in sich noch in mehrere Vorstöße gegliedert, zwischen denen Phasen eines räumlich enger begrenzten Eisrückzuges lagen. Dabei reichten die älteren Eisvorstöße weiter nach Süden als die jüngeren. Das bedeutete für die heutige Landschaft, daß die südlichen (älteren) Endmoränen, Sander und Grundmoränen nicht von jüngeren Eisvorstößen zerstört worden sind. Wohl aber unterlagen sie aufgrund ihres weitaus höheren Alters langdauernden Abtragungsvorgängen, so daß sie nur noch »verwischt« in der Landschaft erkennbar sind.

In der Elsterkaltzeit dehnte sich das Eis etwa bis an den Fuß unserer Mittelgebirge aus. Nur höhere Berge wie der Kyffhäuser, der Petersberg bei Halle und der Ettersberg bei Weimar ragten aus dem Eis hervor. Den Unterharz überfloß das Eis, am Oberharz kam es zum Stillstand. An der Verbreitung nordischer Geschiebe, besonders des Feuersteins, ließ sich der Südrand der maximalen Eisausdehnung ziemlich genau festlegen. Diese Feuersteinlinie ist in der DDR durch 13 Eiszeitdenkmale gekennzeichnet und hat von West nach Ost etwa folgenden Verlauf: *Wernigerode* (in den kursiv gesetzten Orten stehen Eiszeitdenksteine), *Blankenburg*, *Friedrichsbrunn*, *Stolberg*, Uftrungen, Nordhausen, Sondershausen, Mühlhausen, Langensalza, *Gotha*, *Erfurt*, *Weimar*, *Jena-Lobeda*, Stadtroda, *Weida*, *Zwickau*, *Karl-Marx-Stadt*, Hainichen, Roßwein, Siebenlehn, Freital, *Bad Schandau*, *Oybin*. Dort überstieg das Eis sogar den Kamm des Zittauer Gebirges und drang lokal in das Böhmische Mittelgebirge vor.

In der Holsteinwarmzeit wurden die vom Eis der Elsterkaltzeit geschaffenen Landschaftsformen bereits wieder abgetragen und eingeebnet.

In der Saalekaltzeit drang das Inlandeis zweimal, jedoch nicht so weit wie zur Elsterkaltzeit vor. Der erste Vorstoß reichte nach Süden bis zur Linie Harzrand – Hettstedt – Querfurt – Freyburg – Zeitz – Altenburg – Oschatz – Meißen – Nordrand des Lausitzer Berglandes. Seine Endmoräne ist heute auch stark abgetragen. Eine nördlichere Eisrandlage der Saalekaltzeit hat die Endmoränen und Sander der Dübener Heide und der Dahlener Heide sowie bei Elsterwerda – Hohenleipisch geschaffen. Als hierzu gehörendes Urstromtal kann die teils von der Mulde benutzte Niederung Torgau – Bad Düben – Bitterfeld gelten. Wesentlich

Eiszeitliches Os (Wallberg)
im Raum Teterow-Gnoien

deutlicher sind die vom zweiten Eisvorstoß der Saalekaltzeit geschaffenen Formen erhalten. Seine Endmoräne formte dieses Eis in der Linie Hellberge (160 m) zwischen Klötze und Gardelegen/Altmark – Fläming mit Hagelberg (201 m) bei Belzig – Ostfläming (178 m) bei Jüterbog – Lausitzer Grenzwall – (Luckau – Spremberg – Muskau). Zu dieser Eisrandlage gehört das Magdeburger Urstromtal, das heute teilweise von der Schwarzen Elster und der Elbe benutzt wird.

Das Gebiet mit Ablagerungen aus der Elster- und Saalekaltzeit wird als Altmoränenlandschaft bezeichnet. Nördlich davon liegt das ausschließlich der letzten Vereisung, der Weichselkaltzeit, angehörende Jungmoränengebiet, dessen Landschaftsformen wesentlich frischer und deutlicher sind. Die Vereisung zur Weichselkaltzeit reichte noch weniger weit nach Süden und läßt bis zur Ostsee im wesentlichen drei durch Endmoränen, Sander und Urstromtäler markierte Rückzugsstadien erkennen.

Das Brandenburger Stadium zeigt vorwiegend Stauchendmoränen, möglicherweise bei Schwerin und Parchim, dann aber deutlich bei Havelberg, Genthin, Brandenburg, Beelitz, Luckenwalde, Wilhelm-Pieck-Stadt Guben. Seine Schmelzwasser sammelten sich südlich davon im Baruther Urstromtal, in dem die Niederung des Spreewaldes liegt. An die Eisrandlage des Brandenburger Stadiums sind auch die Havelseen und die Seen südöstlich von Berlin gebunden. Die Müggelberge und die Rauener Berge gehören zur Erkner-Staffel südlich der Frankfurter Eislage.

Das Frankfurter Stadium geht ebenfalls vom Raum Schwerin aus und ist durch Endmoränen und Seen bei Rheinsberg, Gransee, Oranienburg und Frankfurt/Oder sowie durch die Buckower Schweiz östlich Berlin markiert. Zu dieser Eisrandlage gehört das Berliner Urstromtal, das weithin von der Spree benutzt wird und durch das Zentrum Berlins hindurchzieht. Dort trennt es zwei auch in der städtischen Bebauung der Hauptstadt erkennbare Grundmoränen-Hochflächen: die Teltowhochfläche im Süden und die Barnimhochfläche, beginnend am Prenzlauer Berg, im Norden. Schweriner See, Plauer See und Müritz liegen im Hinterland des Frankfurter Stadiums und sind als Zungenbeckenseen bzw. Grundmoränenseen zu deuten.

Die dritte große Eisrandlage der Weichselkaltzeit, das Pommersche Stadium, hat Endmoränen in starker Lobenbildung von Nordwest nach Südost bei Wismar – Güstrow – Waren/Müritz – Feldberg – Joachimsthal – Oderberg gebildet. Da hier aufgrund des geringen Alters dieser Eisrandlage die vom Eis geschaffenen Landschaftsformen noch sehr frisch sind, zählt dieses Jungmoränengebiet weithin zu unseren schönsten Landschaften. Bekannt sind die vielfältig gegliederten Feldberger Seen. Malchiner und Kummerower See, der Tollensesee und die Ückerseen sind jüngere Zungenbeckenseen im Hinterland der Endmoränen, Grimnitzsee und Parsteiner See typische Grundmoränenseen, der Werbellinsee das Schulbeispiel eines Rinnensees.

Zu den großen eiszeitlichen Seen Mecklenburgs gehört auch der Plauer See

Die Endmoräne des Helpter Berges bei Woldegk. Im Vordergrund ein großes Soll (Toteisloch)

Im Hinterland der Endmoränen des Pommerschen Stadiums treten auf Grundmoränenplateaus jüngere Stauchendmoränen mit teilweise bedeutenden Höhen auf, so z. B. die Kühlung bei Kühlungsborn (129 m), die Diedrichshäger Berge (129 m), der Schmooksberg (128 m), die Retzow-Gülitzer Höhen (125 m), die Helpter Berge bei Woldegk (179 m) und als langgestreckte Endmoräne die Rosenthaler Staffel mit den Brohmer Bergen (132 m) westlich von Pasewalk. Auch um die genannten jüngeren Zungenbeckenseen erheben sich lokale Endmoränen, wie z. B. um das Südende derÜckerseen. Die in dem Gebiet S–N- bzw. SW–NO-fließenden Flüsse wie Warnow, Recknitz, Peene, Tollense, Ücker und Oder deuten wohl die Lage von Eisspalten an oder benutzen den Verlauf einstiger Eiszungenbecken. Schließlich ist dieses Gebiet jüngster Vereisung auch auf den Grundmoränenflächen von zahlreichen durch den Zerfall des abschmelzenden Eises gebildeten Reliefformen wie Söllen und Osern geprägt. Besonders gehäuft und gut ausgebildet treten Oser beiderseits der Ücker bei Pasewalk, bei Stavenhagen (Os von 40 km Länge), zwischen Grimmen und Loitz sowie zwischen Gnoien, Teterow und Güstrow auf.

Als das Eis von der Rosenthaler Staffel etwa bis zur Insel Usedom zurückgeschmolzen war, sammelten sich in der älteren und jüngeren Dryaszeit die Schmelzwässer des Odergletschers im sog. Haffstausee, der sich über das heutige Oderhaff weiter nach Süden erstreckte und im Raum Ückermünde – Friedland Beckenablagerungen sedimentierte und Uferterrassen bildete.

Nachdem das Eis (vor etwa 10000 Jahren) bis ins Gebiet der Ostsee zurückgeschmolzen und auch das riesige nordamerikanische Inlandeis weitgehend abgeschmolzen war, hob sich der Spiegel der Ostsee auf seinen heutigen Stand, und es bildete sich das heutige Landschaftsbild heraus. Die Flüsse verließen zum Teil die Urstromtäler und folgten – stellenweise Endmoränen durchschneidend – kürzeren Wegen ins Meer.

Niederungen vermoorten. Es bildeten sich die holozänen Mecklenburger Flachmoore mit See- und Moorkalken an der Basis, so bei Teterow, Behren-Lübchin, Nossentin, Wittenburg, Crivitz, Bad Doberan, Neustrelitz und an der Ückermünder Heide. Örtlich ging das Moorwachstum weiter bis zum Hochmoor, wie beim Göldenitzer Hochmoor südlich Rostock, beim Drispether Moor nördlich Schwerin, dem Großen Moor bei Bad Graal-Müritz, dem Darzer Moor bei Parchim oder dem Kieshofer Moor bei Greifswald. In den Torfen läßt sich eine etwa 1 cm mächtige Tuffschicht auf einen Ausbruch des Vulkans vom Laacher

See in der Eifel um das Jahr 10000 v. u. Z. zurückführen und ist damit eine wertvolle Zeitmarke. Vom 16. Jahrhundert an begann der Mensch die Moore zu entwässern und landwirtschaftlich zu nutzen.

Von Anklam nach Dresden

Das Flachland von Anklam bis Pasewalk stellt den einstigen Boden des Haffstausees dar und wird von dessen sandig-tonigen Sedimenten unterlagert. Noch gegen Ende der jüngsten Eiszeit, der Weichselkaltzeit, war das Gebiet von mächtigem Eis bedeckt. Dieses schürfte südlich von Ferdinandshof eine Geländedepression aus, die heute mit dem Galenbecker See gefüllt ist. Südlich davon stauchte das Eis die ausgeschürften Massen zu dem markanten Stauchendmoränenzug der Rosenthaler Staffel zusammen. Nordwestlich bei Friedland sind blaugraue Tone des Eozäns auch unter verhältnismäßig tiefem Gelände zusammengestaucht und bis zur Landoberfläche emporgepreßt. Diese Tone bilden mit ihrer komplizierten Lagerung eine Fortsetzung der Rosenthaler Staffel bis in das Gebiet, wo diese in der Landschaft heute nicht mehr erkennbar ist. Der Friedländer Ton wird als hochwertiger keramischer Rohstoff vor allem zur Fliesenproduktion abgebaut.

Von Pasewalk nach Süden folgt die Bahn im Ückertal einem Eiszungenbecken, das bis zum Südende der Ückerseen reicht und dort von einer lokalen Endmoräne umgeben wird.

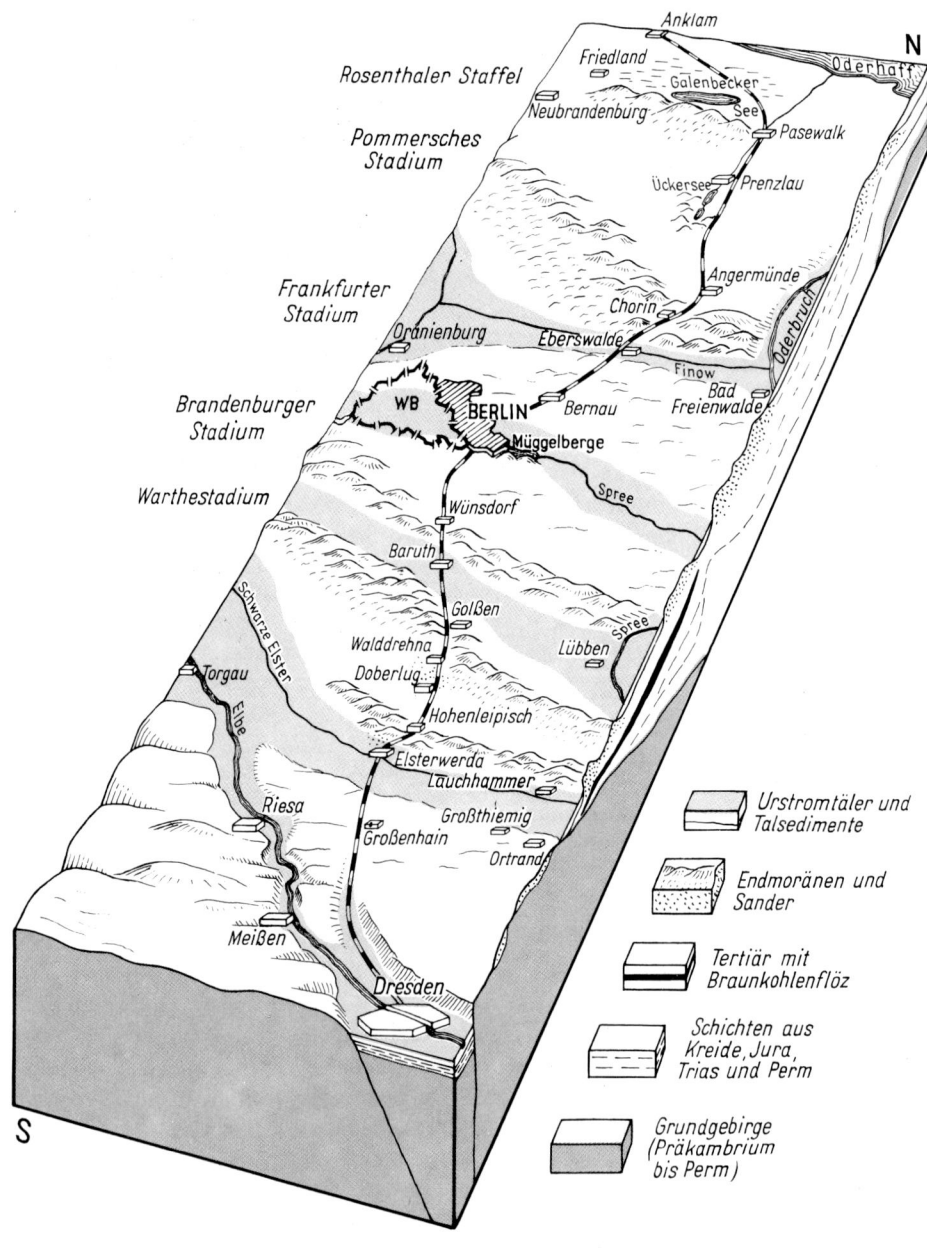

Die vom eiszeitlichen Eis geprägte Landschaft von Anklam bis Dresden

Der Raum Angermünde wird von der Grundmoränenlandschaft des Pommerschen Stadiums aufgebaut. Dessen Eisrandlage befindet sich zwischen Chorin und Eberswalde, wo sich das Eberswalder Urstromtal der Endmoräne nähert. Das Eberswalder Urstromtal kommt vom Oderbruch her, durchzieht – hier auffallend schmal – das Stadtgebiet von Eberswalde-Finow, durchbricht weiter westlich die Endmoränen des Frankfurter Stadiums bei Oranienburg und mündet bei Havelberg in das Elbeurstromtal.

Auf der Barnimhochfläche nördlich von Berlin macht sich das Frankfurter Stadium landschaftlich wenig bemerkbar, wohl aber in Berlin das Berliner Urstromtal, das von der Spree und ihren Nebenarmen benutzt wird. Das flache Land südlich von Berlin ist Grundmoränengebiet der Teltowhochfläche. Die Berge zwischen Wünsdorf und Baruth gehören zur Brandenburger Eisrandlage, die Niederungen bei Baruth zum dortigen Urstromtal.

Wenig südlich von Baruth sieht man im Westen die Höhenrücken der Endmoräne der Warthekaltzeit. Diese Endmoräne erstreckt sich hier ins Gebiet Golßen – Drahnsdorf – Walddrehna. Zwischen Uckro und Walddrehna quert die Bahn die Höhen der Endmoräne und gewährt weite Ausblicke nach Osten und Nordosten bis in das Gebiet des Baruther Urstromtales bei Luckau und Lübben.

Die Umgebung von Doberlug-Kirchhain wird von den Sandern dieser Endmoräne und von der Grundmoräne einer südlichen Eisrandlage der Saalekaltzeit aufgebaut.

Deren Endmoräne bildet bei Hohenleipisch einen deutlichen Höhenzug, der von der Bahn in einem tiefen Einschnitt durchfahren wird. Von dort aus reichen die zugehörigen Sander bis Elsterwerda. Dieser Ort liegt am Nordrand des hier etwa 5 km breiten, aus weiten Niederungen bestehenden und von der Schwarzen Elster durchflossenen Magdeburger Urstromtales.

Wo die Landschaft in Richtung Großenhain südlich des Urstromtales ansteigt, schließen Bahneinschnitte und Steinbrüche, z. B. bei Zabeltitz und Großthiemig bei Ortrand, das hier wieder hochliegende Grundgebirge in Form von Granit, Syenit und Grauwacke auf. Zwischen Großenhain und Dresden wird die Landschaft vom Grundgebirge geformt, dem eiszeitliche Schichten (Geschiebelehm, Sand, Flußkiese und Löß) nur in einer Mächtigkeit von wenigen Metern aufliegen. An vielen Stellen tritt das Grundgebirge direkt zutage.

Die südlichsten Endmoränen

Die südlichste, in der Landschaft nachweisbare, wenn auch nur wenig auffällige Endmoräne ist die der Saalekaltzeit angehörende Rückmarsdorfer Endmoräne südwestlich von Leipzig. Sie bildet bei Rückmarsdorf einen flachen Höhenrücken, der sich in der flachen, von Geschiebelehm und Löß aufgebauten Landschaft nach Südwesten über den Raum südlich von Lützen bis Dehlitz bei Weißenfels verfolgen läßt. Deutlicher ist der Endmoränenzug der Schwarzen Berge zwischen Taucha bei Leipzig und Eilenburg. Diese Eisrandlage gehört zum Petersberger Stadium und damit auch zur Saalekaltzeit.

Die Dahlener und die Dübener Heide sind im wesentlichen kiefernbestandene Sanderflächen einer Eisrandlage der Saalekaltzeit. Beide liegen südlich von Stauchmoränen, die allerdings landschaftlich nur lokal deutlich in Erscheinung treten. Zu den Sanderflächen der Dahlener Heide gehören die vom Eis verursachten Aufpressungen tertiärer Tone und Sande bei Belgern, die in den Tongruben des dortigen Steinzeugwerks aufgeschlossen sind. Im Nordteil der Dübener Heide beiderseits von Bad Schmiedeberg und bei Kemberg sind durch das Eis ebenfalls die bei Bitterfeld flachliegenden tertiären Tone, Sande und Braunkohlen gestaucht und emporgepreßt worden, und zwar so, daß sie in langen schmalen, dem ehemaligen Eisrand parallelen Streifen die vom Schmelzwasser aufgeschütteten Kiese und Sande durchspießen. In der flachwellig-hügeligen Landschaft bilden diese Streifen tertiärer Tone vorwiegend feuchte wiesenbedeckte Senken, während die eiszeitlichen Schmelzwasserkiese und -sande trockene Höhenrücken mit Kiefernwald aufbauen. Die breite Talaue der Mulde von Bad Düben über Bitterfeld nach Dessau kann als das zur Dübener Heide gehörende Urstromtal aufgefaßt werden, zumal dessen gebogener Verlauf genau dem Bogen der Schmiedeberger Stauchmoräne entspricht.

Das Schloß Hartenfels in Torgau erhielt seinen Namen von seiner Gründung auf »hartem Fels«, einer aus dem quartären Lockergestein aufragenden Quarzporphyrkuppe

Bad Schmiedeberg liegt in einem weiten Talkessel, der möglicherweise ein Schmelzwassersee gewesen ist. Reste von Beckensedimenten deuten darauf hin. Dieser See wurde offenbar später durch einen schmalen Taleinschnitt zu dem im Warthestadium der Saalekaltzeit entstandenen Magdeburger Urstromtal, dem heutigen Elbtal, entwässert.

Die Tertiärtone der Stauchmoräne von Bad Schmiedeberg dienen heute einem modernen Steinzeugwerk als Rohstoff.

Von Meißen bis Wittenberge

Eine Fahrt durch den mittleren Teil des Elbtals von Meißen bis Wittenberge zeigt uns – gewissermaßen in einem schrägen Schnitt – nochmals verschiedene Strukturen des von der Eiszeit geprägten Altmoränengebietes, dazu einige auch historisch bemerkenswerte Grundgebirgsaufragungen.

Von Meißen aus begleiten das Elbtal noch beiderseits hoch aufragende Steilufer, aus deren Granitsteinbrüchen vor Jahrzehnten Bruchsteine vor allem für den Wasserbau per Schiff befördert wurden. Elbabwärts wird das Grundgebirge von Diesbar nach Hirschstein zu immer niedriger und taucht bei Riesa unter die jungen Lockergesteine des Quartärs unter. Demgemäß wird ab hier die Elbaue mehrere Kilometer breit. Nur der Südwestrand des Elbtales ist noch deutlich erkennbar, und zwar dadurch, daß hier die Elbe die Grundmoränen- und Stauchmoränenhochfläche von Strehla – Belgern – Torgau angeschnitten hat.

Am Elbufer von Torgau steht Schloß Hartenfels auf tatsächlich hartem Fels, nämlich auf einer hier die Lockergesteine nochmals durchspießenden, die Elbe um etwa 10 m überragenden Kuppe von Quarzporphyr aus dem Unterperm.

Von Torgau aus trennt, vom Elbtal ausgehend, nach Westen eine urstromtalähnliche Niederung die Dahlener Heide im Süden von der Dübener Heide im Norden. Die Dübener Heide begleitet das südliche Elbufer mehr oder weniger benachbart bis Wittenberg. Von Pretzsch bis Wittenberg schalten sich zwischen Heide und Elbtal allerdings breitere Grundmoränenflächen ein. Das Elbtal ist hier die Fortsetzung des von Elsterwerda her kommenden Urstromtals. Es ist eine etwa 10 bis 12 km breite Auenlandschaft, in der zahlreiche Altwässer und Geländedepressionen heute andeutungsweise erkennen lassen, wie noch vor Jahrhunderten (vor der Regulierung) die Elbe ihr breites Tal in zahlreichen Windungen durchfloß, die durch Ufererosion und Sandbanksedimentation oft verlagert wurden.

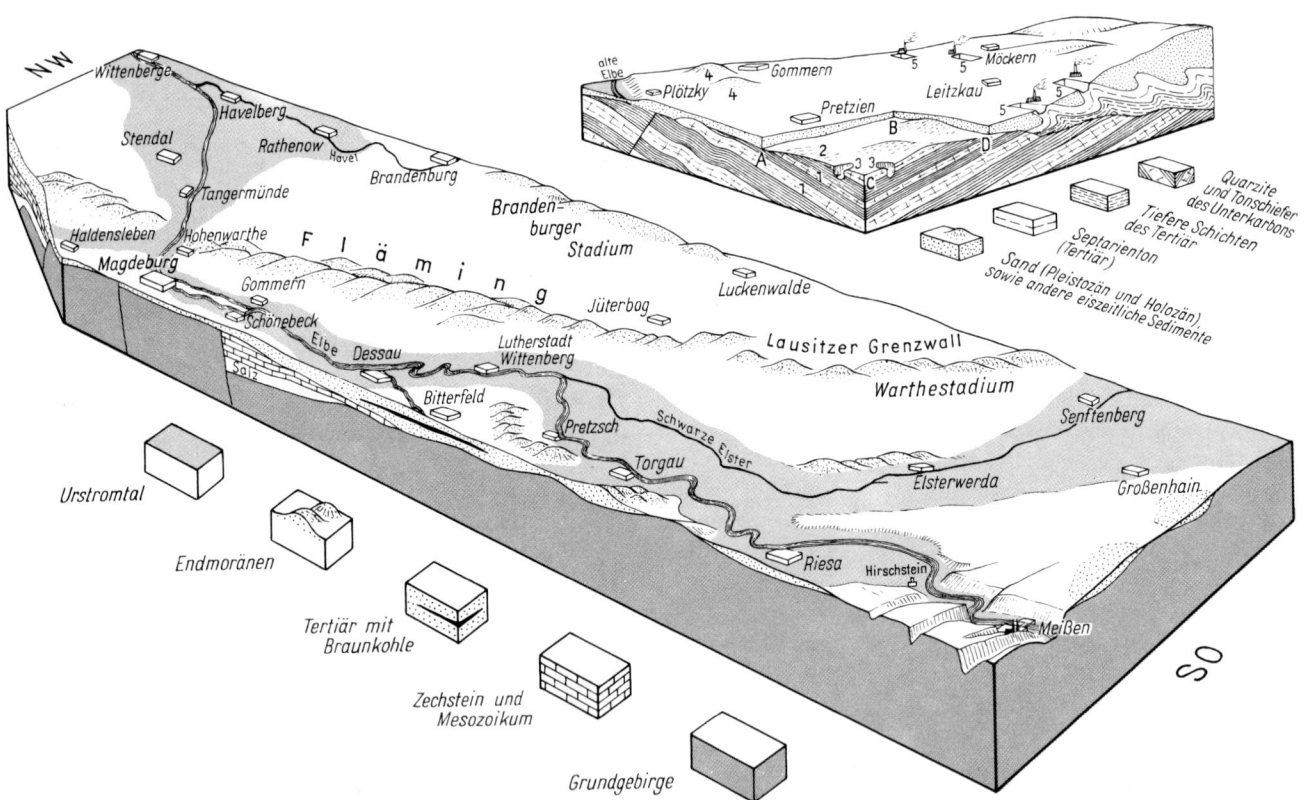

Das Mittelelbegebiet von Meißen bis Magdeburg und das Unterelbegebiet bis Wittenberge; rechts oben: Fläming und Elbtal bei Gommern – Leitzkau

1 Quarzitbänke (*A, B, C, D*: Lockergesteine abgedeckt), *2* Gletscherschliffe und Schrammen, *3* Gletschertöpfe, *4* Dünen, *5* Ziegeltongruben auf Sätteln von Septarienton

Rezente Wanderdüne bei Gommern

Von Lutherstadt Wittenberg bis Magdeburg durchfließt die Elbe eine flache Grundmoränenlandschaft, an die sich nach Norden zu der bis 201 m hohe Höhenrücken des Fläming als die Endmoräne des Warthestadiums anschließt. Er wird im folgenden Abschnitt näher behandelt.

Am Magdeburger Dom und an der dortigen Alten Elbe ragen Klippen rotliegender Konglomerate und Sandsteine und unterkarbonische Grauwackenklippen der Flechtinger Scholle so hoch empor, daß sich die Elbe hier in diese Gesteine etwas einschneiden mußte.

Nördlich von Magdeburg schnitt die Elbe ihr Tal in die hohe Endmoräne von Hohenwarthe ein, die das NW-Ende des Flämings darstellt und mit einem Steilufer noch heute bis dicht an den Flußlauf herantritt.

Dann aber konnte die Elbe in das weite Flachland östlich der Altmark eintreten, die Havel bei Havelberg aufnehmen und ihren Lauf nach Nordwesten zur Nordsee nehmen.

Fläming und Elbtal

Wir haben den Fläming als Endmoräne des Warthestadiums der Saalekaltzeit und das Elbtal von Wittenberg bis Magdeburg als das zugehörige Urstromtal kennengelernt. Einige berühmte geologische Aufschlüsse gestatten, die eiszeitlichen Vorgänge in diesem Gebiet noch differenzierter zu analysieren.

In der Elbaue im Gebiet Gommern – Pretzien – Plötzky ragen mächtige Quarzite und Tonschiefer des Unterkarbons bis fast an die Geländeoberfläche empor, allerdings ohne das gegenwärtige Landschaftsbild der dortigen Elbaue entscheidend zu beeinflussen. Große ehemalige Steinbrüche sind heute mit Wasser gefüllt und werden als Badeteiche inmitten eines Erholungsgebietes genutzt.

Im Eiszeitalter bildete der Gommernquarzit Aufragungen, die vom Inlandeis der Saalekaltzeit überfahren wurden. Dabei ritzten die im Eis enthaltenen nordischen Felsbrocken Gletscherschrammen in die Quarzitoberfläche ein. Schmelzwässer schliffen mit Hilfe von Geschieben im Quarzit runde tiefe Löcher, die sog. Gletschertöpfe, aus. Die geringmächtigen eiszeitlichen Schichten über dem Quarzit bestehen aus Sanden, Beckenton und Geschiebelehm der Saalekaltzeit, die von spätpleistozänen und holozänen Dünensanden überlagert werden. Die bis etwa 20 m hohen Dünen sind dort, wo sie der Pflanzendecke beraubt wurden, heute zu aktiven Wanderdünen geworden.

Nordöstlich von Gommern steigt die Landschaft allmählich zum Fläming auf. Unter dem flach geneigten Gelände bei Leitzkau verbirgt sich jedoch eine Stauchmoräne, in der der Rupelton des Tertiärs in steile, tiefreichende Falten gelegt ist und die eiszeitlichen Deckschichten so durchspießt, daß im Raum Leitzkau – Möckern eine Anzahl Ziegeleien den Septarienton erschließen konnte.

Nördlich vom Fläming sind bei Niemegk Beckentone ebenfalls von dem nach Südwesten vorrückenden Eis gestaucht und in Falten gelegt worden.

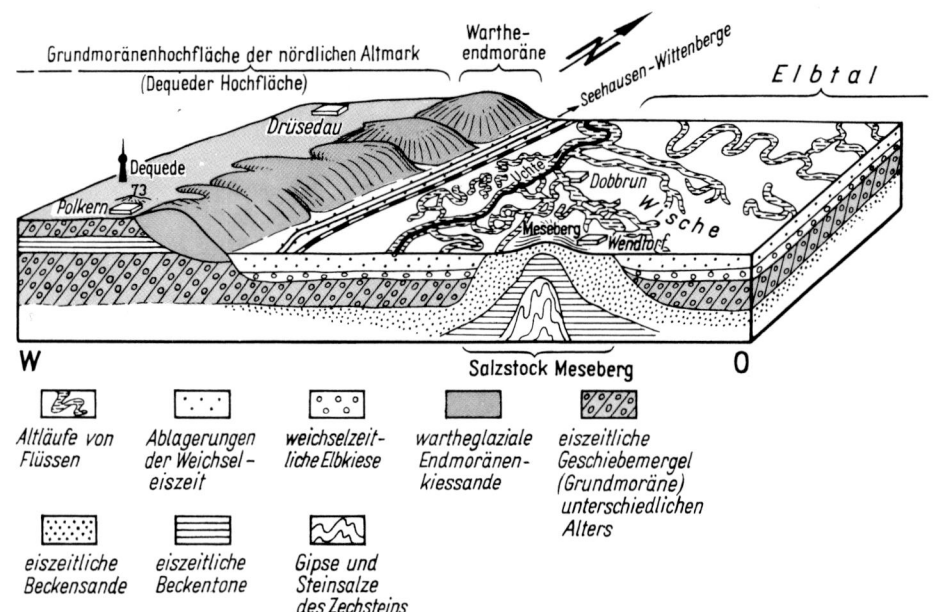

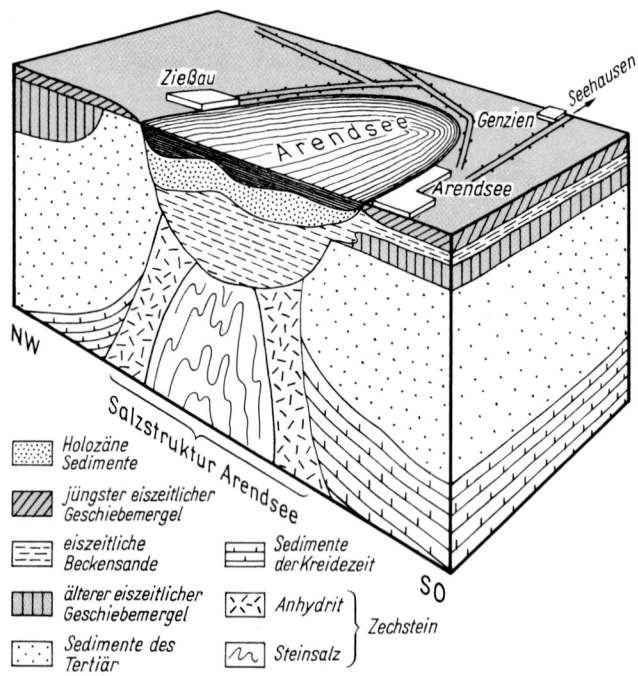

Eiszeit, Salztektonik und Landschaftsform in der Altmark

Die Karte rechts zeigt Endmoränenzüge, Grundmoränenplatten und Flußtäler; im Bild oben ist der Meseberg im Elbtal zwischen Osterburg und Seehausen (Wische) östlich der Dequeder Grundmoränenhochfläche dargestellt; das Bild unten zeigt den Arendsee, ein Einbruchskessel über einem Salzstock

Letzlinger Heide – Altmark

Westlich der Elbe bezeugen die Calvörder Berge die Eisrandlage des Plankener Stadiums wie die Dübener und die Dahlener Heide weiter im Südosten. Die Letzlinger Heide ist der Sander des Warthestadiums wie weiter südöstlich der Fläming.

Weiter nördlich bis zum Bereich Osterburg – Seehausen wird die Altmark von einer Schichtfolge von Geschiebemergeln, Geschiebesanden und warmzeitlichen Sedimenten aus verschiedenen Zeitabschnitten des Pleistozäns aufgebaut. Der oberflächlich anstehende saalekaltzeitliche Geschiebemergel wird von Schmelzwasserrinnen in mehrere Hochflächenplatten geteilt.

Das so in sich gegliederte Grundmoränenplateau der Altmark grenzt im Norden mit einer warthekaltzeitlichen Endmoräne an die Urstromtallandschaft der Wische. Zahlreiche Altwässer und ehemalige Mäander von Elbe und Aland bestimmen in diesem Gebiet das Landschaftsbild.

In dieser insgesamt vom Pleistozän geformten Landschaft finden wir mehrere, auch landschaftsprägende Aufragungen des tieferen Untergrundes.

Der Meseberg in der Wische ist durch den Aufstieg von Salz im Untergrund emporgetrieben worden. Wie an vielen Stellen im Harzvorland und im nördlichen Tiefland so auch hier ist an einer Vergitterung tektonischer Störungszonen das sonst einige hundert Meter tief liegende, aber extrem plastische Zechsteinsalz pfropfenförmig aufgestiegen und hat einen Salzstock gebildet. Dieser wurde in seinen oberen Bereichen so ausgelaugt, daß die vorwiegend aus Gips bestehenden Auslaugungsrückstände nun als sog. Gipshut über dem nicht ausgelaugten Salz liegen. Die Aufwölbung von Sedimenten aus der Holsteinwarmzeit und der Saalekaltzeit sowie das Durchspießen der jüngsten Talsedimente beweisen, daß der Salzaufstieg fast – wenn nicht überhaupt – bis zur Gegenwart andauert.

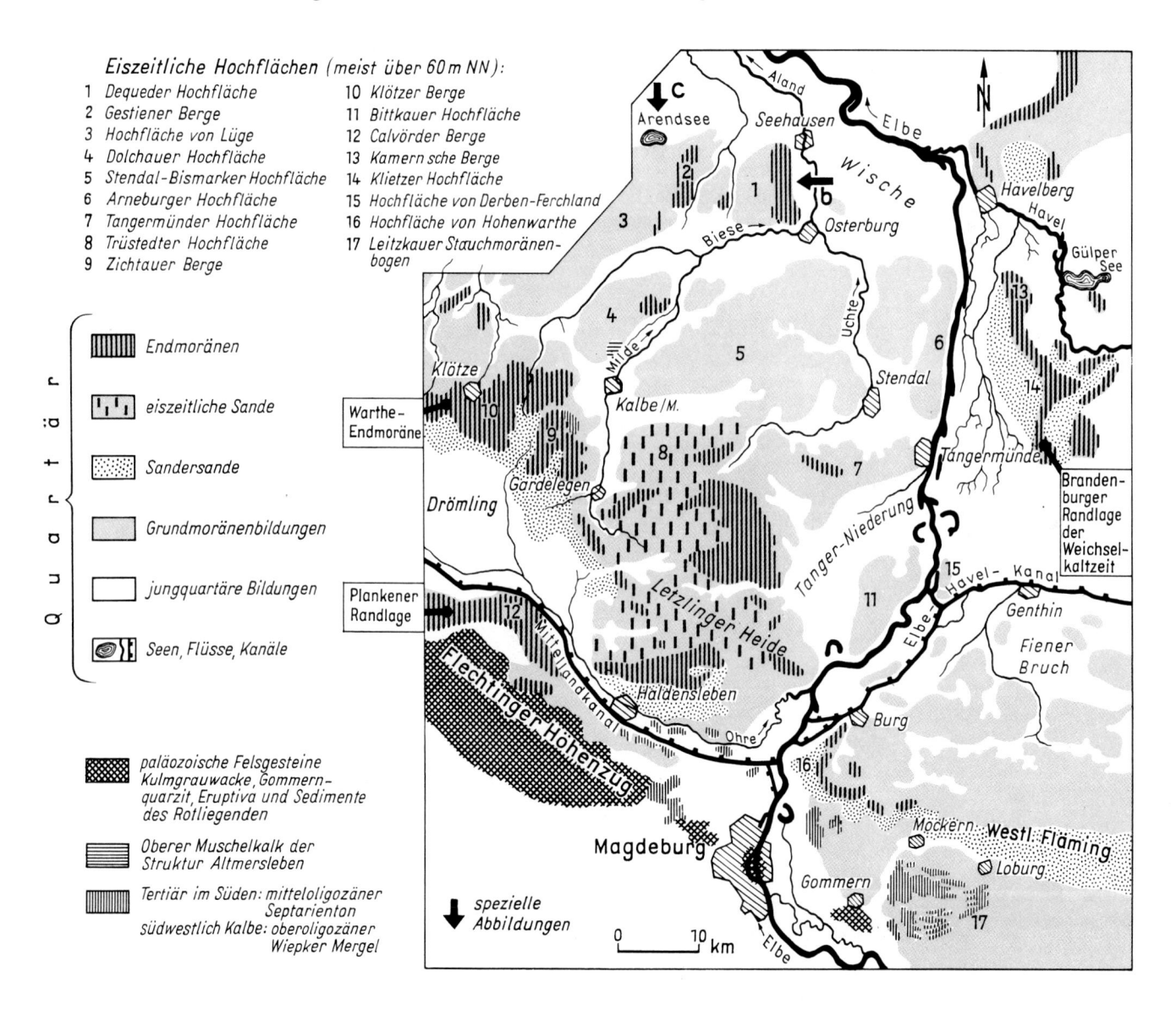

Eiszeitliche Hochflächen (meist über 60 m NN):
1. Dequeder Hochfläche
2. Gestiener Berge
3. Hochfläche von Lüge
4. Dolchauer Hochfläche
5. Stendal-Bismarker Hochfläche
6. Arneburger Hochfläche
7. Tangermünder Hochfläche
8. Trüstedter Hochfläche
9. Zichtauer Berge
10. Klötzer Berge
11. Bittkauer Hochfläche
12. Calvörder Berge
13. Kamern sche Berge
14. Klietzer Hochfläche
15. Hochfläche von Derben-Ferchland
16. Hochfläche von Hohenwarthe
17. Leitzkauer Stauchmoränenbogen

Quartär:
- Endmoränen
- eiszeitliche Sande
- Sandersande
- Grundmoränenbildungen
- jungquartäre Bildungen
- Seen, Flüsse, Kanäle

- paläozoische Felsgesteine Kulmgrauwacke, Gommernquarzit, Eruptiva und Sedimente des Rotliegenden
- Oberer Muschelkalk der Struktur Altmersleben
- Tertiär im Süden: mitteloligozäner Septarienton südwestlich Kalbe: oberoligozäner Wiepker Mergel

↓ spezielle Abbildungen

Bei Altmersleben in der westlichen Altmark sind Schichten des Muschelkalks auf der Nordflanke eines Salzstockes durch den Salzaufstieg ebenfalls aufgerichtet worden, wobei die jeweils nördlichere Scholle der südlicheren aufgeschoben ist. Eine nahe dem Salzsattel gelegene Scholle mit steilgestellten Schichten durchspießt am Kalkberg das Pleistozän und ermöglichte den Aufschluß und Abbau von Muschelkalk. Das Gestein diente jahrhundertelang als Baustein, z. B. für die Burg Calbe an der Milde, und zur Branntkalkproduktion.

In der nördlichen Altmark haben Auslaugungsvorgänge über einem Salzstock den Arendsee entstehen lassen. Auch hier lassen Schichtfolge und Lagerungsverhältnisse Bewegungen des aufsteigenden Salzes bis in jüngste Zeit vermuten. Einbrüche von Ufergelände am Arendsee – sicher aufgrund von Auslaugung im Untergrund – sind aus den Jahren 822 und 1685 urkundlich belegt.

Um Berlin und Rüdersdorf

Das Gebiet der Eisrandlagen des Brandenburger und des Frankfurter Stadiums ist komplizierter gegliedert, als es nach dem System der Endmoränen und Urstromtäler zu erwarten ist. Zwischen dem Baruther Urstromtal im Süden, dem Berliner und dem Eberswalder Urstromtal liegen größere und kleinere Grundmoränenplatten wie Nauener Platte, Teltow- und Barnim-Hochfläche. Diese Grundmoränenplatten und die dazwischenliegenden flußdurchzogenen vermoorten Sandniederungen bestimmen den geologischen Untergrund Berlins. Das an sich schon nicht stark gegliederte Relief erscheint durch die dichte Bebauung wenig auffällig. Hinzu kommt, daß Eisrandlagen am Frankfurter Stadium weithin in der Landschaftsform nicht in Erscheinung treten. Da die Müggelberge bei Berlin zur Erkner Staffel zu rechnen sind, muß man annehmen, daß das Berliner Urstromtal die Endmoränen dieser Staffel durchbrochen und teilweise abgetragen hat. Dieser Talzug war in der Tat längere Zeit stark wasserführend, da er die Schmelzwässer der Frankfurter und zum Teil auch der Pommerschen Eisrandlage zum Elbeurstromtal nach Westen führte. Verschüttete, vermutlich erst im Frühholozän ausgetaute Toteisreste – gelegentlich in glazialen Rinnen liegend – schufen auf den sonst ebenen Talauen Hohlformen, die wegen des hohen Grundwasserstandes wassergefüllt sind. Hierzu gehören die Seen in der Umgebung Berlins.

Die inselartig aus den Schmelzwasserablagerungen herausragenden Grundmoränenplatten, die besonders gegen das Oderbruch steile zertalte Ränder aufweisen, die Urstromtäler, die zahlreichen Quertäler und die Seen bezeugen einen stark differenzierten, etappenweisen Abschmelzvorgang des weichselkaltzeitlichen Inlandeises.

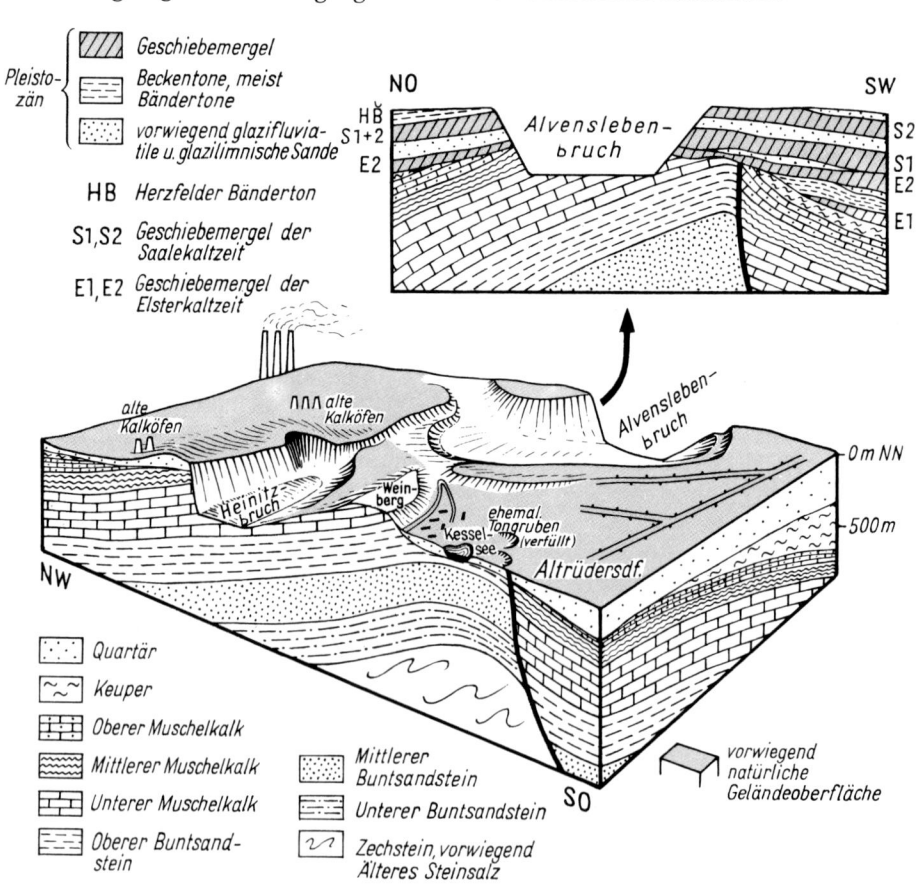

Quartär, Muschelkalk und Buntsandstein über der Salzstruktur von Rüdersdorf (oben nach A. CEPEK)

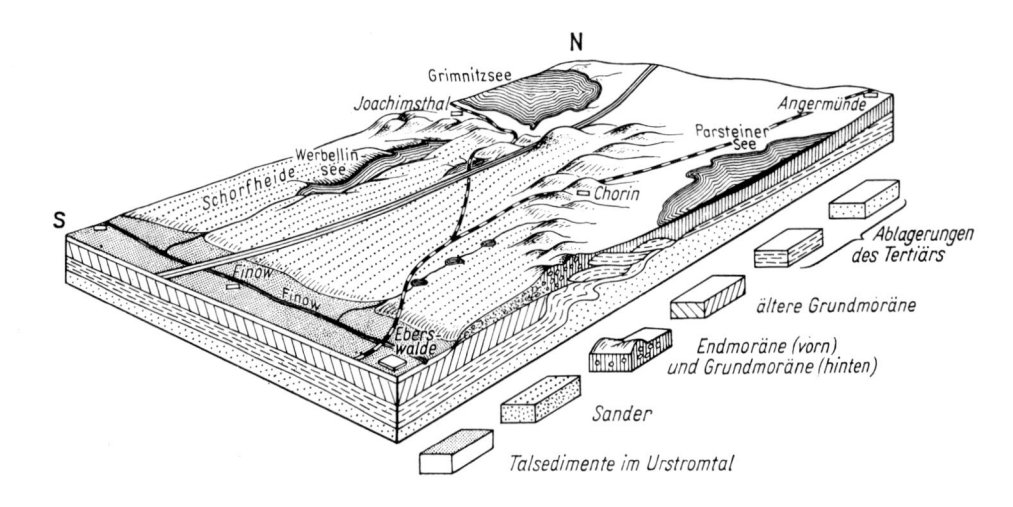

Entstehung der Landschaftsformen zwischen Eberswalde und Angermünde; Stauchmoräne südlich vom Parsteiner See, unter diesem das Tertiär zum Teil ausgequetscht

Bei Rüdersdorf wird diese Glaziallandschaft von salztektonisch aufgepreßten Schichten der Trias überragt. Über dem in der Tiefe liegenden breiten Salzkissen liegen relativ flach geneigt der Buntsandstein und der Muschelkalk. Besonders dieser bildet bei Rüdersdorf Bergrücken, die Kalkberge, die seit Jahrhunderten zur Branntkalkgewinnung abgebaut wurden. Jetzt wird das Gestein in großen Tagebauen als Rohstoff für mehrere Zementfabriken gewonnen. Bei den früheren noch nicht mechanisierten Abbaumethoden wurden bedeutende Meeresversteinerungen, z. B. Saurierknochen und -skelette sowie Seelilien, Muscheln, Ammoniten u. a., gefunden, die heute im Naturkundemuseum Berlin zu besichtigen sind. Berühmt geworden ist der Muschelkalk von Rüdersdorf durch die auf den Kalkfelsen gefundenen Spuren der Eiszeit: Am 3. November 1875, als die »Diluvialsedimente« noch weithin als Meeresablagerungen betrachtet wurden, deutete der schwedische Geologe O. Torell die auf der Oberfläche des Muschelkalks sichtbaren Schrammen als Spuren einer Vergletscherung, die sich von Skandinavien und Finnland bis an den Fuß der deutschen Mittelgebirge erstreckt habe. Dieser Tag gilt seitdem als der Beginn der modernen Erforschung des Eiszeitalters in Mitteleuropa. 1895 wurde Torell in Rüdersdorf ein Denkmal gesetzt.

Warnowtal und Recknitztal bei Güstrow

Das gegenwärtige Relief der Umgebung von Güstrow wurde durch eine Stillstandsphase des Eisrandes südlich der Stadt während des Pommerschen Stadiums gebildet. Vor dem Eisrand lagerte sich eine Endmoräne und südlich davon ein Sander ab. Das Inlandeis war von Spalten verschiedener Richtung durchzogen. Besonders die zum Eisrand zu gerichteten Spalten zeichneten dem Schmelzwasser den Weg vor. Auch als das Eis etwas zurückgeschmolzen war, floß das Schmelzwasser in den sich anstelle der Spalten bildenden Tälern nach Süden und suchte sich nördlich der Endmoräne einen Abfluß. Es entstand eine urstromtalartige Landschaft nördlich der Endmoräne im Bereich der Städte Güstrow und Bützow. Nach weiterem Abschmelzen des Eises kehrte sich die Fließrichtung in den ehemaligen Eistälern um, so daß die Warnow und die Recknitz nun nach Norden fließen und in die Ostsee entwässern.

Zwischen diesen Tälern und der Endmoräne ist die Landschaft von Drumlins und Seen (entstanden anstelle von Toteisblöcken) geprägt. Auf den Grundmoränenhochflächen beiderseits von Warnow und Recknitz zeichnen Wallberge oder Oser als bahndammähnliche Kieswälle die Lage einstiger Eistunnel und Eisspalten nach.

Die Warnow entspringt jedoch schon südlich der Endmoräne und hat, von Crivitz und Schwerin kommend, zwischen Sternberg und Bützow in die Endmoräne ein enges, tiefes Tal eingeschnitten.

Werbellinsee und Joachimsthaler Endmoränenbogen

Zwischen Eberswalde und Angermünde ist das Formengut eiszeitlich geprägter Landschaft einschließlich der verschiedenen Typen eiszeitlicher Seen wie ein Schulbeispiel einfach und auf engem Raum zu studieren.

Von den Ihlowbergen bei Althüttendorf überschaut man die Endmoräne des Pommerschen Stadiums, die sich hier von Friedrichswalde über Joachimsthal in die Gegend von Althüttendorf – Großziethen erstreckt. Es ist vorwiegend eine Aufschüttungsendmoräne, in der Schmelzwässer die feinen Partikeln zum großen Teil ausgewaschen haben. Die übriggebliebenen Blockpackungen sind hier an vielen Stellen zu Bruchsteinen, Schotter und Splitt verarbeitet worden. Alte Steinbruchanlagen zeugen noch von der einstigen Tätigkeit der Steinschläger. Lokal, so z. B. am Werbellinsee bei Joachimsthal, hat das Eis tertiären Ton aus der Tiefe emporgestaucht, der in der Ziegelindustrie genutzt wird. Das Zusammenpressen und Aufstauchen von Untergrundmaterial in der Endmoräne ist mit einem Massendefizit nördlich davon ursächlich verbunden. Dieses Massendefizit zeigt sich heute in der vom Grimnitzsee gefüllten flachen,

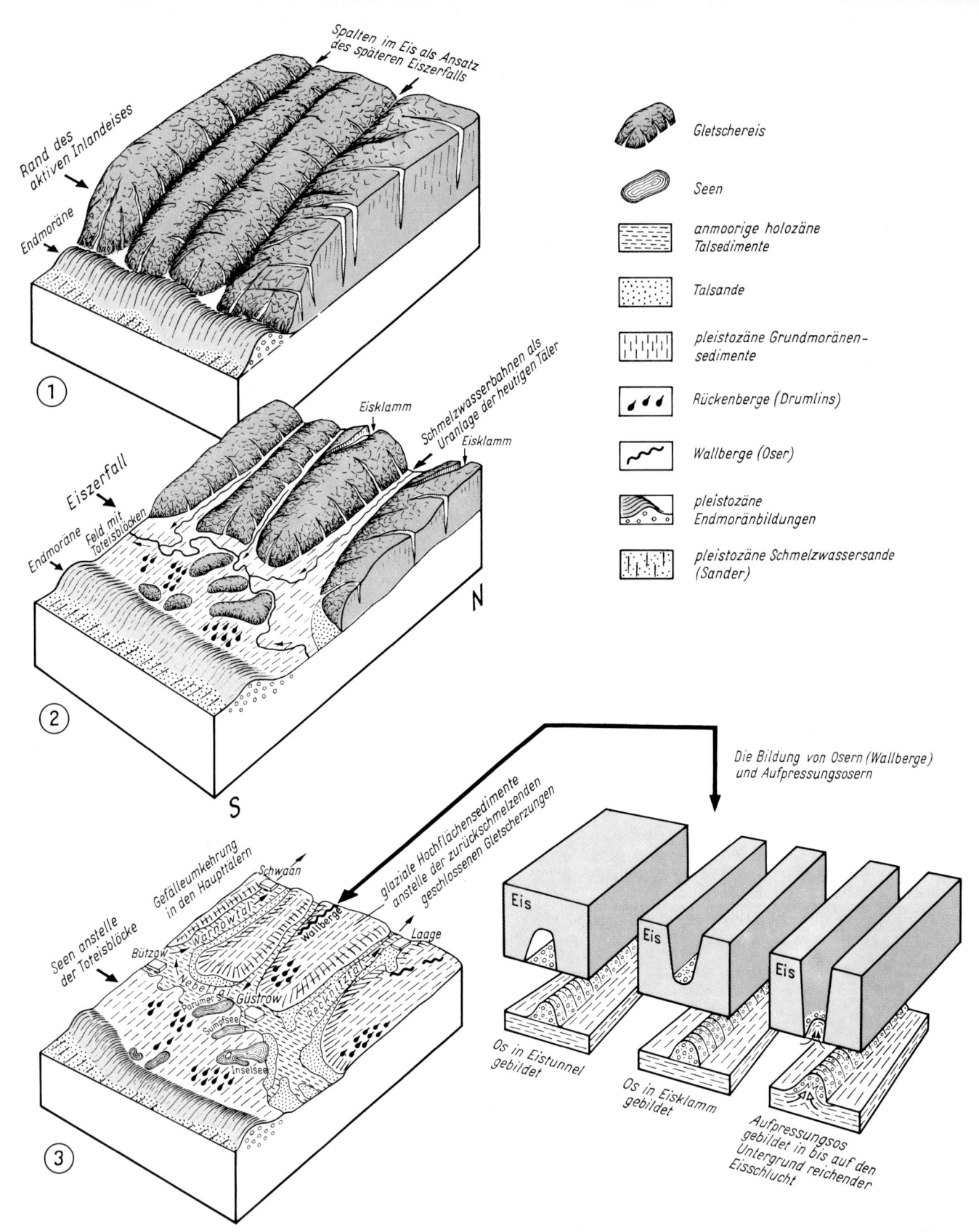

Die Entstehung von Relief und Flußsystem im Bereich von Bützow–Güstrow: ① aktiver Eissüdrand im Raum Bützow–Güstrow ② Eiszerfall am Ende der Kaltzeit, Talbildungen anstelle ehemaliger Eisspalten mit leichtem Gefälle nach Süden ③ nach Abschmelzen des Eises bis in den Ostseeraum Abfluß der Schmelzwässer nach Norden und dadurch teilweise Gefälleumkehr. Begrabene Toteisblöcke bilden nach Ausschmelzen Seen. Unten rechts: drei Möglichkeiten der Wallbergbildung (mit abgehobener Eisdecke)

Nordische Geschiebe (Findlinge) aus kristallinen Gesteinen Nordeuropas sind von alters her ein bevorzugter Baustein im nördlichen Tiefland. Geschiebemauerwerk an der Stadtmauer in Neubrandenburg

aber großflächigen Vertiefung der Oberfläche der Grundmoränenlandschaft. So wie der Grimnitzsee im Zentrum des Joachimsthaler Endmoränenbogens liegt, enthält der Endmoränenbogen von Chorin–Brodowin den Parsteiner See als ebenfalls flachen Zungenbeckensee.

Südlich der Joachimsthaler Endmoräne liegt die mit Kiefern bestandene Schorfheide als typischer Sander. Die Ausläufer dieser Sanderflächen erreichen bei Eberswalde das Urstromtal.

Von der Endmoräne ausgehend, haben sich in den Sander tiefe Schmelzwasserrinnen eingeschnitten und in der Landschaft den Bugsinsee als kleinen und den Werbellinsee als großen Rinnensee hinterlassen. Vermutlich waren auch Toteisblöcke bei ihrem Abschmelzen an der Formung des Reliefs der Rinnenseen beteiligt. Auf Toteisblöcke gehen wohl auch die Vertiefungen zurück, die heute den Schulzensee, die Kugelpfühle und die Sassenpfühle enthalten.

Die Feldberger Seen

Die abwechslungsreichste vom Eis geschaffene Seenlandschaft liegt bei Feldberg und entstammt dem Pommerschen Stadium der Weichselkaltzeit. Seen verschiedenster Form und Größe sind einem unterschiedlich hügeligen Gelände eingeschaltet. Geradezu berühmt sind die Ausblicke in die Feldberger Seenlandschaft von einigen Aussichtspunkten, z. B. vom Hausberg und vom Hauptmannsberg.

Die Hauptendmoräne des Pommerschen Stadiums wird bei Feldberg vom 146 m hohen Rosenberg, dem 145 m hohen Reiherberg, dem 123 m hohen Hullerbusch (östlich des Schmalen Luzins) und dem 121 m hohen Hauptmannsberg bei Carwitz markiert. Die Endmoräne hat hier einen bogenförmigen Verlauf, der die einzelnen ehemaligen Eiszungen heute noch abbildet. Große Steine und Blöcke nordischen Materials in der Endmoräne wurden früher als Baumaterial gewonnen, stehen heute aber unter Naturschutz. Haussee, Breiter Luzin und Carwitzer See fügen sich dem Verlauf der Endmoränenbögen ein. Dabei liegen im Bereich des Haussees und des Breiten Luzins zwei Endmoränenbögen hintereinander. Der fruchtbare Geschiebemergel läßt an den Seeufern prächtige Laubwälder gedeihen.

Anstelle des Schmalen Luzins ist eine tiefe Schmelzwasserrinne zu vermuten, die entweder an einem Gletschertor im Bereich der Endmoränenbögen ihren Ausgang nahm oder aber an Eisspalten durch Tiefenerosion des unter Druck stehenden Gletscherwassers entstand. Westlich und südlich des Schmalen Luzins finden wir in Form kieferbestandener Sanderflächen die zugehörigen Schmelzwasserablagerungen. Ebensolche Schmelzwasserrinnen sind der Dolgener See und der Zansen. Größe, Umfang und Gliederung der Seen sowie deren Tiefe (bis 59 m) sind im Detail sicher durch lokale Formen der Toteisblöcke bestimmt, die sich bei ihrem Abschmelzen entwickelten. Das gilt insbesondere auch für die zahlreichen kleinen und kleinsten Seen der Feldberger Landschaft.

Mitten durch die Feldberger Landschaft quer zu den Endmoränenbögen verläuft die Wasserscheide zwischen Ostsee und Nordsee.

Durch Tiefenerosion von Schmelzwässern im Inlandeiskörper entstanden tiefe schmale Rinnenseen mit steilen Ufern wie der Schmale Luzin bei Feldberg

Übersichtskarte der eiszeitlichen
Formen der Feldberger Seenlandschaft
(nach Hurtig und Janke, 1966)

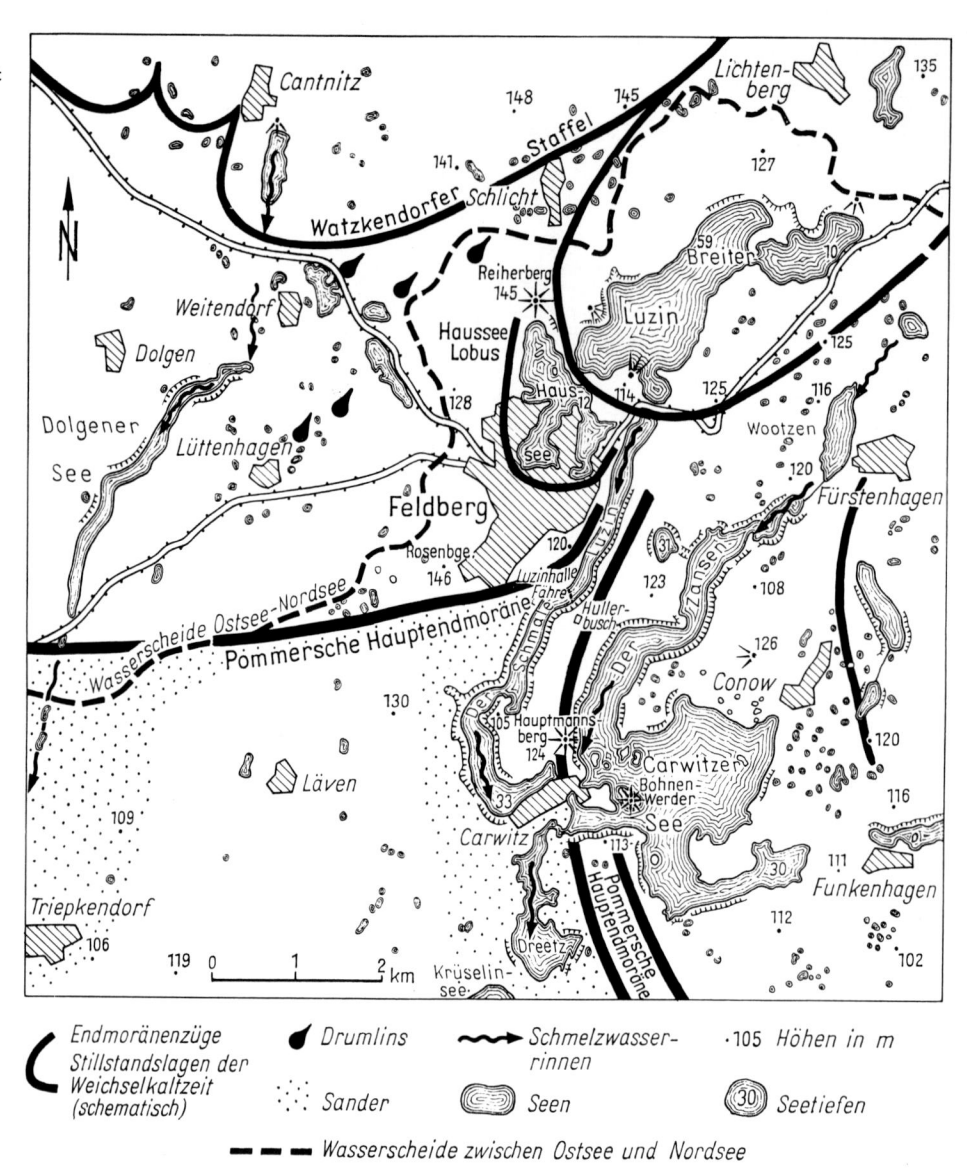

Der Tollensesee bei Neubrandenburg

Nördlich der Eisrandlage des Pommerschen Stadiums liegen drei SW–NO- bis S–N-gestreckte Seen bzw. Seengruppen, die breiter als die gewöhnlichen Rinnenseen sind, aber auch nicht Grundmoränenseen im Rücken von Endmoränenbögen darstellen.

Es sind dies der Malchiner und Kummerower See, der Tollensesee und die Lieps sowie die Überseen bei Prenzlau. Schon auf jeder Verkehrskarte erscheinen die drei Seengruppen einander so ähnlich, daß man für sie die gleiche Entstehung annehmen muß. Die vermutliche Vorgangsfolge sei am Beispiel des Tollensesees bei Neubrandenburg dargestellt.

Gegen Ende der Weichselkaltzeit schuf das Inlandeis bei Neubrandenburg die Eisrandlage des Pommerschen Stadiums in Form mehrerer hintereinanderliegender Endmoränenbögen mit Sandern und Schmelzwasserrinnen.

Weiteres Abschmelzen des Eises führte nördlich davon zu mehreren lokalen Endmoränenzügen. Abschmelzendes Eis hinterließ Drumlins, Toteisblöcke bedingten zwischen den Endmoränen kleinere Seen.

Nachdem das Eis weit nach Norden, vermutlich bis in den Bereich Altentreptow – Friedland (in Verlängerung der Rosenthaler Staffel), zurückgeschmolzen war, ließ eine erneute Klimaverschlechterung hier zwei neue Gletscherzungen entstehen, die nach Südwest vorrückten und sich bei Neubrandenburg vereinigten. In Form einer Gletscherzunge stieß das Eis noch etwa 12 km weiter nach Südwest vor und schuf sich ein Zungenbecken, das von eigenen Endmoränen umgeben war. Periodisches Vorrücken und Rückschmelzen der Eiszunge gliederte das Zungenbecken

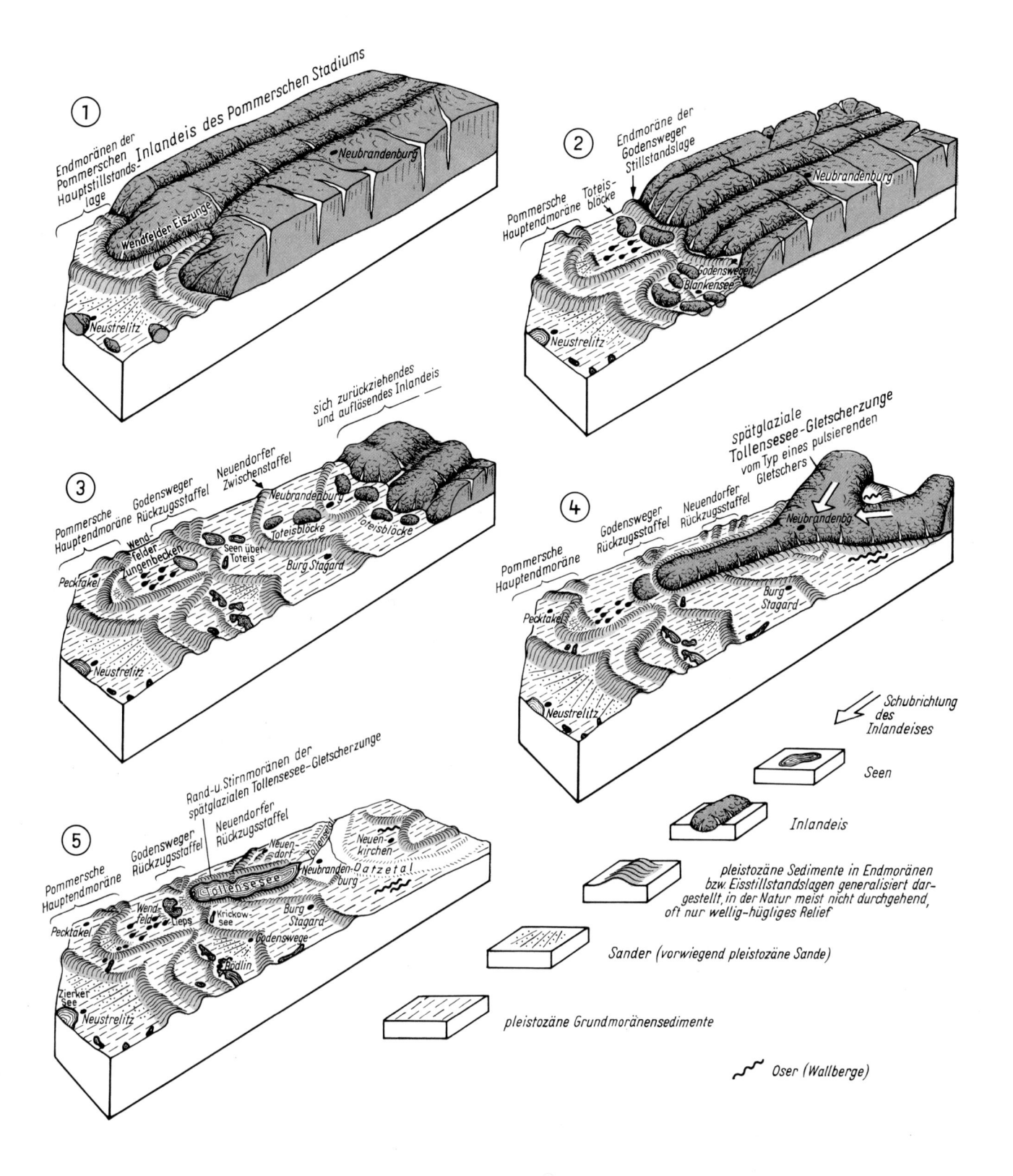

Die Formung der Landschaft in der Umgebung von Neubrandenburg durch das Inlandeis (in Anlehnung an HURTIG und JANKE, 1966)
① weichselkaltzeitliches Inlandeis während des Pommerschen Stadiums bei Neubrandenburg ② und ③ die Entstehung von Moränenstaffeln beim weiteren Abschmelzen des Eises ④ nach Abschmelzen des Eises bis zum Oderhaff im Spätglazial erneuter Vorstoß einer Gletscherzunge bis südlich Neubrandenburg ⑤ der Tollensesee als Zungenbecken dieses jüngsten Eisvorstoßes. Zur Legende: geschwänzte Punkte = Drumlins (Rückenberge)

in einen kleinen SW-Teil mit einem Toteisblock und den größeren NO-Teil. Zwischen beiden war eine lokale Endmoräne entstanden.

Nach Abschmelzen des Inlandeises insgesamt zeigte sich das gegenwärtige Landschaftsbild: Das gegliederte Zungenbecken ist vom Tollensesee und der Lieps gefüllt. Während die geringe Tiefe und das starke Bodenrelief der Lieps auf Mitwirkung von Toteisblöcken schließen lassen, ist der eigentliche Tollensesee mit 10,4 km Länge, 3 km Breite, 32,3 m Tiefe und steilen Seitenflanken ein typischer Zungenbeckensee. Ufervorsprünge (Haken) sind als Reste weiterer lokaler Stirnmoränen zu deuten. Überreste der beiden getrennten Eiszungen nördlich Neubrandenburg sind das Tollensetal und das Datzetal, die heute allerdings von jüngeren Talsanden etwas aufgefüllt worden sind. Endmoränen verschiedener lokaler Eisrandlagen, Drumlins, Oser, Sander und kleinere durch Toteis entstandene Seen prägen das Bild der umgebenden Landschaft.

Für die Entstehung der Überseen ist die gleiche Vorgangsfolge zur gleichen Zeit – in geologisch jüngster Vergangenheit am Ende der Weichselkaltzeit – anzunehmen. Dabei läßt nicht nur der Überseese selbst, sondern nördlich davon das Überthal zwischen Prenzlau und Pasewalk seine Formung durch die Zunge der jüngsten eiszeitlichen Eisdecke erkennen.

Die Ostseeküste

Überblick

Die Ostsee ist kein Weltmeer. Zwei entscheidende Vorgänge in der Erdgeschichte Mitteleuropas sind Ursache dafür, daß sie überhaupt existiert: Die seit dem Oberkarbon – Perm bis zur Gegenwart, also über 250 Millionen Jahre anhaltende Senkung der Nordteile von der VR Polen, der DDR und der BRD hat dort zu einer solchen Tieflage der Landoberfläche geführt, daß heute Teile dieser Senke von der Nordsee und Ostsee überflutet sind. Große, südlich anschließende Flächen – von der Küste bis etwa zur Linie Magdeburg – Doberlug – Cottbus – wären auch überflutet, wenn hier während der Eiszeit nicht mächtige Sedimente abgelagert worden wären. Nur die salztektonisch aufgepreßten älteren Gesteine würden bei Altmersleben, Rüdersdorf und einigen anderen Stellen Inseln bilden.

Die zweite Ursache für die Existenz der Ostsee ist die Eiszeit selbst: Man kann die Ostsee – bezogen auf das Gesamtphänomen der pleistozänen Vereisung in Mitteleuropa – als einen gewaltigen Grundmoränensee oder einen riesigen Zungenbeckensee auffassen, zumal ihr gesamtes südliches Vorland vom Inlandeis geschaffen worden ist.

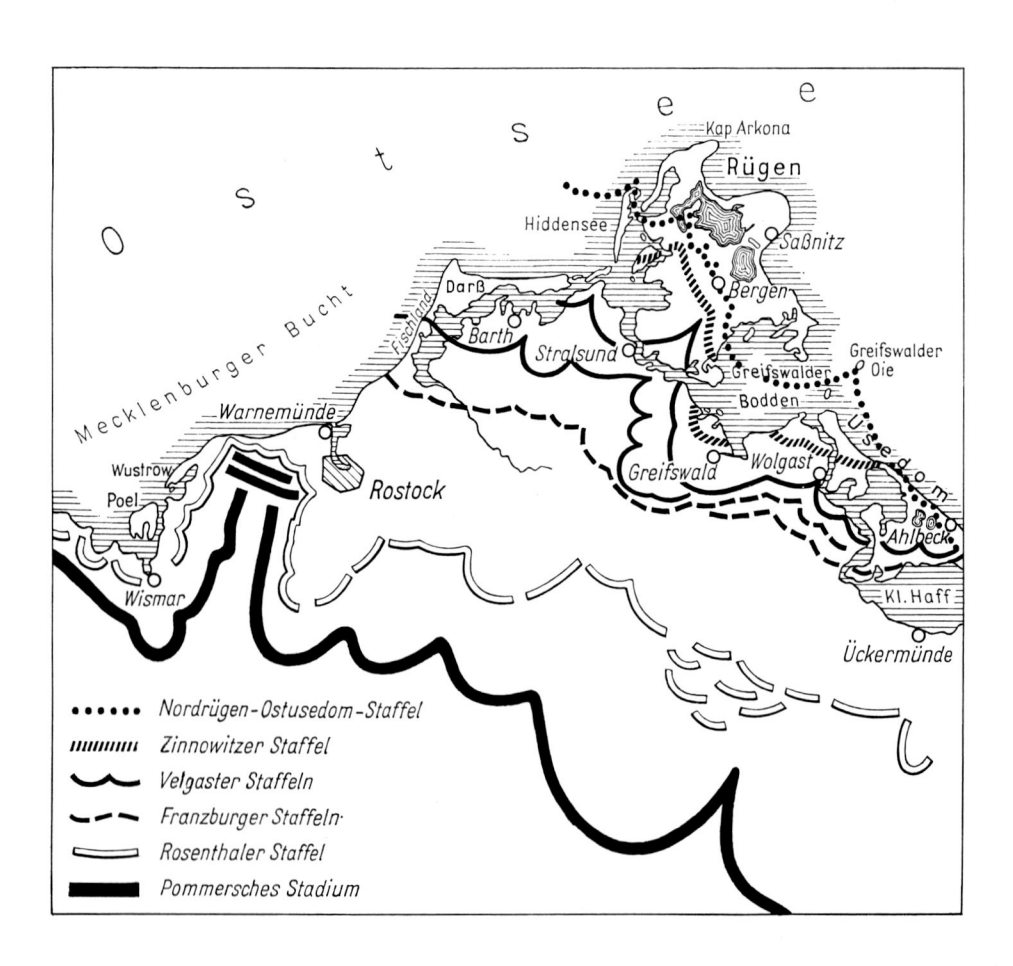

Eisrandlagen und Küstenverlauf von Wismar bis Ahlbeck

Von daher müssen wir die Ostseeküste unter zwei Gesichtspunkten betrachten: Erstens enthält die Küstenlandschaft die gleichen eiszeitlichen Formen, die im vorigen Abschnitt vom Binnenland behandelt worden sind, also Endmoränen, Grundmoränenlandschaften, Sander, Aufpressungen älterer Gesteine aus dem Untergrund usw. Zweitens arbeiten wie an allen Meeresküsten Wasser und Wind auch heute und künftig intensiv an der Grenze zwischen Festland und Meer, an der Zerstörung alten und an der Bildung neuen Landes. Die eiszeitlichen Formen sind Ausgangsposition, die gegenwärtige Landkarte des Küstengebietes der augenblicklich erreichte Stand dieser Vorgänge, die jedoch täglich weiterwirken und die Landkarte deshalb auch künftig verändern.

Fischland, Darß und Zingst

Fischland, Darß und Zingst sind ein besonders eindrucksvolles Beispiel für den Mechanismus der Ausgleichsküste, der hier sogar zur Vereinigung einst selbständiger Inseln geführt hat. Seekarten der Mecklenburger Bucht zeigen untermeerische Schwellen und Vertiefungen. Diese sind als einstige Eiszungenbecken, jene als Endmoränen zu deuten. So zieht sich von der dänischen Insel Falster die Darßer Schwelle durch die Ostsee und findet ihre östliche Fortsetzung in den eiszeitlichen Inselkernen des Fischlandes und des Altdarß.

Am Kliff südlich Ahrenshoop, dem bis 18 m aufragenden Hohen Ufer, hat die Brandung Geschiebemergel und glaziale Sande hervorragend aufgeschlossen. Westwindbedingte Sturmfluten arbeiten an dieser N-S-gestreckten Steilküste aber auch besonders zerstörend. Durchschnittlich 0,6 m je Jahr weicht hier die Küste nach Osten zurück. Im Winter 1980/81 war es stellenweise erheblich mehr.

Der Altdarß nördlich des Dorfes Born besteht aus Geschiebemergel, der von altholozänen, bis zu 20 m mächtigen Heidesanden überlagert wird. Am Nordrand des Altdarß entstand mit Herausbildung der Ostsee eine Steilküste, die heute noch deutlich erhalten ist, aber mitten auf dem Land liegt und auf Wanderkarten (am Mecklenburger Weg) als »ehemaliges Meeresufer« verzeichnet ist. Dieses ehemalige Meeresufer trennt den Altdarß vom Neudarß, wobei dieser ein Gebiet junger und jüngster Sedimentationsvorgänge ist.

Die Sedimentation an der Ausgleichsküste hat nicht nur die Inselkerne miteinander verbunden, sondern auch den Uferverlauf nördlich des Darß stark verändert. Sandsedimentation zwischen Graal-Müritz und Wustrow hat den Ahrenshooper Inselkern, Sedimentation nördlich davon auch den Inselkern des Altdarß mit dem Festland verbunden. Die vom Hohen Ufer bei Ahrenshoop an der Küste entlang nach Norden transportierten Sandmassen gerieten nördlich des Altdarß in den Strömungsschatten und bildeten vor dessen Küste Strandwälle mit Dünen und

In den letzten 1000 Jahren entstand die junge Spitze des Darß zwischen Esper Ort und Darßer Ort. Sandhaken riegelten Lagunen ab, die zu Strandseen mit Vermoorungen und breitem Schilfgürtel wurden. Im Bild der Theerbrennersee, dahinter die offene Ostsee

schützten die alte Steilküste am Mecklenburger Weg vor weiterer Abtragung. In der Folgezeit lagerten sich nördlich davon neue Strandwälle mit Dünen an. Diese wurden aber schließlich an der Westküste des Darß selbst wieder von der Abtragung angeschnitten. Ihr Sand wanderte an der Westküste nach Norden und bildete dort als Nordspitze der Halbinsel das Darßer Ort, das durch die Anlandung immer weiter nach Norden in die See hinaus verlegt wurde.

Der um das Darßer Ort nach Osten verfrachtete Sand baute vor Prerow immer weitere Sandbänke auf und bildete das flache Land von Zingst, an das sich nach Osten als jüngste Landbildung der Bock anschließt. Damit schlossen das Fischland, der Darß und der Bock den Saaler Bodden, den Bodstedter Bodden, den Barther Bodden und den Grabow fast völlig von der offenen Ostsee ab. Bis 1872 mündete aus den durchschnittlich 2,5 m tiefen Boddengewässern der Prerower Strom bei Prerow in die Ostsee und ermöglichte diesem Ort eine bedeutsame Schiffahrt. Eine Sturmflut in dem genannten Jahr verschüttete an der Anlandungsküste von Prerow mit dem um die Darßer Nordspitze antransportierten Sand die Mündung des Prerower Stromes so vollständig, daß an eine Wiederherstellung dieser Durchfahrt nicht zu denken war. Prerow verlor also durch die Landbildung östlich von Darßer Ort seine Bedeutung als Schiffahrtsort.

Die Bildung der Strandwälle und Dünen auf dem Neudarß ist entscheidend für dessen heutiges Landschaftsbild. Die Westküste bietet durch die dort herrschende Abtragung heute ein Querprofil durch die Strandwälle und Dünen

Legende (Spezialkarte Darß)

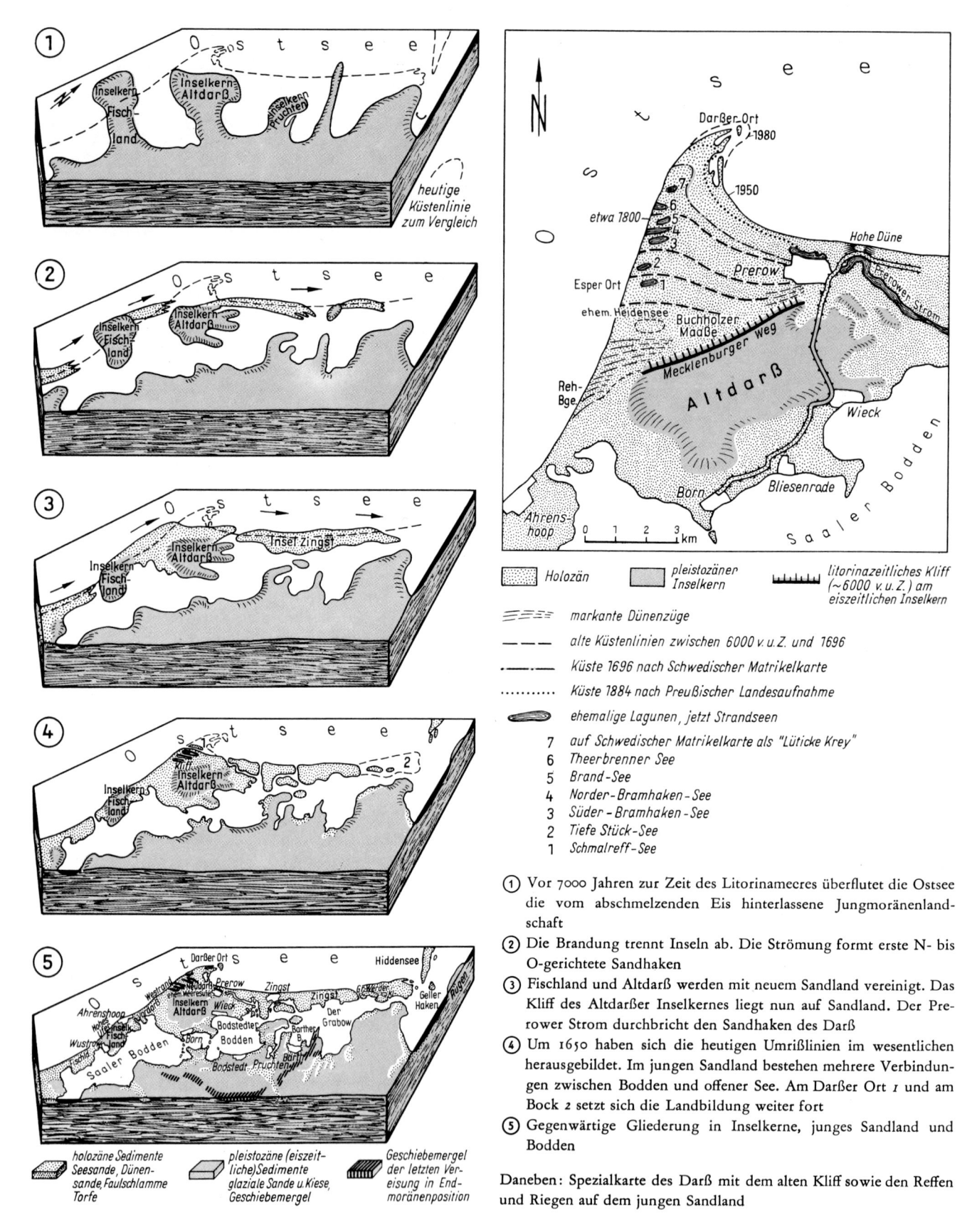

- ░░░ Holozän
- ▒▒▒ pleistozäner Inselkern
- ┴┴┴ litorinazeitliches Kliff (~6000 v.u.Z.) am eiszeitlichen Inselkern
- ≡≡≡ markante Dünenzüge
- ——— alte Küstenlinien zwischen 6000 v.u.Z. und 1696
- —·—·— Küste 1696 nach Schwedischer Matrikelkarte
- ·········· Küste 1884 nach Preußischer Landesaufnahme
- ⬭ ehemalige Lagunen, jetzt Strandseen

7 auf Schwedischer Matrikelkarte als "Lüticke Krey"
6 Theerbrenner See
5 Brand-See
4 Norder-Bramhaken-See
3 Süder-Bramhaken-See
2 Tiefe Stück-See
1 Schmalreff-See

① Vor 7000 Jahren zur Zeit des Litorinameeres überflutet die Ostsee die vom abschmelzenden Eis hinterlassene Jungmoränenlandschaft

② Die Brandung trennt Inseln ab. Die Strömung formt erste N- bis O-gerichtete Sandhaken

③ Fischland und Altdarß werden mit neuem Sandland vereinigt. Das Kliff des Altdarßer Inselkernes liegt nun auf Sandland. Der Prerower Strom durchbricht den Sandhaken des Darß

④ Um 1650 haben sich die heutigen Umrißlinien im wesentlichen herausgebildet. Im jungen Sandland bestehen mehrere Verbindungen zwischen Bodden und offener See. Am Darßer Ort *1* und am Bock *2* setzt sich die Landbildung weiter fort

⑤ Gegenwärtige Gliederung in Inselkerne, junges Sandland und Bodden

Daneben: Spezialkarte des Darß mit dem alten Kliff sowie den Reffen und Riegen auf dem jungen Sandland

Die Entwicklung von Land und Meer im Bereich von Fischland, Darß und Zingst (in Anlehnung an K. v. Bülow, Hurtig und Th. Otto)

und die dazwischen liegenden abflußlosen Senken. Die Rehberge im Südwestteil des Darß bestehen so aus parallelen W-O-gestreckten Dünenwällen (Reffe) und Dünentälern (Riegen). In den letzten 1000 Jahren bildeten sich von Esper Ort bis zum Darßer Ort acht Sandwälle und dazwischen sieben schmale langgestreckte Seen. Zur Zeit entsteht durch die Bildung eines neuen vom Darßer Ort ausgehenden Strandwalls ein achter See. Alle diese Seen zeigen Verlandungserscheinungen, also mächtige Schilfgürtel, Vermoorungen, Erlensumpf- und Erlenbruchwald. Besonders eindrucksvoll ist das am Theerbrennersee unmittelbar östlich der künstlichen Dünenbefestigung am Darßer Weststrand. Auf den Dünenwällen wachsen vorwiegend Kiefern und Buchen. Berühmt sind die Windflüchter am Darßer Westrand, das sind die wegen der vorherrschenden Weststürme einseitig wachsenden Buchen, die allerdings heute fast alle der Uferabrasion zum Opfer gefallen sind.

Die Insel Hiddensee

Vom Darß und von Zingst ausgehend, hat sich nach Osten durch Anlandung der Bock gebildet und verlängert sich noch heute stetig nach Osten. Die etwa 1600 ha große Sandplatte liegt bei Niedrigwasser trocken und bildet ein imposantes Sandwatt, dem die grünen Halligen des Großen und Kleinen Werder aufgesetzt sind. Würde man östlich des Bock die Fahrrinne zum Stralsunder Hafen nicht dauernd freibaggern, so hätte sich der Bock längst mit der Südspitze von Hiddensee vereinigt.

Die langgestreckte Form von Hiddensee ist wie die jetzige Gestalt von Fischland, Darß, Zingst und Bock durch Abtragung an der Steilküste, küstenparallelen Sandtransport und Anlandung des Sandes im Strömungsschatten bedingt.

Der Inselkern von Hiddensee ist der im Norden gelegene, bis 72 m über die Ostsee aufragende Dornbusch, ein Stauchmoränenkörper, der in der Hauptsache aus mehreren Geschiebemergelbänken und kaltzeitlichen Sanden und Tonen aufgebaut ist. Etwa 50 m unter dem Meeresspiegel steht die Schreibkreide an.

Bei Herausbildung der Ostsee in der heutigen Form vor etwa 4000 Jahren bestanden im Gebiet des heutigen Hiddensee zwei weitere Inselkerne aus Geschiebemergel, einer im Gebiet von Vitte-Fährinsel und einer weiter südlich unter dem Gellen. Diese beiden Inselkerne wurden einst durch die Brandung zerstört und bei dem Anstieg des Wasserspiegels der Ostsee in der Nacheiszeit überflutet. An ihren Stellen steht aber der Geschiebemergel in sehr geringer Tiefe unter dem Meeresspiegel (−1 bis −3 m) an.

Heute arbeitet die Brandung an der NW-Küste des Dornbuschs an dessen Zerstörung; nur stellenweise wird sie durch eine aus großen Findlingsblöcken und schwedischen Diabaswerksteinen erbaute Steinmauer vor der „Hucke" daran

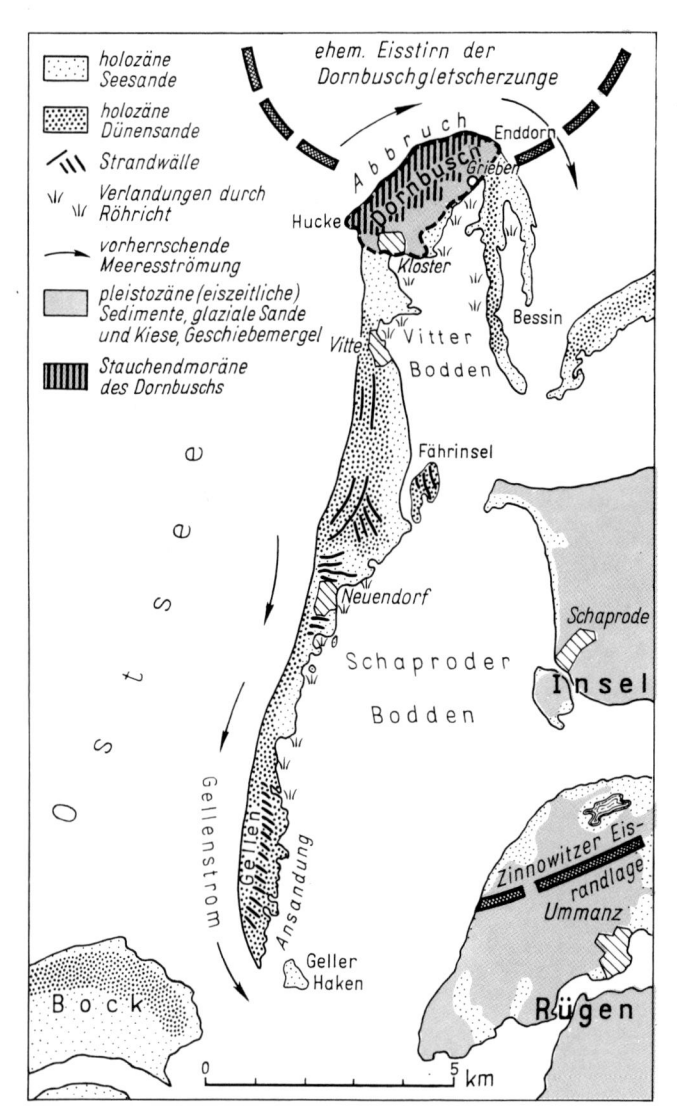

Inselkern und junges Sandland der Insel Hiddensee

gehindert. Auf der Nordseite des Dornbuschs, an dem nicht durch eine solche Steinmauer geschützten Swantiberg, kommt es durch Abbrüche der Steilküste zu durchschnittlich 20 cm Landverlust pro Jahr.

Das von West- und Nordweststürmen an den Dornbusch getriebene Wasser strömt sandbeladen nach Süden und Ost bis Südost ab und lagert auf beiden Seiten den Sand im Strömungsschatten ab. Durch die Südströmung entstand von Kloster über Vitte und Neuendorf bis zum Gellen das Flachland der Insel, das bis jetzt 18 km lang und stellenweise nur 250 m breit ist. Durch Südströmung am Ostende des Dornbuschs bildeten sich die kürzeren Sandzungen Alt- und Neubessin. Damit wurden die zwischen Hiddensee und Rügen gelegenen Teile der Ostsee zu Bodden. Sie wären von dem noch immer fortdauernden Sandtransport längst völlig von der Ostsee abgeschnürt, wenn nicht die Fahrrinnen zwischen Bock und Gellen und zwischen Bessin

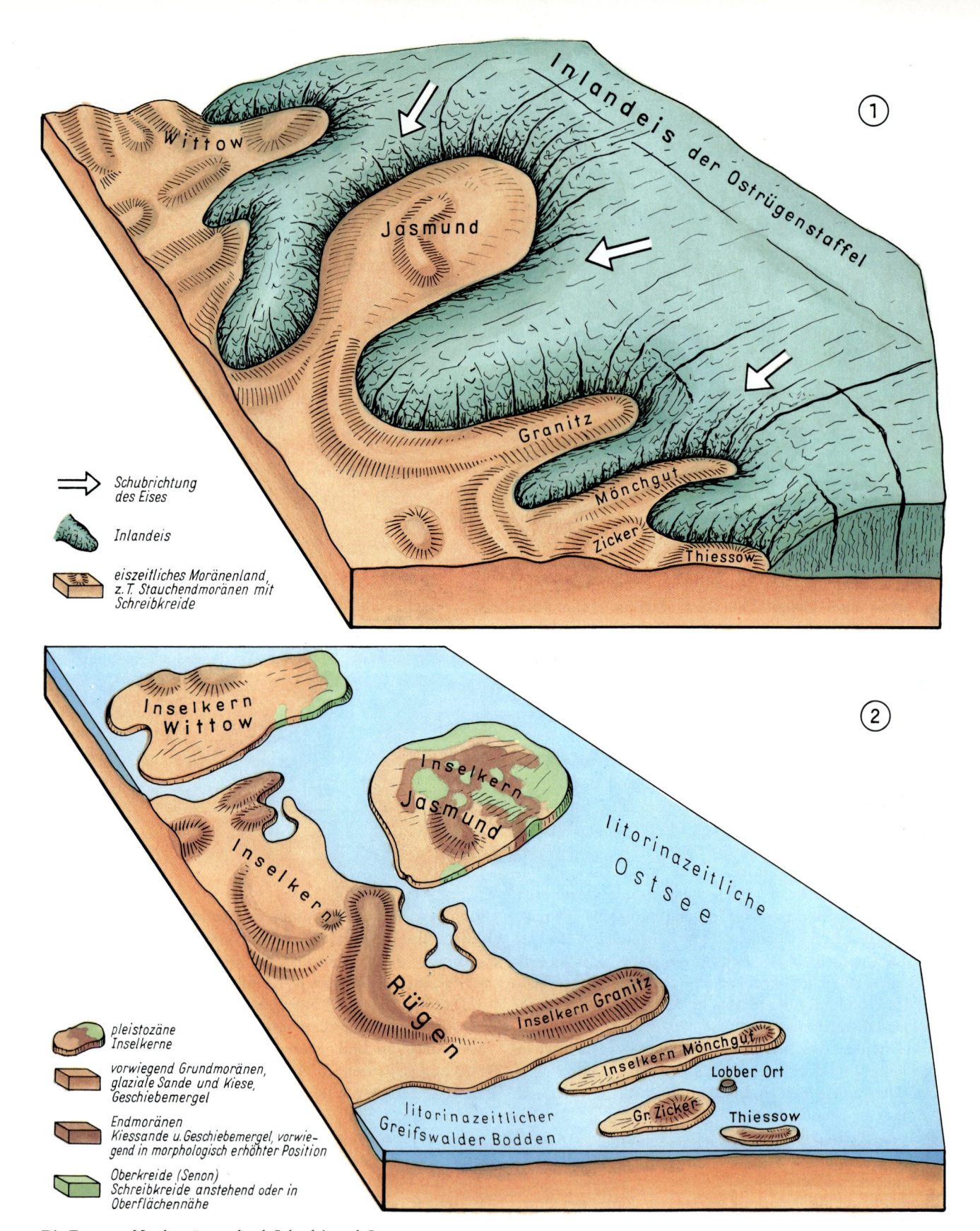

Die Formung Nordostrügens durch Inlandeis und Ostsee

① Vor etwa 10000 Jahren dringt letztmalig das Eis in eine (nur wenig ältere) Jungmoränenlandschaft vor
② Nach völligem Abschmelzen des Eises vor etwa 7000 Jahren bilden die Moränenrücken Inselkerne in der Ostsee

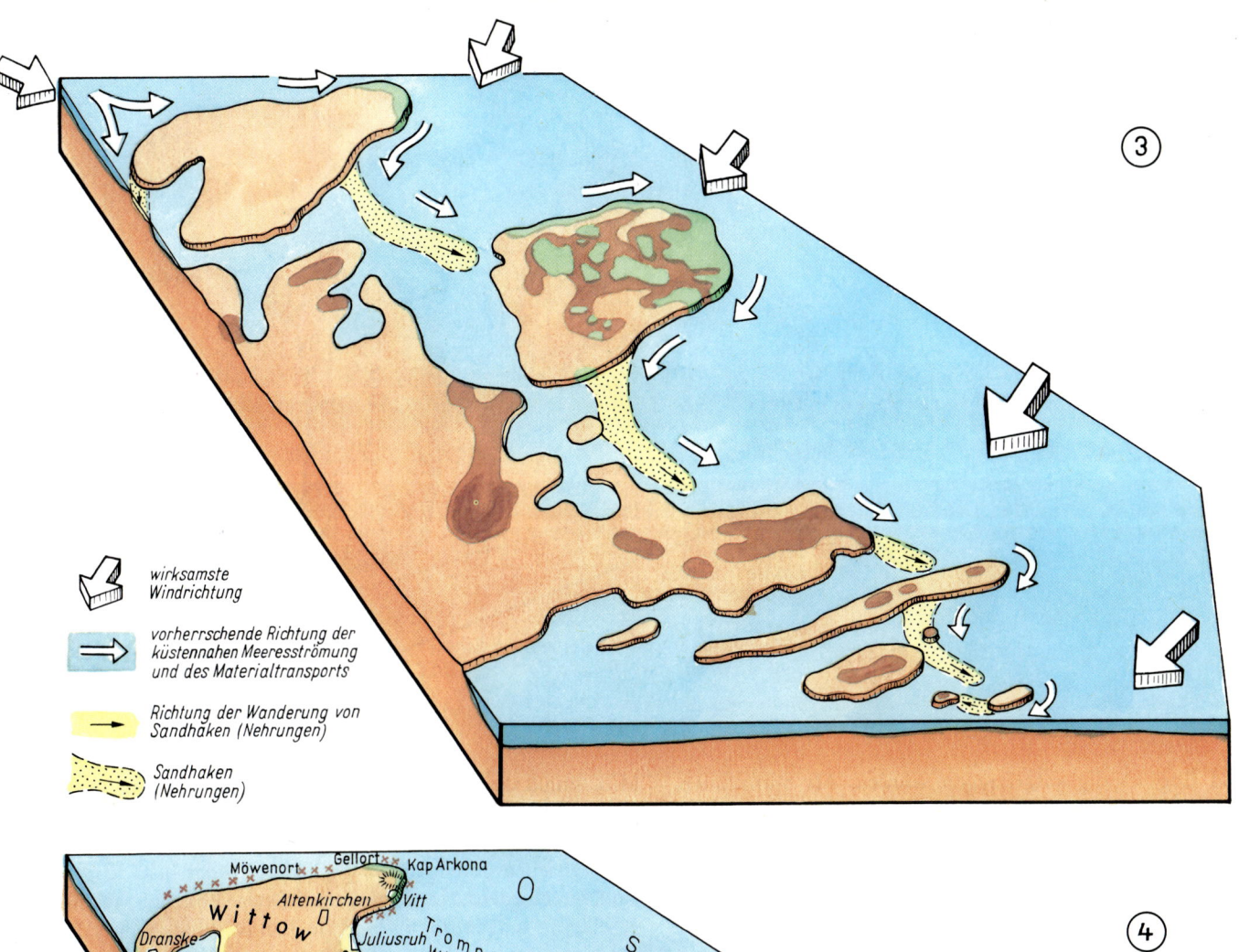

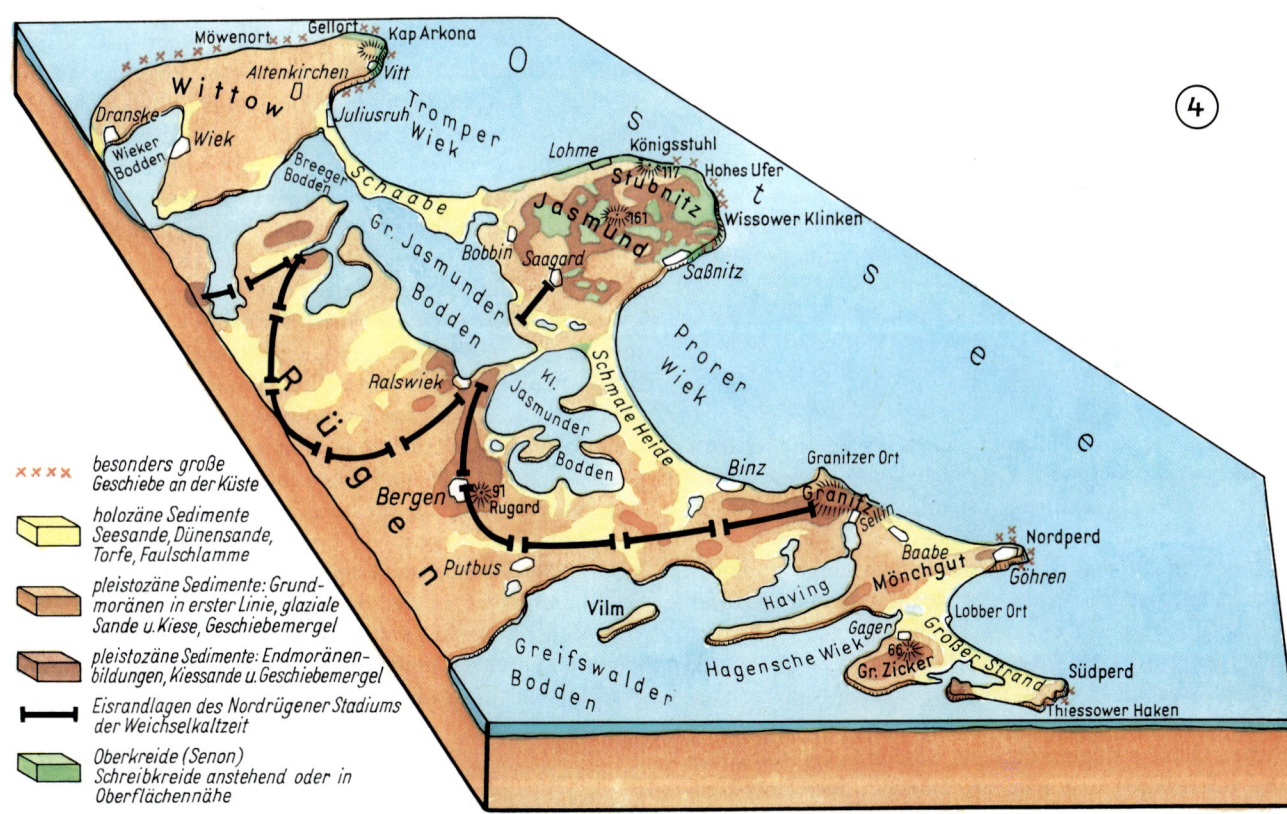

③ Die Brandung zerstört die Außenküsten der Inselkerne und schafft Steilufer. Windbedingte Küstenströmungen lassen seitlich der Inselkerne Sandhaken entstehen
④ Die Sandhaken verbinden heute die Inselkerne und riegeln die Bodden von der offenen See ab

Rügen als eiszeitlicher »Strompfeiler« zwischen dem Belteisstrom und dem Odereisstrom

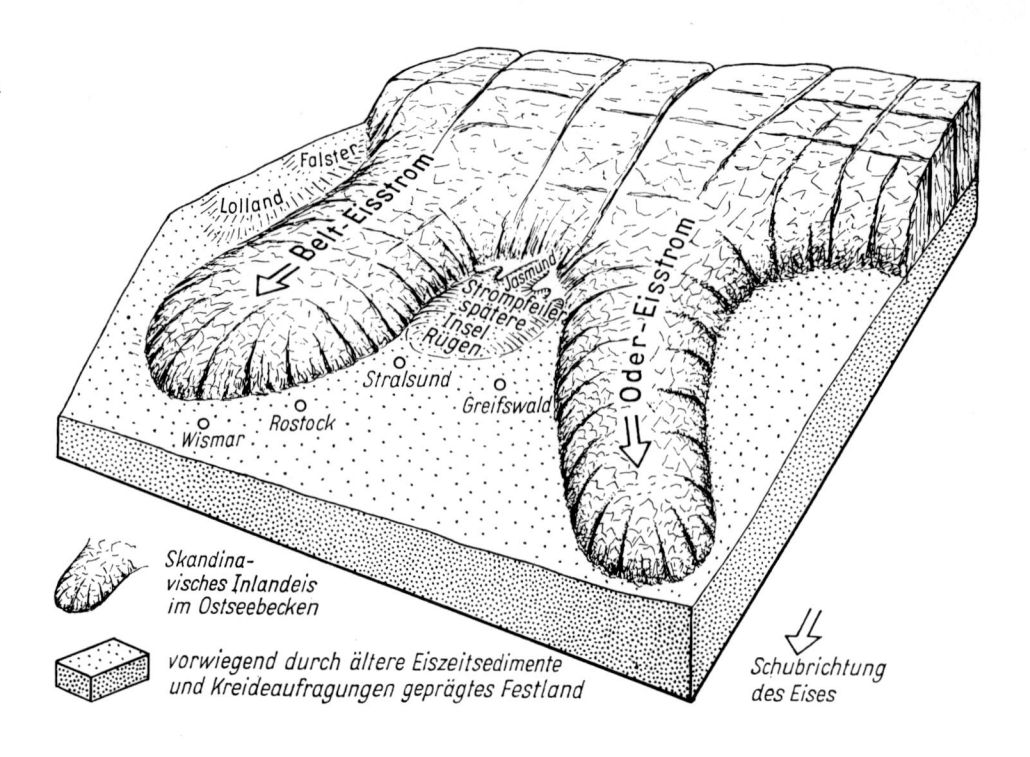

und Bug ständig ausgebaggert würden. Als Sturmfluten, wie die von 1864 und 1872, die Insel an den schmalsten und niedrigsten Stellen durchbrachen, konnten die Durchbruchstellen jedoch nur mit großer Mühe wieder geschlossen werden. Heute hat man durch Deichbauten die Gefahr erneuter Durchbrüche weitgehend beseitigt.

Bei Niedrigwasser fallen weite Wasserflächen am Bessin und östlich des Gellen trocken, da hier die normale Wassertiefe nur wenige Dezimeter beträgt. Beide Gebiete werden deshalb von zahlreichen Meeresvögeln bevorzugt und sind interessante botanische und zoologische Forschungsobjekte. Der Bessin steht unter Naturschutz.

Die Insel Rügen

Rügen, mit 960 km² die größte Insel der DDR, ist landschaftlich und geologisch wesentlich komplizierter gebaut als die zuvor dargestellten Küstengebiete. Von den Türmen der Stralsunder Kirchen erblickt man jenseits des nur 2 km breiten Strelasundes hinter einem unbedeutenden Geschiebemergelkliff ein flaches, wenig markantes Grundmoränenland mit aufgesetzten sandig-kiesigen os-artigen Wallbergen bei Garz, Poseritz, Landow, Varbelvitz und Trent als Ergebnis eines am Ende der letzten Kaltzeit langsam abschmelzenden Toteisfeldes. Die nördlichen und nordöstlichen Gebiete Rügens dagegen werden in viel stärkerem Maße von Bergen und Kuppen, Bodden, Seen und Nehrungen bestimmt.

Fährt man an der Stadt Bergen vorbei, erscheint der breit gestreckte 91 m hohe Endmoränenberg des Rugard wie ein Mittelpunkt der ganzen Insel. Die Landenge zwischen Großem und Kleinem Jasmunder Bodden bei Ralswiek-Lietzow zeigt, daß die Insel zu einem nicht geringen Anteil aus Wasserflächen besteht. Dem großen Kern der Insel Rügen sind im Norden, Nordosten und Osten Bodden, weitere Inselkerne und junge bis jüngste Landverbindungen vorgelagert, die in dem gleichen Mechanismus des Steilküstenabtrags, des Sandtransports und der Anlandung entstanden sind, wie schon an den Beispielen von Darß und Hiddensee näher erläutert wurde. Über diese Vorgänge an der Küste von Rügen und ihr landschaftliches Ergebnis soll deshalb außer einer Bildfolge ein kurzer Überblick genügen.

Der nördlichste Inselkern ist die heutige Halbinsel Wittow. Es ist ein flachwelliges Geschiebemergelland, das mit Steilküsten bei Dranske und Vitt-Arkona schroff zur Ostsee abfällt. Wandert man am Strand von Vitt zum Kap Arkona, dann kommt man an kompliziert gestauchten Geschiebemergelbänken, Sand- und Kiesschichten und Schreibkreideschollen vorbei. Auch der nördlichste Punkt der DDR, das 46 m hohe Kap Arkona, ist eine solche aufragende Scholle leuchtend weißer Schreibkreide. Zwischen Arkona und Vitt liegt unmittelbar an der Steilküste der Überrest der 1168 von Menschenhand zerstörten Jaromarsburg, einer slawischen Swantewit-Tempelburg. Da dieser sicherlich einst geschlossene Ringwall vermutlich nicht an der äußersten

▶

Kap Arkona (Bild rechts) ist der nördlichste Punkt der DDR und der Insel Rügen. Über dem weißen Kreidekliff liegt eine slawische Wallburg, einst mit einem Swantewit-Heiligtum, die Jaromarsburg. Im Vordergrund das kleine Fischerdorf Vitt

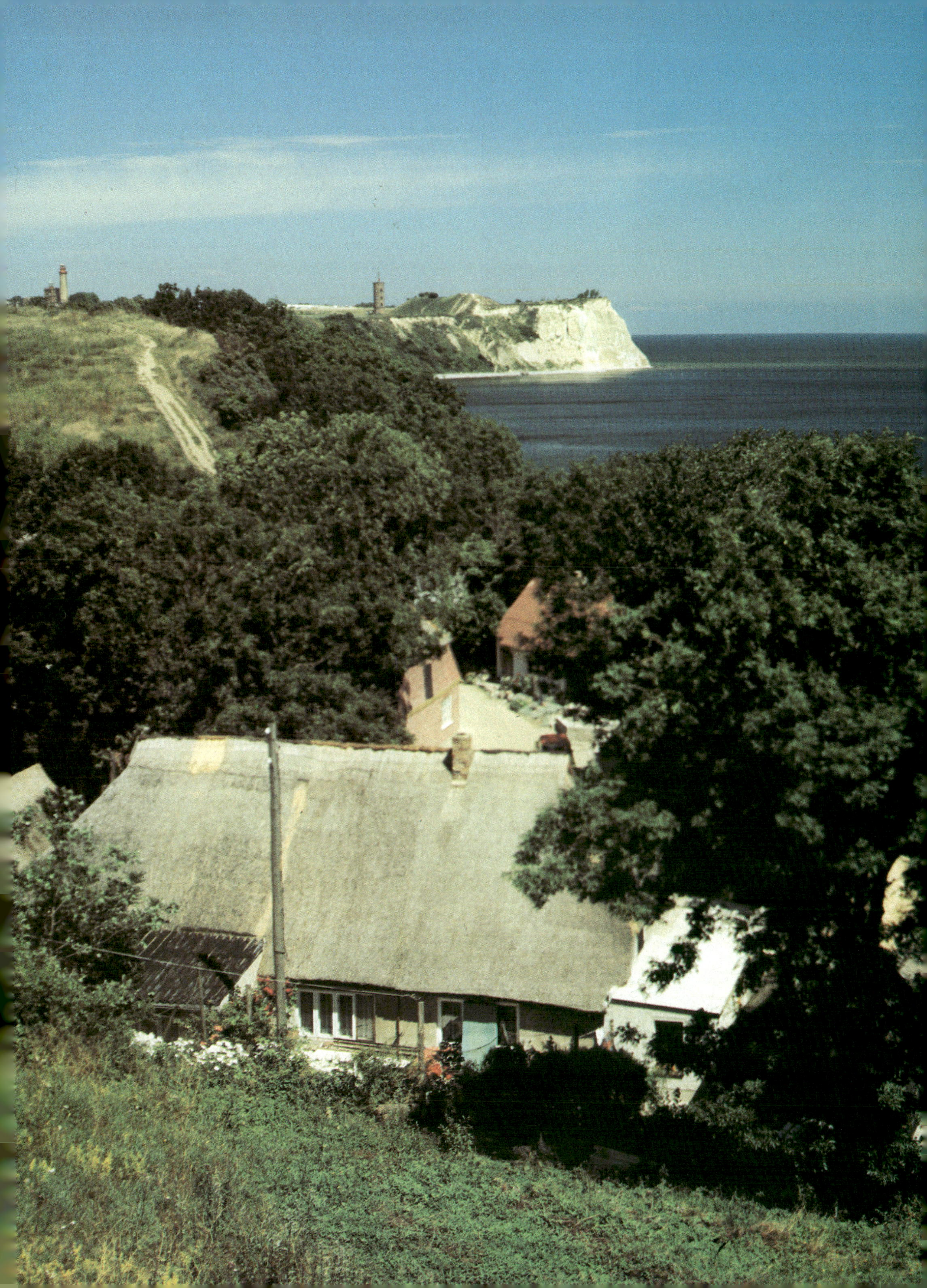

Die eiszeitlichen Inselkerne von Usedom fallen steil zum offenen Meer hin ab. Im Vordergrund der Lange Berg bei Bansin, im Hintergrund das Kliff bei Stubbenfelde und der Streckelsberg bei Koserow

Kante der damaligen Steilküste gestanden hat, kann man ermessen, in welchem Umfang hier in den letzten 800 Jahren Land dem Meer zum Opfer fiel. Sandtransport von den Steilküsten Wittows hat im Südwesten die schmale flache Halbinsel des Bug, im Südosten die Schaabe entstehen lassen, die als schmale Sandnehrung heute Verbindung mit der Halbinsel Jasmund hat und damit den Großen Jasmunder Bodden – einst Meeresbucht der freien Ostsee – völlig vom Meer abschneidet.

Die pultförmig nach Osten aufsteigende Teilinsel Jasmund, die man vom 52 m hohen Tempelberg bei Bobbin besonders gut überschaut, ist ein von weißer Schreibkreide und eiszeitlichen Sedimenten kompliziert aufgebauter Inselkern. Seinen inneren Aufbau erkennen wir am Steilufer der Stubnitz zwischen Saßnitz und Stubbenkammer, wo mit dem fast 120 m hohen Königsstuhl die Ostseeküste ihren höchsten Punkt erreicht. An dieser Steilküste wechseln oft steil begrenzte Kreideschollen, deren schräggestellte Schichtung an den eingelagerten Feuersteinknollen erkennbar ist, mit Geschiebemergeln ab. Am Königsstuhl zeigen die Reihen von schwarzen Feuersteinknollen in der Kreide eine senkrecht aufgerichtete Falte an. Der Wechsel von Geschiebemergel und Kreide und deren interne Verformung bezeugt hier eine Stauchmoräne. Der Schreibkreideblock von Arkona–Jasmund soll in der jüngsten Vereisung als »Strompfeiler« gewirkt haben, der das von Nordost vorrückende Eis in einen nördlichen, nach Westen gerichteten Belteisstrom und einen östlichen, nach Süden gerichteten Odereisstrom teilte. Über Kreide und gestauchtem Pleistozän liegt fast horizontal ein jüngster Geschiebemergel.

An den am Strand von Saßnitz–Stubbenkammer angehäuften unzähligen Feuersteinknollen findet man häufig versteinerte Seeigel, Belemnitenrostren (Donnerkeile), Schwämme, Muscheln, Brachiopoden (Armfüßer), Bryozoen (Moostierchen) u. a. Fossilien. Blickt man dagegen oben vom Kliff auf die ruhige glatte See, dann erkennt man unter dem Wasser die flache, auch aus Kreide bestehende Brandungsterrasse mit den Feuersteinbänken, und man weiß, einst lag das Kliff Hunderte von Metern weiter meerwärts, und das heutige Bild ist nur der Überrest des geologischen Kampfes zwischen Land und Meer in vergangenen Jahrhunderten.

Sandtransport und Anlandung nach Südost haben die schmale flache Nehrung der Schmalen Heide geschaffen, die sich bei Binz mit dem nächsten Inselkern, der Granitz, verbindet und den Kleinen Jasmunder Bodden vom Meer abgeschnürt hat.

Auch an der Granitz hat sich von Binz bis südlich Sellin eine Steilküste mit Steinstrand ausgebildet, von dem der Sand hier nach Süden an die Seeküste von Mönchgut, dem südöstlichen Zipfel Rügens, transportiert wird. Mönchgut besteht aus mehreren kleineren, aber hoch aufragenden Inselkernen, so bei Göhren, Lobbe, Altreddewitz, Großzicker, Kleinzicker und Thießow. Vom Kliff der Granitz antransportierter Sand hat all diese genannten Inselkerne durch niedrige schmale Landstreifen verbunden und zu einer nach Küstenverlauf und Höhe des Landes sehr stark differenzierten Landschaft vereinigt. Von Thießow, der Südspitze Mönchguts, schaut man nicht nur auf die Greifswalder Oie, sondern über den Greifswalder Bodden hinweg auch zum Ruden und nach Usedom.

Von den geschilderten geologischen Vorgängen der Abtragung an den Steilküsten und der Sandanlandung zwischen den Inselkernen hängt auch die Qualität des Badestrandes ab. Nicht zufällig finden wir die schönsten Sandstrände u. a. in Juliusruh, Prora, Binz, Baabe und am Großen Strand zwischen Lobber Ort und Thießow; alles Orte, die auf den jüngsten Sandanlandungsgebieten liegen.

Die Insel Usedom

Unsere mit 406 km² zweitgrößte Insel, Usedom, ist durch die Peene so vom Festland getrennt wie Rügen durch den Strelasund. Während aber die Seeküste Rügens sehr stark gegliedert und das Hinterland zwischen Bergen und Stralsund ziemlich einheitlich ist, hat Usedom seewärts eine bis auf leichte Schwingungen im Verlauf ausgeglichene 42 km lange Küste und ein zweigeteiltes Hinterland, das von der Peenemündung, dem Achterwasser und dem Oderhaff umspült wird. Es handelt sich um eine überflutete Jungmoränenlandschaft. Mehrere bergige Eisrandlagen bilden das landschaftliche Gerüst der Insel, so die Franzburger Teilstaffel bei der Stadt Usedom, weiter nördlich Höhenzüge der Velgaster und der Nordrügen-Ostusedomer Staffel. Dieser gehört auch die weit vor dem Greifswalder Bodden aus dem Meer auftauchende kleine Insel, die Greifswalder Oie, an.

Bis hundert Meter steigt die Steilküste an der Stubbenkammer empor. In den leuchtend weißen Kreidesedimenten zeigen Bänder von schwarzen Feuersteinknollen die Schichtung des Gesteins an. Am Strand hat die Brandung Millionen solcher Feuersteinknollen und zahlreiche nordische Geschiebe angehäuft. Zwischen die Kreideklippen hat das eiszeitliche Eis Geschiebelehm eingepreßt

Nach dem endgültigen Abschmelzen des Inlandeises ragten als Teile dieser Eisrandlagen die Inselkerne von Wolgast-Zecherin, Zinnowitz und Neuendorf, Koserow-Strekkelsberg, Stubbenfelde und Ostusedom aus dem Meer. Die Nordostküsten dieser Inselkerne wurden vom Meer abgetragen und in NW–SO-Richtung abgeschnitten. Der dabei frei werdende Sand wurde nach Südost abtransportiert und so zwischen den Resten der Inselkerne sedimentiert, daß seewärts die gegenwärtige, fast geradlinige, nur leicht geschwungene Ausgleichsküste resultierte. Damit wurde auch die aus einem Eiszungenbecken entstandene ursprüngliche Meeresbucht des Achterwassers vom Meer abgetrennt und zu einem Bodden mit stark gegliedertem Küstenverlauf. Von Kaminke bis Zecherin sind es nur 38 km Luftlinie, aber 164 km Uferlinie!

Die beiden Teile Usedoms sind nördlich des Achterwassers bei Zempin nur durch den 325 m breiten jungen Ufersaum verbunden, der heute stark befestigt ist, früher aber mehrfach von Sturmfluten durchbrochen wurde. Eine Landkarte vom Jahre 1707 zeigt die Insel zweigeteilt, und im November 1872 vernichtete eine Sturmflut den hier gelegenen Ort Damerow.

Von Zempin nach Südost wechseln heute Steilufer der Inselkerne – so der 60 m hohe Streckelsberg bei Koserow, das Kliff von Stubbenfelde und der Lange Berg bei Ückeritz – Bansin – mit den flachen Sandanlandungsgebieten ab,

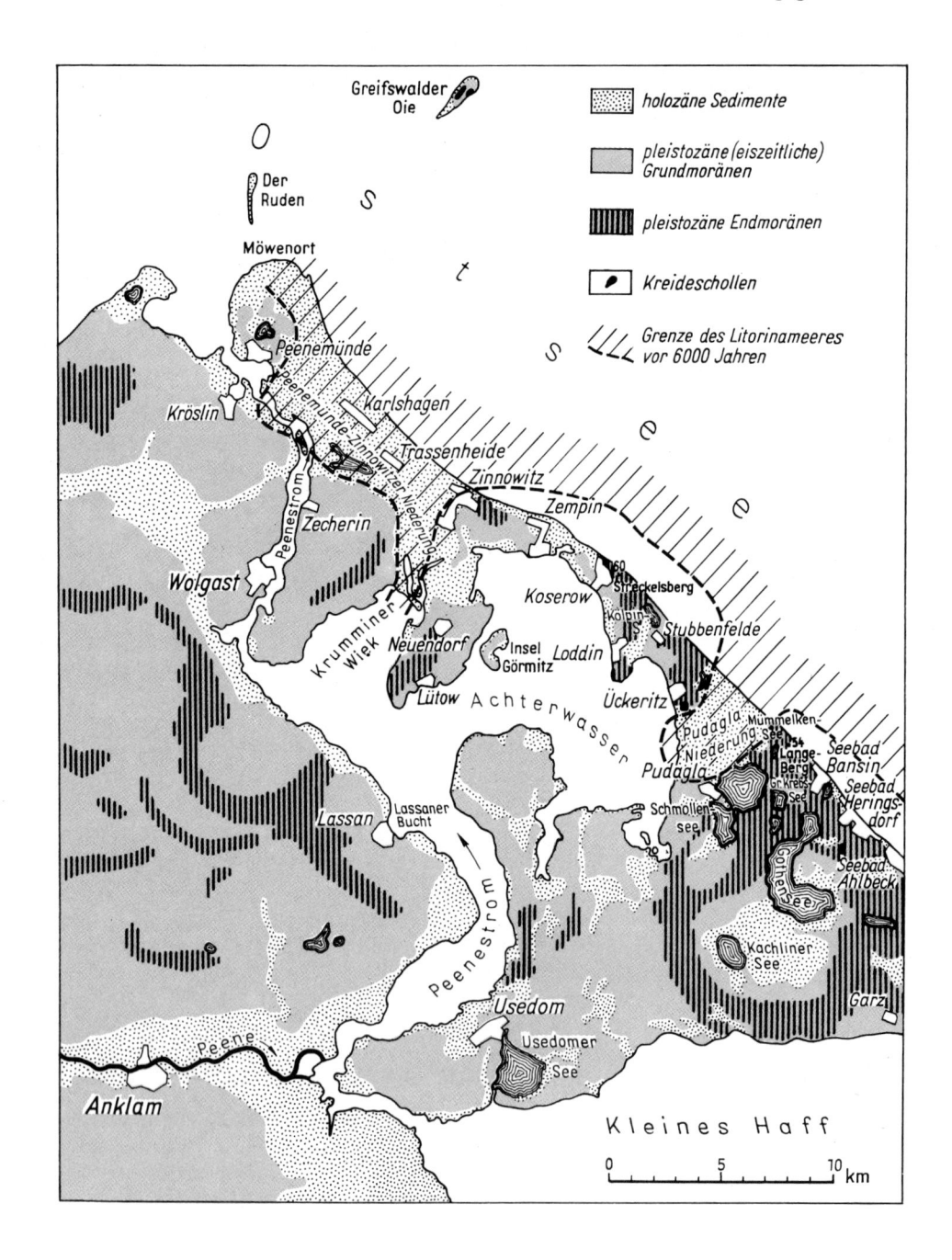

Eiszeitliche Inselkerne, junges Sandland und Bodden von Usedom und seinem Hinterland

Ausdruck der jüngsten erdgeschichtlichen Entwicklung auf der Insel Usedom ist die Vermoorung eiszeitlich bedingter Seen. Ein besonders schönes Beispiel ist der Mümmelkensee bei Bansin mit wollgrasbestandenem Schwingrasen

die durch die Seebäder Kölpinsee, Ückeritz und Bansin – Heringsdorf – Ahlbeck gekennzeichnet sind und die landwärts noch kleine Seen als abgeriegelte Meeresbuchten aufweisen, so den Kölpinsee, den Schmollensee und den Gothensee.

Für die Steilküste des Streckelsberges baute man 1895/97 eine 320 m lange Schutzmauer, die aber schon 1904 und 1913/14 durch Unterspülung teilweise zerbrach. Am 40 m hohen Steilufer von Stubbenfelde enthalten eiszeitliche Beckensande Gerölle von Braunkohle und Bernstein.

Ein bemerkenswertes geologisches Dokument junger Sedimentation auf Usedom ist der Mümmelkensee unweit des 54 m hohen Langen Berges bei Bansin, eine wassergefüllte junge Niederung, die heute intensiv vermoort und verlandet. Randliche Torflager mit Wollgräsern greifen in Form von Schwingrasen auf die heute schon klein gewordene Seefläche über, auf der die namengebenden Mümmelken, die gelben Teichrosen, blühen.

Von Zinnowitz bis zum Nordwestende von Usedom ist die Insellandschaft flaches Sandland, aufzufassen als südöstliches Ende eines von Mönchgut ausgehenden Sandwalles, von dem der kiefernbestandene Ruden ein letzter Rest ist. Der schmale flache Landstreifen, der einst Mönchgut über den Ruden mit Usedom verband und den Greifswalder Bodden zumindest zeitweilig von der offenen See weitgehend trennte, wurde nach der Überlieferung durch eine Sturmflut im Jahre 1304 auf breiter Front durchbrochen, so daß seitdem Rügen und Usedom weit voneinander getrennte Inseln sind.

Der Flechtinger Höhenzug und das nördliche Harzvorland

Überblick

Wenn man westlich der Elbe von Norden in den Raum Magdeburg – Haldensleben – Flechtingen kommt, bemerkt man südlich des Ohretales einen gebietsweise mit ausgedehnten Wäldern bestandenen Höhenzug. Dieser ist aber in der Grundstruktur keine Endmoräne, wie man das bei gleichen Landschaftsformen weiter nördlich vermuten würde, sondern eine NW–SO-gestreckte Grundgebirgsauftragung. Sie ist wie der Harz gegenüber dem nördlichen Vorland an einer großen Verwerfung herausgehoben, allerdings nicht so hoch wie das etwa 60 km weiter südlich gelegene markante Mittelgebirge. Während der Harz auch im geographischen Sinne ein Mittelgebirge darstellt, ist das bei dem Flechtinger Höhenzug nicht der Fall. Und doch haben beide Gebiete mehr Gemeinsamkeiten und stehen in engerem Kausalzusammenhang, als es angesichts der landschaftlichen Unterschiede zunächst erscheint. Beide sind einander ähnliche Teile der Verwerfungstreppe, mit der das Grundgebirge vom Südwesten unseres Landes zur Senke im Norden hin abtaucht. Im Harz liegen die Granite und sonstigen Gesteine des Erdaltertums in 500 bis 1000 m über dem Meeresspiegel, im Flechtinger Höhenzug etwa gleich alte Gesteine in 140 m über dem Meer und nördlich der Nordrandverwerfungen des Flechtinger Höhenzuges, in der Altmarksenke, etwa 5000 m unter dem Meeresspiegel.

Harz und nördliches Harzvorland einschließlich Flechtinger Höhenzug haben noch eine andere Gemeinsamkeit: Beide Erdkrustenschollen sind (als Kippschollen) mit ihrer Oberfläche nach Süden geneigt. Der Harz ist so hoch gehoben, daß trotzdem auf der ganzen Fläche das Grundgebirge durch die Abtragung freigelegt ist. Das nördliche Harzvorland (auch Subherzyn genannt) liegt jedoch so tief, daß das Grundgebirge nur im Bereich des Flechtinger Höhenzuges freiliegt. Weiter südlich, etwa vom Allertal bis zum Harznordrand, wird diese Erdkrustenscholle von Schichten des Zechsteins und Erdmittelalters in großer Mächtigkeit bedeckt, und zwar der Neigung entsprechend von um so jüngeren, je weiter nach Süden wir kommen. Unmittelbar vor dem Harzrand liegen die der Oberen Kreide angehörenden jüngsten Gesteine dieser Schichtserien.

Im einzelnen ist der Bau des Harzvorlandes infolge tektonischer Verformungen des Zechsteinsalzes während der saxonischen Störungsphasen sehr kompliziert. Der Druck der Harzscholle gegen ihr nördliches Vorland und der Gegendruck der als Widerlager wirkenden Flechtinger Scholle – von dem Geologen H. STILLE (1876–1966) als Rahmenfaltung bezeichnet – hat nicht nur salztektonische Sättel des Zechsteins entstehen lassen, sondern in enger Übereinstimmung mit diesen auch die Schichten der Trias, des Jura und der Kreide darüber in Falten gelegt.

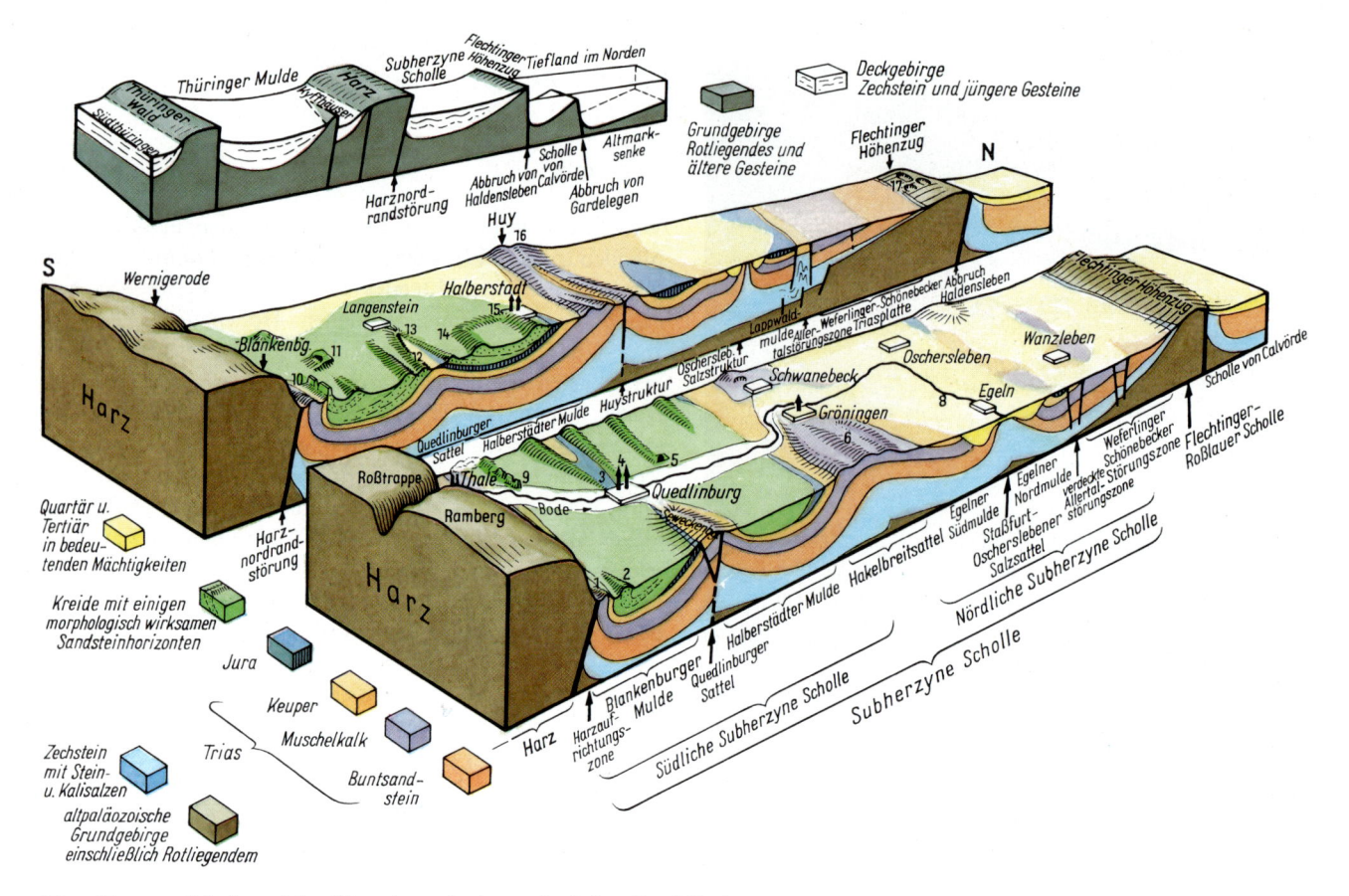

Die subherzyne Scholle und ihre Einordnung in den geologischen Bau Mitteleuropas

a Schema des Schollenbaus vom Thüringer Wald bis zur Altmarksenke, *b* Sättel und Mulden des Subherzyns zwischen Harz und Flechtinger Höhenzug

1 Roseburg zwischen Ballenstedt und Gernrode, *2* Schierberge bei Rieder, *3* Münzenberg in Quedlinburg, *4* Hamwartenberg bei Quedlinburg (188 m), *5* Lehofsberg (176 m), *6* der Hakel (240 m), *7* Muschelkalktagebau des Zementwerkes Schwanebeck, *8* Erdfall Westeregeln, *9* Teufelsmauer bei Neinstedt, *10* Teufelsmauer bei Blankenburg, *11* Regenstein, *12* das »Kamel« bei Westerhausen, *13* Hoppelberg (309 m) bei Langenstein, *14* Thekenberge (228 m), *15* Spiegelsberge (180 m), *16* Gletschertöpfe im Muschelkalk des Hardelsberges (302 m) bei Huy-Neinstedt, *17* Tagebaue in Rotliegend-Vulkaniten der Flechtinger Scholle (Hartsteinwerke Haldensleben)

Näherungsweise lassen sich die saxonischen Störungsformen der Salztektonik in Schmalsättel und Breitsättel einteilen. Schmalsättel sind nur etwa 1 bis 2 km breite Zonen steilen Salzaufstieges, die von ähnlich steilgestellten Deckgebirgsschichten begleitet werden. Das aufsteigende Salz hat seitlich parallel zum Sattel Senkungen verursacht, die Randsenken, die schon während der Bildung mit Sedimentmaterial gefüllt wurden. Breitsättel sind Deckgebirgsaufwölbungen von mehreren Kilometern Breite und flach über sog. Salzkissen ausgebildet. Hier haben die Oberfläche des Salzes und die Deckschichten ringsum eine nur schwache Neigung. Zwischen Schmal- und Breitsätteln gibt es allerdings auch Zwischenformen.

Landschaftlich geben sich die tektonischen Sättel und Mulden des Subherzyns ganz verschieden zu erkennen. An einigen Stellen ist der tektonische Bau bis in Einzelheiten in der Landschaft ablesbar, an anderen zeigt die Tektonik sich nicht einmal andeutungsweise in der Landschaft.

Die Flechtinger Scholle

Die Flechtinger Scholle als tektonisches Bauelement umfaßt ein größeres Gebiet als der Flechtinger Höhenzug. Sie wird im Norden durch die große Verwerfung von Haldensleben begrenzt. Nördlich von dieser liegt – ganz unter den eiszeitlichen Sedimenten verborgen – die Scholle von Calvörde mit dem Abbruch von Gardelegen als Nordrandverwerfung. Das Kalisalz im Zechstein der Scholle von Calvörde macht sich indirekt in der Landschaft durch den modernen Kalischacht Zielitz bemerkbar. Die beiden genannten Verwerfungen vereinigen sich keilförmig nach Osten und bilden dort – ebenfalls unter den eiszeitlichen Ablagerungen verborgen – als Abbruch von Wittenberg die Nordgrenze der Flechtinger Scholle.

Die Südgrenze der Flechtinger Scholle ist gemäß dem generellen Bau des Harzvorlandes wesentlich weniger markant. Sie wird durch Verwerfungen im Gebiet Emden –

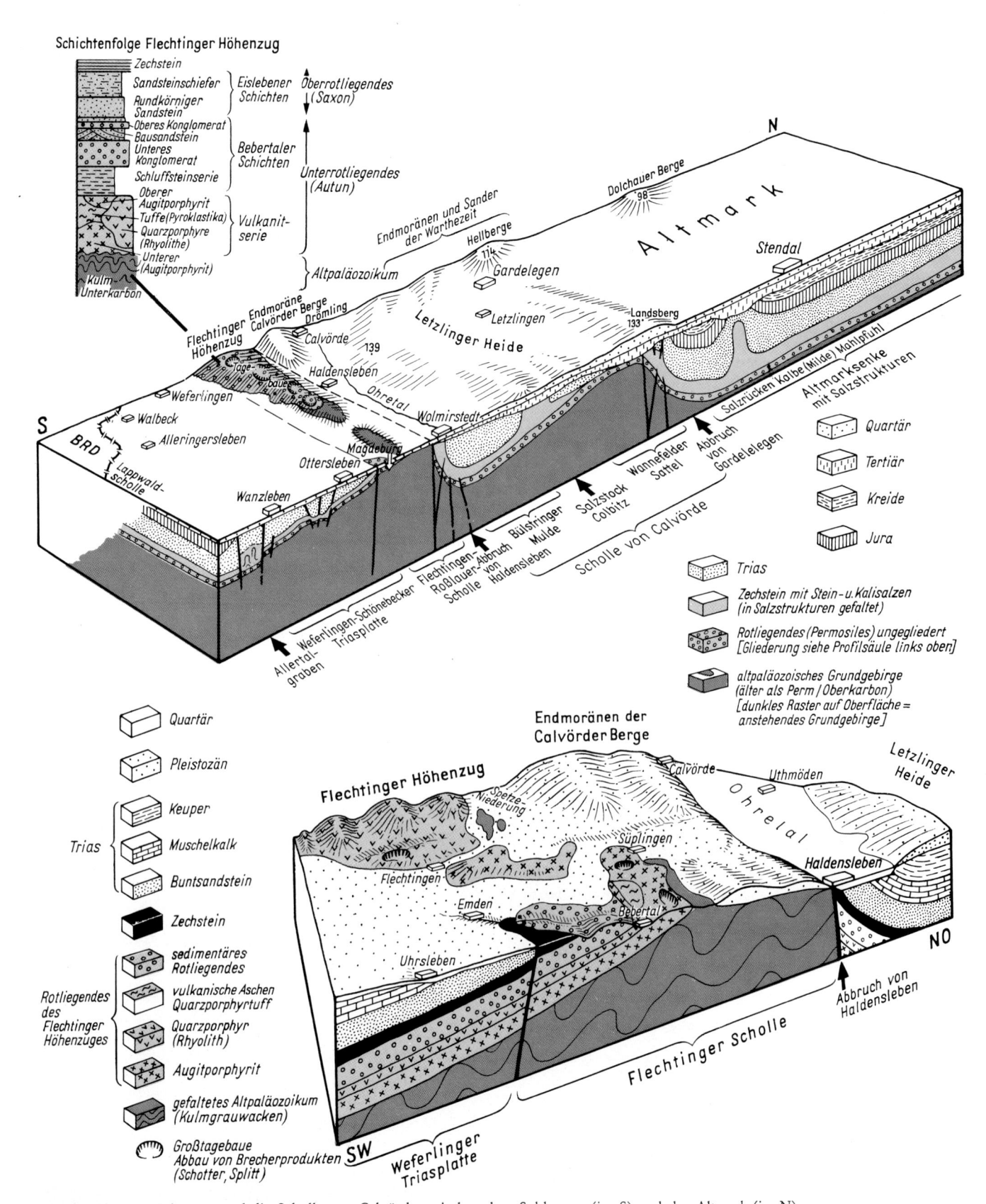

Der Flechtinger Höhenzug und die Scholle von Calvörde zwischen dem Subherzyn (im S) und der Altmark (im N)
oben: Schichtfolge des Rotliegenden und Gesamtblockbild, unten: die engere Umgebung von Haldensleben – Flechtingen
(in Anlehnung an A. Schreiber)

Nordgermersleben gebildet, an denen die südlich angrenzende Scholle um relativ geringe Beträge abgesunken ist. Damit »unterstützen« diese Verwerfungen nur die allgemeine Kippung des Harzvorlandes nach Süden. Landschaftlich bemerkbar machen sich die Südrandstörungen der Flechtinger Scholle nicht, es sei denn, man beachte die wenigen kleinen alten Halden des Kupferschieferbergbaus von Bebertal – Emden, die markieren, wo der Kupferschiefer als markante Schicht des Zechsteins zwischen den jüngeren Gesteinen des Subherzyns und dem Grundgebirge der Flechtinger Scholle zutage tritt.

Die ältesten im Flechtinger Höhenzug aufgeschlossenen Gesteine sind Grauwacken und Tonschiefer aus dem Unterkarbon (Kulm), die schwach gefaltet sind und von Verwerfungen durchsetzt werden. Es sind küstennahe Meeressedimente, wie die darin enthaltenen Fossilien beweisen. Ammoniten als Meeresfossilien sowie Reste von Schuppenbäumen und baumgroßen Schachtelhalmen vom Festland fand man gemeinsam im Gestein der zahlreichen Steinbrüche bei Hundisburg, Olvenstedt und Magdeburg, wo früher Bausteine für die Stadt Magdeburg gewonnen wurden. Etwa gleich alt ist die Wechsellagerung von Quarziten und Tonschiefern, die bei Gommern, Plötzky und Pretzien in zahlreichen Steinbrüchen aufgeschlossen waren. Der Gommernquarzit wurde als Baustein z. B. für die romanische Klosterkirche Leitzkau, die romanische Dorfkirche Plötzky, die Wallonerkirche in Magdeburg und für Hafenbauten in Magdeburg und Hamburg verwendet. Heute sind die mit Wasser gefüllten Steinbrüche ein beliebtes Erholungsgebiet.

Im Flechtinger Höhenzug wird das unterkarbonische Gestein von einer maximal 400 bis 600 m mächtigen Serie rotliegender Gesteine bedeckt. Von den roten Konglomeraten, Sandsteinen und Schluffsteinen wurden die Sandsteine früher als Bausteine genutzt. Die vulkanischen Gesteine (Augitporphyrit, Quarzporphyr) werden noch heute in großen Tagebauen bei Dönstedt, Bodendorf und Flechtingen abgebaut und zu Schotter und Splitt verarbeitet. Es sind unsere nördlichsten Hartgesteinsvorkommen.

Die vulkanischen Gesteine des Flechtinger Höhenzuges und der Gommernquarzit wurden vom eiszeitlichen Inlandeis überfahren. Dieses erzeugte auf der Oberfläche der Festgesteine Gletscherschrammen und Rundhöcker. Die Schmelzwässer kolkten Strudelkessel und Gletschertöpfe aus. Zwei der Gletschertöpfe aus dem Gommernquarzit sind heute im Hof des Kulturhistorischen Museums in Magdeburg zu besichtigen. Landschaftlich wird die Umgebung von Gommern, Pretzien und Plötzky von der Elbaue, den holozänen Dünen und dem sanften Anstieg zum Fläming bestimmt.

Die ältesten, an der Oberfläche anstehenden Gesteine des Flechtinger Höhenzuges sind unterkarbonische Kulmgrauwacken. An vielen Stellen wurden sie als Baustein abgebaut, wie hier an der aus Grauwacke errichteten Kirchenruine Nordhusen bei Hundisburg

Unterkarbonischer Gommernquarzit der Flechtinger Scholle als Baustein in der romanischen Klosterkirche von Leitzkau

Der Staßfurt-Oscherslebener Salzsattel

Südlich des Flechtinger Höhenzuges liegt ein landschaftlich nur flachwelliges Bruchschollenland, in dem an einige Verwerfungen jeweils ein salztektonisch bedingtes kleinräumiges Schollenmosaik gebunden ist. Diese tektonischen Formen werden von den jungen, meist eiszeitlichen Lockergesteinen, insbesondere von dem Löß der Magdeburger Börde, weithin verhüllt. Dieser Löß trägt fruchtbare Schwarzerde.

Das erste große für das gesamte Subherzyn bestimmende tektonische Strukturelement südlich des Flechtinger Höhenzuges ist der Staßfurt-Oscherslebener Sattel, der landschaftlich allerdings fast gar nicht in Erscheinung tritt, sondern unter der bis zu 6 km breiten, fast völlig ebenen Bodeniederung zwischen Staßfurt und Oschersleben verborgen liegt und sich – ebenfalls landschaftlich nicht erkennbar – im Untergrund bis in den Raum Helmstedt (BRD) fortsetzt.

Trotzdem ist der erdgeschichtliche Werdegang des Staßfurt-Oscherslebener Sattels der für die Formung der Landschaft entscheidende Faktor. Bau und geologische Geschichte des Sattels und seiner Umgebung können als Schulbeispiel für den Mechanismus der Salztektonik gelten.

Über einer im Grundgebirge sicher vorhandenen, aber noch nicht nachgewiesenen NW–SO-streichenden Störungszone stieg das hier etwa 500 m mächtige Zechsteinsalz zu einem Sattel auf. Dieser ist im Südosten ziemlich flach und breit, wird nach Nordwesten aber immer schmaler und steiler, so daß seine Flanken bei Westeregeln – Hadmersleben und weiter nach Nordwest senkrecht stehen.

Auch in zeitlicher Hinsicht ist anhand der Gesteinsverteilung in der Tiefe nachzuweisen, daß die Auffaltung ziemlich breit und flach begann und der Sattel erst allmählich zu einem extremen Schmalsattel umgestaltet wurde.

Die Landschaft aber blieb trotz des seit dem Erdmittelalter bis zur geologischen Gegenwart andauernden Sattelaufstiegs stets flach. Die über dem Massendefizit im Salz neben dem Sattel einsinkenden Randsenken wurden im Tertiär mit einer bis 400 m mächtigen Schichtfolge von Kiesen, Sanden, Tonen und örtlich mächtigen Braunkohlenflözen, im Quartär mit eiszeitlichen Kiesen und Geschiebemergel so kontinuierlich aufgefüllt, daß hier wohl stets ein solches flaches Niederungsland ausgebildet war, wie es heute noch von der Bode durchflossen wird. Die NW–SO-Richtung des Bodelaufs ist wohl ursächlich durch die Existenz dieser Senkungsgebiete bedingt.

Auch der eigentliche Sattel ist stets Niederungsgebiet geblieben, wie die über ihm lokal abgelagerten tertiären Meeressedimente und der eiszeitliche Bodeschotter beweisen. Daß der tektonische Sattel schon während seines Aufstiegs landschaftlich keinen Höhenrücken bildete, liegt in dem Gestein seines Kerns begründet: Das aufsteigende Salz geriet in den Bereich des Grundwassers und wurde dort ausgelaugt. Das Deckgebirge brach entsprechend nach. Der den Salzen zwischengeschaltete Gips wird nicht so schnell aufgelöst und bildet über dem Salz zusammen mit den Auslaugungsrückständen den Gipshut.

Wo die Auslaugung mehr Salz aufgelöst hat, als durch die Tektonik aufgestiegen ist, haben tertiäre und quartäre Sedimente die Senkung kompensiert. Hier greift die Niederungslandschaft von Randsenke zu Randsenke über den Sattel hinweg, so z. B. bei Egeln und Oschersleben. Wo die Auslaugung den Aufstieg des Sattels nicht kompensieren konnte, ragen Gesteine des Sattels über die Niederung empor, so bei Westeregeln der Gips des Gipshutes und bei Westeregeln und Hadmersleben der Untere Buntsandstein, und zwar als Teil der Nordflanke senkrechtgestellt.

Nachdem 1858 in einem Staßfurter Steinsalzschacht die Kalisalze entdeckt wurden, erlangte das Gebiet große wirtschaftliche Bedeutung als eines der klassischen Kalireviere. Perlschnurartig markierten von Staßfurt bis Hadmersleben die Kalischächte den Verlauf des Staßfurt-Oscherslebener Sattels in der Landschaft. Heute sind die Gruben alle stillgelegt, und nur einige Ruinen künden noch von der bergbaulichen Blütezeit dieses Gebietes. In der Nähe der wassergefüllten Grubenbaue hat Auslaugung im Steinsalz zu Erdfällen geführt. Der 1907 entstandene Erdfall von Westeregeln ist durch Nachbrüche 1939, 1941, 1960 und 1967 besonders bekannt geworden.

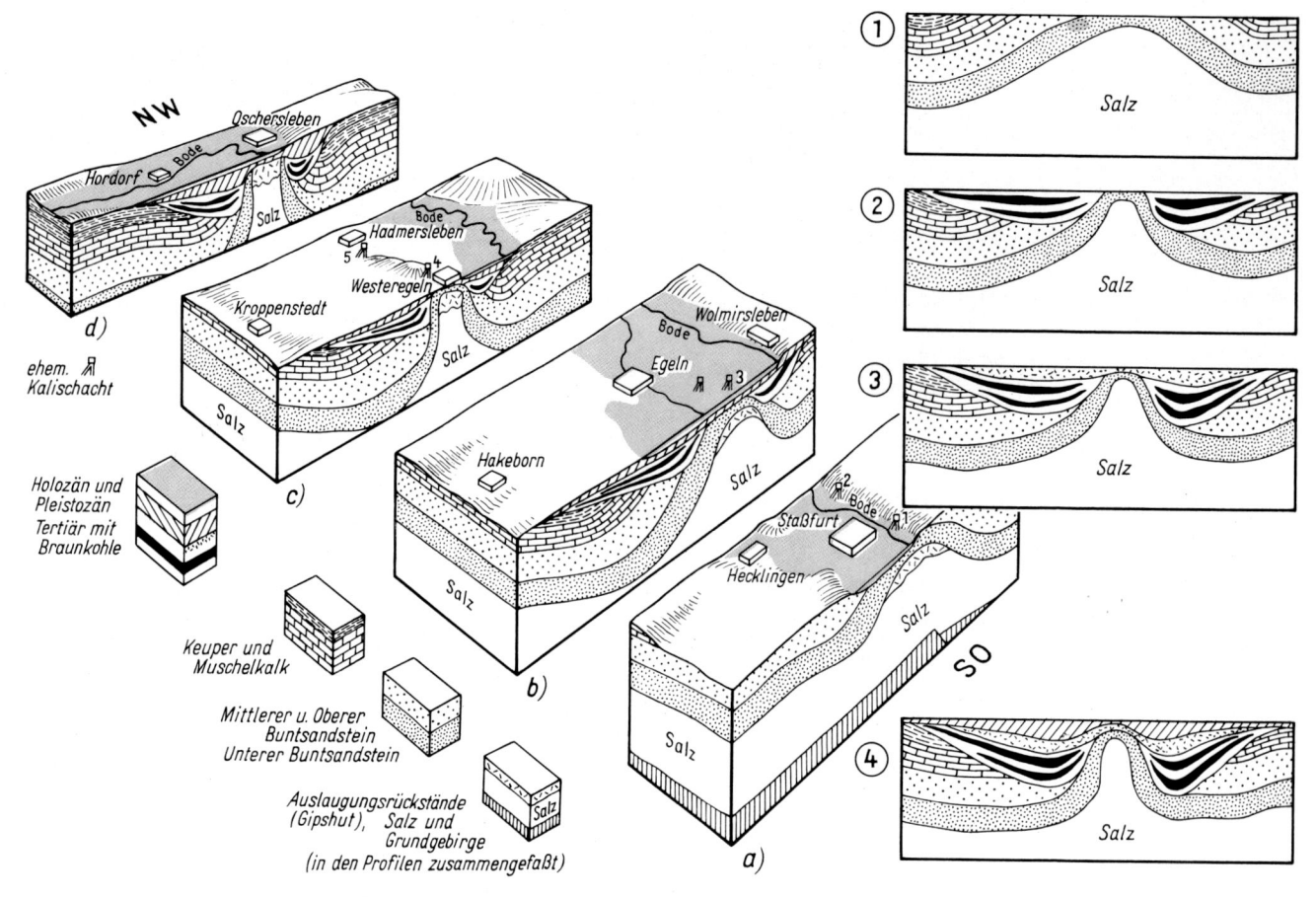

Entstehungsgeschichte ①–④ und regionaler Bau a–d des Staßfurt–Oscherslebener Salzsattels
①–④ Umformung eines breiten Salzsattels in einen Schmalsattel unter Bildung von Randsenken; a breiter Sattel bei Staßfurt, b flache Randsenken mit Braunkohlenflözen bei Egeln, c Sattelscheitel als kleiner Höhenrücken bei Westeregeln – Hadmersleben, d Schmalsattel unter der Bodeniederung bei Oschersleben. Ehemalige Kaliwerke: 1 Staßfurt, 2 Neustaßfurt, 3 Tarthun, 4 Westeregeln, 5 Hadmersleben

Hakel, Huy und Fallstein

Südlich des in der Landschaft kaum sichtbaren Staßfurt–Oscherslebener Sattels erheben sich im nördlichen Harzvorland drei große weitgespannte Muschelkalkrücken, die als Breitsättel im Sinne der Salztektonik aufzufassen sind. Das sind der Hakel (240 m) nordwestlich von Aschersleben, der Huywald (307 m) nordwestlich von Halberstadt und der Große Fallstein (288 m) nördlich von Osterwieck. Alle drei liegen hintereinander in OSO–WNW-Richtung dem nördlichen Harzrand parallel.

In den Einzelheiten unterscheiden sich diese drei Breitsättel voneinander. Der Hakel ist eine breite uhrglasförmige Muschelkalkaufwölbung, in der die Landschaft näherungsweise dem tektonischen Bau entspricht, d. h., die Schichten des Muschelkalkes sind etwa so aufgebogen, wie die Geländeoberfläche im Hakel heute erscheint.

Ebenso wie es die Landschaft zeigt, gehen die Schichten des Muschelkalks und des östlich darunter auftauchenden Buntsandsteins nach Osten in flache Lagerung über, tauchen nach Westen aber bei Gröningen unter die mit jüngeren Schichten gefüllte Niederung der Bode unter. Der Obere Muschelkalk bildet dort eine umlaufende Schichtrippe.

Der Huy ist ein langgestreckter Breitsattel mit einer Störungszone auf seinem Scheitel. Im Zentrum der Scheitelzone des Huy sind die Schichten so emporgepreßt, daß die Abtragung den Buntsandstein freigelegt hat. Hier hatten früher Kalischächte das ebenfalls emporgepreßte Kalisalz in etwa 350 m Tiefe erreicht. Die Störungszone im Scheitel des Huy ist an seinem Ostende als Grabenbruch ausgebildet, dem in der Landschaft auch eine Senke entspricht. Hier wird für die Zementproduktion Muschelkalk abgebaut.

Das eiszeitliche Inlandeis hatte Hakel, Huy und Fallstein überschritten, wie Gletschertöpfe auf dem Hardelsberg südlich Huy – Neinstedt beweisen.

Der Große Fallstein ist eine flache uhrglasförmige Muschelkalkaufwölbung wie der Hakel, also ohne zentrale Scheitelstörung. Der Kleine Fallstein, ein an seinem Süd-

Der Gletscherkessel mit Mahlsteinen im Muschelkalk des Huywaldes ist ein wichtiges Zeugnis für das einst über den Huy bis zum Harzrand vorgestoßene skandinavische Inlandeis

abhang W–O-gestreckter Höhenrücken, besteht aus schräggestellten Sandsteinen und Mergeln der Oberen Kreidezeit. Deren Schrägstellung beweist, daß die Aufwölbung dieser Breitsättel nach der Bildung dieser Meeressedimente, also erst gegen Ende der Kreidezeit, erfolgt ist.

Halberstadt – Blankenburg

Von den Höhen des Hakel, Huy oder Fallstein aus überschaut man das nähere Vorland des Harzes. Das Land zwischen Hakel, Huy und Fallstein im Norden und dem Harz im Süden erscheint wie eine von NW her eingreifende, bei Aschersleben ausspitzende, von zahlreichen markanten Höhenzügen gegliederte Tieflandbucht, hinter der der Harz, überragt vom Brockenmassiv, wie eine Mauer aufsteigt.

Diesem landschaftlichen Eindruck entspricht der erdgeschichtliche Werdegang genauer, als man zunächst denkt!

Der Untergrund dieser Tieflandbucht wird im wesentlichen von Schichten der Kreidezeit gebildet, die teils in einem Meer entstanden sind, das mehrfach von Nordwest her vordrang und genau diese Bucht bedeckte, teils von Festlandsedimenten aus dem Küstengebiet dieses Meeres. Die hier insgesamt etwa 750 m mächtige Schichtfolge der

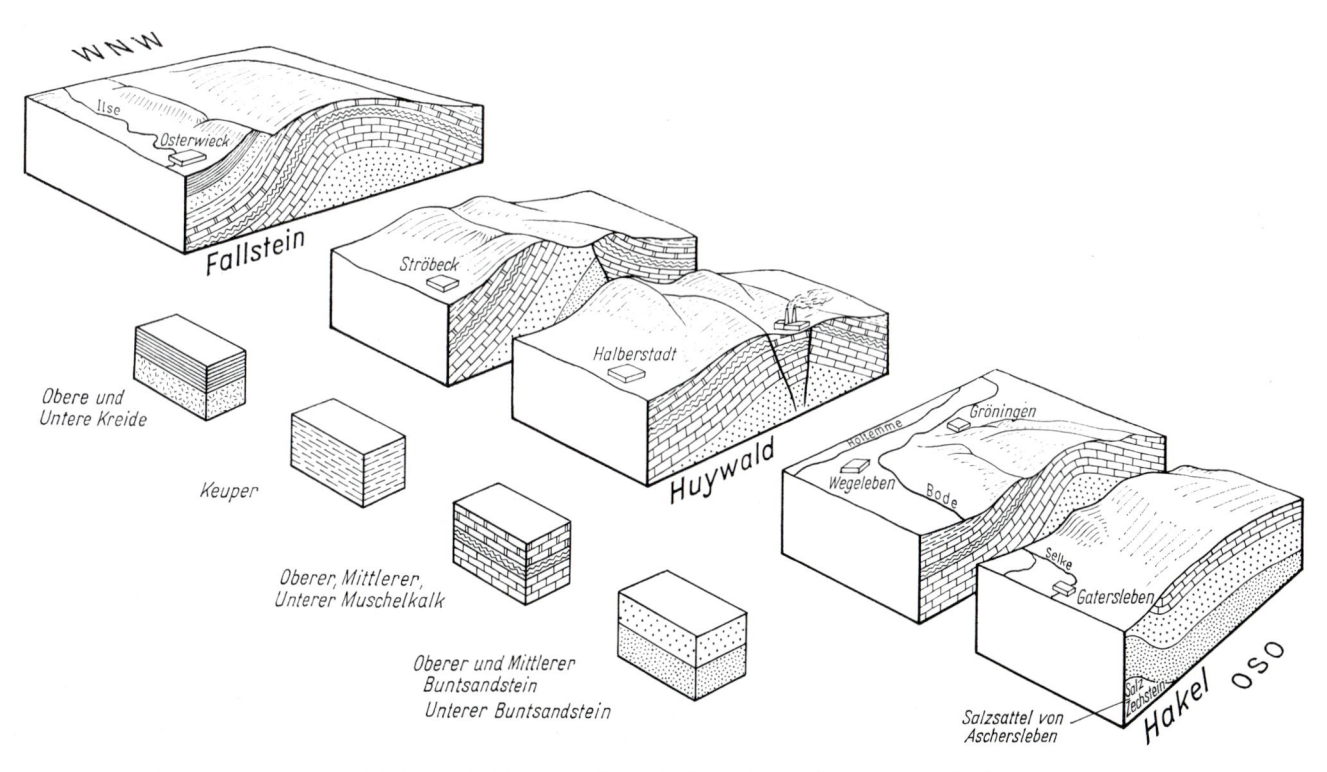

Landschaft und tektonischer Bau der Breitsättel Hakel, Huywald und Fallstein im nördlichen Harzvorland

Kreidezeit besteht vorwiegend aus tonig-kalkigen Schichten, denen festere Mergel und Kalke, die sog. Pläner, und feste Sandstein-Serien eingelagert sind. Deren wichtigste sind der 100 bis 180 m mächtige Neokom-Sandstein (Untere Kreide), der Involutus-Sandstein (Obere Kreide: Emscher) und der Heidelberg-Sandstein (Obere Kreide: Senon). Der 90 m mächtige Pläner wird in das Turon eingestuft.

Alle genannten Schichten, dazu die darunterliegenden Schichtserien des Lias, der Trias und des Zechsteins, sind zwischen Harz und Hakel, Huy und Fallstein gefaltet. Der Quedlinburger Sattel etwa in der Mitte trennt die Halberstädter Mulde (im Norden) von der Blankenburger Mulde (im Süden). Da die festen Sandsteine der Abtragung größeren Widerstand entgegensetzten, die Tone, Pläner und mürben Sandsteine der Kreidezeit sowie die Keupermergel und Schiefertone aber tiefer ausgeräumt wurden, lassen sich die Mulden und der Quedlinburger Sattel an den Sandsteinhöhenzügen im Gelände erkennen. Der Sattelkern wird im Gelände heute aufgrund der tonigen Keuperschichten von einer lokal vermoorten, feuchten Senke gebildet. An den Sattelflanken ragen Höhenrücken des Neokomsandsteins auf. Besonders bekannt davon sind die grotesken Kamelfelsen bei Westerhausen aus kieselsäuredurchtränktem Sandstein. Der Sandstein der Unteren Kreidezeit dokumentiert durch das Zusammentreten des nördlichen und südlichen Höhenrückens am 308 m hohen Hoppelberg auch landschaftlich, daß dort die Achse des Quedlinburger Sattels nach Westen untertaucht. Die Kreidesandsteinfelsen des Quedlinburger Schloßberges markieren im Stadtgebiet die Südflanke des Quedlinburger Sattels. Nach Osten hebt sich der Kern des salztektonisch bedingten Quedlinburger Sattels so heraus, daß östlich von Quedlinburg in den Sewekkenbergen Mittlerer Muschelkalk die benachbarten kreidezeitlichen Schichten heute hoch überragt. Die alten Gipssteinbrüche des Mittleren Muschelkalks sind noch heute ein lohnendes Exkursionsziel.

Die Aufrichtungszone am Harznordrand

Ein Blick von Norden auf den Harzrand zeigt deutlich, daß dieses Gebirge gegenüber seinem Vorland an der Nordrandstörung hoch emporgehoben ist. Dieser Vorgang war kein einmaliger Akt, sondern an dem Alter, der Verbreitung und der Lagerung der Gesteine nördlich des Harzes kann man die Abfolge und Intensität mehrerer Hebungsakte analysieren.

Schichten des Lias beweisen, daß sich der Harz schon im Unteren Jura flach über sein nördliches Vorland herausgehoben hat. Die nächsten Hebungen des Harzes und Absenkungen seines Vorlandes erfolgten in der Unteren Kreidezeit, da deren Schichten diskordant über die Lias- und Triasschichten abgelagert sind. Am stärksten wurde der Harz zur Zeit der Oberen Kreide emporgehoben. Die emporsteigende Harzscholle schleppte die Schichten des Buntsandsteins, Muschelkalks und Keupers sowie der Kreide bis einschließlich Heidelbergsandstein mit und richtete sie steil auf. Spätere Abtragung modellierte am nördlichen Harzrand zwischen Wernigerode und Heimburg die

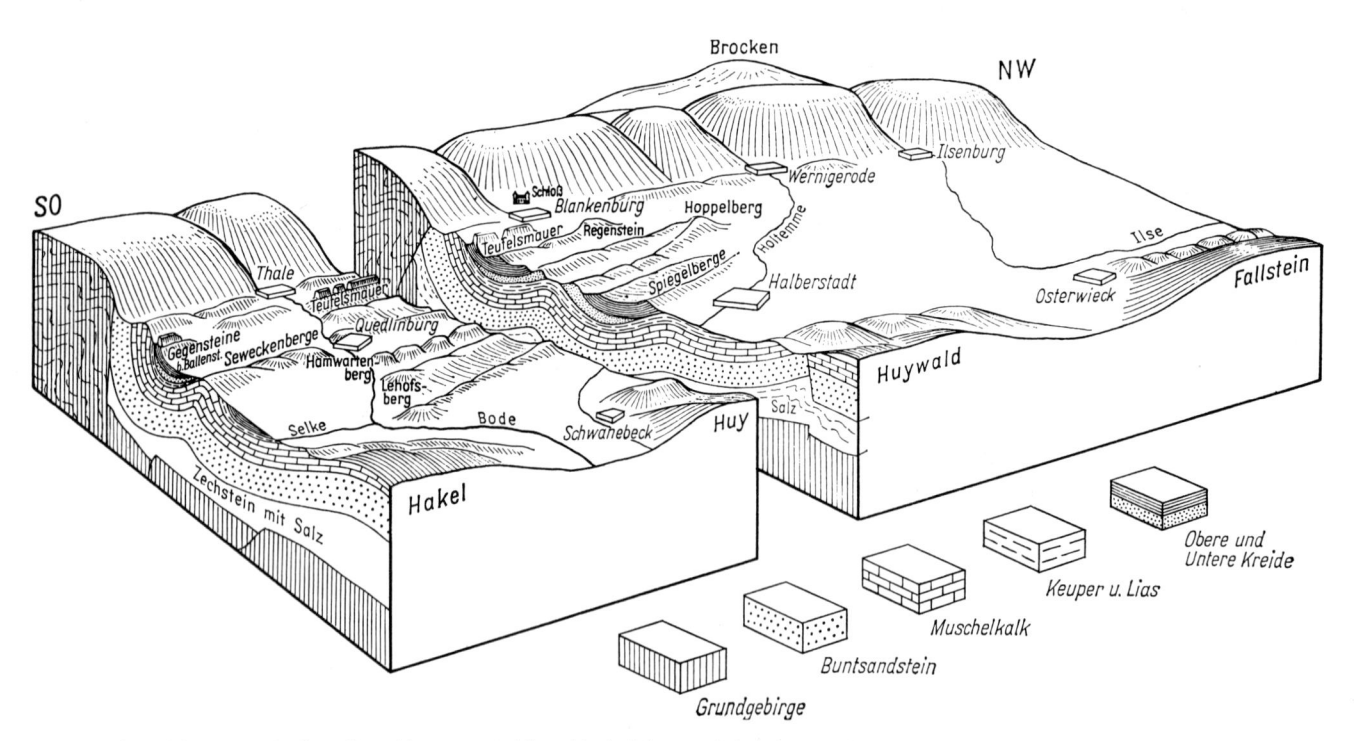

Die südliche subherzyne Scholle – die subherzyne Kreidemulde (Blick von Hakel, Huy und Fallstein)

Die Teufelsmauer bei Neinstedt aus steilstehendem verkieseltem Kreidesandstein ist ein weithin sichtbares Naturdenkmal der Aufrichtungszone des nördlichen Harzvorlandes

Muschelkalkhöhenrücken und aus dem Heidelbergsandstein bei Thale – Blankenburg die Teufelsmauer heraus. Die jüngsten kreidezeitlichen Schichten, die Blankenburger und die Ilsenburger Schichten, wurden nach der Hebung flach, aber diskordant über den steilgestellten älteren Schichten abgelagert.

Anschließend soll der geologische und landschaftliche Bau der Aufrichtungszone am Harznordrand an fünf markanten Stellen gezeigt werden.

Bei Ermsleben bildet der Muschelkalk den Bergrücken der »Hohe«. Ein Steinbruch schließt die steil nach Norden einfallenden Schichten des Muschelkalks auf. Buntsandstein

61

Steilstehender, oft überkippter unterer Buntsandstein der Aufrichtungszone am Harznordrand in einem Aufschluß bei Thale

Der zeitliche Ablauf der tektonischen Bewegungen sowie der Ablagerungs- und Abtragungsprozesse in der Aufrichtungszone am nördlichen Harzrand

① Lias: Aufstieg des Harzes als flache Schwelle, Meeresbecken im Raum Quedlinburg – Halberstadt
② Untere Kreide: stärkerer Aufstieg des Harzes bei gleichzeitiger Senkung des Vorlandes; Sedimente des Unterkreidemeeres diskordant auf Lias und Keuper
③ Basis der Oberen Kreide: Aufstieg des Harzes, beginnende Überschiebung auf das Vorland, dadurch Aufrichtung der Zechstein- und Triasschichten. Weitere Senkung des Meeresbeckens und Ablagerung von Schichten der Oberen Kreide, diese diskordant auf allen älteren Schichten
④ Höhere Oberkreide: Überschiebung des Harzes auf sein Vorland, weitere Aufrichtung und Überkippung der Schichten am Harzrand, Faltung aller bis dahin abgelagerten Schichten im Vorland (Blankenburger Mulde, Quedlinburger Sattel, Halberstädter Mulde), unmittelbar vor dem Harzrand schmale Meeresbucht: jüngste Schichten der subherzynen Kreide diskordant über allen älteren Schichten
⑤ Ende Kreide bis Gegenwart: Hebung des Gesamtgebietes, Rückzug des Meeres, Abtragung der Gesteine zu einer Schichtrippenlandschaft

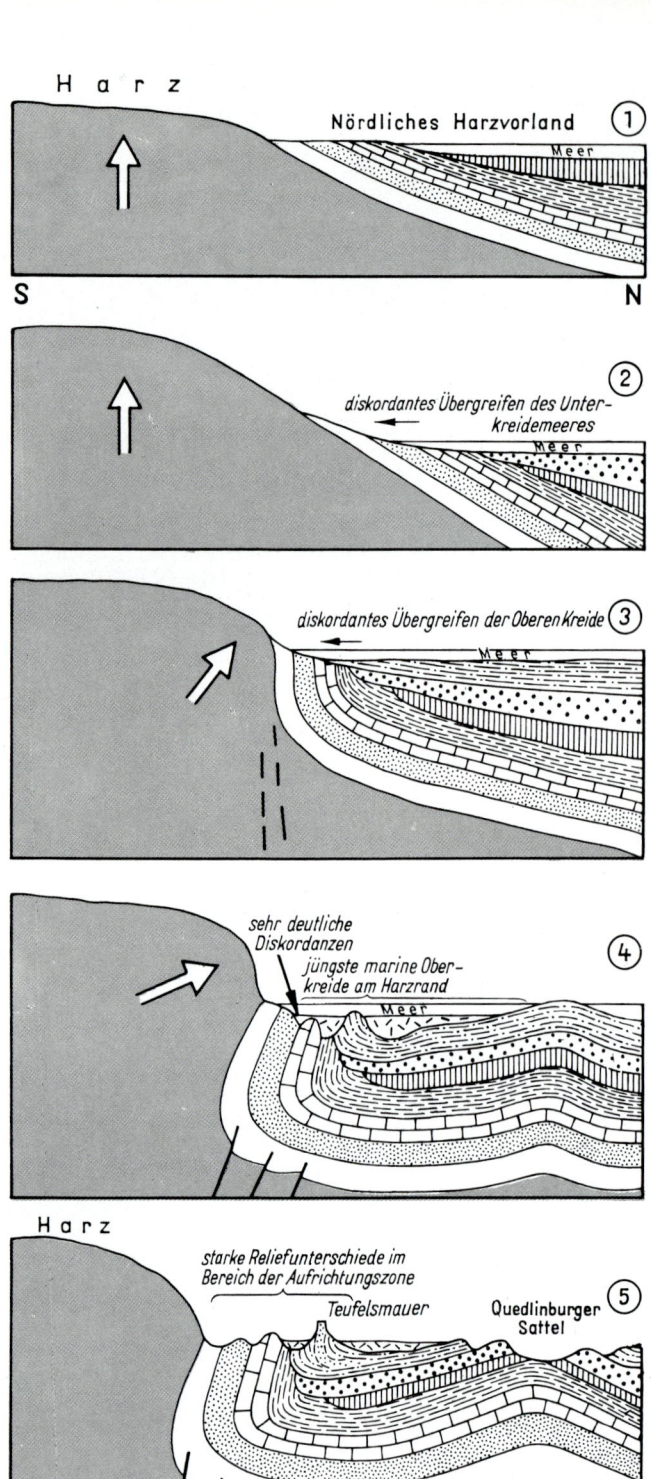

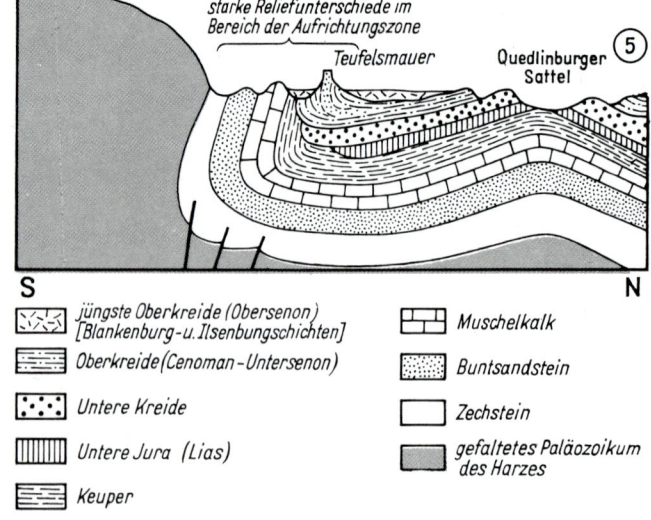

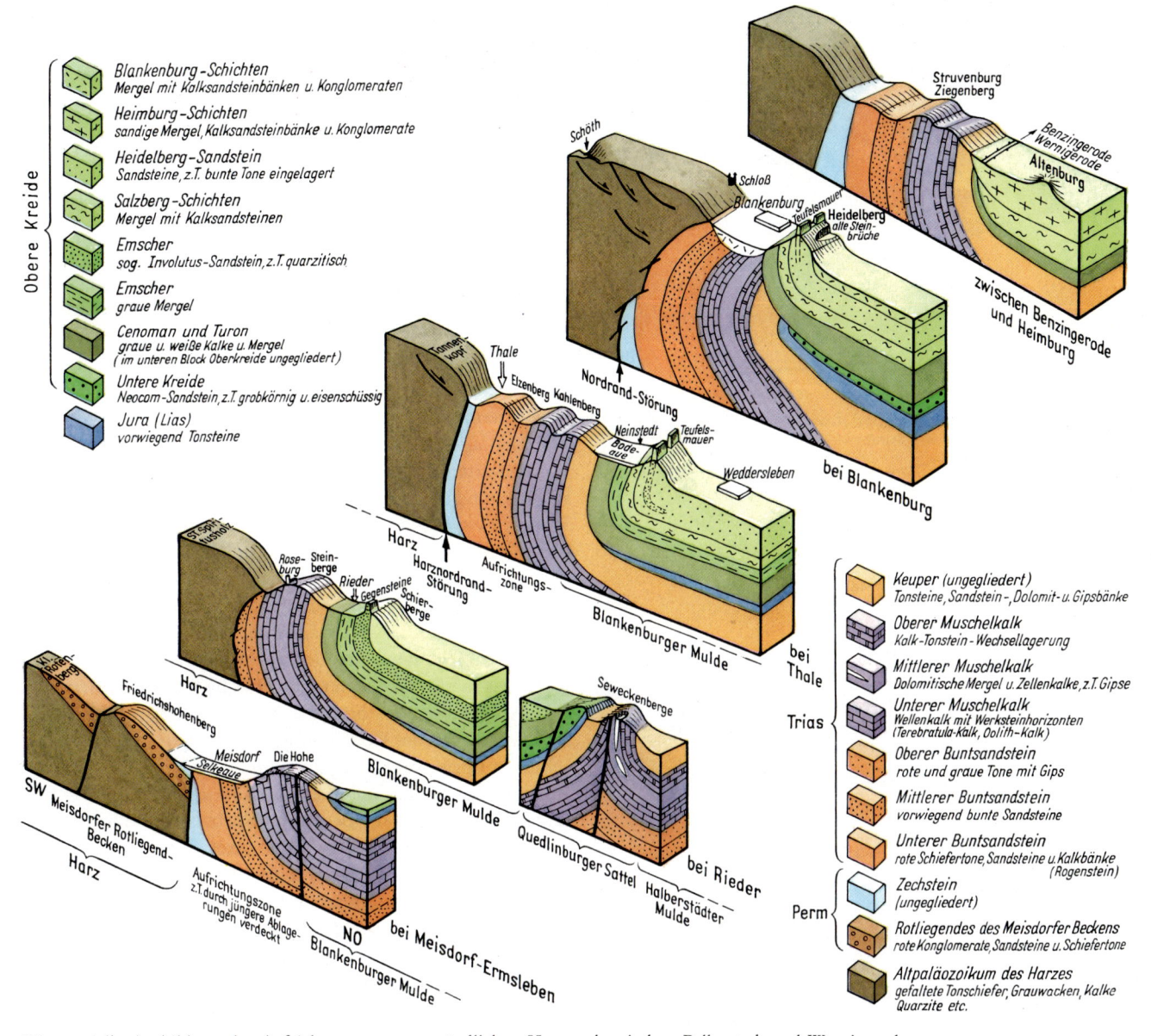

Die spezielle Ausbildung der Aufrichtungszone am nördlichen Harzrand zwischen Ballenstedt und Wernigerode

und Zechstein weiter südlich sind tief abgetragen. Der Harz ist hier nur relativ wenig über sein Vorland emporgehoben.

An der Roseburg bei Rieder hat sich der Harz so nach Norden auf sein Vorland geschoben, daß der überkippte Zechstein und Buntsandstein unter der Harzscholle verborgen sind. Diese grenzt unmittelbar an steilgestellten Muschelkalk, die Steinberge mit der Roseburg. Nördlich davon steht auch der oberkreidezeitliche Involutussandstein senkrecht und bildet die Schierberge mit den Gegensteinen.

Bei Thale sind von dem aufsteigenden Harz alle Schichten steilgestellt. Als feste Gesteinszonen erscheinen die Rogensteinzone des Unteren Buntsandsteins, der Mittlere Buntsandstein, der Muschelkalk und der Heidelbergsandstein als Höhenrücken. Der von zahlreichen Klüften aus verkieselte, senkrechte Heidelbergsandstein ist bei Neinstedt zur Teufelsmauer mit grotesken Felsbildungen, einem weithin sichtbaren Naturdenkmal, herausmodelliert.

Bei Blankenburg finden wir eine ähnliche Situation. Jüngste oberkreidezeitliche Sedimente liegen bei Michaelstein flach auf steilgestelltem Muschelkalk und ermöglichen damit eine Alterseinstufung der Harzhebung in die obere Kreidezeit.

Zwischen Heimburg und Wernigerode ist die Aufrichtungszone durch steilgestellte Triasschichten gekennzeichnet. Über den widerstandsfähigen Schichten des Unteren Buntsandsteins sowie des Unteren und Oberen Muschelkalks wurden Höhenrücken herausmodelliert, die parallel zum Harzrand verlaufen.

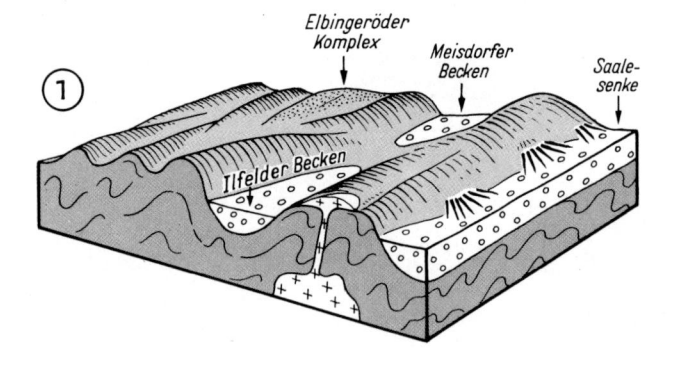

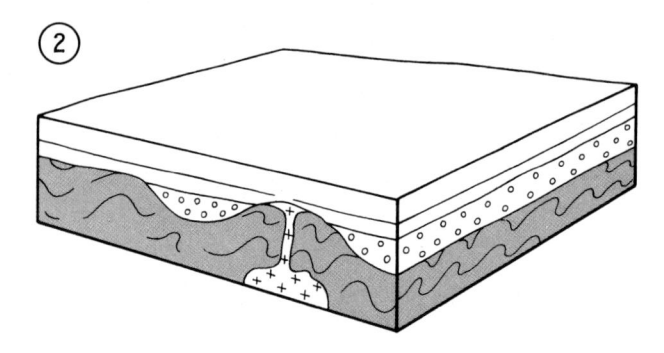

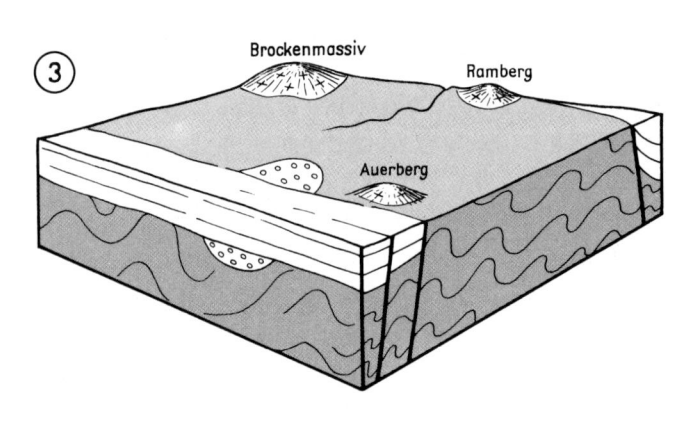

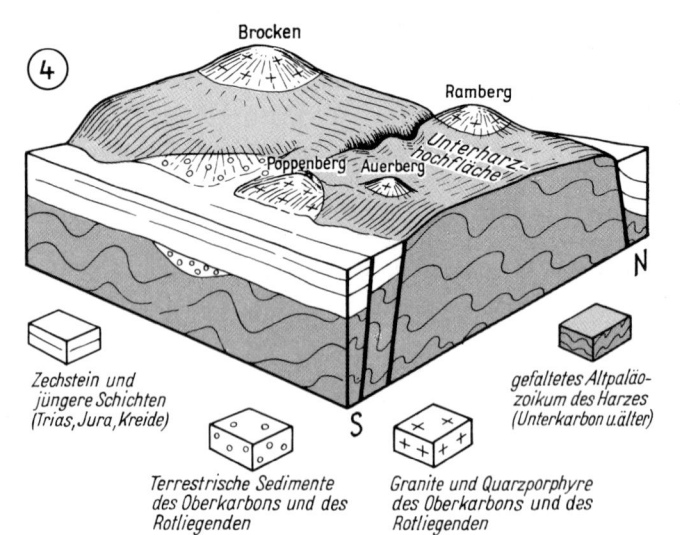

Der Harz

Überblick

Der Harz ist ein SO–NW-gestrecktes Horstgebirge mit landschaftlich markantem Nordrand und weniger auffälligem Südrand. Gegenüber seinem nördlichen Vorland ist der Harz um mehr als 2000 m emporgehoben, wobei auf ihm alle jüngeren Schichten abgetragen sind. Die Abtragung hat auf dem Harz das Grundgebirge mit Gesteinen des Ordoviziums bis Unteren Perms freigelegt, die man sich im nördlichen Vorland erst in 1000 m und mehr Tiefe vorstellen darf. Aus Gestein und Landschaftsform des Harzes ist eine komplizierte Entstehungsgeschichte abzuleiten.

Während des Ordoviziums, Silurs, Devons und Unterkarbons lagerten sich im Gebiet des heutigen Harzes wie in der weiteren Umgebung mehrere tausend Meter tonige, sandige und kalkige Sedimente ab. Diese wurden an der Wende Devon/Karbon und im Oberkarbon (vor etwa 345 bis 260 Millionen Jahren) gefaltet. Danach stiegen sie zu dem Varistischen Gebirge auf, dessen Höhenrücken sich in einem breiten, landschaftlich sehr differenzierten Gebiet von Südfrankreich über Schwarzwald, Spessart, Rheinisches Schiefergebirge über das Gebiet des heutigen Harzes nach Osten bis in die VR Polen und weiter bis Ostasien hinzogen. Die Abtragung zerstörte die Höhenrücken, und Schuttströme zur Zeit des Rotliegenden brachten den Abtragungsschutt in Form roter Konglomerate, Sandsteine und Schluffsteine in den Niederungen zur Ablagerung (z. B. im Ilfelder und im Meisdorfer Becken). Nach fast völliger Einebnung sank das Gebiet wieder unter den Meeresspiegel. Schichten des Zechsteins und der Trias lagerten sich hier wie in der weiteren Umgebung ab.

In der Jura- und Kreidezeit hob sich der Harz um einige hundert Meter heraus, wurde dem nördlichen Vorland aufgeschoben und bildete dort die Aufrichtungszone. Dieser »Urharz« wurde aber wiederum völlig abgetragen, die Landschaft also eingeebnet. Damit lag auf dieser Ebene aber zu Beginn des Tertiärs das Grundgebirge frei. Überragt wurde dieses ebene Grundgebirgstiefland von einzelnen Bergkuppen wie dem heutigen Brocken, dem Ramberg

Der tektonische Werdegang des Harzes

① Zur Zeit des Rotliegenden: Das Varistische Gebirge wird abgetragen, Gesteinsschutt sammelt sich in den Niederungen
② Bis Ende der Trias: Über das abgetragene und eingeebnete Varistische Gebirge legen sich diskordant Schichten des Zechsteins und der Trias
③ Zur Zeit des Tertiärs: Die in der Kreidezeit gehobene Harzscholle wurde abgetragen und ist zu einer Fastebene eingeebnet. Nur einzelne Härtlinge überragen diese
④ Gegenwart: Die Harzscholle wurde im Jungtertiär/Altpleistozän nochmals gehoben (im Westen stärker als im Osten). Die Zertalung der Fastebene schuf die heutige Mittelgebirgslandschaft

und dem Auerberg. Im Tertiär erfolgte eine erneute Heraushebung des Harzes um mehrere hundert Meter, die das heutige Mittelgebirge schuf. So stellt der Harz eigentlich einen gehobenen und seitdem von tiefen Tälern zerschnittenen Teil der alten tertiären Tiefebene dar.

Die Bode hatte im Gebiet des Harzes schon auf dem Grundgebirgstiefland zu Beginn des Tertiärs ihren gegenwärtigen Lauf, wie ihre großen, an sich für Flachlandsflüsse typischen Windungen zeigen. Als sich der Harz im Tertiär hob, konnte sie ihr Tal nicht verlassen, sondern mußte sich ihr Bett der Hebung entsprechend um hundert und mehr Meter tief einschneiden.

Jüngste Hebungen des Harzes um einige Dekameter erfolgten vermutlich im Pleistozän.

Die Harzscholle wurde bei der Hebung so gekippt, daß sie nach Süden und Osten geneigt ist. Entgegen der starken Hebung am Nordrand steigt der Harz im Süden um wesentlich geringere Beträge und in Form einer Verwerfungstreppe mit kleineren Sprunghöhen aus der Goldenen Aue auf. Die Neigung nach Osten ergibt sich deutlich aus der Höhenlage der Harzhochfläche:

Acker-Bruchberg-Plateau (BRD)　900 m
Mittelharz bei Elbingerode　460 bis 520 m
Unterharz bei Harzgerode　420 m
Einehochfläche bei Stangerode　270 m

So konnte das Eis der Elsterkaltzeit den Unterharz überfahren und in die Goldene Aue und nach NW-Thüringen eindringen, während der Oberharz aus dem Inlandeis ragte.

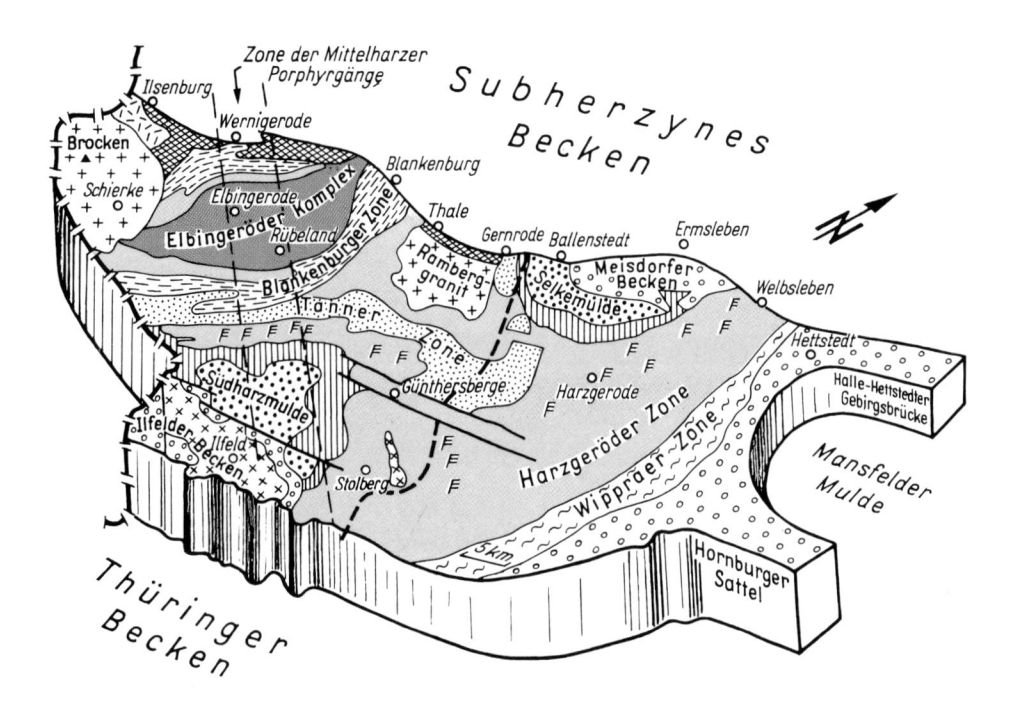

Heute am Ablagerungsort liegende Gesteine
- sedimentäre und vulkanische Gesteine des Elbingeröder Komplexes
- Tuffe (Schalsteine), Eisenerze und Riffkalke des oberen Mitteldevons bis Oberdevons
- Tonschiefer mit Diabasen sog. "Wissenbacher Schiefer"; Mitteldevon
- Tanner Grauwacke und Plattenschiefer Unterkarbon
- Kieselschiefer, Tonschiefer u. Grauwacken des Kulm; Unterkarbon
- Quarzite und Tonschiefer des Acker-Bruchbergzuges; Unterkarbon

Heute nicht am Ablagerungsort liegende Gesteine
- durch submarine (untermeerische) Gleitungen entstandene Rutschmassen (Olisthostrome) des Unter- und Mittelharzes Unterkarbon, z.T. mit Oberdevon verschuppt
- Silurschollen in den zuvor genannten Rutschmassen

Oberkarbon und Rotliegendes des Harzes
- rote Konglomerate, Sand- und Schluffsteine (Molassesedimente) Ilfelder- und Meisdorfer Becken, Ostharzrand
- spätvariskische Granite Brocken- und Ramberggranit
- spätvariskische Porphyre, Porphyrite und Melaphyre
- zur Elster-Inlandvereisung östlich vom Eise überfahren, westlich eisfrei
- Rutschmassen mit Gleitschollen aus Kieselschiefern, Tonschiefern und Diabasen sog. "Stieger Schichten" Oberdevon
- Gleitdecken aus Südharz- und Selkegrauwacke Oberdevon

Die regionalen Baueinheiten des Varistischen Gebirges im Harz

Schnitt durch die Baueinheiten des Harzes vom Brockengranit zur Südharzmulde (nach LUTZENS)

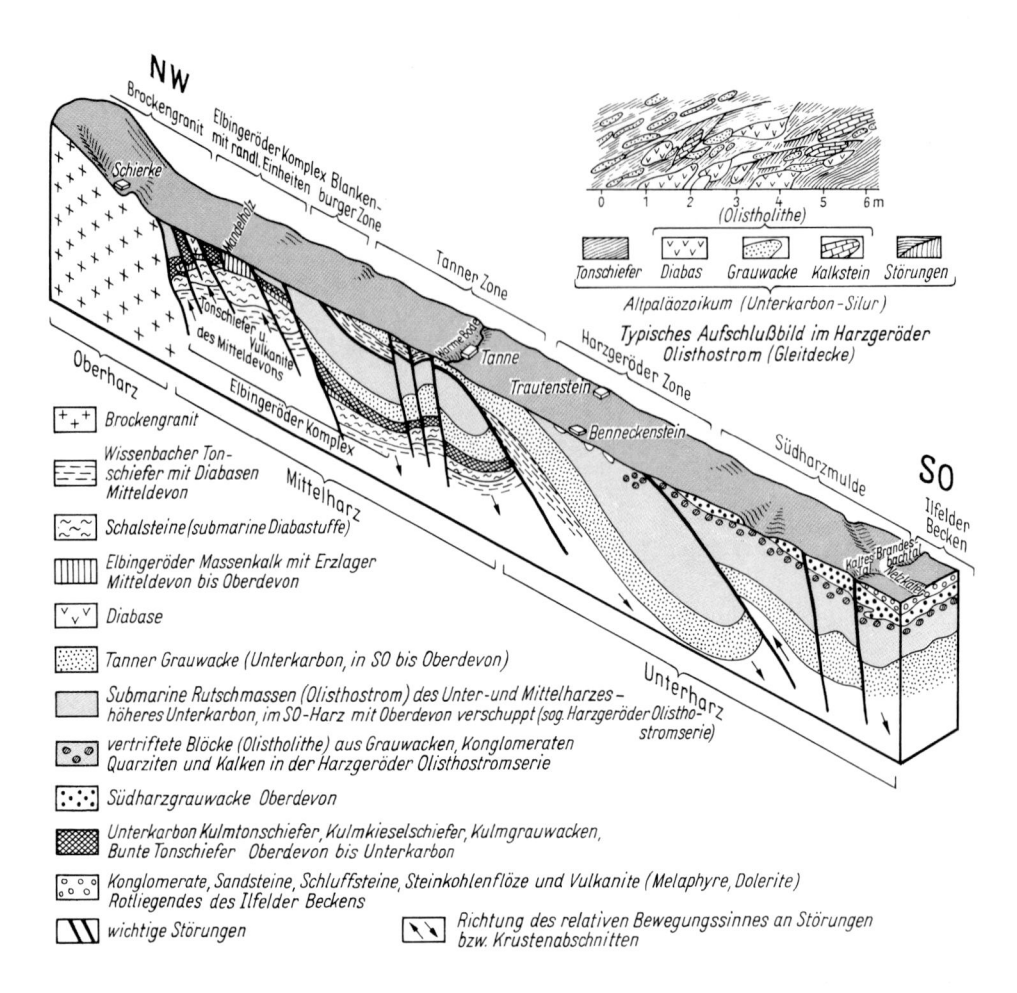

Legende:
- Brockengranit
- Wissenbacher Tonschiefer mit Diabasen Mitteldevon
- Schalsteine (submarine Diabastuffe)
- Elbingeröder Massenkalk mit Erzlager Mitteldevon bis Oberdevon
- Diabase
- Tanner Grauwacke (Unterkarbon, in SO bis Oberdevon)
- Submarine Rutschmassen (Olisthostrom) des Unter- und Mittelharzes – höheres Unterkarbon, im SO-Harz mit Oberdevon verschuppt (sog. Harzgeröder Olisthostromserie)
- vertriftete Blöcke (Olistholithe) aus Grauwacken, Konglomeraten Quarziten und Kalken in der Harzgeröder Olisthostromserie
- Südharzgrauwacke Oberdevon
- Unterkarbon Kulmtonschiefer, Kulmkieselschiefer, Kulmgrauwacken, Bunte Tonschiefer Oberdevon bis Unterkarbon
- Konglomerate, Sandsteine, Schluffsteine, Steinkohlenflöze und Vulkanite (Melaphyre, Dolerite) Rotliegendes des Ilfelder Beckens
- wichtige Störungen
- Richtung des relativen Bewegungssinnes an Störungen bzw. Krustenabschnitten

Typisches Aufschlußbild im Harzgeröder Olisthostrom (Gleitdecke)
Altpaläozoikum (Unterkarbon-Silur)
(Olistholithe): Tonschiefer, Diabas, Grauwacke, Kalkstein, Störungen

Im nachfolgenden Abschnitt geht es in erster Linie um die Details der Harzlandschaft, die vom Grundgebirge geprägt sind. Deshalb sei dessen Bau noch ausführlicher vorgestellt.

Nachdem im Ordovizium, Silur, Unterdevon und Unteren Mitteldevon ziemlich einheitlich mächtige tonig-sandige Sedimente mit zahlreichen Diabasen abgelagert waren, wurde das Meer im Bereich des Harzes schon im Mitteldevon durch erste aufsteigende Schwellen, untermeerisch hervorgebrochene mächtige Lavamassen (Keratophyre und Schalsteine) und darauf aufbauende Korallenriffe gegliedert. Diese Gesteine finden wir heute im Elbingeröder Komplex. Im Oberdevon und Unterkarbon verstärkte sich das Relief des Meeresbodens durch aufsteigende Schwellen und sinkende Meeresströge weiter – erste Anzeichen des entstehenden Varistischen Gebirges, die auch für die weitere Gesteinsbildung Bedeutung hatten. Schwellen, die über den Meeresspiegel auftauchten, wurden abgetragen, und ihr Verwitterungsschutt bildete in den benachbarten Meereströgen die mächtigen Tonschiefer, Grauwacken und Konglomerate des Oberdevons und Unterkarbons, z. B. in der Südharz- und der Selkemulde. An den Flanken aufsteigender Schwellen rutschten die mächtigen älteren, aber insgesamt noch verformbaren Gesteinsserien dem Gefälle folgend in die benachbarten Tröge ab. Dabei wurden diese Schichtserien, die ordovizische bis unterkarbonische Gesteine enthielten, intern bis ins Detail so verknetet, daß wir sie heute in komplizierter, schwer deutbarer Lagerung vorfinden. Diese Olisthostrommassen umfassen einen großen Teil des Grundgebirges im Harz. Indem obere Teile der Schichtserien als erste abglitten, wurde stellenweise in den Trögen die Altersfolge der Gesteine direkt umgekehrt: Das Jüngere liegt unten, das Ältere darüber!

Im Unterkarbon und zu Beginn des Oberkarbons wurden alle Schwellen und Trogmassen dieses Meeresabschnitts kompliziert zu Falten von Millimeter bis Kilometer Spannweite zusammengepreßt, wobei die Gesteine je nach Festigkeit unterschiedlich reagierten und verschiedene Faltentypen bildeten. Zugleich wurden die Gesteine geschiefert. Aus Ton wurde Tonschiefer. Nach dieser letzten Formung des Varistischen Gebirges lassen sich im Harz folgende regionale Einheiten des Grundgebirges unterscheiden:

Die Wippraer Zone umfaßt an Ort und Stelle verbliebene, gefaltete und schwach metamorphe Gesteine des Ordoviziums, Silurs und Devons.

Die Harzgeröder Zone besteht aus verfalteten Schichten des Silurs, Devons und Unterkarbons mit hohem Anteil von Olisthostromen.

Die Blankenburger Zone wird von Falten der mitteldevonischen Wissenbacher Schiefer mit zahlreichen eingeschalteten Diabasen aufgebaut.

Die Südharz- und die Selkemulde enthält ebenso wie die Tanner Zone vorwiegend oberdevonische und unterkarbonische Grauwacken. In den beiden zuerst genannten ist nach gegenwärtiger Auffassung die Lagerung durch großräumige Gleitvorgänge geprägt.

Der Elbingeröder Komplex mit seinen mächtigen mitteldevonischen Riffkalken ist die markanteste ortsständige Baueinheit des Varistischen Gebirges im Harz.

Etwa zu der Zeit, als im Oberkarbon oder Unteren Perm das Varistische Gebirge insgesamt gehoben wurde, drangen silikatische Schmelzen in den Gebirgskörper ein, schmolzen Schiefergesteine auf und erstarrten zu den Granitkörpern des Brockens und des Ramberges. Im Unterrotliegenden kam es zu vulkanischen Eruptionen, die im Ilfelder Becken mächtige, heute felsbildende Melaphyr- und Porphyritdecken hinterließen. Ein anderer Vulkan dieser Zeit förderte den Quarzporphyr des Auerberges. In Spalten des Grundgebirges erstarrten magmatische Schmelzen zu Ganggesteinen, den Mittelharzer Gängen.

Für die gegenwärtige Landschaft des Harzes ist entscheidend, welches Gestein aufgrund der Varistischen Tektogenese an welcher Stelle an der Oberfläche liegt.

Meisdorf – Mägdesprung

Schaut man von Norden bei Welbsleben – Ballenstedt auf den Harzrand, dann erblickt man hier nur einen schwachen Anstieg des Geländes. Erst etwa 3 km weiter südlich treten die markanteren Höhen der eigentlichen Unterharzhochfläche in Erscheinung.

Der Raum um Meisdorf – Opperode, etwa in der Achse der Selkemulde gelegen, ist ein mit maximal 300 m mächtigen roten Quarzitkonglomeraten, Sandsteinen, Schluffsteinen und einigen Lagen von Tuff (vulkanische Asche) gefülltes Rotliegendbecken. Diese Sedimente treten landschaftlich nur dort in Erscheinung, wo sie stärker verfestigt sind, z. B. am Kirchberg und Pastorhohenberg bei Meisdorf. Ein aschereiches Steinkohlenflöz im Meisdorfer Rotliegenden gab Anlaß zu Bergbau, der von 1573 bis 1869 bestand und die Salinen von Staßfurt und Halle belieferte. In der Landschaft sind Pingen und Schachthalden Zeugen dieses Bergbaus. Die Konradsburg bei Ermsleben steht ebenfalls auf Rotliegendem. Ihre Krypta und der erhaltene Rest der romanischen Basilika sind zu einem großen Teil aus Sandsteinen und Konglomeraten des Meisdorfer Rotliegenden erbaut.

Im Süden des Meisdorfer Rotliegenden taucht ringsum die oberdevonische Selkegrauwacke auf. Sie baut aufgrund

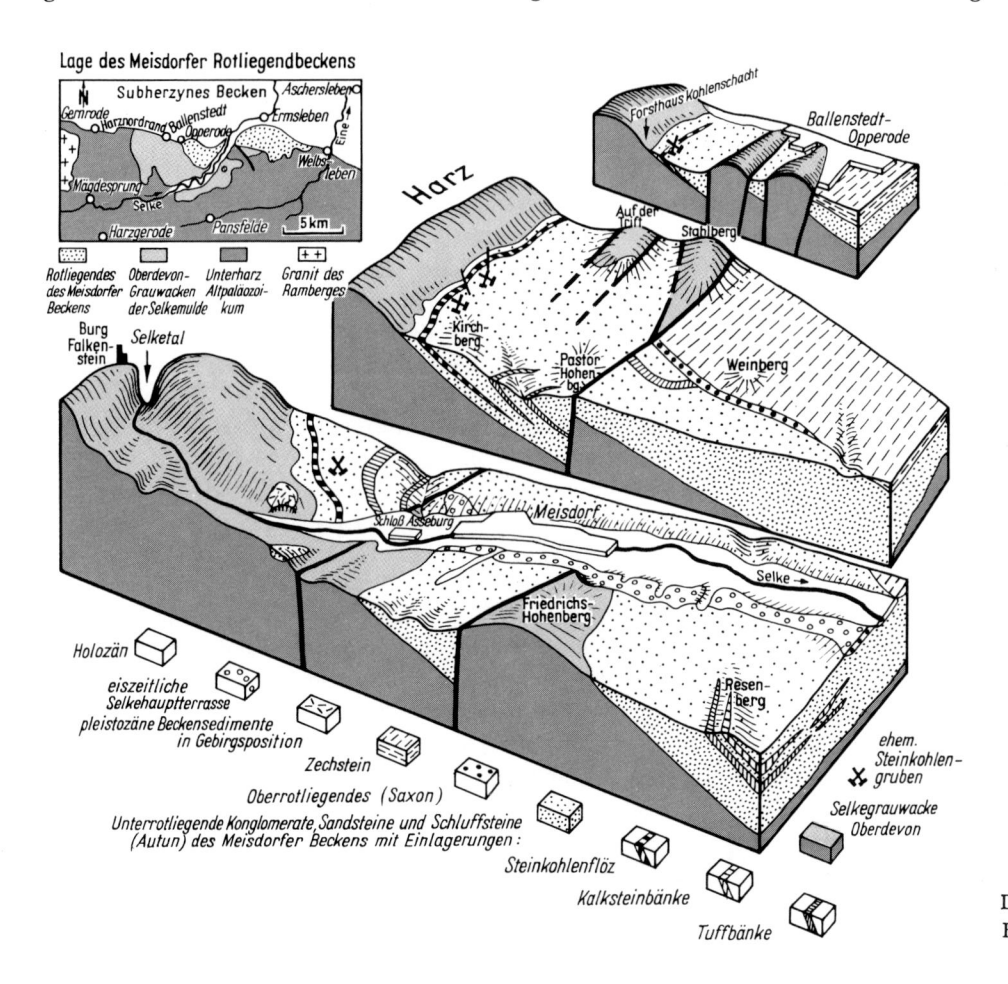

Das Rotliegende des Meisdorfer Beckens am nordöstlichen Harzrand

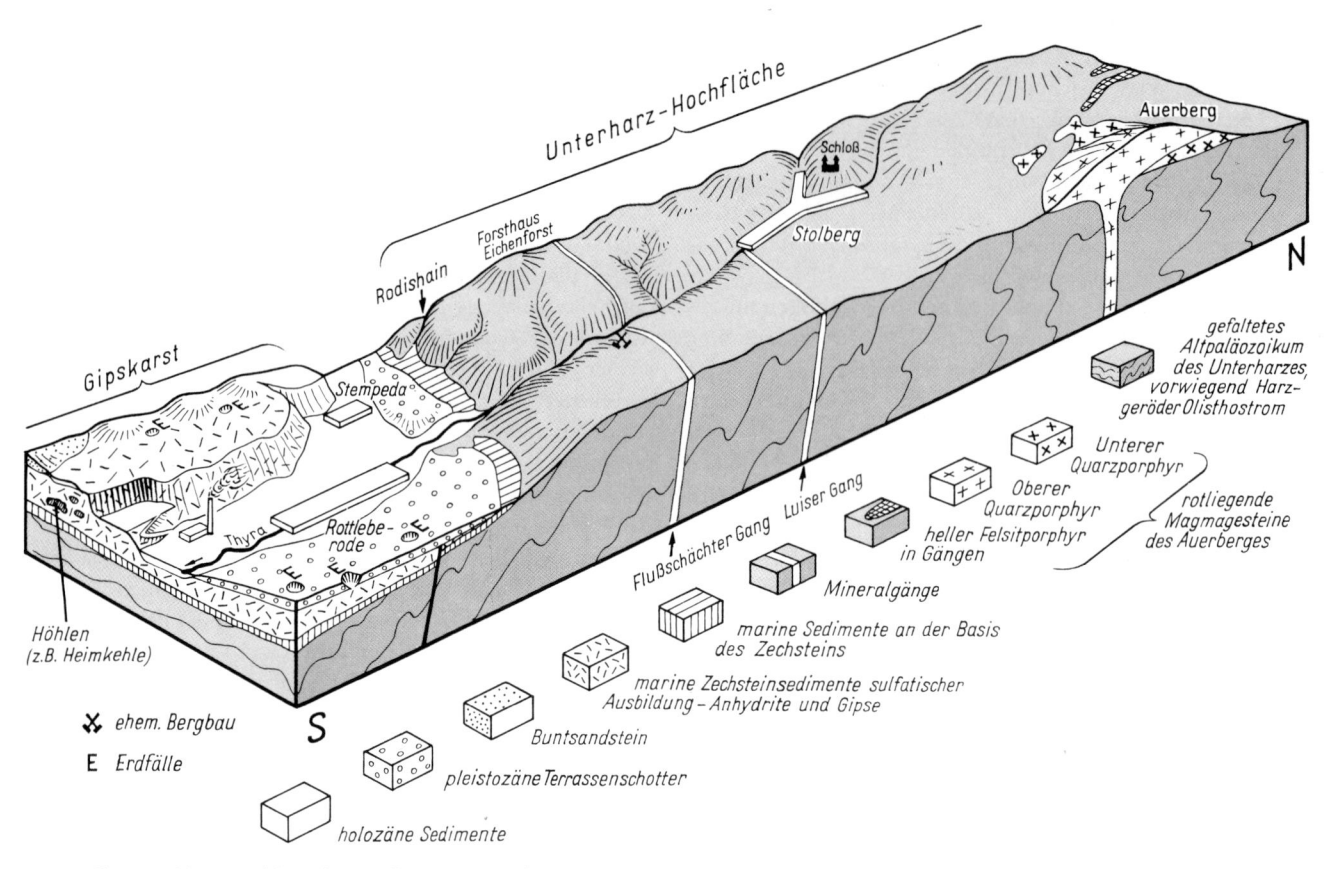

Der Südharzrand bei Rottleberode – Stolberg mit dem Zechstein von Rottleberode und dem Quarzporphyr des Auerberges bei Stolberg

ihres Widerstandes gegen die Abtragung die schon genannten Höhen sowie die steilen Hänge des Selketales mit dem Felsen der Burg Falkenstein auf.

Wo innerhalb des Rotliegendgebietes zwischen jüngeren Verwerfungen Grauwacke emporgepreßt ist, z. B. bei Opperode und am Friedrichshohenberg, bildet die Grauwacke auch deutliche Bergrücken.

Selkegrauwacke ist auch das Gestein des steilwandigen Selketals flußaufwärts fast bis Mägdesprung. Dort treten die Tanner Grauwacke und der Plattenschiefer als wenig jüngere, unterkarbonische Gesteine zutage, die auch enge Täler bedingen. Der Plattenschiefer hatte als Baustein Bedeutung.

Auerberg – Stolberg – Rottleberode

Das vulkanische Magma der Rotliegendzeit hat im Mittelharz zwischen Wernigerode und Ilfeld N–S-gerichtete Gangspalten gefüllt. Einer solchen N–S-Spalte saß der Quarzporphyr-Vulkan des Auerberges auf, der ursächlich mit dem Granit des Ramberges bei Thale in Zusammenhang steht. Der Quarzporphyr liegt auf der Landoberfläche der Rotliegendzeit, zeigt also, wie weit damals das Varistische Gebirge schon abgetragen war. Die Einebnungsfläche des Tertiärs überragt der Auerbergquarzporphyr als Härtling. Vom höchsten Punkt, der Josephshöhe (579 m), hat man

eine prächtige Rundsicht auf die Unterharzhochfläche sowie auf den Porphyrithärtling des Poppenberges bei Ilfeld, die Granite des Ramberges und des Brockens sowie auf den Kyffhäuser und die Goldene Aue.

Die O–W-gerichteten Spalten bei Neudorf, Stolberg und Rottleberode füllten sich im Zuge tektonisch-magmatischer Prozesse mit verschiedenen Mineralen, dabei auch Erzen wie Bleiglanz, Zinkblende, Wolframit, Eisenspat sowie Flußspat. Halden und die Teiche für die Wasserräder alter Technik bezeugen den historischen Bergbau. Bei Rottleberode wird heute noch Flußspat gefördert.

Bei Rottleberode endet der Harz nach Süden. Das Grundgebirge taucht – auch an Verwerfungen abgesenkt – nach Süden unter den Zechstein unter. Dessen wichtigstes Gestein ist hier der mächtige Anhydrit, der oberflächlich durch Wasseraufnahme in Gips umgewandelt ist. Mit seinen leuchtend weißen Felsen und Steinbruchwänden markiert der Gips den südlichen Harzrand von Questenberg über Rottleberode und Niedersachswerfen bis Ellrich.

Gips und Anhydrit werden in großem Ausmaß für die Baustoffindustrie und die chemische Industrie abgebaut.

Im Laufe längerer Zeiträume löst sich Gips in Wasser. So finden wir in dem Gipsgebiet des Südharzes Höhlen, Spalten, Bachversickerungen und Einbrüche über ausgelaugtem Gestein (Dolinen und Erdfälle). Durch stetigen Zufluß, aber oft unterbrochene Versickerung des Wassers

Am Südharzrand streichen mächtige Gipse des Zechsteins zutage. Der Periodische See zwischen Breitungen und Agnesdorf ist mit seiner nur zeitweise vorhandenen und stark schwankenden Wasserfüllung ein typisches Phänomen des Gipskarstes in diesem Gebiet

in den Gipsspalten ist der Periodische See bei Breitungen entstanden. Als Naturdenkmal und nationale Mahn- und Gedenkstätte ist die Gipshöhle Heimkehle bei Uftrungen bekannt, in der ein faschistisches Konzentrationslager untergebracht war.

Ilfeld – Netzkater

Analog zum Meisdorfer Becken liegt am Südrand des Harzes in Verlängerung der Südharzmulde das Ilfelder Rotliegendbecken, gefüllt mit 700 bis 800 m mächtigen roten oder grauen Konglomeraten, Sandsteinen, Schiefertonen, Steinkohle, Tuffen und zwei 90 m bzw. 300 m mächtigen vulkanischen Deckenergüssen aus schwarzem Melaphyr und rotbraunem Porphyrit. Der Ilfelder Porphyrit neigt zu bizarren Felsbildungen, z. B. am Gänseschnabel bei Ilfeld und am Felsentor bei Neustadt. Er baut auch die höchsten Berge der Gegend auf, so z. B. den Poppenberg (600 m) bei Ilfeld mit einer lohnenden Aussicht auf Auerberg, Ramberg, Brocken und Goldene Aue.

Ein holozäner Felssturz im Behretal oberhalb Ilfeld hat damals einen natürlichen Stausee geschaffen, der sich

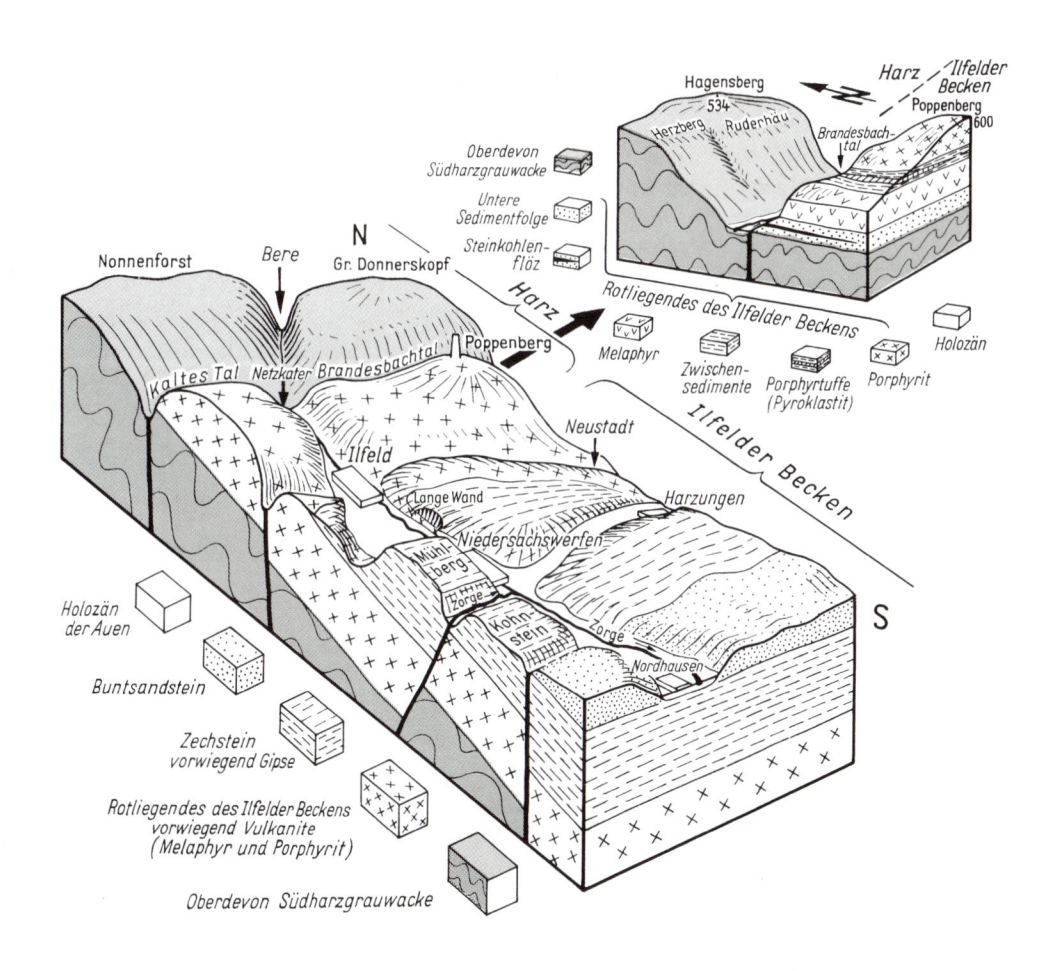

Das Ilfelder Rotliegende Blockbild von der Südharzgrauwacke bei Netzkater bis zum Buntsandstein bei Nordhausen; rechts oben die Brandesbachtalverwerfung bei Netzkater mit den Schichtstufen des Rotliegenden am Poppenberg

Die Lange Wand bei Ilfeld ist ein bekanntes Naturdenkmal am Rande des Ilfelder Rotliegendbeckens. Auf dem Ilfelder Porphyrit, einem Vulkanit der Rotliegendzeit, liegen zechsteinzeitliche Meeressedimente

inzwischen mit Sediment gefüllt und die auffällig breite Wiesenaue bei Netzkater hinterlassen hat.

Oberhalb Netzkater durchzieht eine Verwerfung das Brandesbachtal und bildet die Nordgrenze des Ilfelder Rotliegenden. Landschaftlich fast ohne Unterschied wird die Südflanke des Brandesbachtales von den Sedimenten und Magmatiten des Ilfelder Rotliegenden, die ebenso hohe und steile Nordflanke des Tales von der oberdevonischen Südharzgrauwacke aufgebaut, die an der Verwerfung gehoben wurde.

Das Ilfelder Rotliegende selbst wird von mehreren Verwerfungen durchschnitten, an denen die Schichten stufenweise nach Süden einsanken. Aber erst bei Ilfeld – Niedersachswerfen taucht das Rotliegende so im Untergrund unter, daß nun Gips, Anhydrit und Dolomit das Landschaftsbild bestimmen. Am Kohnstein bei Niedersachswerfen wird Anhydrit für die chemische Industrie abgebaut. Das weiße Gestein der Abbauwand wirkt weithin als Landmarke.

An der Langen Wand bei Ilfeld zeigt ein Aufschluß, wie Zechstein als Meeresablagerung das vulkanische Gestein Porphyrit bedeckt.

Das Bodetal bei Thale

Als zu Beginn des Tertiärs die Abtragung das Gebiet des Harzes einebnete, wurde dadurch auch der im Karbon oder Perm in devonische Schiefer eingedrungene Ramberggranit im Gebiet Thale – Friedrichsbrunn freigelegt. Er bildete damals eine breite, flache Erhebung über der Ebene; heute überragt er ebenso die Unterharzhochfläche. Mit dieser wurde er in Kreidezeit und Tertiär einige hundert Meter über das nördliche Vorland emporgehoben. Im Norden wird heute der Ramberggranit von der Harznordrandstörung abgeschnitten. Die Granitfelsen Hexentanzplatz und Roßtrappe bieten deshalb eine eindrucksvolle Aussicht in das nördliche Harzvorland.

Über die Tiefebene der Tertiärzeit floß die Bode in großen Windungen. Als der Harz im Tertiär erneut gehoben wurde, konnte die Bode diese Windungen nicht verlassen, sondern mußte sich der Hebung entsprechend immer tiefer einschneiden. Der feste Granit und die ebenfalls festen Kontaktgesteine blieben dabei steilwandig und in Form zahlreicher Felsnadeln stehen. So verstehen wir das cañon-

Über die Unterharzhochfläche erhebt sich der Granithärtling des Ramberges. Blick von Harzgerode

artige Bodetal von Treseburg bis Thale als Ergebnis der Wechselwirkung zwischen der Flußerosion und der Hebung des Harzes, beeinflußt von der Beschaffenheit des Gesteins der Umgebung. Schliffflächen und Strudelkessel am Felsen einige Meter oberhalb der gegenwärtigen Bode bezeugen deren Tätigkeit vor einigen Jahrtausenden; sie werden aber am Boden des Flußbettes auch gegenwärtig noch gebildet.

Elbingerode – Rübeland

Im Raum Elbingerode – Rübeland bestimmen Kalksteine des Mitteldevons direkt und indirekt das Landschaftsbild; direkt durch Felsen und trockene, unbewaldete Landschaft mit dürftiger Ackerkrume über dem Kalkstein (Karstlandschaft), indirekt durch die großen Kalksteinbrüche und Kalköfen sowie durch die Rübeländer Tropfsteinhöhlen.

Seine Besonderheit verdankt der Elbingeröder Komplex der Erdgeschichte. Im Meer des Mitteldevons bildeten hier 500 bis 1000 m mächtige vulkanische Massen (Keratophyre und Schalsteine) untermeerische Schwellen. Eisenhaltige vulkanische Exhalationen lagerten kalkige oder silikatische Roteisenerzlager mit etwa 25% Eisen und etwa 10 bis 15 m Mächtigkeit ab. Auf den Schwellen siedelten sich Korallen und Algen an, wuchsen – dem Sinken des Meeresbodens entgegen – empor und schufen damit bis in die Zeit des Oberdevons chemisch reine Riffkalke in einer Mächtigkeit von etwa 500 bis 600 m.

Im Unterkarbon verhüllten den Elbingeröder Komplex und seine Umgebung 600 m mächtige sandig-tonige Schichten, die heute als Grauwacken und Tonschiefer vorliegen.

Bei der Varistischen Gebirgsbildung wurde der Elbingeröder Komplex zwar auch zu vier Sätteln und drei dazwischenliegenden Mulden zusammengepreßt, insgesamt aber blieb er wie ein starrer Block zwischen den wesentlich intensiver verfalteten Schiefern der Umgebung liegen. Oberflächlich freigelegt wurde er durch die tertiäre Einebnung, zerschnitten durch die noch jüngeren Täler.

Das Eisenerz wurde von etwa 1200 bis 1965 im Tagebau und Tiefbau gewonnen, wovon in der Landschaft noch einige Pingen zeugen. Die Schwefelkiesvererzung eines Quarzkeratophyrs wird in der Grube »Einheit« noch heute bergmännisch gewonnen. Der Riffkalk wird zur Branntkalkproduktion sowie als Rohstoff für die chemische Industrie abgebaut.

Die berühmten Rübeländer Tropfsteinhöhlen sind Ergebnisse der chemischen Verwitterung (Lösung des Kalkes durch Sickerwasser, Karsterscheinungen). Als sich der Harz im Tertiär als Horstscholle hob, sickerte schwach kohlensäurehaltiges Wasser durch die Klüfte nach unten, zirkulierte auch auf Schichtflächen, löste auf Kluft- und Schichtflächen den Kalk und erweiterte damit die zuvor ganz schmalen Trennflächen des Gesteins zu steilen oder flachen Höhlen. In diesen Höhlen schied das Sickerwasser den

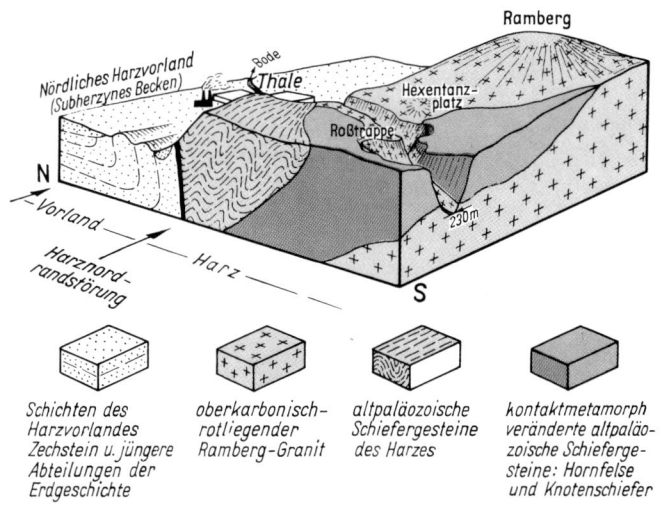

Ramberggranit und Bodetal zwischen Treseburg und Thale; Bodeklamm mit Roßtrappe und Hexentanzplatz

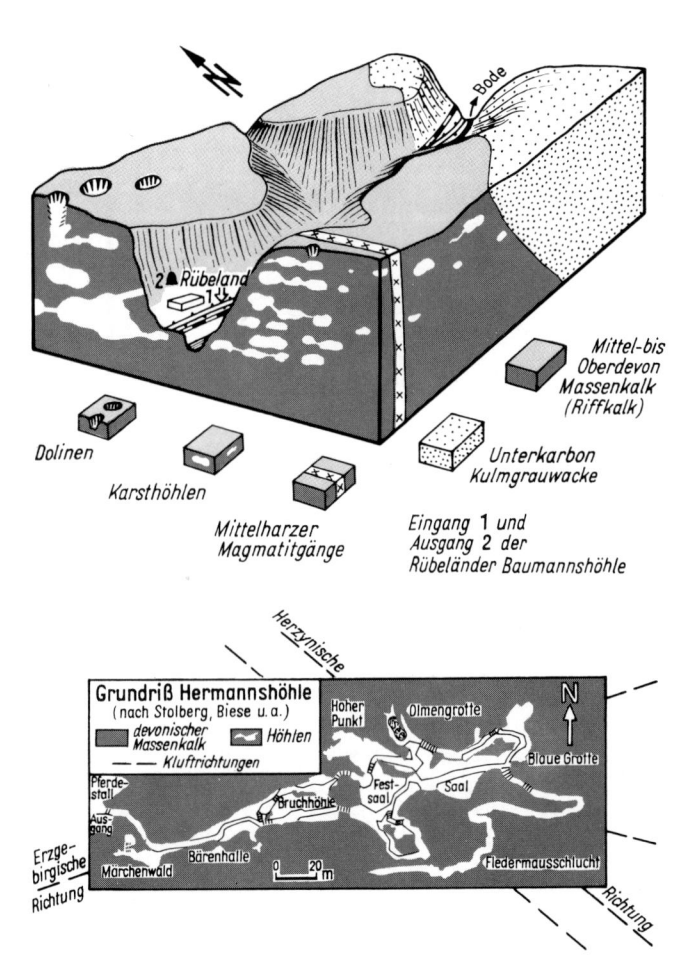

Karsterscheinungen im Massenkalk von Rübeland
Das Bodetal bei Rübeland, Tropfsteinhöhlen (in verschiedenen Etagen) und Dolinen
Darunter: Grundriß der Hermannshöhle in Abhängigkeit von den Hauptkluftrichtungen

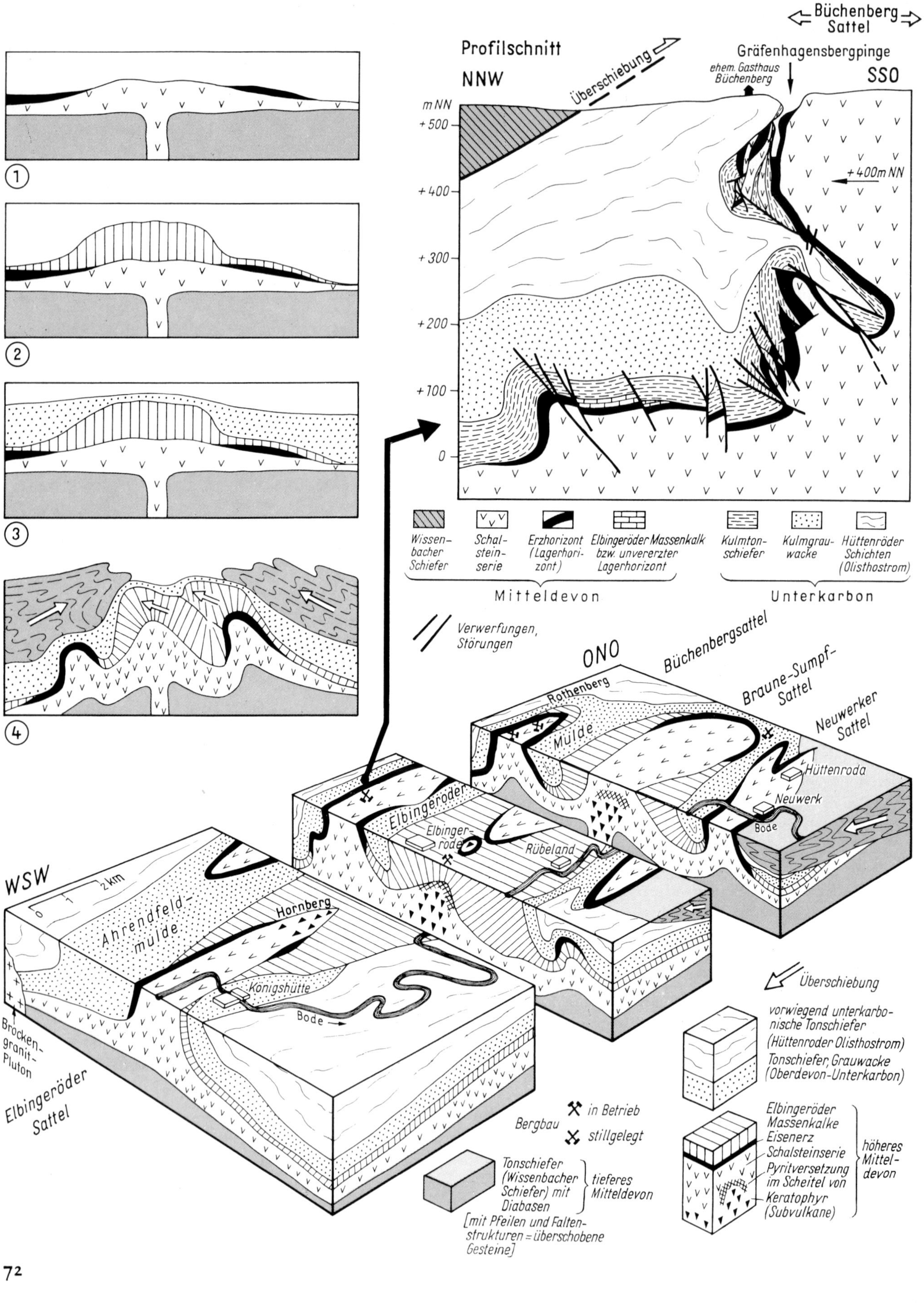

1
2
3
4
Büchenberg Sattel
Profilschnitt
Gräfenhagensbergpinge
NNW
Überschiebung
ehem. Gasthaus Büchenberg
SSO
m NN
+500
+400
+300
+200
+100
0
+400m NN
Wissenbacher Schiefer
Schalsteinserie
Erzhorizont (Lagerhorizont)
Elbingeröder Massenkalk bzw. unvererzter Lagerhorizont
Kulmtonschiefer
Kulmgrauwacke
Hüttenröder Schichten (Olisthostrom)
Mitteldevon
Unterkarbon
Verwerfungen, Störungen
ONO
Büchenbergsattel
Rothenberg
Braune-Sumpf-Sattel
Mulde
Neuwerker Sattel
Hüttenroda
Neuwerk
Bode
Elbingeröder
Elbingerode
Rübeland
WSW
0 1 2 km
Hornberg
Ahrendfeldmulde
Königshütte
Bode
Brocken-granit-Pluton
Elbingeröder Sattel
Überschiebung
vorwiegend unterkarbonische Tonschiefer (Hüttenroder Olisthostrom)
Tonschiefer, Grauwacke (Oberdevon-Unterkarbon)
Bergbau
in Betrieb
stillgelegt
Elbingeröder Massenkalke
Eisenerz
Schalsteinserie
Pyritversetzung im Scheitel von
Keratophyr (Subvulkane)
höheres Mitteldevon
Tonschiefer (Wissenbacher Schiefer) mit Diabasen
tieferes Mitteldevon
[mit Pfeilen und Faltenstrukturen = überschobene Gesteine]

Zu den typischen Erscheinungen des Karstes im devonischen Massenkalk von Rübeland und Elbingerode gehören neben Höhlen auch Lösungsdolinen, die, mit gelbbraunem Lehm gefüllt, im Steinbruch Garkenholz von der Steinbruchswand instruktiv angeschnitten sind

◀
Tektonische Entwicklung und Bau des Elbingeröder Komplexes
Oben links: Die zeitliche Entwicklung
① Keratophyr und Schalstein bilden untermeerische Schwelle über Wissenbacher Schiefer (Mitteldevon)
② Massenkalk (Höheres Mitteldevon) als Riffbildung auf dieser Schwelle
③ darüber sandig-tonige Sedimente, heute Grauwacken, Tonschiefer u. ä. (Oberdevon und Unterkarbon)
④ tektonische Verformung bei der Varistischen Gebirgsbildung (Wende Unterkarbon/Oberkarbon): Aufschiebung von Schieferkomplexen von Norden und Süden auf den Elbingeröder Komplex
darunter: Die tektonischen Strukturen des Elbingeröder Komplexes, vereinfacht (die Oberfläche der Blöcke zeigt etwa die heutige Gesteinsverteilung; Kreuzsignatur = Pyritvererzung)
rechts darüber: Nord-Süd-Profil durch das Gebiet der Gräfenhagenspinge am Nordrand des Büchenbergsattels bei Elbingerode als Beispiel der komplizierten Lagerungsverhältnisse im Elbingeröder Komplex (nach P. LANGE)

Kalk in Form von Tropfsteinen wieder aus. Baumanns- und Hermannshöhle lassen noch heute erkennen, wie sie abschnittsweise aus Klüften oder Schichtflächen hervorgegangen sind und wie auch die Tropfsteine die Klüfte als Wege des Sickerwassers markieren.

Gemäß dem periodischen Aufstieg des Harzes finden wir die Höhlen bei Rübeland auch in mehreren Etagen übereinander, z. B. sechs im System der Hermannshöhle. Die höchsten sind dabei die ältesten. Die jüngsten müßten heute etwa im Niveau der Bode entstehen. Im Höhlenlehm einiger Rübeländer Höhlen wurden Knochen eiszeitlicher Großsäuger wie Höhlenbären neben Stein- und Knochengeräten des eiszeitlichen Menschen gefunden.

Der Brocken und seine Umgebung

Granit, das Gestein, das den 1142 m hohen Gipfel des Brockens bildet, ist gegen Ende der Varistischen Gebirgsbildung einige Kilometer tief in der Erdkruste entstanden.

An tiefen Störungen in diesem Gebiet drangen im Oberkarbon – Perm zunächst basische, d. h. eisenreiche silikatische Schmelzen empor, die in der Erdkruste zu dunklen Tiefengesteinen wie Gabbro und Diorit erstarrten. Über diesen steil schüsselförmig eintauchenden Gesteinen bildete sich Granit, entweder durch Erstarren ebenfalls aufsteigender kieselsäurereicher Schmelze oder durch einen aufsteigenden Wärmestrom, der andere Gesteine einschmolz und zu Granit umkristallisieren ließ. Der Brockengranit besteht aus verschiedenen, grob- oder feinkörnigen Varietäten, die ineinandergeschachtelt sind. Als der gewaltige Schmelzfluß erstarrte und sich abkühlte, zerriß das entstehende Gestein gesetzmäßig an zwei aufeinander senkrecht stehenden Systemen paralleler Klüfte, die in etwa 1 bis 2 m Abstand das Gestein durchziehen. Etwa parallel zur Oberfläche entstand als drittes System von Absonderungsflächen die meist flachliegende und nach der Tiefe zu an Intensität abnehmende Bankung. Die Tonschiefer und Quarzite neben und über dem Granit wurden durch die Erwärmung zu harten, splittrigen Kontaktgesteinen umgewandelt, ebenso jene Nebengesteinsschollen, die in die Granitschmelze eingesunken waren. Alle diese Vorgänge fanden bei der Varistischen Gebirgsbildung in der Tiefe statt.

Nachdem in der Folgezeit die Abtragung das ganze Gebiet erniedrigt hatte, legte sie zur Zeit der Oberen Kreide auf dem sich heraushebenden Harz erstmalig den Brockengranit frei. Dann leisteten der Granit, noch mehr aber die Kontaktgesteine der Abtragung mehr Widerstand als die sonstigen Harzgesteine. Im Ergebnis dessen und aufgrund weiterer Hebungsvorgänge überragte das Brockenmassiv zu Beginn des Tertiärs die damalige Tiefebene wie ein kleines Bergland. Dieses erhebt sich noch fast ebenso über die heute allerdings zertalte Harzhochfläche. Hohnekopf, Erdbeerkopf, Kleiner und Großer Winterberg sind auf dem

Klüftung und Bankung lassen den Granit zu wollsackartigen Felsbildungen verwittern – der Gebohrte Stein im Brockengranit in der Nähe der Steinernen Renne oberhalb von Wernigerode

Granit erhalten gebliebene Restschollen der Kontaktgesteine. Aus Granit dagegen bestehen die breite Kuppel des Brockens (1142 m), die Heinrichshöhe (1000 m) und die Hohneklippen (900 bis 930 m).

Die Granitklüftung hat bei der Verwitterung und Abtragung des Gesteins Felsen entstehen lassen, die durch die Klüfte gegliedert, aber an den Kanten zu wollsackähnlichen Gebilden abgerundet sind. Diese Felsgruppen mit Wollsackverwitterung sind seit GOETHES Harzreisen 1783/84 oft aufgesuchte Wanderziele, so z. B. die Feuerstein- und Schnarcherklippen bei Schierke, der Ottofelsen oberhalb Wernigerode und die Hohneklippen.

Besonders in der Eiszeit hat die Abtragung zahlreiche Blöcke aus den Wollsackfelsen gelöst. Indem sie auf dem gefrorenen Untergrund hangabwärts glitten, bildeten sie große Blockfelder, die noch heute den Brocken umgeben und im Mittelalter den sagenumwobenen Blocksberg zu einem fast unbesteigbaren Gipfel machten.

Die Granitklüftung wird heute in den Steinbrüchen Knaupsholz bei Schierke und am Birkenkopf zum Abbau des Brockengranits für Werk- und Dekorationssteine genutzt.

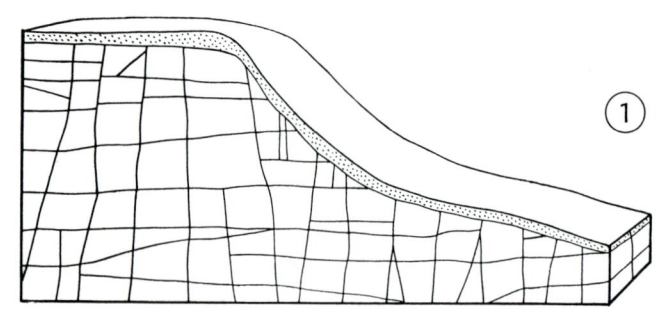

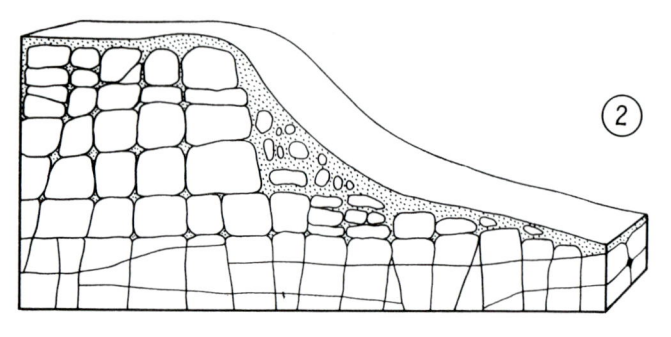

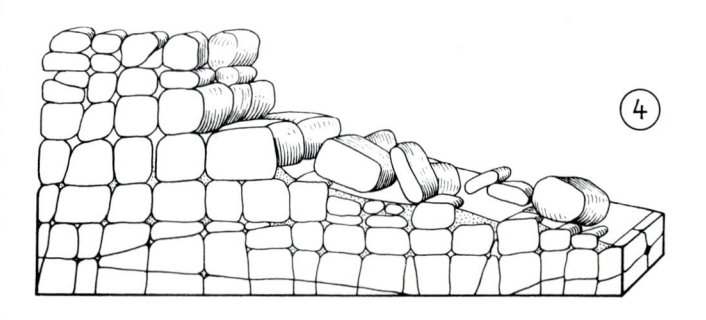

Entstehung der Granitfelsen und Blockmeere durch »Wollsackverwitterung«

① Granit, geklüftet und durch Abtragung freigelegt
② Granitblöcke durch Verwitterung (Vergrusung) von den Klüften aus kantengerundet
③ Verwitterungsgrus weggespült, »Granitwollsäcke« felsbildend an ursprünglicher Stelle
④ teilweiser oder vollständiger Zusammenbruch der Felsen, Blockmeere am tieferen Hang

Der oberkarbonische Granit des Brockens zeigt im Steinbruch am Großen Birkenkopf die für Granit typische Teilbarkeit nach drei annähernd senkrecht aufeinanderstehenden Trennflächen. Diese gestatten eine Gewinnung von Granitblöcken, die in Wernigerode zu Werk- und Dekorationssteinen weiterverarbeitet werden.

Der Brockengranit
a der Pluton des Brockengranits im Grundgebirge des Harzes und als Härtling über der Harzhochfläche, *b* der innere Aufbau des Plutons (nach S. M. CHROBOK)

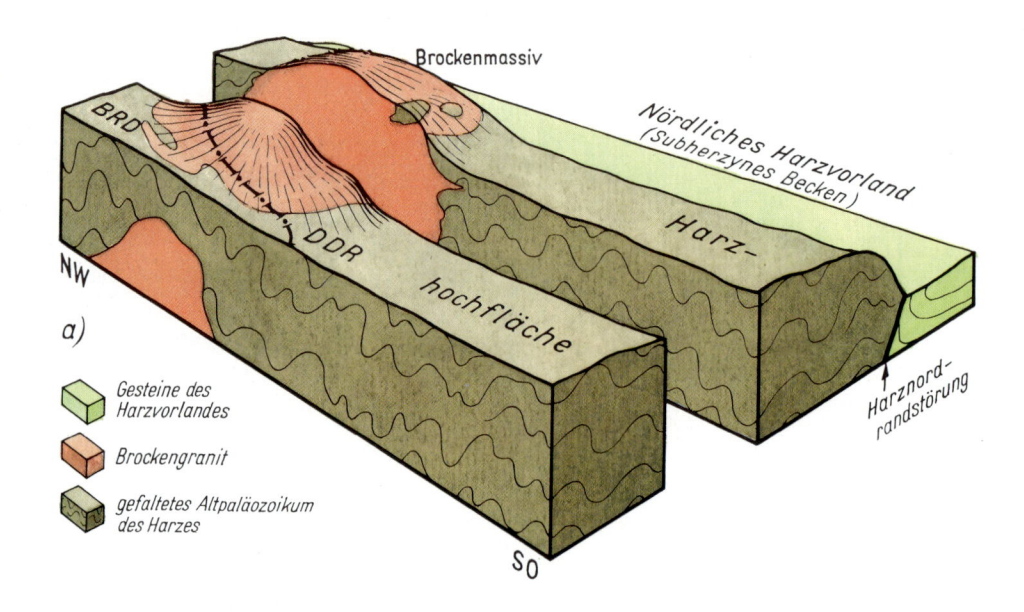

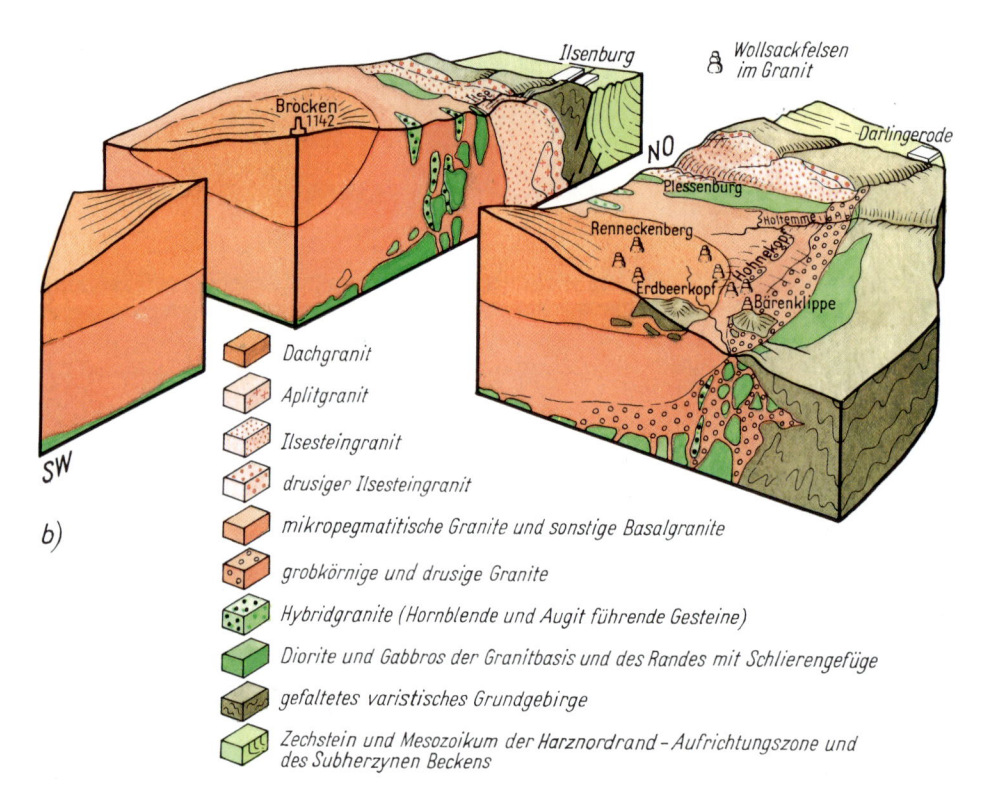

Gesteine des Harzvorlandes

Brockengranit

gefaltetes Altpaläozoikum des Harzes

Dachgranit

Aplitgranit

Ilsesteingranit

drusiger Ilsesteingranit

mikropegmatitische Granite und sonstige Basalgranite

grobkörnige und drusige Granite

Hybridgranite (Hornblende und Augit führende Gesteine)

Diorite und Gabbros der Granitbasis und des Randes mit Schlierengefüge

gefaltetes varistisches Grundgebirge

Zechstein und Mesozoikum der Harznordrand-Aufrichtungszone und des Subherzynen Beckens

Das östliche und südliche Harzvorland

Überblick

Das östliche und südliche Harzvorland hat am wenigsten einen eigenständigen, einheitlichen geologischen Bauplan und eine klare Begrenzung. Es sind durchweg Landschaften und geologisch-tektonische Strukturen, die in der Nähe des Harzes mit diesem in Zusammenhang stehen oder ihm im Bauplan sogar ähneln, in größerer Entfernung aber sowohl landschaftlich wie geologisch mehr oder weniger allmählich in die benachbarten Gebiete übergehen, insbesondere nach Osten in den nordsächsischen Raum und nach Süden in das Thüringer Becken. Das sei mit einem Rundblick um den Harz erläutert.

Die Nordrandstörung des Harzes ist nach Südosten bis Könnern an der Saale deutlich in der Landschaft und weiter östlich im Untergrund nachweisbar. Die Südscholle ist dabei so gehoben, daß an der Erdoberfläche Rotliegendes und Oberkarbon gegen Buntsandstein grenzt. Das Gebiet um Mansfeld – Eisleben ist aber nicht einfach eine südöstliche Fortsetzung des Harzes. Hier sind die oberkarbonischen und rotliegenden Schichten über 1000 m tief eingemuldet, so daß sich die Hochlage dieser Schichten nur auf einen schmalen WNW–OSO-gerichteten Streifen, die Halle-Hettstedter-Gebirgsbrücke, beschränkt, der das Grundgebirge des Harzes mit dem von Halle – Leipzig verbindet.

Östlich vom Harz liegt die schon erwähnte Mansfelder Mulde, südöstlich die Sangerhäuser Mulde, beide durch den Kupferschieferbergbau berühmt und durch den Hornburger Sattel voneinander getrennt.

Die Mulden und der Sattel brechen nach Osten ab bzw. gehen in flachere Mulden über, z. B. die Nietlebener, die Querfurter und die Naumburger Muschelkalkmulde. Von der Mansfelder Mulde ausgehend, entwickelt sich nach Südost der salztektonische Teutschenthaler Sattel, mit dem auch der Süße See und der ehemalige Salzige See in Verbindung zu bringen sind.

Noch weiter nach Osten schließen sich an die Halle-Hettstedter Gebirgsbrücke der Hallesche Porphyrkomplex, eine vom 250 m hohen Porphyrmassiv des Petersberges überragte meist kuppige Landschaft, und an die Muschelkalkmulden die Merseburger Buntsandsteinplatte an, ein flaches, ziemlich tiefes Gelände. Besonders dieses Gebiet wird weithin von eiszeitlichen Ablagerungen bedeckt, unter denen sich an vielen Stellen noch Tertiär mit Braunkohlenflözen verbirgt, z. B. bei Köthen, Halle und Merseburg.

Südlich des Harzes liegt die Goldene Aue. Dieser tektonische Grabenbruch wird nach Norden durch die Heraushebung der Harzgesteine, nach Süden durch die markante Nordrandverwerfung des Kyffhäusers begrenzt und geht nach Ost und Nord in die Sangerhäuser Mulde über.

Der Kyffhäuser kann landschaftlich, aber auch von der jungen Tektonik her als verkleinerte Wiederholung des Harzes aufgefaßt werden. Diesem entspricht er tektonisch

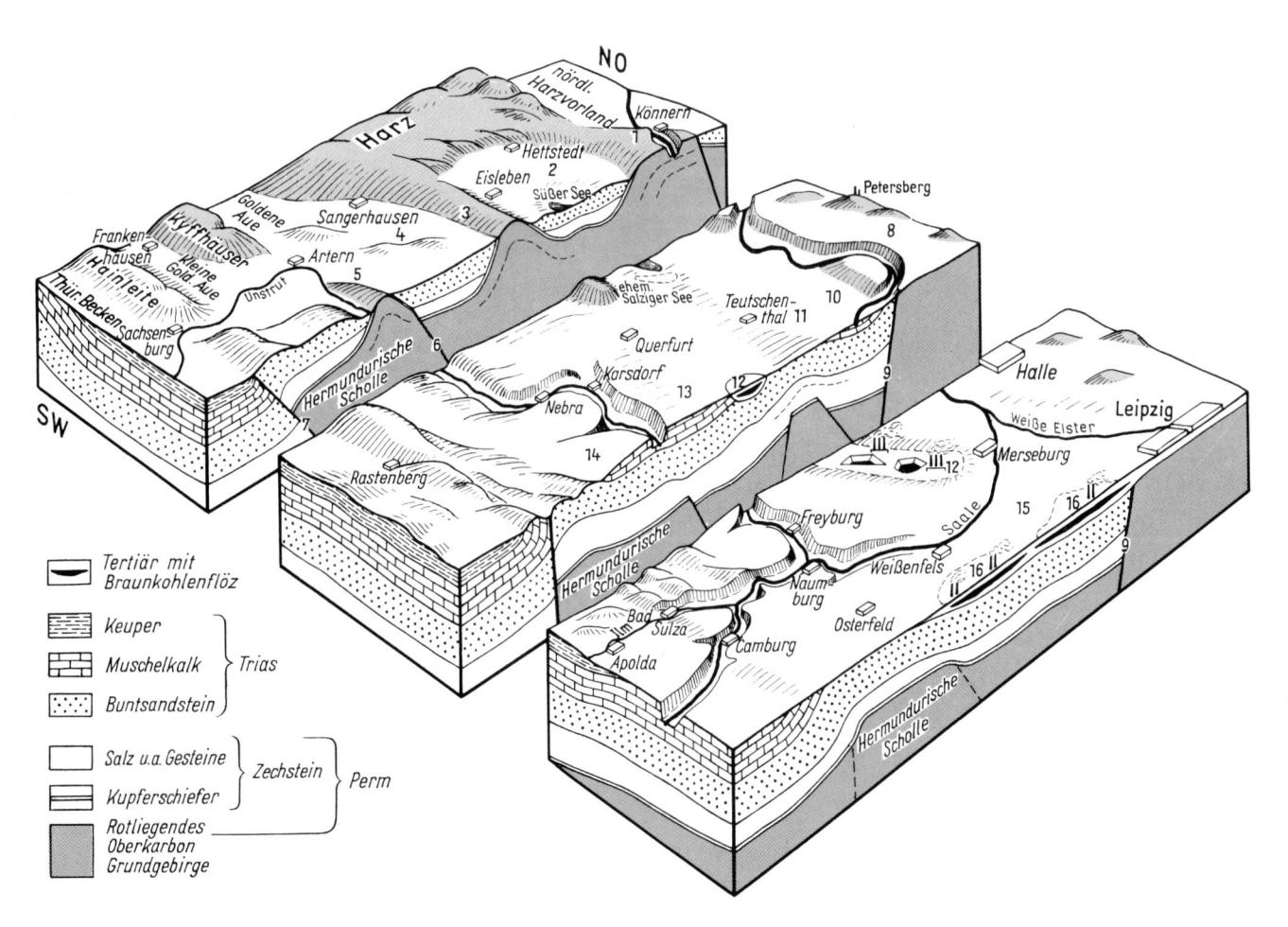

Das östliche und südliche Harzvorland

1 Halle-Hettstedter Gebirgsbrücke, *2* Mansfelder Mulde, *3* Hornburger Sattel, *4* Sangerhäuser Mulde, *5* Bottendorfer Höhenzug, *6* Kyffhäuserstörung, *7* Finnestörung, *8* Hallescher Porphyrkomplex, *9* Hallesche Marktplatzverwerfung, *10* Nietlebener Mulde, *11* Teutschenthaler Sattel, *12* Braunkohlenrevier Geiseltal, *13* Querfurter Mulde, *14* Naumburger Mulde, *15* Merseburger Buntsandsteinplatte, *16* Braunkohlenreviere von Markranstädt und Zeitz – Weißenfels

Der Quarzporphyrhärtling des Petersberges nördlich von Halle überragt mit 250 m Höhe beträchtlich seine Umgebung. Während der pleistozänen Eiszeiten durchragte er als »Nunatak« das Inlandeis

mit seiner NW–SO-gerichteten Nordrandverwerfung und mit dem Abtauchen der Gesamtscholle nach Süden. Wie der Harz, so besteht auch der Kyffhäuser aus freigelegtem, von der Varistischen Gebirgsbildung geformtem Grundgebirge, wenn auch im Detail anderen Alters. Andererseits vermittelt der Kyffhäuser aber auch zum Thüringer Becken, indem die ihm im Süden aufgelagerten Schichten der Trias kontinuierlich – bei Sachsenburg durch die Finnestörung nur in der Neigung verändert – unter das Thüringer Becken untertauchen und damit als zu dessen Nordflanke gehörig betrachtet werden können.

Der Kyffhäuser ist aber auch Teil einer dem Harz oder Thüringer Wald grob vergleichbaren, gehobenen Horstscholle, die nur deswegen nicht zu einem Mittelgebirge geworden ist, weil sie bei den jüngsten Hebungen nicht so hoch wie diese herausgehoben wurde. Begrenzt im Süden von der Finnestörung, im Norden von der SO-Verlängerung der Kyffhäuserstörung, hat sich die 10 km breite und 115 km lange Hermundurische Scholle zwischen Frankenhausen im Nordwesten und Gera im Südosten in der Kreidezeit nur so hoch herausgehoben, daß heute an ihren Randstörungen meistens der Buntsandstein der Hochscholle gegen den Muschelkalk oder Keuper des Vorlandes grenzt. Nur stellenweise, z. B. am Kyffhäuser und an der Finne, macht sich die Hermundurische Scholle landschaftlich deutlich bemerkbar.

Hettstedt – Eisleben – Sangerhausen

Landschaftlich setzt sich auf der Halle-Hettstedter-Gebirgsbrücke und dem Hornburger Sattel die Unterharzhochfläche nach Südosten fort. Wie im Harz, so ist auch hier die Hochfläche flach geneigt und fällt so ins Tiefland ab.

Das Gebiet der Mansfelder Mulde und noch mehr das der Sangerhäuser Mulde liegt zwar tiefer; das beruht aber nicht auf der tektonischen Einmuldung, sondern nur darauf, daß der meist weichere Buntsandstein von der jüngeren Abtragung stärker ausgeräumt und zu einem stark welligen Relief gestaltet worden ist. Besonders der Mittlere Buntsandstein und weiter östlich der Muschelkalk im Zentrum der Mulde bei Polleben, Beesenstedt und Schochwitz erreicht mit 214 m Höhe die Höhen der alten Hochfläche und läßt deshalb die Mansfelder Mulde nicht als solche erkennen.

Deutlich erkennbar wird die Mansfelder Mulde aber indirekt an der Haldenlandschaft des Kupferschieferbergbaus, wozu wir dessen Geschichte berücksichtigen müssen.

Der Kupferschiefer ist eine nur etwa 0,5 m mächtige dünnblättrige Mergelschicht an der Basis des Zechsteins, durch starke organisch-kohlige Beimengungen schwarz gefärbt. Er enthält aufgrund zeitweilig besonderer Sedimentationsbedingungen im Zechsteinmeer etwa 1 bis 3 % Kupfer, daneben auch u. a. Blei, Zink, Nickel, Gold, Platin, vor allem aber auch Silber, das im Mittelalter wichtigstes Währungsmetall war. So entwickelte sich um Mansfeld etwa vom Jahre 1200 an ein reger Bergbau, der in der Mansfelder Mulde bis 1969 umging und in der Sangerhäuser Mulde noch heute besteht.

Der Bergbau begann dort, wo am Rande der Mansfelder Mulde der Kupferschiefer zutage tritt. Von zahlreichen kleinen Schächten, die mit Handhaspel ausgerüstet waren und den Kupferschiefer schon in geringer Tiefe erreichten, wurde der Kupferschiefer eines jeweils nur kleinen Grubenfeldes abgebaut. Demgemäß waren die Halden tauben Gesteins rings um den Schacht auch nur niedrig und klein.

Als im 18./19. Jahrhundert der Kupferschiefer in größerer Tiefe aufgesucht und abgebaut wurde, erforderten die tieferen Schächte höhere Investitionen. Sie mußten demgemäß eine längere Betriebsdauer und eine höhere Förderleistung gewähren, brauchten also ein größeres Grubenfeld. So schließt sich an die Zone der zahlreichen kleinen Halden ein Bereich weniger großer und hoher Flachhalden an. Die Tendenz setzte sich im 19./20. Jahrhundert fort; die Schächte im Zentrum der Mansfelder Mulde erreichten etwa 1000 m Tiefe. Sie förderten aus einem so großen Grubenfeld, daß Flachhalden zu große landwirtschaftliche Nutzfläche in Anspruch genommen hätten. Man schüttete deshalb das taube Gestein zu Spitzhalden bis etwa 100 m Höhe auf, so am Otto-Brosowski-Schacht, Ernst-Thälmann-Schacht und Fortschrittschacht. Diese Spitzhalden des Mansfelder Reviers sind inzwischen zu Wahrzeichen der Landschaft geworden.

Wenn wir die Lage der geologischen Struktureinheit Mansfelder Mulde aus der Größe und Art der Halden erkennen wollen, müssen wir uns einen Überblick über deren Verteilung in der Landschaft verschaffen. Mit den kleinen Halden der ersten Periode gibt sich der Rand der Mansfelder Mulde auf dem großen Bogen Gerbstedt – Hettstedt – Leimbach – Klostermansfeld – Helbra – Hergisdorf –

Wolferode zu erkennen. Das Zentrum der Mulde wird bei Volkstedt – Polleben durch die drei Spitzhalden des Fortschrittschachtes, Ernst-Thälmann-Schachtes und Otto-Brosowski-Schachtes markiert.

Wenn wir, mit der Bahn von Eisleben kommend, bei Wimmelburg die Mansfelder Mulde verlassen, fahren wir in dem 800 m langen Blankenheimer Tunnel genau durch den Kern des Hornburger Sattels und erreichen bei Riestedt die Sangerhäuser Mulde. Auch die Fernverkehrsstraße führt genau über den Hornburger Sattel hinweg.

Ähnlich, nur nicht so deutlich, lassen sich aus den Kupferschieferhalden des Sangerhäuser Gebietes Rückschlüsse auf die Lage und Tiefe der Sangerhäuser Mulde ziehen, in der gegenwärtig in modernen Schachtanlagen, dem Thomas-Müntzer-Schacht und dem Bernhard-Koenen-Schacht, Bergbau auf Kupferschiefer betrieben wird.

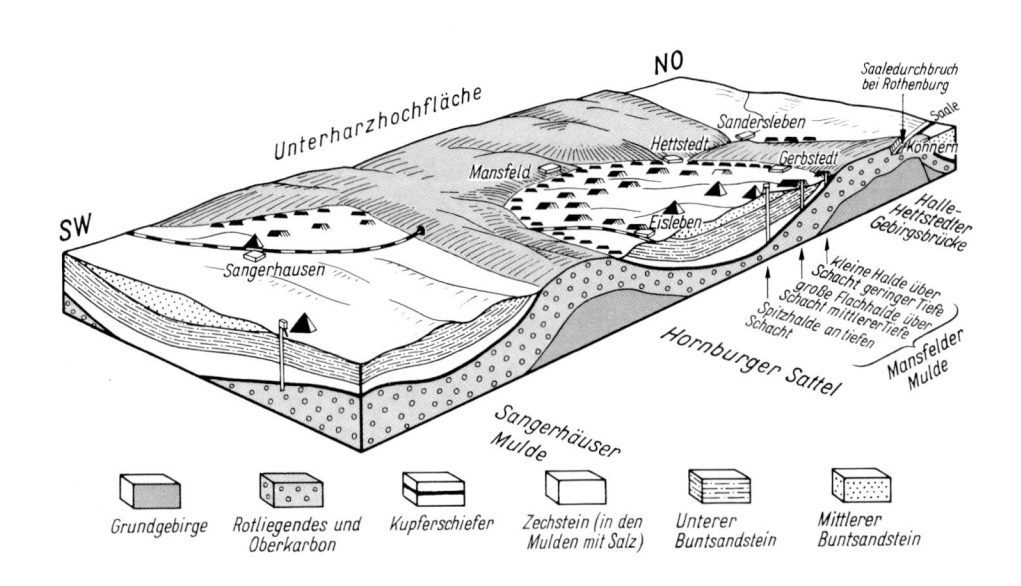

Mansfelder und Sangerhäuser Mulde mit der Haldenlandschaft des Kupferschieferbergbaus; Größe und Form der Halden sind ein Maß für die Tiefenlage des Kupferschiefers

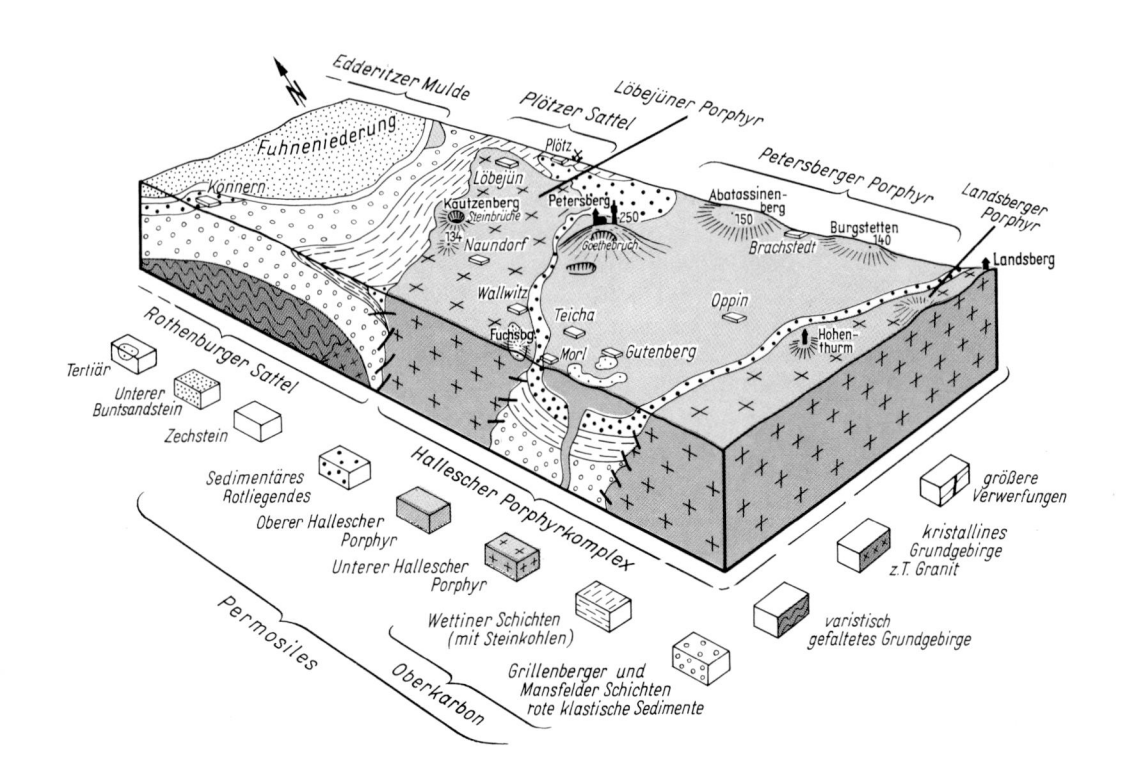

Der Hallesche Porphyrkomplex und dessen nördliche Umrahmung

Die Umgebung von Halle

Nördlich von Halle verbreitet sich die Halle-Hettstedter Gebirgsbrücke und schließt an den Halleschen Porphyrkomplex an. Es ist ein im Oberkarbon und Unteren Perm entstandener, mehr als 500 km² großer und mehrere hundert Meter mächtiger Komplex vulkanischer Gesteine, meist Quarzporphyr in verschiedener Gesteinsausbildung. Sie entstammen vermutlich einem einheitlichen Schmelzherd in der Tiefe. Die zähflüssigen Laven erstarrten in großen Massen teils in geringer Tiefe unter der Erdoberfläche, teils erreichten sie durch breite Spalten die Oberfläche und ergossen sich über die unterpermische Landschaft. Das erste gilt für den Unteren Porphyr, der infolge der in der Tiefe langsameren Erstarrung große Feldspat- und Quarzeinsprenglinge hat. Jüngere Abtragung hat diesen Quarzporphyr bei Landsberg, Löbejün, Brachwitz und Halle freigelegt, im Stadtgebiet von Halle am Galgenberg, Heinrich-Heine-Felsen, auf der Peißnitz und an den Weinbergen. Die rasche Abkühlung des auf der Erdoberfläche erstarrten Oberen Porphyrs führte zu einem kleinkristallinen Gestein, das am Petersberg, bei Niemberg, Quetz, Wettin, Lettin sowie in Halle am Giebichenstein, bei Kröllwitz, an den Klausbergen und dem Reilsberg ansteht.

Technisch werden beide Porphyrtypen genutzt: der großkristalline Quarzporphyr bei Löbejün zu Werk- und Dekorationssteinen, der kleinkristalline am Petersberg als Rohstoff für Schotter und Splitt.

Rote Sandsteine und Konglomerate des Oberkarbons und des Rotliegenden bauen weite Bereiche des östlichen Harzvorlandes wie die Halle-Hettstedter Gebirgsbrücke, den Rand und den tieferen Untergrund der Mansfelder Mulde und den Hornburger Sattel auf. Die Felshänge im Tal der Heiligen Reiser bei Hettstedt mit den oberkarbonischen Mansfelder Schichten an der Basis und darüber lagernd dem oberrotliegenden Konglomerat der Eislebener Schichten gehören zu den bekanntesten geologischen Aufschlüssen in diesem Gebiet

Zwei erdgeschichtliche Prozesse führten zur Herausbildung der Kuppen in der heutigen Porphyrlandschaft: In der Kreidezeit und im Tertiär erniedrigte die Abtragung den zuvor zusammen mit der Halle-Hettstedter Gebirgsbrücke herausgehobenen Halleschen Porphyrkomplex und ebnete ihn teilweise ein. Das damals feuchtwarme Klima führte zu einer tiefgründigen Kaolinisierung der stark feldspathaltigen Quarzporphyre. Die 10 bis 25 m, maximal bis 65 m mächtigen Halleschen Porphyrkaoline waren bzw. sind noch heute bei Salzmünde, Lieskau, Morl und Beidersee ein wertvoller Porzellanrohstoff. In den Niederungen zwischen den Porphyrkuppen der Tertiärlandschaft entstanden lokal Braunkohlenflöze, die bis 1958 bei Halle-Trotha und Morl im Tiefbau abgebaut wurden.

Die Kaolinisierung bedeutete zugleich eine – allerdings örtlich sehr unterschiedliche – Festigkeitsminderung des Gesteins. Die mürben Massen wurden vom eiszeitlichen Eis ausgeräumt und nur festes Gestein als Kuppen herauspräpariert. Fast alle Porphyrberge der Umgebung von Halle sind in ihrer gegenwärtigen Gestalt vom Eis geformt. Es sind Rundhöcker mit Gletscherschrammen wie Galgenberg und Ochsenberg in Halle, oder sie überragten mit ihrer Spitze die Eisoberfläche, was man vom 250 m hohen Petersberg annimmt. Die Saale hat sich besonders bei Kröllwitz – Giebichenstein in die Porphyre ein enges, felsiges Tal eingeschnitten, das von den Romantikern besungen wurde. Weiter flußabwärts begleiten natürliche Porphyrfelsen und -wände ehemaliger Steinbrüche bei Brachwitz, Lettin und Wettin die Saale.

Mit einem weiteren Durchbruchstal durchschneidet die Saale die Halle-Hettstedter Gebirgsbrücke bei Wettin – Rothenburg – Könnern. Hier aber wird die Landschaft von roten Konglomeraten und Sandsteinen des Oberkarbons aufgebaut. Eine graue oberkarbonische Sedimentserie bei Wettin und Plötz enthielt mehrere Steinkohlenflöze. Diese wurden ab 1382 abgebaut. Bei Plötz war der Bergbau bis 1967 in Betrieb. Dieses kleine Bergbaurevier ist in der Landschaft bei Wettin an zahlreichen kleinen Halden um den Schweizerling und bei Plötz an einer Spitzhalde noch heute erkennbar.

Deutlich prägt der Hallesche Porphyrkomplex die Landschaft nur in seinem westlichen Teil, d. h. in der nördlichen und östlichen Umgebung der Stadt. Der östliche Teil des Komplexes ist von mächtigen Ablagerungen des Tertiärs und Quartärs bedeckt. Nur an wenigen Stellen, so bei Hohenthurm, Landsberg, Golpa, Muldenstein und Burgkemnitz bei Bitterfeld, überragen Porphyrkuppen die jüngeren Sedimente.

Nach Südwesten wird der Hallesche Porphyrkomplex von der Halleschen Marktplatzverwerfung scharf abgeschnitten. Diese Verwerfung, die zugleich den Südrand der Halle-Hettstedter Gebirgsbrücke bildet, verläuft im Untergrund des Hallmarktes in Halle. An ihr sind die Schichten der südwestlichen Scholle gegenüber der nordöstlichen um etwa 600 m, an anderen Stellen bis 1500 m abgesunken. Auf der

Tektonik und Landschaftsform
beiderseits der Halleschen Marktplatzverwerfung im Stadtgebiet von Halle

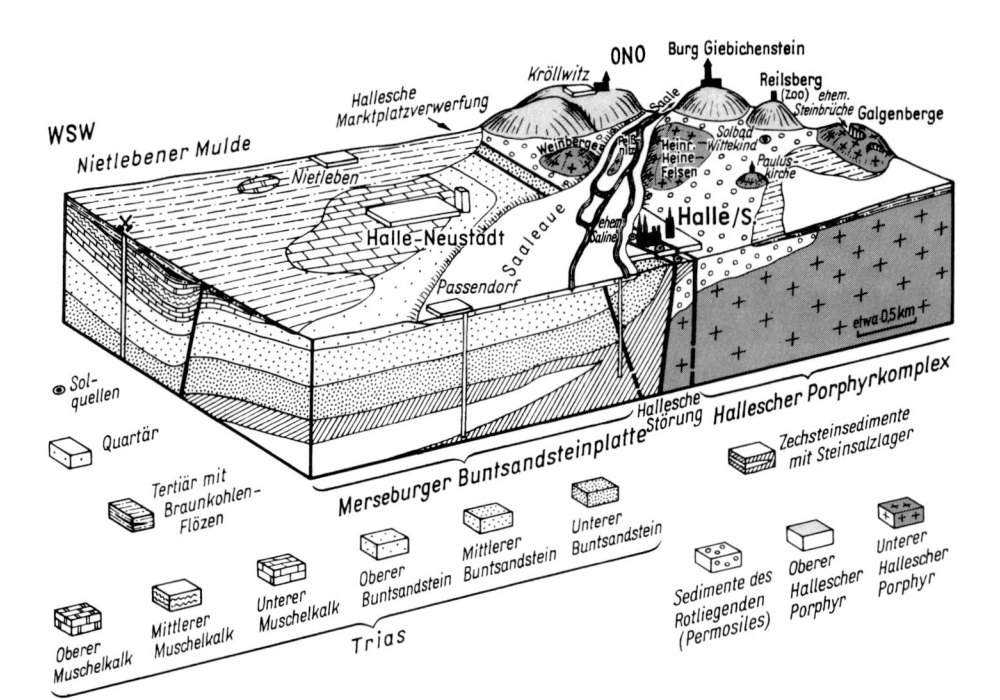

Verwerfungsspalte zirkulierten Wässer, lösten Salz aus dem 150 m mächtigen, in 600 m Tiefe liegenden Zechsteinsalz und traten als Solquellen an der Marktplatzverwerfung zutage. Seit der Bronzezeit wurde hier Salz gesotten. Die Stadt erhielt ihren Namen davon: Althochdeutsch »hala« bedeutet Salz. Bekannt sind die Hallesche Pfännerschaft, die Halloren und der Hallmarkt. Der 1964 geschlossenen Saline folgte ein Salinenmuseum mit Schausieden.

Das Gebiet zwischen der Halleschen Marktplatzverwerfung und der weiten Saale-Aue im Osten und der Mansfelder und Sangerhäuser Mulde im Westen wird von ganz flach gefaltetem Buntsandstein und Muschelkalk eingenommen. Ebenso flach ist größtenteils die Landschaft, in der die Nietlebener Muschelkalkmulde und die Querfurter Muschelkalkmulde nicht zu erkennen sind. Zwischen beiden taucht jedoch im Teutschenthaler Sattel der Buntsandstein bis zur Oberfläche empor und bildet z. B. die Höhen rings um den Süßen See und um den ehemaligen Salzigen See. Diese beiden Seen sowie der Bindersee und Körnersee bei Rollsdorf stehen mit der Salzauslaugung im Scheitel des Teutschenthaler Sattels in Zusammenhang. Bei Teutschenthal selbst markiert die weithin sichtbare Spitzhalde des ehemaligen Kaliwerkes den Sattel in der Landschaft. Die in der südlichen Randsenke des Sattels entstandene Braunkohle wird bei Wanzleben und Röblingen abgebaut.

Das Geiseltal

Noch im 19. Jahrhundert war das Geiseltal eine flache Auenlandschaft zwischen der weiten Muschelkalkfläche der Querfurter Mulde im Süden und dem hier flach unter flacher Landschaft liegenden Buntsandstein des Teutschenthaler Sattels im Norden.

Heute sehen wir im Geiseltal neben Brikettfabriken und Hochkippen riesige Tagebaue, die teils schon ausgekohlt sind, teils die bis etwa 100 m mächtige Braunkohle aus über 100 m Tiefe fördern.

In wenigen Jahrzehnten wird das Geiseltal eine abwechslungsreiche Erholungslandschaft mit Wäldern und Seen sein.

Daß ein so mächtiges Braunkohlenflöz auf nur wenigen Quadratkilometern gerade hier entstand, hat seine Ursache im tieferen Untergrund. Wie Buntsandstein und Muschelkalk unter der Landoberfläche, so tauchen in etwa 300 bis 500 m Tiefe auch die mächtigen Salzschichten des Zechsteins flach nach Süden ein. Deren Auslaugung begann einst dort, wo sie nahe an der Landoberfläche lagen, und setzte sich nach der Tiefe und damit nach Süden wandernd fort. In der Braunkohlenzeit wurden die Salze etwa 500 m unter dem heutigen Geiseltal ausgelaugt. Es bildeten sich an der Landoberfläche Senken, Sümpfe und Moore. Das Moor wuchs in dem Maße nach oben, wie sich der Untergrund senkte, so daß schließlich unter der Sumpf- und Moorlandschaft Torf in großer Mächtigkeit vorlag. Die Braunkohle wurde um 1900 bis zu einer Mächtigkeit von 120 m erbohrt. Seitdem ist das Geiseltal eines unserer wichtigsten Braunkohlenreviere.

Berühmt ist die Braunkohle des Geiseltals aber auch durch die in ihr enthaltenen Versteinerungen. Durch besondere chemisch-physikalische und Sedimentationsbedingungen zur Zeit des Moorwachstums haben sich allein in der Braunkohle des Geiseltals (im Gegensatz zu allen anderen unserer Braunkohlenvorkommen) auch tierische Fossilien erhalten. Sie werden seit 1925 systematisch und mit besonderen Methoden geborgen. Erhalten geblieben und mit der Präparation sichtbar geworden sind u. a. die Magensteine von Krokodilen, der Zellenaufbau von Weichtieren, z. B. bei Fröschen, rote Blutkörperchen in den Adern von Eidechsen und die Farben auf den Flügeldecken von Insekten. Die Tierwelt läßt Rückschlüsse auf Details des unter feuchtem, subtropischem bis tropischem Klima wachsenden Braunkohlenmoores zu: In flachen Seen lebten Fische, Frösche, Krokodile. Im Wald gingen Tapire, Urpferdchen, Halbaffen u. a. zu Tümpeln, die in Erdfalltrichtern entstanden waren und die sie als Tränke benutzten. Eidechsen, Schlangen, Schildkröten, Beutelratten, Fledermäuse, Libellen, Heuschrecken, Käfer, Schaben und Termiten lebten zwischen Palmen, Sumpfzypressen, Mammutbäumen und der zugehörigen Moorflora. All das ist in Halle im Geiseltalmuseum zu besichtigen.

Goldene Aue – Kyffhäuser – Frankenhausen

Der Südrand des Harzes ist durch den Gips und Anhydrit des Zechsteins markiert, der mit den tieferen Zechsteinschichten bei Questenberg – Rottleberode – Niedersachswerfen auf dem Grundgebirge des Harzes aufliegt und nach Süden unter den Buntsandstein und unter die Goldene Aue untertaucht.

Dem Zechsteinprofil waren auch hier ursprünglich mächtige Steinsalz- und Kalisalzschichten eingelagert; sie sind aber ausgelaugt worden. So liegt heute bei Questenberg – Rottleberode – Niedersachswerfen der Buntsandstein direkt auf dem Gips und bildet die Goldene Aue, eine große Auslaugungssenke. Sie ist vorwiegend vom Harz aus im Quartär mit bis 150 m mächtigen Geröllmassen aus Grauwacken, Tonschiefer, Kieselschiefer und Quarziten aufgefüllt worden. Der Kies ist eine unserer größten Betonkieslagerstätten; er wird heute im Kieswerk Heringen gewonnen. Viele

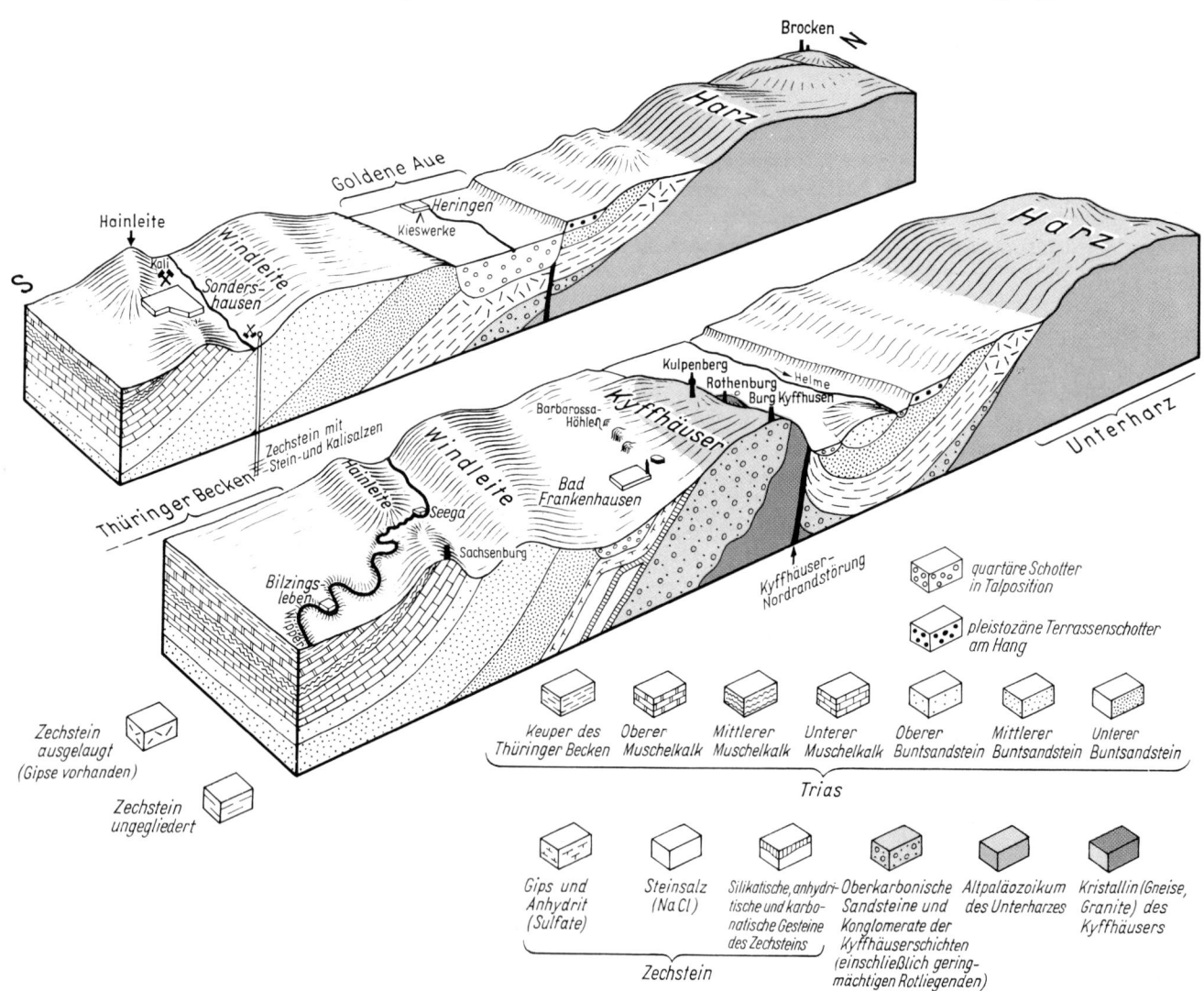

Landschaft und tektonischer Bau von Hainleite, Windleite, Kyffhäuser und Südharz mit Goldener Aue, Kleiner Goldener Aue (bei Frankenhausen) und Wippertal

Weiße Felsen aus Zechsteingips sind typisch für den Süd- und Westrand des Kyffhäusers

Jahrhunderte waren große Teile der Goldenen Aue von einem natürlichen See überflutet, an den heute die große Wasserfläche des Staubeckens Kelbra erinnert, das zahlreiche Touristen anzieht.

Unmittelbar südlich davon ragt, an einer großen Verwerfung etwa 1000 m hoch herausgehoben, der Kyffhäuser etwa 170 m über der Goldenen Aue empor. Granite und metamorphes Grundgebirge bilden am Nordfuß seinen Sockel, rote oberkarbonische Konglomerate und Sandsteine (500 bis 600 m mächtig) seine Höhen, so z. B. rings um das Kyffhäuserdenkmal selbst gut zu sehen. Die kräftig roten Gesteine wurden auch als Baumaterial für das Denkmal und die dortigen mittelalterlichen Burgen verwendet.

Die Schichten des Oberkarbons tauchen nach Süden bei Frankenhausen flach in den Untergrund ein; dadurch ist der flache Südhang des Kyffhäusers entstanden. Ähnlich wie auf das Grundgebirge des Harzes, so legt sich der Zechstein hier bei Frankenhausen auf das Oberkarbon. Sein Gips bildet bei Frankenhausen und Rottleben große weiße Felsen mit Karren und Lösungsrillen. Erdfälle, Senken, die durch Auslaugung, und Kuppen, die durch die Aufblähung des Anhydrits bei seiner Umwandlung in Gips entstanden sind, geben der Landschaft ihr eigentümliches Gepräge. Bei Rottleben liegt in dem Zechsteingips die Barbarossahöhle, nicht weit davon die urgeschichtlich bedeutsamen Spalthöhlen des Kosakenberges.

Das im Untergrund teilweise noch erhaltene Zechsteinsalz speist die Solquellen von Frankenhausen, veranlaßt aber durch seine Auslaugung auch weitgespannte Geländesenkungen, die an der Schiefstellung zahlreicher Gebäude in Frankenhausen, besonders an der Oberkirche, deutlich zu erkennen sind. Diese Auslaugungssenkungen haben zwischen Frankenhausen und Artern eine etwa 2 bis 5 km breite Geländewanne, die von der Helbe durchflossene Kleine Goldene Aue, geschaffen. Südlich davon erhebt sich der auf dem Zechstein liegende Buntsandstein zu den langgestreckten Höhenrücken der Windleite.

Diese und östlich anschließend die Finne gehören geologisch eigentlich zusammen. Sie werden nur durch das junge Durchbruchtal der Unstrut getrennt, das hier als Thüringer Pforte bekannt ist.

In der Thüringer Pforte erkennt man an den Bergformen und an Aufschlußwänden, wie die Schichten auch hier nach Süden eintauchen. Von der Kleinen Goldenen Aue aus trifft man nach Süden zu zunächst auf den Höhenrücken, der von Unterem und Mittlerem Buntsandstein gebildet wird. Die weichen Schiefertone des Oberen Buntsandsteins haben eine Talsenke veranlaßt, die nach Süden zu von dem Höhenrücken des Unteren Muschelkalkes überragt wird, auf dem die Sachsenburgen stehen.

Bei Sachsenburg fällt der Untere Muschelkalk steil nach Süden ein und bildet hier in Verlängerung der Finnestörung den unmittelbaren Übergang zum Thüringer Becken.

Wendelstein – Nebra – Karsdorf – Bad Kösen

Die tektonische Störung am Nordrand des Kyffhäusers setzt sich – allerdings landschaftlich weit weniger auffällig – noch weit nach Südosten fort, bildet die Nordrandstörung der Hermundurischen Scholle und ist die Ursache für einige landschaftliche Besonderheiten im Unstruttal.

Das Rotliegende und der Kupferschiefer (mit altem Bergbau!) am Bottendorfer Höhenzug ist eine Aufwölbung älterer Schichten zwischen dem umliegenden Buntsandstein,

Die Saale hat ihre Mäander tief in die Hochfläche eingeschnitten. An Steilhängen des Tales wie hier am Himmelreich bei Bad Kösen hat sie dabei die Schichtfolge des Unteren Muschelkalks mit mehreren markanten Kalkbänken freigelegt

die genau in der Längsfortsetzung der Kyffhäuserstörung liegt. Der Gipsfelsen der Burg Wendelstein an der Unstrut gehört ebenfalls dazu. Zwischen Wendelstein und Nebra durchfließt die Unstrut ein enges, in den steilwandigen Mittleren Buntsandstein eingeschnittenes Tal, in dem große Steinbruchwände an eine jahrhundertelange Gewinnung von Bausteinen erinnern.

Nach Karsdorf zu öffnet sich das Tal weit. Die Schichten tauchen nach Norden zur Querfurter Mulde zu ein, so daß zwischen Nebra und Karsdorf der weiche Schieferton des Oberen Buntsandsteins die Hänge des Unstruttales bildet und von dem Fluß zu dem weiten Talkessel ausgeräumt worden ist. Von Karsdorf bis Freyburg begleitet vorwiegend der Steilhang des Muschelkalks das Unstruttal. Bei Karsdorf nutzen heute große Zementwerke den gesamten Unteren Muschelkalk als Rohstoff, bei Freyburg wurde der Schaumkalk früher in großen Steinbrüchen als Werkstein u. a. für den Naumburger Dom und seine Stifterfiguren abgebaut. Besonders zwischen Freyburg und Naumburg bestimmen Weinberge auf den steilen Muschelkalk- und den flacheren Buntsandsteinhängen das Landschaftsbild.

Ebenso prachtvoll ist das Muschelkalkprofil im Saaletal zwischen Bad Kösen und der Rudelsburg aufgeschlossen. Besonders an den Prallhängen des Tales, z. B. an der

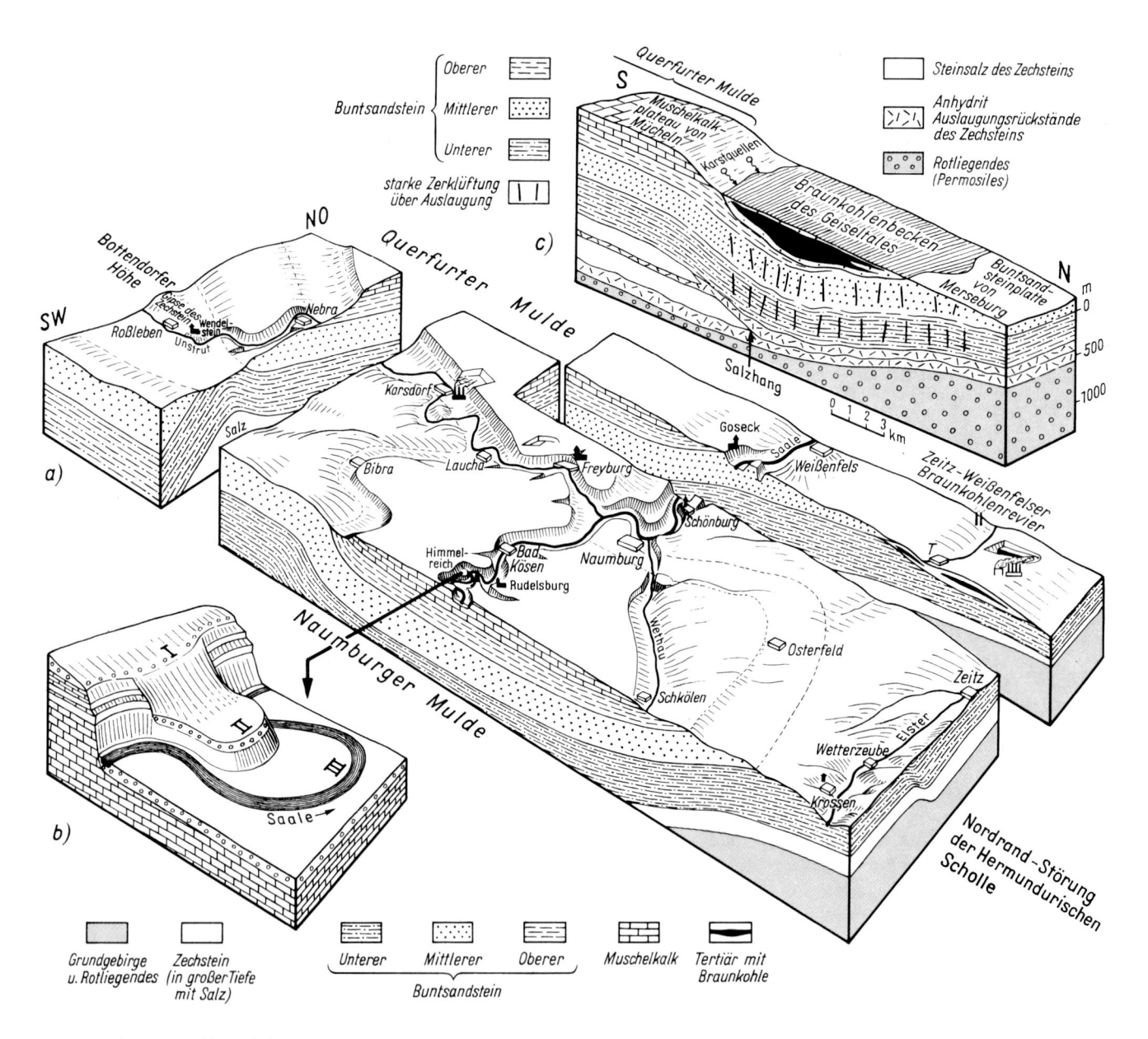

Die Naumburger Mulde und ihre Umgebung a, T - Teuchern; b Terrassenbildung im Saaletal beim Himmelreich: *I* alte Terrassenschotter an der Talkante (Pliozän?), *II* Mittelpleistozäne Terrasse, *III* gegenwärtige Talsohle, c die Braunkohle des Geiseltals in einer Auslaugungssenke des Zechsteinsalzes

An den Steilhängen des Unteren Muschelkalks im Unstruttal bei Freyburg werden seit langer Zeit mit Erfolg Weinreben angebaut. Nicht weit entfernt baut man bei Karsdorf in einem großen Tagebau den gleichen Kalkstein für die Zementproduktion ab

Rudelsburg, an der Ruine Saaleck und am Himmelreich, hat die Saale steile Felswände geschaffen, die in dem Wellenkalkprofil die aus zwei etwa meterdicken Kalkbänken bestehende Terebratelzone (nach dem häufigen Brachiopoden Terebratula vulgaris) deutlich erkennen lassen.

Oberhalb von Bad Kösen auf der Westseite des Tales schließt ein Steinbruch das etwa 100 m hohe gesamte Profil des Unteren Muschelkalkes auf, am Hang teilweise überlagert von pleistozänen Terrassenkiesen der Saale. Von einem noch älteren und damit höhergelegenen Saalelauf stammen die beim Himmelreich an der Talkante gelegenen Terrassenkiese.

Das Thüringer Becken

Überblick

Als Thüringer Becken bezeichnet man eine NW–SO-gestreckte flache, schüsselförmige Einmuldung von Zechstein und Triasschichten zwischen den herausgehobenen Horsten des Thüringer Waldes im Süden und der Hermundurischen Scholle im Norden. Das Thüringer Becken wird deshalb im Südwesten von der Nordostrandstörung des Thüringer Waldes und im Nordosten von der Finnestörung begrenzt, zwei großen Verwerfungszonen von je etwa 90 km Länge und maximal mehreren hundert Metern Verwurfshöhe.

Im Südosten endet das Thüringer Becken dort, wo das Thüringische Schiefergebirge zutage tritt. Im Nordwesten gilt die Eichsfeldschwelle im Untergrund und eine darüber liegende flache Buntsandsteinaufwölbung zwischen dem Thüringer Becken und der Hessischen Senke als Grenze.

Im Erdaltertum war das Gebiet des Thüringer Beckens lange Zeit Meeresraum. Die im Ordovizium, Silur, Devon und Unterkarbon abgelagerten Sedimente wurden in der Varistischen Gebirgsbildung zu SW–NO-streichenden Sätteln und Mulden aufgefaltet, die aber bereits im Oberkarbon und Unterperm fast völlig abgetragen wurden. Der Abtragungsschutt füllte die Mulden, so daß zu Beginn der Zechsteinzeit das Land fast eben war. Als sich damals ganz Mitteleuropa insgesamt senkte, drang das Meer ein, und es lagerten sich die Schichten des Zechsteins einschließlich mächtiger Gips-, Steinsalz- und Kalilager auch im Gebiet des Thüringer Beckens ab.

Nun folgten nacheinander großräumige Hebungen und Senkungen, so daß auf die flachliegenden Sedimente des Zechsteinmeeres abwechselnd ebenso flachliegende Festland- bzw. Meeressedimente der Trias abgelagert wurden. Die Schichtfolge des Buntsandsteins ist vorwiegend festländisch. Einige Schichten bezeugen durch ihre Fossilien, z. B. Muscheln und Muschelkrebse, riesige flache Festlandsseen. In den Gipsen und Dolomitbänken des Oberen Buntsandsteins (Röt) deutet sich bereits der Vorstoß des Muschelkalkmeeres an. Der 100 m mächtige Wellenkalk ist in einem flacheren Meere abgelagert worden. Gipsschichten und Steinsalz im Mittleren Muschelkalk lassen auf eine Eindampfungsphase dieses Meeres unter trockenheißem Klima schließen. Im Oberen Muschelkalk überflutete das Meer jedoch wieder ganz Mitteleuropa. Mit Beginn des Keupers hob sich das Land flach aus dem Meer. Pflanzenreste in den grauen Schiefertonen und olivbraunen Sandsteinen des

Unteren Keupers sowie kleine Steinkohlenflöze erweisen diese Schichtfolge als festländische Bildung. Eine 1–3 m mächtige Dolomitbank bezeugt für die Zeit am Ende des Unteren Keupers einen erneuten Meeresvorstoß, Gipse im Mittleren Keuper deuten auf erneute Eindampfungsphasen. Auch in der Sandsteinschichtfolge des Oberen Keupers (Rhät) ist ein kurzzeitiger Meeresvorstoß nachzuweisen, ebenso wie in den Schichten des Unteren Jura (Lias). Dieser lagerte sich aber nur bei Eisenach – Gotha ab, wo ein Meeresarm vom Westen her eine Einsenkung nördlich vor einer sich hebenden Schwelle füllte. Mit dieser deutete sich bereits der Thüringer Wald an.

Während aller folgenden Perioden blieb das Gebiet des Thüringer Beckens Festland. Es lagerten sich deshalb keine oder nur lokale festländische Sedimente ab. Nur aus der Kreidezeit ist ganz im Nordwesten, im Ohmgebirge, ein kleines Vorkommen von Meeressedimenten nachgewiesen.

Durch die Senkung und Sedimentation der Zechstein- und Triasschichten waren die abgetragenen Sättel und Mulden des Varistischen Gebirges in etwa 1000 bis 1500 m Tiefe geraten und bleiben damit für die Formung des Thüringer Beckens an der Oberfläche ohne direkten Einfluß. Doch ist es Aufgabe des Geologen, durch Bohrungen den Bau des varistisch gefalteten Grundgebirges auch in dieser Tiefe festzustellen. Dabei zeigte es sich, daß dort im wesentlichen dieselben Sättel und Mulden ihre Fortsetzung finden, die der Geologe im Harz, Thüringer Wald und Thüringischen Schiefergebirge an dem herausgehobenen alten Gestein analysieren kann.

Geformt wurde das Thüringer Becken von der nächstjüngeren großen Gebirgsbildung, der Alpidischen Tektogenese während der Kreidezeit und des Tertiärs. Die Auffaltung der Alpen im Süden und das Abdriften von Erdkrustenteilen Westeuropas nach Westen erzeugten nach neuesten Vorstellungen in ganz Mitteleuropa ein Spannungsfeld, in dem das Thüringer Becken schüsselförmig einsank und gesetzmäßig zerbarst und nun eine Anzahl saxonischer Störungszonen erkennen läßt. Ob und in welchem Maße Verlauf und Ausbildung dieser Störungen von den varistischen Strukturen des Grundgebirges mitbestimmt werden, läßt

Tektonischer Werdegang und Bau des Thüringer Beckens

① Zur Zeit des Rotliegenden: Höhenrücken als Abtragungsreste varistischer Sattelzonen, dazwischen mit Gesteinsschutt gefüllte Niederungen mit Vulkanen

② Am Ende der Trias: Schichten des Zechsteins und der Trias flach und diskordant über den eingeebneten Resten des Varistischen Gebirges

③ Von der Jurazeit bis zum Tertiär Heraushebung der NW–SO-gerichteten Schollen des Thüringer Waldes, Kyffhäusers und Harzes sowie Einmuldung des Thüringer Beckens, anschließend Abtragung bis zur Fastebene mit Härtlingen

④ Tertiär-Quartär: erneute Heraushebung von Thüringer Wald, Kyffhäuser und Harz

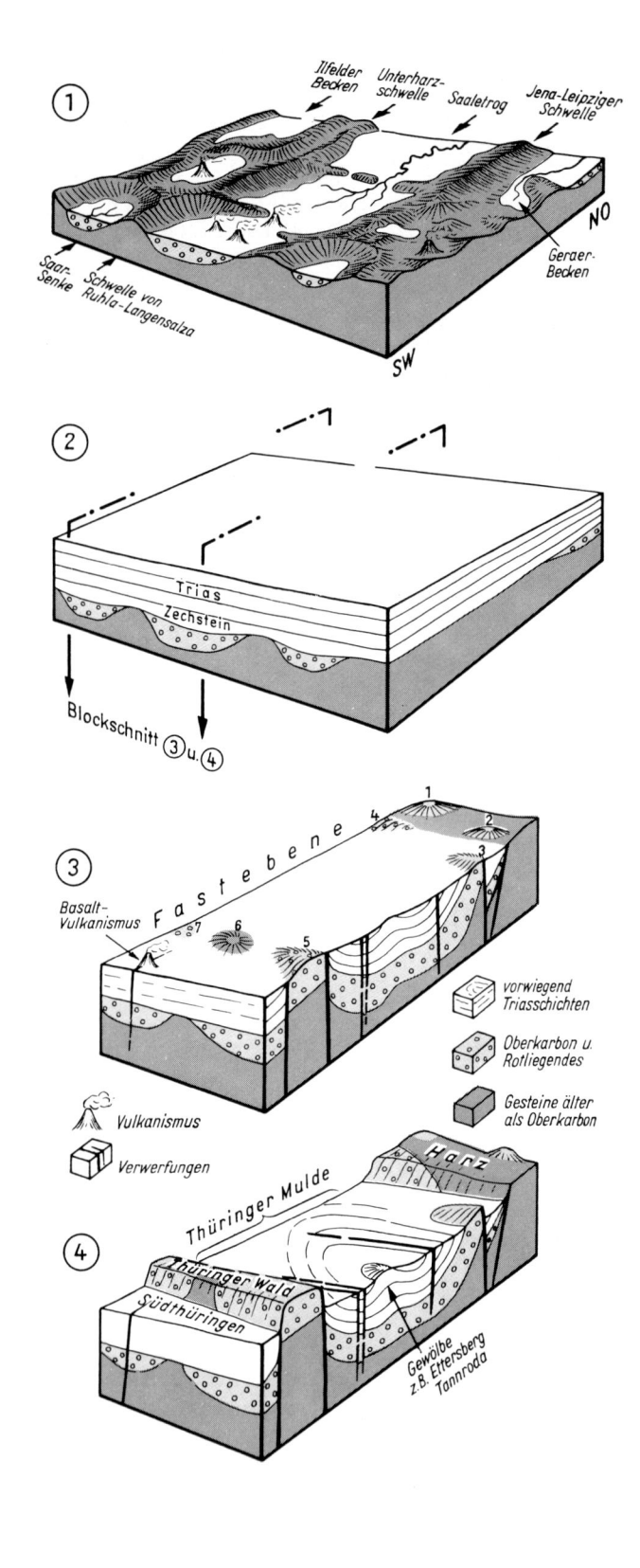

zu ③

1 Brocken, 2 Auerberg, 3 Kyffhäuser, 4 Ilfelder Becken, 5 Raum Oberhof, 6 Inselsberg, 7 Eisenacher Rotliegendes

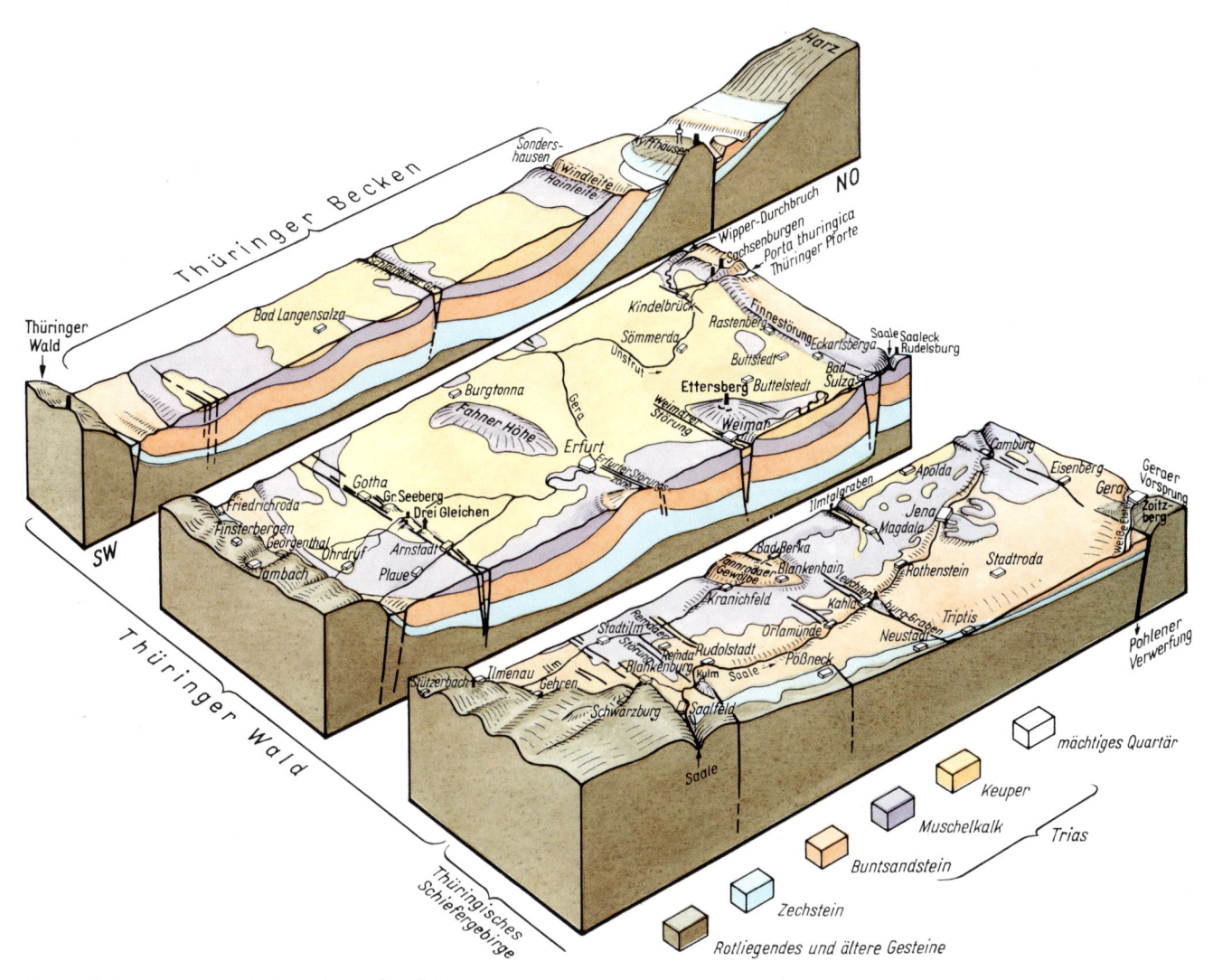

Das Thüringer Becken und seine tektonischen Störungszonen

sich zur Zeit noch nicht insgesamt einschätzen. Wesentlich maßgeblicher sind dafür Mächtigkeit und Gesteinsausbildung der Zechstein- und Triasschichten. Wir können im Thüringer Becken bei den fast durchweg NW–SO-streichenden saxonischen Störungen zwei Typen unterscheiden: erstens schmale lange Störungszonen mit Verwerfungen, meist als Grabenbrüche mit komplizierten Lagerungsverhältnissen der beteiligten Schollen ausgebildet, z. B. Ilmtalgraben, Leuchtenburggraben, Schlotheimer Graben, Remdaer Störungszone, Saalfeld-Arnstadt-Gothaer Störungszone. Dazu gehören auch die Finnestörung und die Nordrandstörung des Thüringer Waldes; zweitens weitgespannte, etwa ovale Aufwölbungen der Trias über Salzkissen des Zechsteins. Dazu gehören u. a. der Ettersberg, die Fahner Höhe, das Tennstedter Gewölbe und das Tannrodaer Gewölbe. Beide Störungstypen stehen stellenweise lokal und wohl auch ursächlich miteinander in Zusammenhang. Auch außerhalb der größeren Störungen sind die Schichten lokal in kleinerem Maßstab verbogen und gebrochen.

Auch die Strukturen der saxonischen Tektonik wurden wieder abgetragen und weitgehend eingeebnet. Im Tertiär überspannte die damalige Tiefebene auch das Thüringer Becken. Dadurch wurden an den aufgebogenen Rändern des Thüringer Beckens die älteren Gesteine freigelegt. Deshalb zieht sich um die Keuperfüllung des Beckenzentrums heute ein generell ringförmiger Streifen, in dem das Landschaftsbild vom Muschelkalk bestimmt wird, und um diesen ein äußerer Ring mit Buntsandsteinlandschaft.

Eine jüngere schwache Hebung ganz Mitteleuropas betraf auch das Thüringer Becken. Flüsse und Bäche reagierten mit erneuter Abtragung, schnitten sich Täler ein und präparierten gemäß den Festigkeiten der Gesteine in ganz verschiedener Weise die saxonischen Störungsformen so heraus, daß diese heute im Thüringer Becken an vielen Stellen das Landschaftsbild bestimmen.

Während der Eiszeit drang das Inlandeis der Elsterkaltzeit bis ins Thüringer Becken vor und füllte dieses weitgehend aus. Die vom Eis hinterlassenen Sedimente, Geschiebelehm und einige Endmoränenablagerungen bei Gotha sind aber mengenmäßig sehr gering und für das Landschaftsbild unwesentlich. Dafür sind Ablagerungen der eiszeitlichen Flüsse und in den Tälern Flußterrassen wichtiger.

Die im Thüringer Becken berühmtesten Hinterlassenschaften des Eiszeitalters sind jedoch die aus den Warmzeiten stammenden Travertine mit Resten der damaligen Pflanzen- und Tierwelt und des Urmenschen vor allem bei Bilzingsleben, Burgtonna, Taubach und Ehringsdorf.

Buntsandsteinhöhen und Muschelkalktäler

Die von Buntsandstein aufgebauten Gebiete am äußeren Rand des Thüringer Beckens zeichnen sich durch Höhen und Täler in weitgeschwungenen Formen aus, die dem ziemlich geringen Widerstand des Gesteins gegen die Abtragung entsprechen. Stellenweise, besonders im Südosten bei Saalfeld – Neustadt/Orla – Kahla, läßt die Buntsandsteinlandschaft noch die Ebene der Tertiärzeit erkennen.

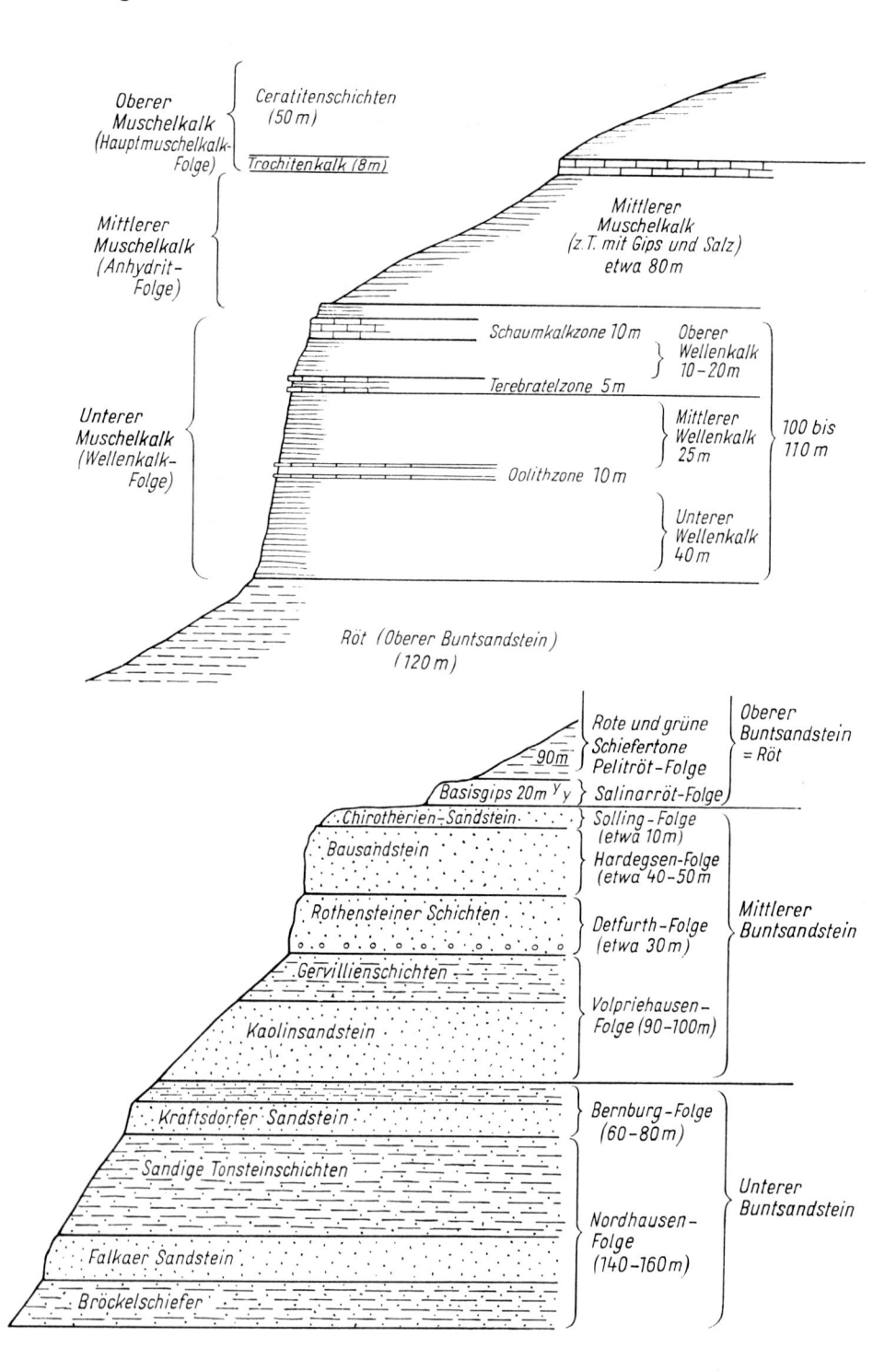

Die Schichtfolgen des Buntsandsteins und Muschelkalks in Thüringen, speziell Ostthüringen, und ihr Einfluß auf die Form der Talhänge (stark vereinfacht)

Über dem Muschelkalk folgen etwa 450 bis 600 m mächtige Schiefertone, Sandsteine, Gipse u. a. Gesteine des Keupers, in die sich jedoch nur Täler mit meist geringer Tiefe eingeschnitten haben

Besonders auf den weniger tonigen, mehr sandigen Gesteinen des Mittleren Buntsandsteins steht Nadelwald, stellenweise sogar Kiefernwald. Als Beispiele dieses Landschaftstyps sind das Holzland bei Eisenberg – Hermsdorf – Klosterlausnitz – Stadtroda – Kahla zu nennen, ferner die Heide bei Triptis – Neustadt/Orla – Pößneck – Saalfeld und schließlich die ausgedehnten Wälder um Rottenbach – Paulinzella. Der nördliche Teil des Buntsandsteinringes um das Thüringer Becken liegt allerdings schon nördlich von dessen Nordgrenze, der Finnestörung, im Ziegelrodaer Forst und auf der Finne.

Der Muschelkalkring trägt eine hochgelegene, tief zertalte Landschaft. Die Täler der Saale bei Jena – Camburg, der Ilm bei Stadtilm – Buchfahrt, der Gera bei Plaue – Arnstadt, das Jonastal bei Arnstadt, das Unstruttal bei Dachrieden und Groß-Vargula und schließlich das Wippertal bei Seega sind als landschaftliche Schönheiten des Thüringer Beckens besonders bekannt. Ihre Formen werden vom Gestein des Untergrundes her verständlich. Die relativ weichen Schiefertone und Mergel des Oberen Buntsandsteins, des Mittleren Muschelkalks und der Ceratitenschichten des Oberen Muschelkalks bilden sanft ansteigende Talhänge. Der hundert Meter mächtige Wellenkalk des Unteren Muschelkalkes erscheint als steiler, oft felsiger Hang, der eine nur dünne Bodenkrume und dürftigen, aber charakteristischen Bewuchs, u. a. Silberdisteln und Wacholder, trägt. In drei Zonen treten mächtigere feste Kalkbänke als Felsgürtel deutlich hervor: die Oolithbank, die zwei Bänke der Terebratelzone und als oberer Abschluß des Wellenkalks die mächtigere Schaumkalkzone. Die Bankzone des etwa 6 bis 10 m mächtigen Trochitenkalks an der Basis des Oberen Muschelkalks bildet an den Talhängen eine Schichtstufe, auf flacherem Gelände eine Schichtrippe. Wie die Täler im einzelnen aussehen hängt davon ab, welches Gestein unter der Hochfläche ansteht und bis zu welcher Schicht sich der Fluß eingeschnitten hat. So sehen wir z. B. im Saaletal bei Jena und im Geratal oberhalb Arnstadt (an den Reinsbergen bei Plaue) im unteren Teil der Talhänge den sanften Anstieg der Böschung im Oberen Buntsandstein, kenntlich auch an der roten Ackerfarbe des Röt, überragt von der Wellenkalksteilstufe mit den Bankzonen. Das Jonastal ist nur in den Wellenkalk eingeschnitten und daher steilwandig bis zur Talsohle herab. Das Unstruttal bei Dachrieden und Groß-Vargula ist nur in den Oberen und Mittleren Muschelkalk eingeschnitten.

Im Zentrum des Thüringer Beckens haben die Unstrut und ihre Nebengewässer in dem leicht erodierbaren Keuper eine weite Auenlandschaft mit fruchtbaren Böden geschaffen, über die vorwiegend nur die Triasgesteine im Bereich der saxonischen Störungszonen aufragen. Die Keuperlandschaft zwischen den Tälern ist durch eine weite Welligkeit gekennzeichnet, die besonders im Frühjahr und Herbst reizvoll ist, wenn auf den frisch bearbeiteten Ackerflächen bunte Bodenfarben die Landschaft beleben. Bei Lößauflage sind diese Gebiete landwirtschaftlich fruchtbar.

Die Seelilie Chelocrinus (Encrinus) carnalli aus dem Schaumkalk von Freyburg/Unstrut

Zu den häufigen und für geologische Aussagen wichtigen Muschelkalkfossilien gehören die Ceratiten aus der Gruppe der Kopffüßer (Cephalopoden, speziell Ammoniten)

Das Saaletal bei Jena mit den Steilhängen des Unteren Muschelkalks und dem aus weicherem Rötschieferton bestehenden flacheren Hangfuß

Die Finnestörung

Die Nordostgrenze des Thüringer Beckens erscheint auf der geologischen Karte als schmale NW–SO-streichende, sehr markante Störungszone, die etwa am Unstruttal bei Sachsenburg beginnt und sich etwa 90 km lang über Rastenberg, Eckartsberga, Bad Sulza, Camburg, Eisenberg bis Gera erstreckt. In der Landschaft selbst ist sie sehr verschieden deutlich: bei Eisenberg völlig unauffällig, bei Camburg und Bad Sulza nur im geologischen Aufschluß feststellbar, bei Gera an der Landschaftsform des Elstertals erkennbar. Bei Eckartsberga, Rastenberg und Sachsenburg überragt die Finne, an der Finnestörung aufsteigend, das Thüringer Becken fast so hoch wie der Kyffhäuser die Goldene Aue und in fast gleicher Länge wie der Harz sein Vorland.

Dieses landschaftlich unterschiedliche Verhalten der Finnestörung hat seinen Grund im erdgeschichtlichen Wechselspiel zwischen dem tektonischen Aufstieg der Hermundurischen Scholle in der Kreidezeit und der folgenden Abtragung. Diese hat in Kreidezeit und Tertiär z. B. im Raum Eisenberg – Gera, sicher aber auch weiter nordwestlich die schon erwähnte Tiefebene der Braunkohlenzeit entstehen lassen und dabei den Höhenunterschied der Finnestörung wieder völlig eingeebnet. So ist es bei Eisenberg geblieben. Bei Gera hat die Elster die Störung landschaftlich herausmodelliert, da die beiderseits von ihr liegenden Gesteine – Buntsandstein und unterkarbonische Kulmgrauwacken – sehr verschieden wetterfest sind. Bei Eckartsberga – Rastenberg – Sachsenburg haben die Unstrut und ihre Nebenbäche südlich der Störung die weichen Keuperschichten des Thüringer Beckens ausgeräumt, während der Muschelkalk der Störungszone und der Buntsandstein nördlich davon als markanter Höhenrücken stehenblieb. Ob hier die Finne auch in jüngerer Zeit nochmals etwas über ihr südliches Vorland emporgehoben worden ist, kann nicht ganz sicher gesagt werden, es ist aber recht wahrscheinlich.

Den Bau der Finnestörung und das zugehörige Landschaftsbild wollen wir nun an mehreren Orten von SO nach NW kennzeichnen.

Südlich Gera schnüren die Kulmgrauwacken des Zoitzberges und des Heersberges das Elstertal eng ein. Diese Grundgebirgsgesteine gehören hier zur Hermundurischen Scholle. An ihrem Südrand liegt die Finnestörung, an der hier das Wünschendorfer Becken so eingesunken ist, daß Buntsandstein beiderseits des Elstertales liegt und den weiten Wünschendorfer Talkessel bildet (siehe Bild S. 132).

Bei Eisenberg hat die Finnestörung die Südscholle etwa 150 bis 200 m absinken lassen. Muschelkalk liegt nun neben Mittlerem Buntsandstein. Die alte Tiefebene der Braunkohlenzeit ist hier jedoch so erhalten, daß die Finnestörung landschaftlich nicht sichtbar wird. Dasselbe gilt für die Höhen beiderseits des Saaletales bei Camburg und des Ilmtales bei Bad Sulza. Dort geben aber Aufschlüsse in den Tälern den inneren Aufbau der Störungszone frei. Bei Camburg sehen wir schräggestellten Muschelkalk als Mittelschenkel einer Flexur. Bei Bad Sulza schließt der Bahneinschnitt nördlich des Bahnhofs die Finnestörung auf. Wir sehen – selbst vom fahrenden Zug aus – Muschelkalk gefaltet und zerbrochen, verworfen und in den verschiedensten Richtungen schräggestellt. Die in Bad Sulza seit Jahrhunderten genutzten Salzsolen sind ebenfalls an die Finnestörung gebunden.

Bei Eckartsberga besteht der von der Eckartsburg bekrönte Muschelkalkrücken aus steilgestelltem Muschelkalk, der vielleicht sogar etwas auf den Keuper des tiefer liegenden südlichen Vorlandes aufgeschoben ist. Steilgestellter Muschelkalk mit einer kleinen derartigen Überschiebung ist im Wallgraben östlich der Burg aufgeschlossen.

Bei Rastenberg hat die Finnestörung tektonisch und auch landschaftlich ihre größte Intensität. Unter dem Buntsandstein der Finne ist Muschelkalk erbohrt worden. Entweder ist hier die Finne einige hundert Meter auf das Thüringer Becken aufgeschoben worden, oder der Buntsandstein hat

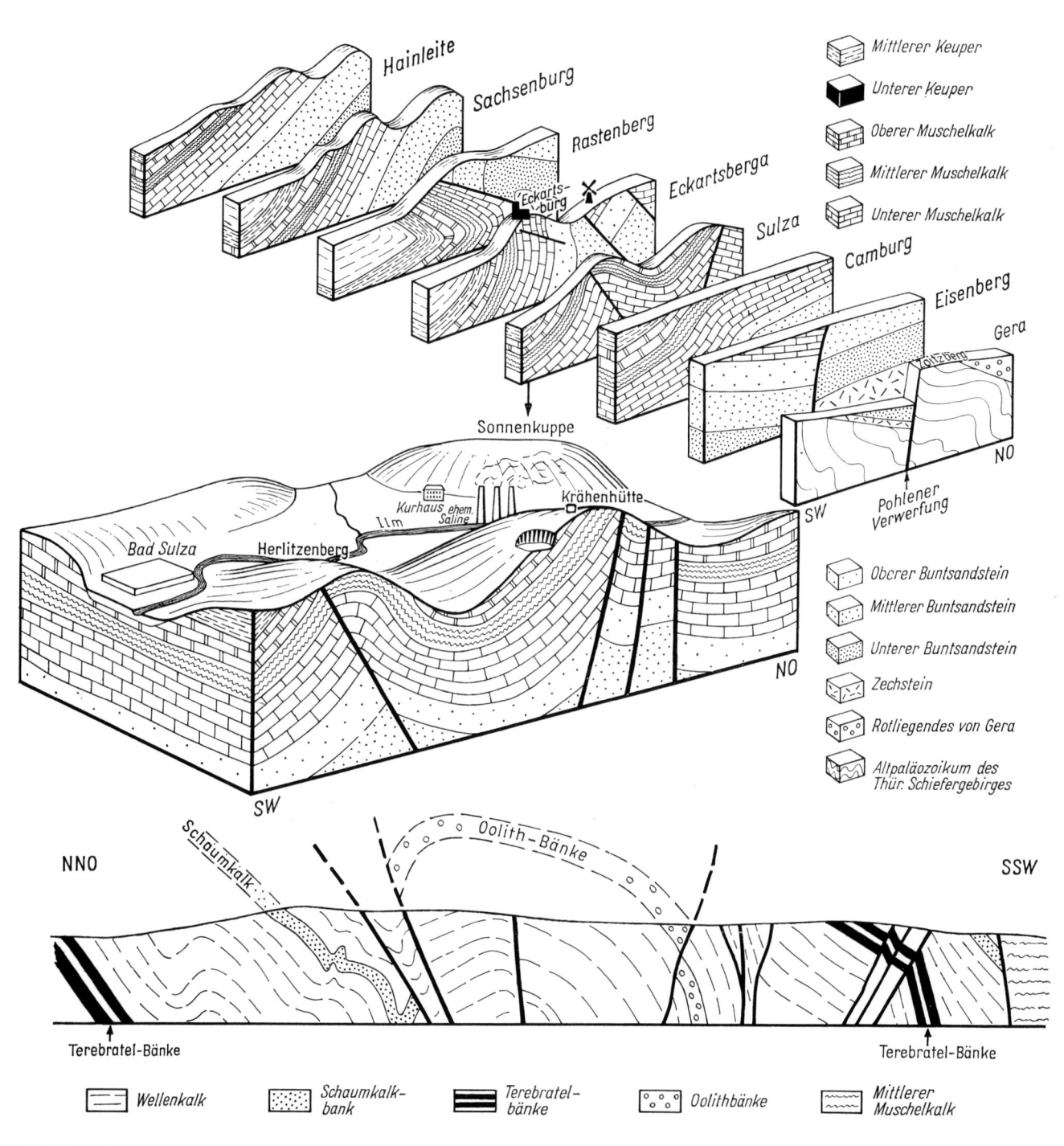

Die Finnestörung

oben: Profilschnitte von der Hainleite bis Gera; *Mitte:* Landschaft und Untergrund bei Bad Sulza; *unten:* der Muschelkalk im Bahneinschnitt am Bahnhof Bad Sulza

Schräggestellter Unterer Muschelkalk an der Finnestörung, der Nordgrenze des Thüringer Beckens, bei Camburg an der Saale

Muschelkalk ist der Baustein vieler Thüringer Burgen und auch das Gestein der Bergrücken, auf denen sie errichtet wurden. Ein Beispiel dafür ist die Eckartsburg bei Eckartsberga

sich auf einen in der Tiefe liegenden Grabenbruch aufgeschoben. Landschaftlich ragt hier die Finne mit der Hohen Schrecke (356 m) etwa 150 m über die Keuperlandschaft von Buttstädt – Hardisleben empor.

Nach Nordwesten klingt die Störung allmählich aus. Bei Sachsenburg ist sie wieder eine Flexur wie bei Camburg. Allerdings trennt hier der schräggestellte Muschelkalk von Sachsenburg noch immer die tiefliegende Keuperaue im Süden von den nördlichen Buntsandsteinhöhen.

Indem die Sachsenburger Flexur nach Nordwesten immer flacher wird, klingt die Finnestörung in dieser Richtung aus, und die Landschaft geht in die Hainleite mit ihren ziemlich flachgelagerten Schichten von Muschelkalk und Buntsandstein über.

Windleite, Hainleite und Bilzingsleben

Das Nordwestende der Hermundurischen Scholle geht ohne scharfe geologische Grenze in die Windleite und die Hainleite über. Die weit geschwungenen Buntsandsteinberge der Windleite begrenzen bei Sondershausen das Tal der Wipper im Norden, die Muschelkalkberge im Süden. Die Fördertürme der Kaliwerke bezeugen die Salzschichtenfolge des Zechsteins in der Tiefe.

In Richtung des Thüringer Beckens sind die Schichten geneigt, so daß bei Seega der Buntsandstein von Muschelkalk, bei Bilzingsleben dieser von Keuper verdeckt wird. Demgemäß hat sich die Wipper bei Seega ein enges, steilwandiges Tal eingeschnitten, das sich bei Bilzingsleben zum Thüringer Becken hin weit öffnet.

Die an eine Störungszone im Muschelkalk gebundenen Karstwässer ließen 1611 bei Kindelbrück die Erdfallquelle »Gründelloch« entstehen. Dort treten täglich 10 000 bis 20 000 m³ Wasser zutage, das aus dem Muschelkalk der Hainleite stammt und der Neigung der Schichten gemäß unterirdisch der Karstquelle zufließt.

Eine ähnliche Quelle entsprang im Eiszeitalter vor rund 350 000 Jahren etwa dort, wo sich heute der Bergrücken der Steinrinne bei Bilzingsleben befindet. Allerdings war die Steinrinne damals kein Bergrücken, sondern die Sohle des eiszeitlichen Wippertales. Kalkhaltige Wässer aus den Karstquellen jener Zeit haben auf der damaligen Talsohle ein mächtiges Travertinlager gebildet. Seitdem hat die Wipper neben dem Travertin ihr Tal um 30 bis 40 m tiefer eingeschnitten, so daß der verwitterungsbeständige Travertin heute einen Bergrücken bildet. Die ehemalige Talsohle ist zum Kamm eines Bergrückens geworden. (Solche »Reliefumkehr« werden wir noch an verschiedenen Stellen beobachten können.)

Der Travertin von Bilzingsleben wurde durch Funde von Urmenschen, Feuersteingeräten, Pflanzen- und Tierresten weltbekannt. Die ab 1974 gefundenen Schädelreste eines späten Homo erectus sind wissenschaftlich außerordentlich bedeutsam.

Ohmgebirge und Dün

Ganz im Nordwesten des Thüringer Beckens gehen die Muschelkalk- und Buntsandsteinschichten in flacher, nur schwach geneigter Lagerung in das Hessische Bergland über. Die Landschaft wird hier also nicht durch tektonische Lagerungsstörungen, sondern durch die jüngeren Talbildungen in dem einst flachen Gebiet bestimmt.

Täler im Gebiet Worbis, Bleicherode und Bischofferode haben aus der Muschelkalkplatte des Thüringer Beckens zwei Stücke herausgeschnitten, die hier mit Steilstufen die flachere Buntsandsteinböschung am unteren Talhang überragen. Diese Muschelkalkplateaus, das Ohmgebirge und die Bleicheröder Berge, haben also keinerlei besondere tektonische Vorgeschichte, sondern sind nur von der Erosion geformt. Als »Zeugenberge« bezeugen sie, daß der Muschelkalk des Thüringer Beckens sich einst ununterbrochen bis in diese Gegend und noch weiter nach Norden und Nordwesten erstreckte. Im Ohmgebirge bei Worbis – Kaltohmfeld – Holungen verbirgt sich unter einer flachen Geländeniederung ein kleiner Grabenbruch, in dem sich die einzigen kreidezeitlichen Sedimente Thüringens erhalten haben – ein erdgeschichtlich wichtiger Beleg dafür, daß das Meer der Kreidezeit auch Teile NW-Thüringens bedeckte.

Das Quellgebiet von Wipper und Leine, die weite Buntsandsteinniederung von Leinefelde, trennt das Ohmgebirge vom Dün und der Hainleite, beides Muschelkalksteilstufen über dem Buntsandstein und Teile des Muschelkalkringes um das Thüringer Becken auf dessen West- und Nordwestseite. An vielen Stellen der Muschelkalksteilstufe des Dün sind Massen des Muschelkalkes an den steilen Klüften abgerissen und abgerutscht, nachdem der Rötschieferton am Hangfuß durch Aufweichen und Ausquetschen seine Tragfähigkeit verloren hatte. Die Rutschmassen bestimmen

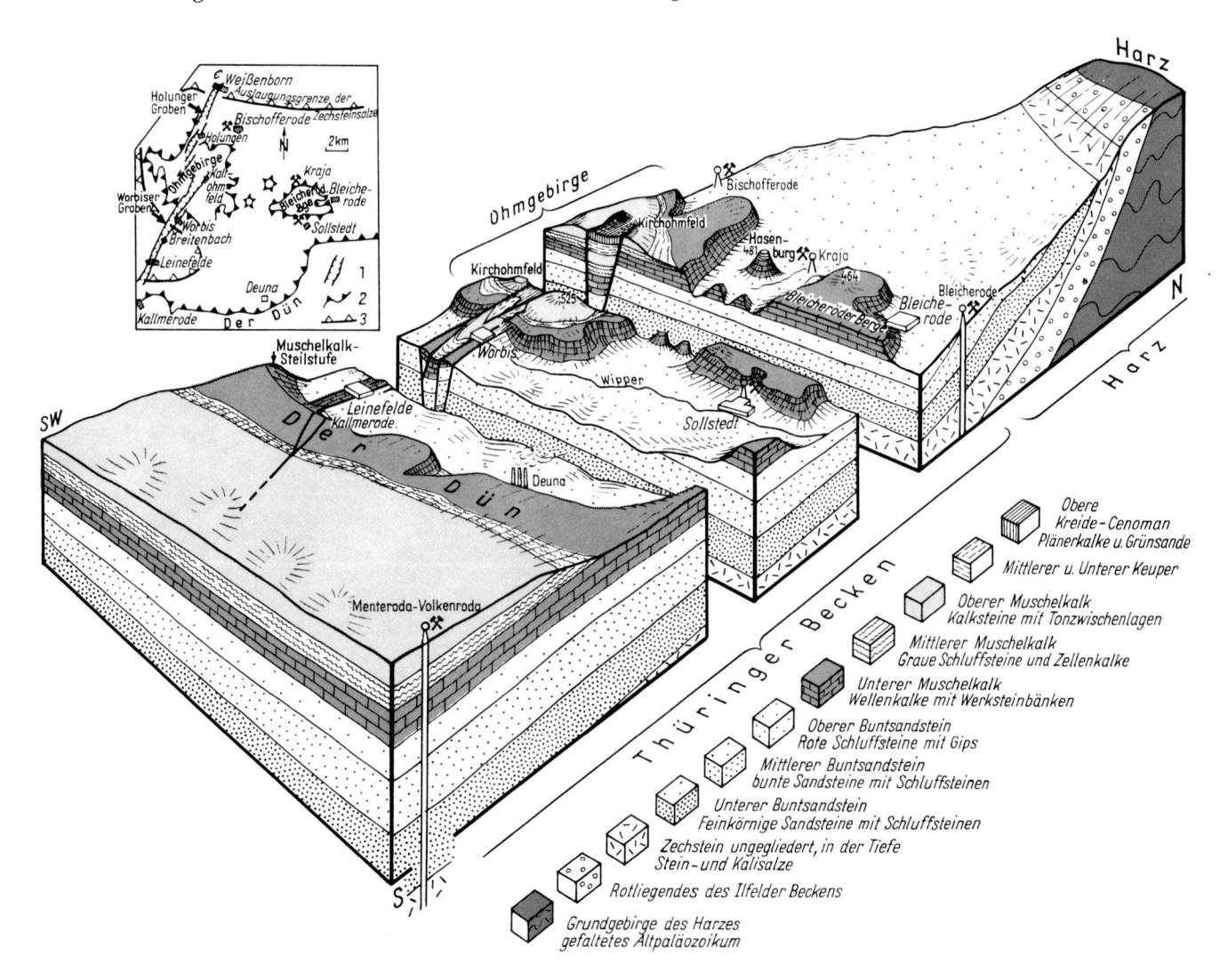

Dün, Bleicheröder Berge und Ohmgebirge

Links oben: Übersichtskarte der Ohmgebirgsgrabenzone mit den Muschelkalksteilstufen 1 Verwerfungen (Grabenbrüche); 2 Muschelkalksteilstufe mit Bergstürzen (Pfeile in Neigungsrichtung des Steilhanges); 3 Auslaugungsgrenze der Zechsteintsinsalze (Pfeilrichtung salzfrei)

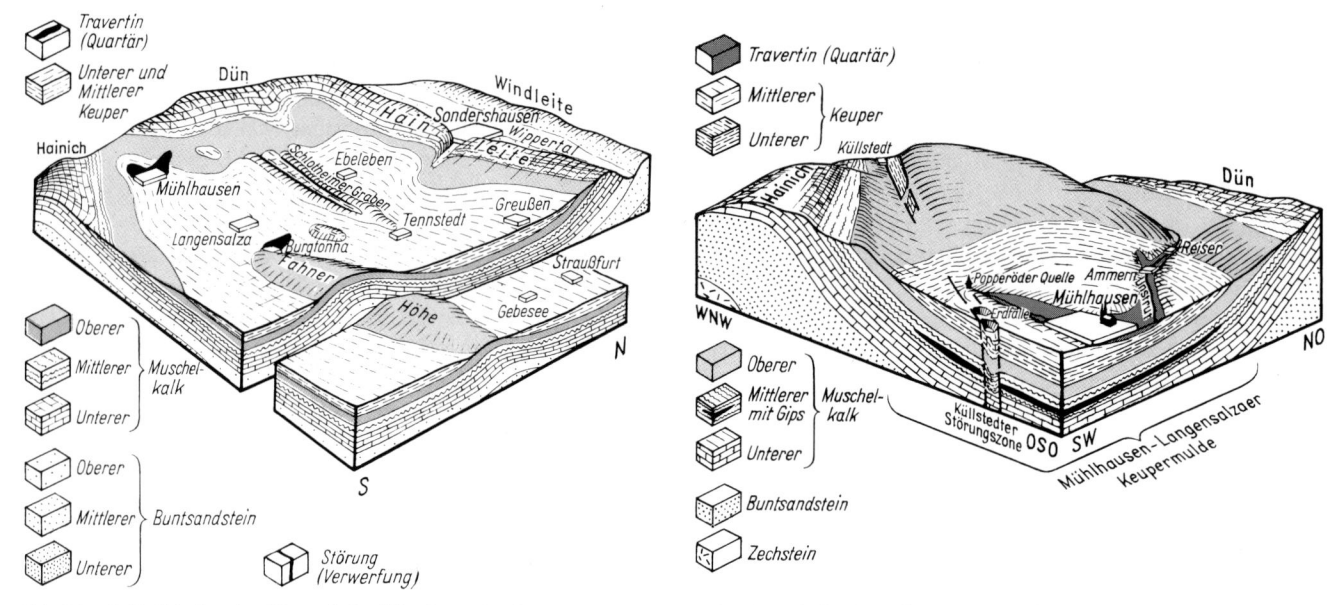

Die Muschelkalkhöhen im Westteil des Thüringer Beckens

Hainich und die Umgebung von Mühlhausen

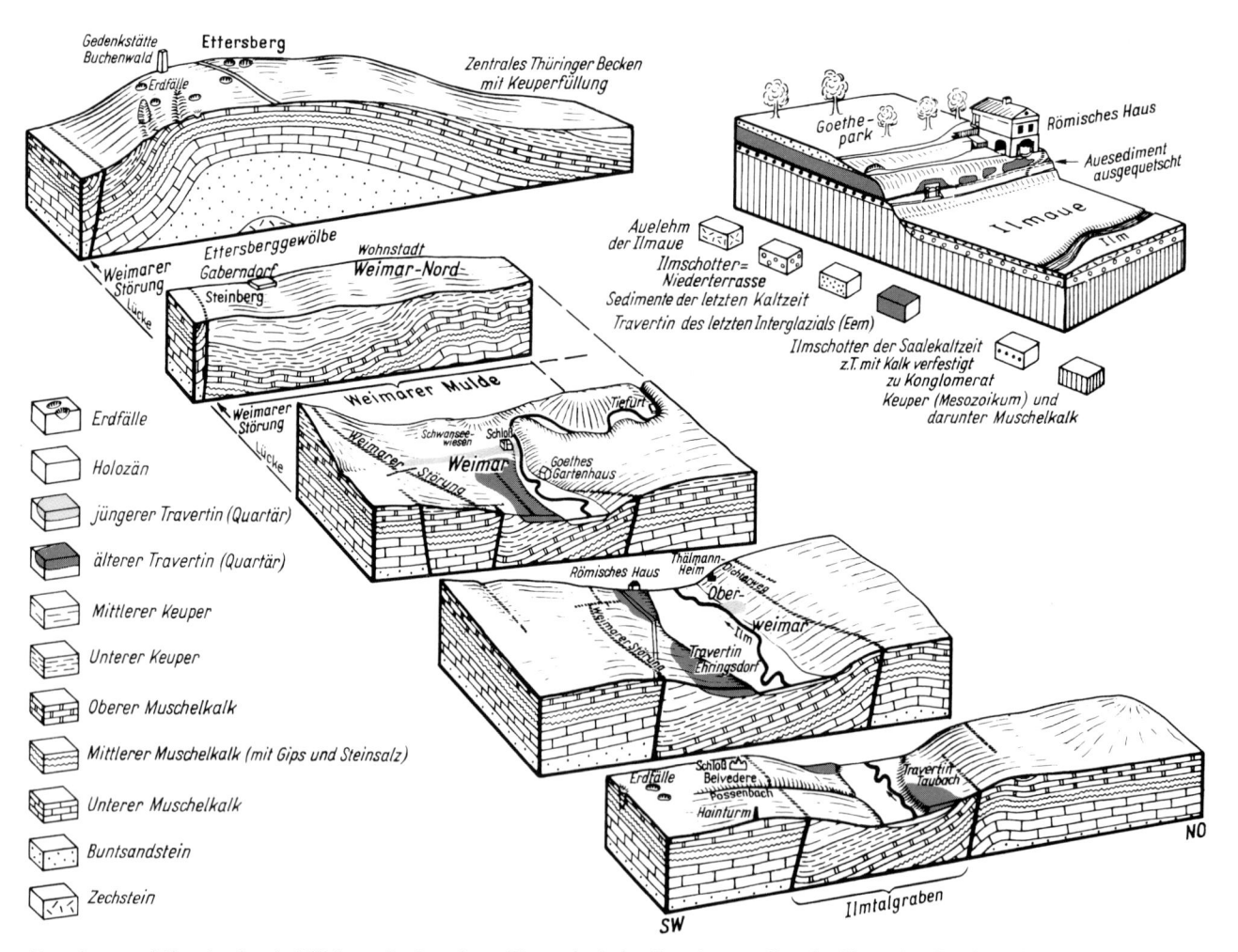

Ettersberg und Ilmtalgraben bei Weimar. Rechts oben: Die geologische Situation am Ilmtalsteilhang im Goethepark von Weimar

heute an vielen Stellen das Profil des Steilhanges am Dün. Bei Deuna baut ein Zementwerk am Steilhang des Dün Muschelkalk als Kalkkomponente und Schieferton des Oberen Buntsandsteins als Tonkomponente für Portlandzement ab. Kaliwerke bei Bleicherode, Bischofferode und Sollstedt fördern aus etwa 500 m Tiefe die Kalisalze des hier im allgemeinen ebenso flachliegenden Zechsteins. Das generelle Abtauchen der Schichten zum Thüringer Becken bedingt auch für das Kalisalz weiter im Süden eine größere Tiefe: Über 1000 m tief liegt das Kalisalz im südlichsten dieser Werke in Menterode bei Mühlhausen, wo die von Oberem Muschelkalk aufgebaute Hochfläche nach Südost zum Thüringer Becken abfällt.

Hainich und Fahner Höhe

Die im Norden am Dün beginnende Muschelkalkhochfläche setzt sich nach Süden in dem Hainich fort, der an das Eichsfeld angrenzt. Dieser stellt den westlichen Teil des Muschelkalkringes um das Thüringer Becken dar. Seine Höhen werden von Muschelkalkschichten aufgebaut, die fast ebenso wie das Gelände flach nach Osten geneigt sind und bei Mühlhausen – Langensalza unter den Keuper untertauchen. Am Fuß des Hainich treten deshalb ebensolche Erdfälle und Erdfallquellen auf wie bei Kindelbrück das beschriebene Gründelloch. So sind bei Mühlhausen die Popperöder Quelle, bei Langensalza – Ufhoven die Große und die Kleine Golke Erdfallquellen, deren seit je große Wassermengen in jahrtausendelangem Prozeß die Travertine von Mühlhausen und Langensalza abgelagert haben. Stellenweise, z. B. bei Ammern, hat sich in der weiten Unstrutaue solcher Süßwasserkalk noch in jüngster Zeit gebildet.

Nordöstlich von Gotha, östlich der Südausläufer des Hainich erhebt sich in Form eines salztektonischen Breitsattels die Fahner Höhe als ovale Aufwölbung der Muschelkalkschichten etwa 200 m über die Keuperniederungen der Umgebung. Da nach der Aufwölbung der Fahner Höhe die Abtragung nur den weicheren Keuper, nicht aber den Muschelkalk beseitigt hat, entspricht die Landschaftsform des Höhenrückens ziemlich genau der Form der tektonischen Aufwölbung. Wir erkennen an dem steilen Nordhang und dem flacheren Südhang die Asymmetrie der Aufwölbung sogar in der Landschaft.

Auch im Muschelkalk der Fahner Höhe hat sich ein Karstwasserstrom entwickelt. In der Eemzeit entstand der Travertin von Burgtonna. Geologiegeschichtlich berühmt wurde dieses Vorkommen durch den Fund eines Waldelefantenskeletts im Jahre 1695/96, das damals heftige wissenschaftliche Dispute über die Deutung der Funde zwischen dem Gothaischen Collegium medicum und dem Historiographen WILHELM ERNST TENTZEL auslöste. Letzterer verfocht die These, daß es sich um die Reste »eines einst wirklich lebenden Tieres« gehandelt habe.

In den eingemuldeten Bereichen des zentralen Thüringer Beckens bilden bunte Schiefertone des Keupers den oberflächennahen Untergrund. In der Tongrube bei Etzleben sind diese Schichten durch die Tektonik bei der saxonischen Einmuldung des Beckens oder durch Auslaugung von Gips im Untergrund in ihrer Lagerung gestört

Ettersberg und Ilmtalgraben bei Weimar

Nordwestlich von Weimar erhebt sich der 478 m hohe Ettersberg mit der Nationalen Mahn- und Gedenkstätte Buchenwald etwa 250 m über die Keuperniederung der Umgebung und über den nördlichen Stadtrand von Weimar. Der Ettersberg ist wie die Fahner Höhe ein ovaler salztektonischer, asymmetrischer, d. h. im Süden steilerer Breitsattel, auf dem der Keuper abgetragen ist. Der Muschelkalk hat der Abtragung Widerstand geleistet. Die Wölbung des Ettersberges in der Landschaft zeigt deshalb fast genau die tektonische Wölbung des Muschelkalkes als Breitsattel an. Die Auslaugung des in wenigen Dekametern Tiefe anstehenden Gipses im Mittleren Muschelkalk ließ auf dem Ettersberg zahlreiche trichterförmige Erdfälle entstehen. Auch die Ringgräber der Gedenkstätte waren ursprünglich solche Erdfälle.

Südlich des Ettersberges beginnt eine Störungszone, die sich etwa 20 km nach Südost erstreckt und als Ilmtalgraben bis Magdala reicht. Hier ist eine etwa 1 km breite Scholle so eingesunken und gekippt, daß heute Keuper zwischen Muschelkalk liegt. Da das weiche Keupergestein vom fließenden Wasser leichter als der Muschelkalk abzutragen war, folgte die Ilm zwischen Mellingen und Weimar dem Grabenbruch. Ihr Tal zeichnet also den tektonischen Grabenbruch nach, wenn auch der tektonische Absenkungsbetrag noch größer ist als die gegenwärtige Tiefe des Tales.

Im Muschelkalk der Höhen beiderseits des Ilmtales zirkulieren ebenso wie im Hainich und in der Fahner Höhe Karstwässer. Im Muschelkalk strömten sie abwärts, lösten dabei Kalk, trafen an den Randverwerfungen des Ilmtalgrabens auf den undurchlässigen Keuper der Grabenscholle und stiegen deshalb auf den Randverwerfungen auf. Das kalkgesättigte Wasser trat in Karstquellen bei Taubach, Ehringsdorf und Weimar zutage und schied den Kalk an den drei Orten als Travertin ab. Besonders der Travertin von Ehringsdorf ist durch die Funde von Lagerfeuern und Jagdrastplätzen aus der Eemwarmzeit sowie durch einige Knochen des damaligen Urmenschen berühmt geworden. Die festen Travertine bilden heute bei Ehringsdorf und im Goethepark von Weimar etwa 5 bis 10 m hohe Steilhänge zur gegenwärtigen Talaue. In der Kipperquelle bei Ehringsdorf, der Herzquelle in Oberweimar und der Leutraquelle im Goethepark treten heute noch die an den Ilmtalgraben gebundenen Karstwässer zutage. Auch der Name Weimar (althochdeutsch: Wihmare = geweihtes Moor) steht offenbar mit einer Vermoorung im Ilmtal, also indirekt mit dem Ilmtalgrabenbruch und seinen Karstwässern in Zusammenhang.

Bad Berka – Kranichfeld – Blankenhain

Im Raum Bad Berka – Tannroda – Kranichfeld – Blankenhain erhob sich in der Kreidezeit eine etwa 300 m hohe Aufwölbung der Landschaft, die in Größe und Form dem Ettersberg und der Fahner Höhe sehr ähnlich war. Diese

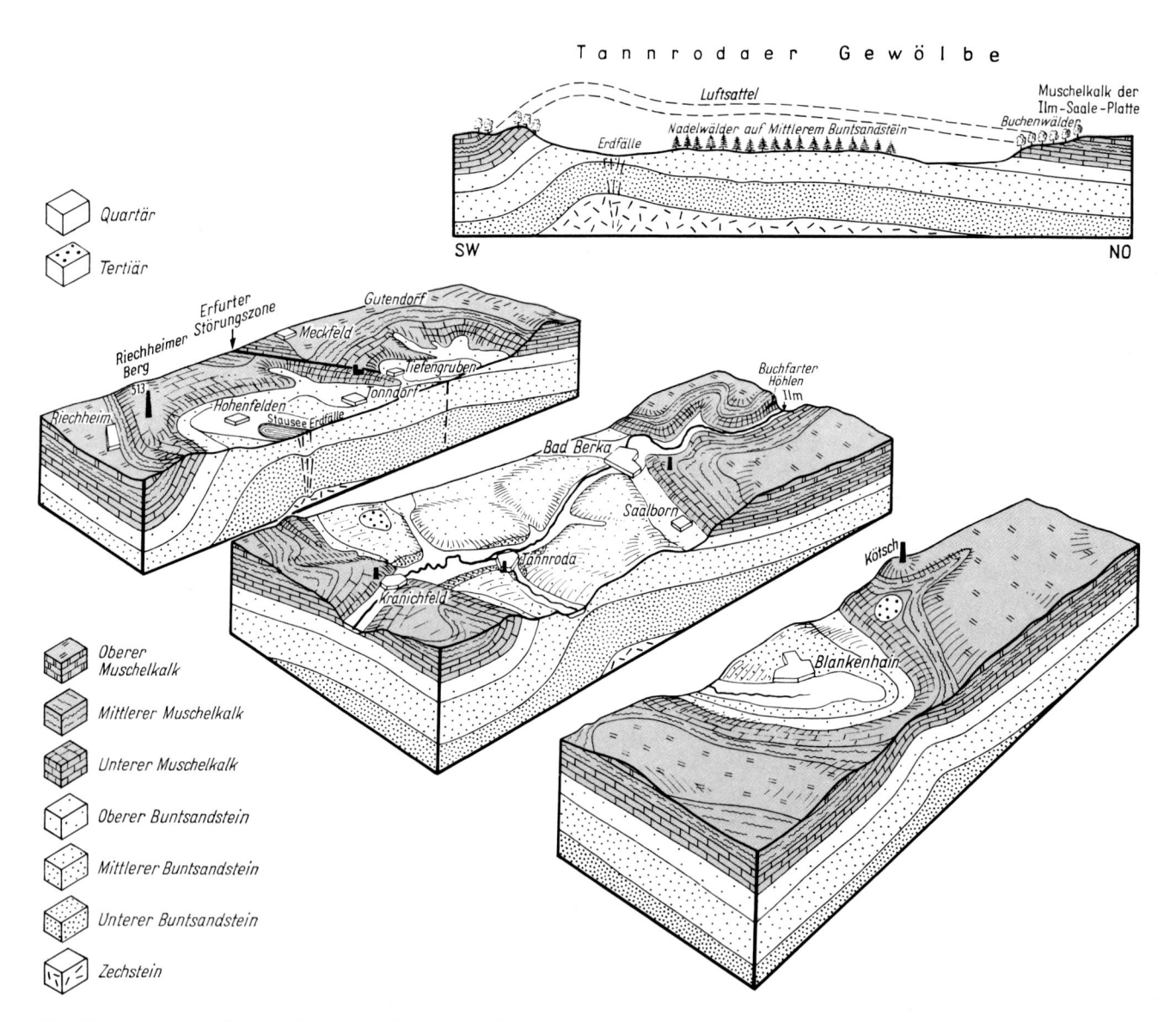

Das Tannrodaer Gewölbe zwischen Bad Berka, Kranichfeld und Blankenhain; darüber Profil mit »Luftsattel«
Die rechten Stirnseiten der Blockbilder erstrecken sich in SW–NO-Richtung

Die Muschelkalkberge von Jena

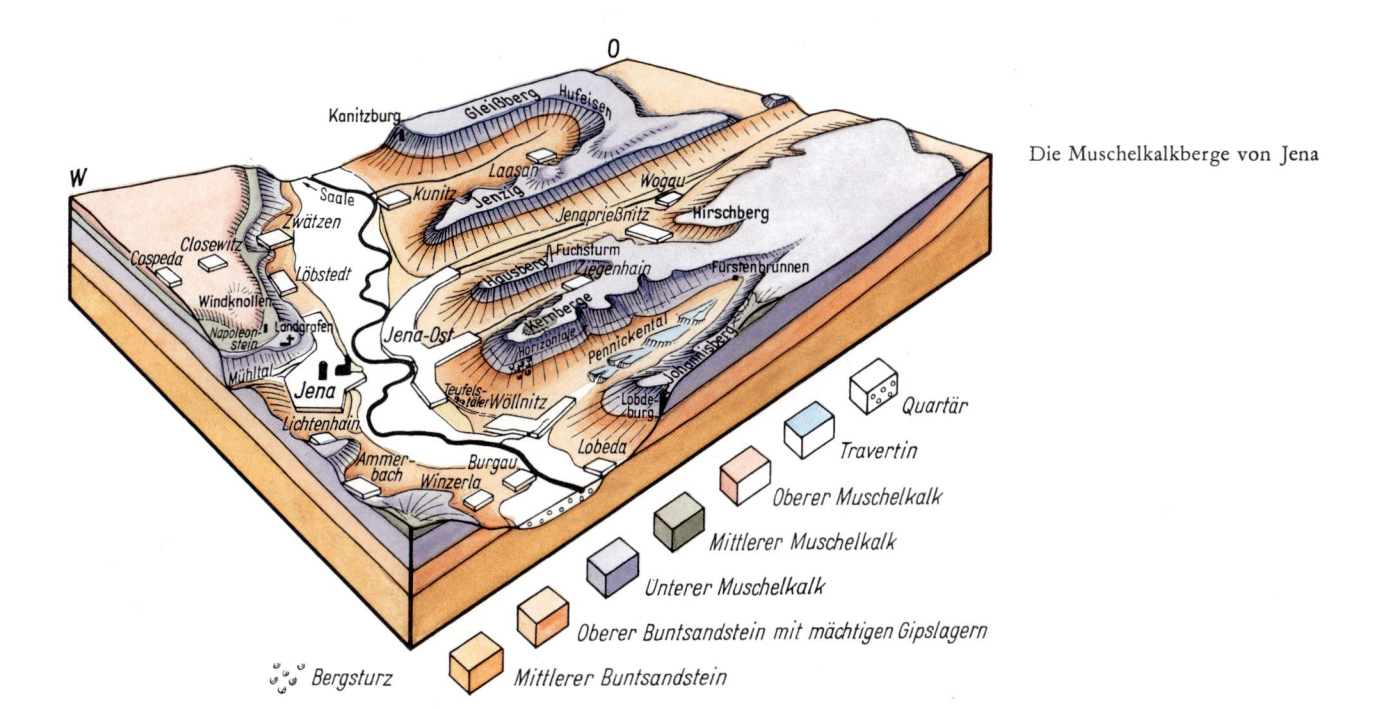

Behauptung ist dem Geologen möglich, wenn er die Verteilung der Gesteine an der jetzigen Landoberfläche betrachtet.

Vom Riechheimer Berg (513 m) bei Erfurt ausgehend, erstrecken sich zwei Steilstufen des Muschelkalkes nach Osten, die nördliche über Tonndorf, Bad Berka, Saalborn nach Meckfeld östlich Blankenhain, die südliche über Kranichfeld, Tannroda, Thangelstedt, südlich Blankenhain vorbei bis Meckfeld, wo sie sich mit der nördlichen vereinigt. Aufschlüsse an der Rauschenburg bei Bad Berka zeigen die Schichten des Muschelkalks flach nach Süden ansteigend, Aufschlüsse bei Kranichfeld und an der Rudolstädter Straße südlich von Blankenhain steil nach Norden ansteigend. Ergänzt man diese Lagerungsverhältnisse in den Luftraum hinauf, dann ergibt sich die gleiche unsymmetrische Muschelkalkaufwölbung, wie sie wenig weiter nördlich im Ettersberg heute noch erhalten ist. Beim Tannrodaer Gewölbe hat aber die Abtragung die Muschelkalkaufwölbung nicht nur bis auf eine Ebene erniedrigt, sondern im Kern die verschiedenen Stufen des Buntsandsteins herausmodelliert. Der Schieferton des Oberen Buntsandsteins ist leicht abtragbar, die eingelagerten Gipse geben zu Auslaugung und Geländesenkungen Anlaß. Demgemäß schließt sich unterhalb der Steilstufe, innerhalb deren Oval, parallel eine Niederung an, die auf dem Zutagetreten des Oberen Buntsandsteins beruht. Im Kern des Tannrodaer Gewölbes bilden die widerstandsfähigeren Sandsteinbänke des Mittleren Buntsandsteins einen Höhenrücken, der Nadelwald, zum Teil sogar Kiefernwald trägt.

Da im Bereich des Tannrodaer Gewölbes auch das Zechsteinsalz aufgestiegen ist, konnte es seit dem Tertiär lokal von Auslaugung angegriffen werden. Im Tertiär (Obermiozän) bildete sich bei Kranichfeld ein sedimentgefüllter Senkungskessel, dessen 3 m mächtiges Braunkohlenflöz eine zeitweilige Vermoorung bezeugt. Gegenwärtig nutzt der Stausee Hohenfelden eine solche, teils auch vermoorte Auslaugungssenke am westlichen Ende des Tannrodaer Gewölbes.

Dornburg – Jena – Kahla – Rudolstadt

Das Saaletal hat sich in die Muschelkalk- und Buntsandsteingebiete am Ostrand des Thüringer Beckens eingeschnitten. Wenn man saaleaufwärts fährt, kann man an der Landschaftsform ablesen, wie sich die Schichten des Muschelkalks und Buntsandsteins nach Süden bzw. Südosten herausheben.

Bei Dornburg bestehen die steilen Talhänge des Saaletales bis fast zur Talsohle aus Muschelkalk. Auf den Höhen bildet der Trochitenkalk eine Schichtstufe zwischen dem Mittleren Muschelkalk und den Ceratitenschichten des Oberen Muschelkalkes.

Bei Jena sind die Schichten von Nord bzw. Nordwest her schon so angestiegen, daß der Obere Buntsandstein die flachen, unteren Teile der Talhänge bildet, überragt von der Steilstufe des Unteren Muschelkalkes. Dieser hebt sich nach Osten flach heraus, so daß zwischen Jena und Bürgel Steilhänge von geringer Höhe nur noch wenig Muschelkalk über Buntsandstein erkennen lassen. Nach Westen taucht der Untere unter den Mittleren und Oberen Muschelkalk unter, so daß die westlichen Nebentäler der Saale die steilen Muschelkalkhänge bis zur Talsohle hinab zeigen und auf den benachbarten Höhen von der kleinen Schichtstufe

Reliefumkehr prägt die schöne Landschaft des Leuchtenburggrabens bei Kahla. Der Muschelkalk der eingesunkenen Grabenscholle bildet mit der Leuchtenburg und dem Dohlenstein einen deutlichen Bergrücken zwischen dem flacheren Buntsandsteinland. In historischer Zeit erfolgten am Hang des Dohlensteins mehrere Bergstürze großer Muschelkalkmassen ins Saaletal

Die Grabenbrüche mit Reliefumkehr an der Leuchtenburg bei Kahla

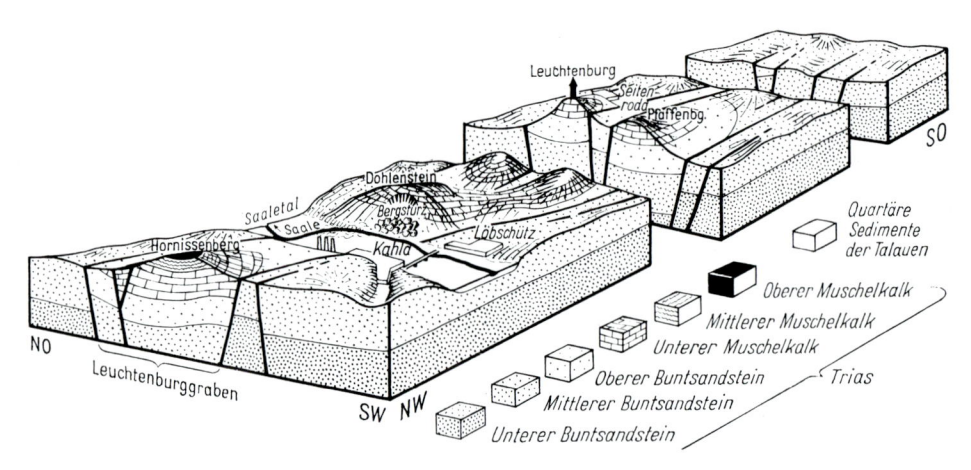

des Trochitenkalkes überragt werden. Wie gering die Neigung der Schichten ist, kann man auf Wanderungen in den Tälern östlich von Jena, im Kunitzer Tal, Gembdental, Ziegenhainer Tal und Pennickental beobachten, welche die berühmten Jenaer Kalkberge – Gleißberg (mit Kunitzburg), Jenzig, Hausberg (mit Fuchsturm), Kernberge und Johannisberg – voneinander trennen: Der nach Osten allmählich ansteigende Fuß des Steilhanges und die an den kaum bewachsenen Südhängen sichtbaren Bänke der Terebratulazone und der Schaumkalkzone zeigen den Anstieg der Muschelkalkschichten nach Osten direkt im Gelände. Die Basis des klüftigen Muschelkalkes über dem tonigen Oberen Buntsandstein ist zugleich der wichtigste Quellhorizont in der Umgebung von Jena. Im Pennickental entspringt auf dieser Schichtfolge der Fürstenbrunnen. Die Jenaer Muschelkalkberge östlich der Saale dokumentieren als Zeugenberge, daß die Schichtfolge des Muschelkalkes einst noch weiter nach Osten ausgebildet war.

Das kalkhaltige Wasser des Fürstenbrunnens und älterer benachbarter Quellen hat im Pennickental im Laufe des Holozäns in mehreren Kaskaden von einigen Metern Höhe lockeren Süßwasserkalk ausgeschieden, der lange Zeit als Rohstoff für die Jenaer Glasindustrie abgebaut wurde.

Südlich von Göschwitz bestehen die Berge östlich der Saale nur aus Buntsandstein, was an ihren sanft geschwungenen Geländeformen zu erkennen ist. Der einst darübergelegene Muschelkalk ist völlig abgetragen. Westlich der Saale bei Leutra, Dürrengleina, Rodias ist der Untere Muschelkalk noch erhalten, liegt aber über einem hohen Sockel aus Buntsandstein, dem auch die Rothensteiner Wand angehört.

Bei Kahla ist der Buntsandsteinlandschaft am Dohlenstein ein schmaler, nur 1 km breiter Keil von Muschelkalk eingeschaltet, auf dem auch die Leuchtenburg liegt. Was heute hier landschaftlich Höhenrücken ist, erweist sich bei einer Analyse der Gesteinsverteilung als tektonischer Grabenbruch; nach dessen Einebnung im Tertiär hat die Abtragung den Muschelkalk der gesenkten Scholle als Höhenrücken herausmodelliert.

Ein völlig analoges Beispiel für solche Reliefumkehr ist der Muschelkalkhöhenrücken des Saalfelder Kulm (481 m) im Grabenbruch der Remdaer Störungszone.

Der steile Muschelkalkhang des Dohlensteins bei Kahla ist durch seine Bergstürze in den Jahren 1780, 1829, 1881 und 1920 heimatgeschichtlich und geologisch berühmt geworden. Wenn bei Durchfeuchtung der tonige Obere Buntsandstein unter der Last des Unteren Muschelkalks plastisch ausweicht, bricht dieser an seinen Klüften ab, und große Massen von Gestein stürzen zu Tal. Nach Lage, Form und Umfang sind sie heute noch am Fuß des Dohlensteins deutlich zu erkennen. Ähnliche Bergstürze findet man an vielen Muschelkalksteilhängen Thüringens, z. B. auch bei Jena.

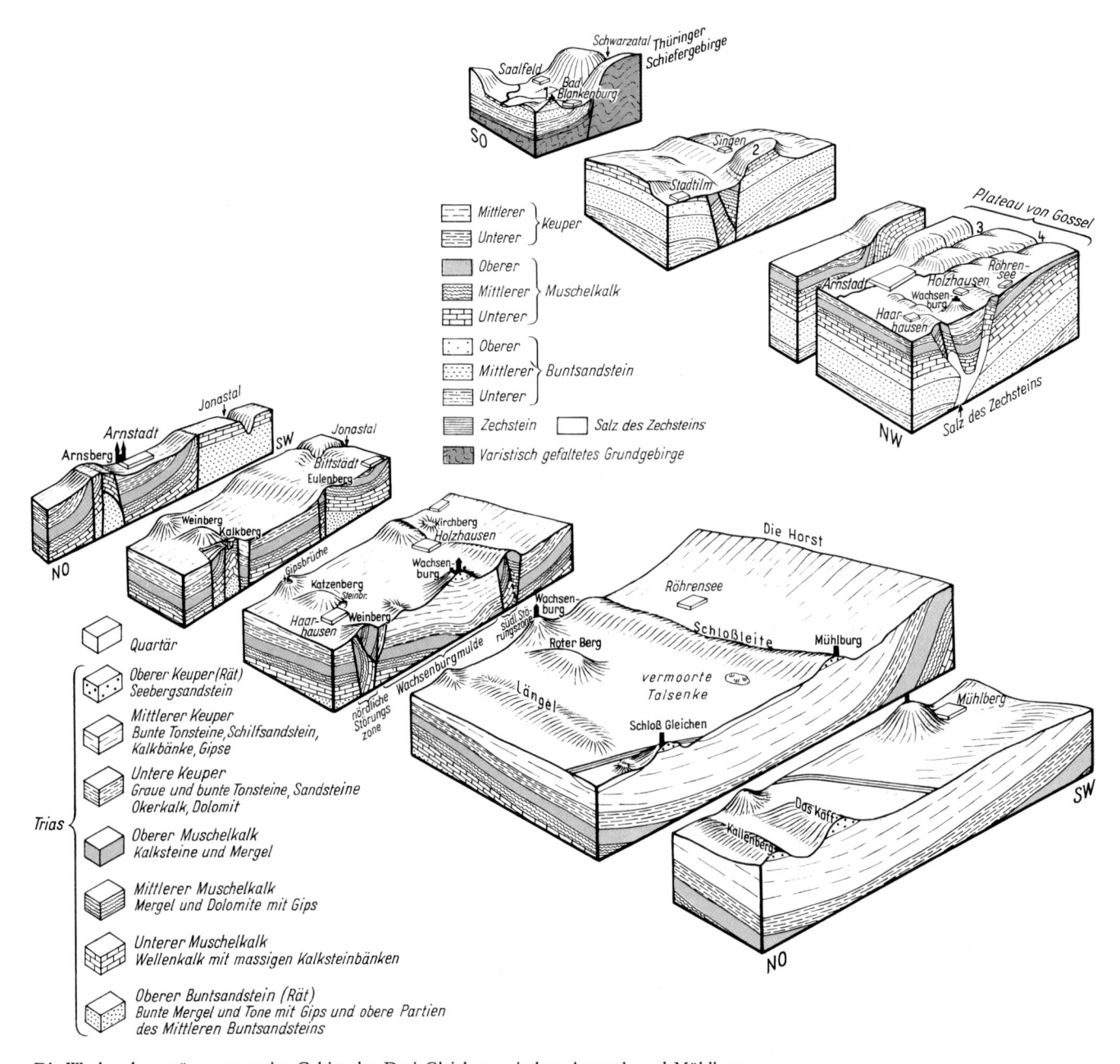

Die Wachsenburgstörungszone im Gebiet der Drei Gleichen zwischen Arnstadt und Mühlberg

Rechts oben: Stark überhöhte und vereinfachte schematische Blockbilder der Saalfeld-Gothaer Störungszone; von links nach rechts: bei Saalfeld Randstörung des Schiefergebirges, bei Stadtilm Grabenbruch nördlich vom Singer Berg, bei Arnstadt Wachsenburgmulde in einem Y-Graben
1 Greifenstein, 2 Singer Berg, 3 Geratal, 4 Jonastal

Blick von der Burg Gleichen bei Wandersleben nach Südost in die Wachsenburgmulde und auf ihre bergigen Randhorste aus Muschelkalk. Der Bergkegel der Wachsenburg markiert mit seinem Rhätsandstein (Oberer Keuper) in Reliefumkehr das am tiefsten eingesenkte Zentrum der Mulde

Saalfeld – Stadtilm – Arnstadt – Gotha

Schräg zu den Haupttälern Thüringens, aber auch schräg zu den Hauptverkehrsadern durchzieht von Saalfeld über Stadtilm, Arnstadt, Gotha bis nach Hessen hinein eine 130 km lange NW–SO-gestreckte Störungszone das Thüringer Becken. An Länge übertrifft sie die Finnestörung und ist damit die größte Störungszone des Thüringer Beckens überhaupt. Landschaftlich, aber auch tektonisch ist sie von Ort zu Ort so verschieden aufgebaut, daß sie hier abschnittsweise dargestellt werden muß.

Bei Saalfeld beginnt die Störungszone im Südosten mit der Nordrandstörung des Schiefergebirges. Hier ist das Grundgebirge als südliche Scholle hoch über den Zechstein, Buntsandstein und Muschelkalk des Vorlandes emporgehoben.

Bei Stadtilm durchzieht ein durch Falten und Verwerfungen modifizierter Grabenbruch die Muschelkalk- und Buntsandsteinlandschaft. Südlich der Störungszone neigen sich die Schichten nach Norden, also auf diese zu, wie die Muschelkalkplatte des Singer Berges sogar von weitem erkennen läßt.

Von Arnstadt aus zieht sich die Störungszone nach Nordwesten bis ins Gebiet der Drei Gleichen, einer der landschaftlich reizvollsten Gegenden des Thüringer Beckens. Zwischen Arnstadt und der Wachsenburg kann die Störungszone insgesamt als Y-Graben gelten, indem der Untere Keuper des Raumes Ichtershausen – Wandersleben gegenüber dem Muschelkalkplateau von Ohrdruf gesenkt, zwischen beiden Großschollen aber noch die Wachsenburgmulde so eingesunken ist, daß sich beide Störungen in der Tiefe Y-förmig vereinigen. An der Oberfläche wird die gegenwärtige Landschaft von Mittlerem und Oberem Keuper aufgebaut. Landschaftlich ist das nördliche Vorland typische Keuperniederung, das südliche Vorland typische Muschelkalkhochfläche, die Wachsenburgmulde aber ein durch sehr differenzierte, offenbar salztektonisch bedingte Störungen reich gegliedertes Gebiet. Die eigentliche Wachsenburgmulde ist eine Einmuldung des Mittleren Keupers, der auch landschaftlich eine stellenweise sogar vermoorte Senke entspricht. Nur unter der Wachsenburg selbst hat ein Rest von Rhätsandstein die roten und grüngrauen Steinmergel des Mittleren Keupers so vor der Abtragung bewahrt, daß sie heute den Burgberg bilden. Die nach einem amerikanischen Ausdruck als »bad lands« bezeichneten, fast vegetationslosen Südhänge lassen die farbenkräftigen Gesteine und ihre muldenförmige Lagerung erkennen. An der Südgrenze der Wachsenburgmulde gegen die Muschelkalkhochfläche wird diese durch Verwerfungen zerstückelt, wie auch Anschnitte des Muschelkalks an der Straße Arnstadt – Bittstädt zeigen.

Die Nordgrenze der Wachsenburgmulde gegen die große Niederung des Unteren Keupers wird von einer Reihe salztektonischer Muschelkalkhorste gebildet, die auch in der Landschaft als SO–NW-gestreckte Reihe von Höhenrücken erscheinen: von Arnstadt aus nach Nordwest Arnsberg, Weinberg, Kalkberg, Katzenberg, Weinberg bei Haarhausen und Längel. Aufschlüsse im Kalkberg und Katzenberg geben Einblick, wie intensiv die Schichten des Muschelkalks bei der Aufpressung verfaltet, verworfen und verknetet worden sind. Auch der Anschnitt des Längel durch die Autobahn zeigt senkrechtgestellte Muschelkalkschichten.

Nach Nordwesten gleichen sich die Störungen weitgehend aus. Die nördliche Aufpressungszone hört tektonisch und landschaftlich am Längel auf. Im Süden tritt zwar anstelle der Südrandstörung der Wachsenburgmulde eine Aufpressungszone von Muschelkalk, da sich südlich davon hier auch der Keuper einmuldet (Röhrenseer Keupermulde). Diese Aufpressungszone endet jedoch von Südost her nach Nordwest schon vor der Mühlburg. Diese und Schloß Gleichen stehen auf Kuppen von Rhätsandstein, die flach auf Steinmergeln des Mittleren Keupers liegen und diese Gesteine vor der Abtragung bewahren. Die Karstquelle des Spring in Mühlberg läßt jedoch tektonische Spalten vermuten, auf denen das im Muschelkalk von Ohrdruf versickerte Wasser in großen Mengen zutage tritt. Auch die Röhnberge nordwestlich von Schloß Gleichen sind nicht tektonisch bedingt, sondern bestehen aus ziemlich flachliegendem Rhätsandstein, der früher hier auch in starkem Maße abgebaut und zu Bausteinen verarbeitet wurde.

Auch der 406 m hohe Große Seeberg, der weiter nordwestlich die weite Talaue der Apfelstädt überragt, wird im wesentlichen aus flach dem Mittleren Keuper aufliegendem Rhätsandstein aufgebaut. Seit dem Mittelalter bis 1959 wurden hier aus dem Sandstein Werksteine gewonnen, u. a. für die Wartburg, Schloß Friedenstein in Gotha und die Erfurter Kirchen. Der über dem Rhätsandstein liegende

Blick von den »bad lands« an der Burg Gleichen in die stellenweise vermoorte Senke der Wachsenburgmulde. Freiliegende bunte Mergelsteinschichten an vegetationslosen Hängen sind dort typisch, wo der höhere Mittlere Keuper an Südhängen ansteht. Sie sind in der Landschaft an den leuchtenden Farben weithin erkennbar. Typisch sind eingravierte Erosionstälchen und ein oft filigranartiges Mikrorelief, hervorgerufen durch die unterschiedliche Widerstandsfähigkeit der Sedimente gegen die Kräfte der physikalischen Verwitterung. Die meist grauen Mergelsteinlagen wittern als kleine Schichtrippen heraus. Der See in Bildmitte markiert ein junges Torflager, das zeitweilig abgebaut wurde. Im Hintergrund die Schloßleite, die aus steilstehendem Muschelkalk, im rechten Teil aus Rhätsandstein und Mittlerem Keuper besteht.

Großer Seeberg, Kleiner Seeberg und Krahnberg bei Gotha

1 Kammerbruch, 2 Höhlen im Gips des Mittleren Muschelkalks, 3 Quartär im ehemaligen Siebleber Teich, 4 Gothaer Schotterzug (Pleistozän)

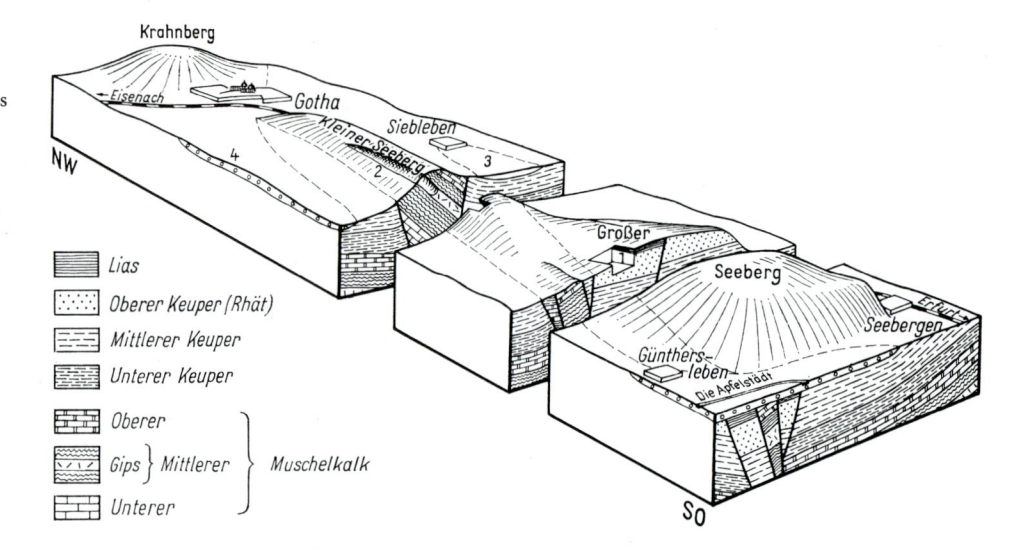

Lias
Oberer Keuper (Rhät)
Mittlerer Keuper
Unterer Keuper
Oberer
Gips } Mittlerer } Muschelkalk
Unterer

Liaston (Jura) mit marinen Fossilien zeigt einen erneuten Meeresvorstoß an. Nur am Südhang ziehen – landschaftlich unmerklich – einige Verwerfungen durch den Untergrund.

Im Gegensatz zum Großen Seeberg ist der 4 km lange Kamm des Kleinen Seeberges tektonisch bedingt. Dolomit- und Gipsschichten des Mittleren Muschelkalks sind zwischen rotem Schieferton des Mittleren Keupers zu einem langen, schmalen Horst emporgepreßt, der heute – nach jüngerer Abtragung – sein südliches und nördliches Vorland beträchtlich überragt. Die Landschaft spiegelt hier die tektonische Bauform wider.

Von Gotha aus durchzieht die Saalfeld–Gothaer Störungszone nach Nordwesten den Hainich, allerdings ohne dort landschaftlich so deutlich wie z. B. in der Wachsenburgmulde oder am Kleinen Seeberg in Erscheinung zu treten.

Der Spring von Plaue, eine bedeutende Karstwasserquelle im Unteren Muschelkalk des Thüringer Beckens

Thüringer Wald und Südthüringen

Überblick

Der Thüringer Wald ist ein NW–SO-gestrecktes Horstgebirge, ein zwischen zwei Verwerfungen liegender, in der Kreidezeit und im Tertiär emporgehobener Span der Erdkruste. Sein innerer Aufbau offenbart eine komplizierte Erdgeschichte.

Im Oberkarbon waren alle zuvor entstandenen Gesteine zu dem schon beim Harz genannten Varistischen Gebirge aufgefaltet worden, dessen Falten in SW–NO-Richtung gestreckt waren. Im Bereich des heutigen Thüringer Waldes waren dies von Südost nach Nordwest der Schwarzburger Sattel, die Oberhöfer Mulde, der Ruhlaer Sattel und die Eisenacher Mulde. In der damaligen Landschaft bildeten die Sättel Bergzüge, die Mulden weitgespannte Niederungen. In die gefalteten Gesteine waren stellenweise auch Gesteinsschmelzen eingedrungen, die nun in erstarrter Form als Granit vorliegen. Im Oberkarbon/Perm wurden die Sättel abgetragen und die Mulden mit dem Verwitterungsschutt aufgefüllt. Vulkane belebten das Landschaftsbild. Der in Jahrmillionen angehäufte Verwitterungsschutt und die vulkanischen Lavagesteine und Tuffe bilden eine mehrere hundert Meter mächtige, regional vielfältig und unterschiedlich gegliederte Schichtfolge.

Nach der weitgehenden Abtragung des Varistischen Gebirges am Ende des Rotliegenden senkte sich ganz Mitteleuropa und wurde vom Meer überflutet. Es begann eine neue Sedimentation, die den Untergrund mit den mehrere hundert Meter mächtigen, im Meer bzw. auf dem Festland gebildeten Schichten des Zechsteins, Buntsandsteins, Muschelkalks und Keupers bedeckte. Die aus dem nördlichen und südlichen Vorland bekannten Bodenschätze Kupfer-

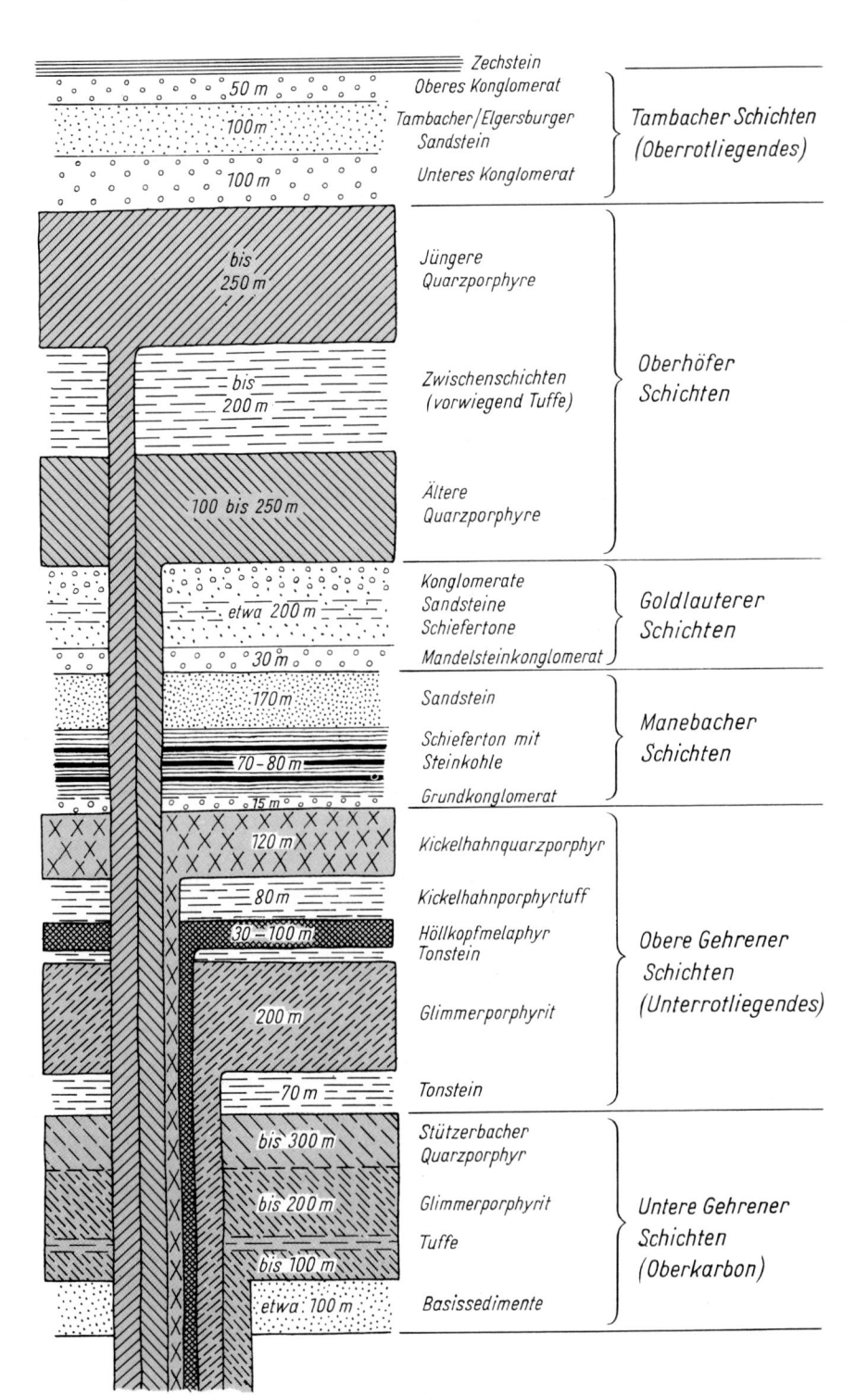

Schicht	Mächtigkeit	Bezeichnung	Gruppe
Zechstein			
Oberes Konglomerat	50 m		Tambacher Schichten (Oberrotliegendes)
Tambacher/Elgersburger Sandstein	100 m		
Unteres Konglomerat	100 m		
Jüngere Quarzporphyre	bis 250 m		Oberhöfer Schichten
Zwischenschichten (vorwiegend Tuffe)	bis 200 m		
Ältere Quarzporphyre	100 bis 250 m		
Konglomerate, Sandsteine, Schiefertone	etwa 200 m		Goldlauterer Schichten
Mandelsteinkonglomerat	30 m		
Sandstein	170 m		Manebacher Schichten
Schieferton mit Steinkohle	70–80 m		
Grundkonglomerat	75 m		
Kickelhahnquarzporphyr	120 m		Obere Gehrener Schichten (Unterrotliegendes)
Kickelhahnporphyrtuff	80 m		
Höllkopfmelaphyr Tonstein	30–100 m		
Glimmerporphyrit	200 m		
Tonstein	70 m		
Stützerbacher Quarzporphyr	bis 300 m		Untere Gehrener Schichten (Oberkarbon)
Glimmerporphyrit	bis 200 m		
Tuffe	bis 100 m		
Basissedimente	etwa 100 m		

Die Schichtfolge des Oberkarbons (Stefan), Unterrotliegenden (Autun) und Oberrotliegenden (Saxon) im Thüringer Wald (vereinfacht; die Mächtigkeitszahlen schwanken regional in weiteren Grenzen)

schiefer und Steinsalz, vielleicht auch die Kalisalze sowie der Muschelkalk lagerten einst also auch im Gebiet des heutigen Thüringer Waldes.

In mehreren Hebungsphasen während der Kreidezeit und des Tertiärs wurde der heutige Thüringer Wald als Horstscholle zwischen den Verwerfungszonen an seinen Grenzen in Nordost und Südwest um einige hundert Meter herausgehoben, auf ihm die jüngeren Schichten abgetragen und damit das varistisch gefaltete Grundgebirge wieder freigelegt. Wir können daher die Bauelemente des alten Faltengebirges, die Sättel und Mulden, wieder an der Erdoberfläche analysieren, während sie im nördlichen und südlichen Vorland des Thüringer Waldes einige hundert Meter tief und tiefer unter dem Deckgebirge verborgen sind.

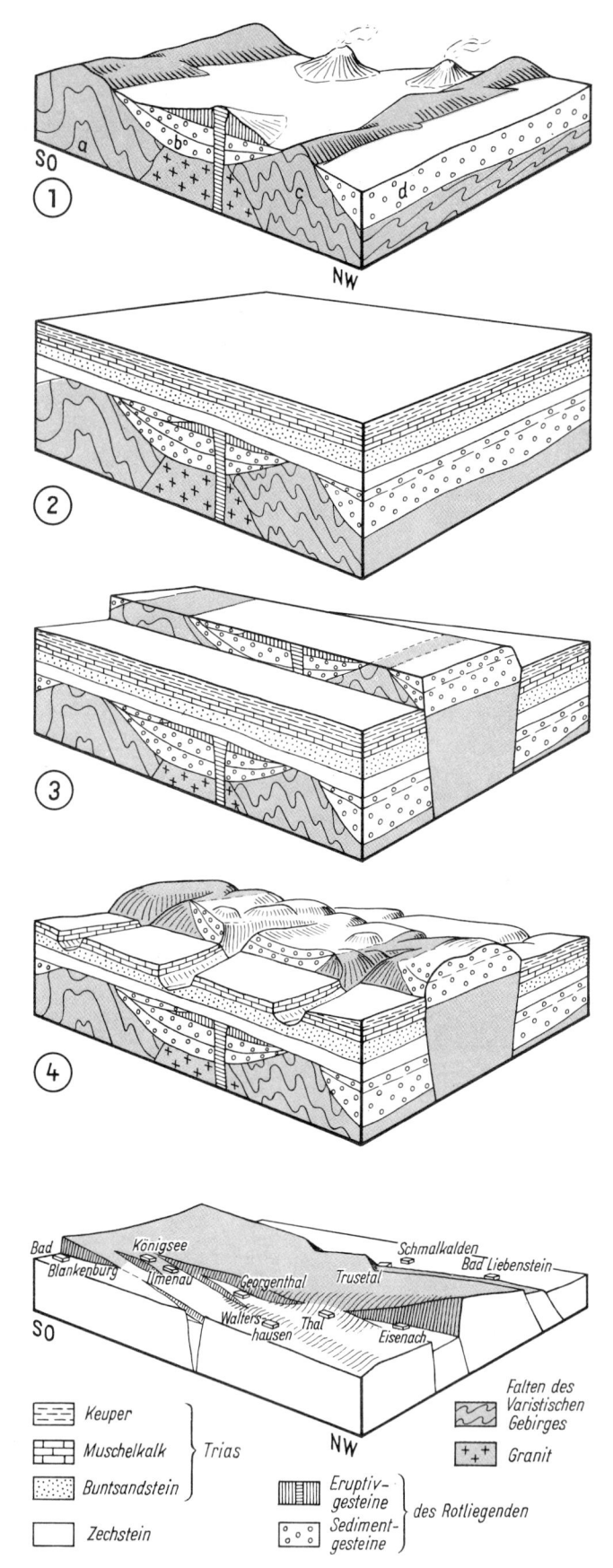

In geologisch jüngster Zeit, in den letzten »paar Millionen« Jahren, zerschnitten die im Thüringer Wald entspringenden Flüsse und Bäche die gehobene Scholle und modellierten je nach Art und Lagerung der Gesteine die heute durch hohe Bergrücken und tief eingeschnittene Täler bestimmte Landschaft.

Rings um den Thüringer Wald

Im einzelnen ist der Bau des Thüringer Waldes und der Störungen an seinem Rand doch noch wesentlich komplizierter; insgesamt kann der Thüringer Wald als eine in sich verdrehte Scholle gelten.

Bei Eisenach ist sie im Norden am stärksten herausgehoben und fällt nach Süden zum Vorland des Gebirges an der Werra allmählich ab. Bei Schleusingen ist das Gebirge im Süden stärker über das Vorland emporgehoben und fällt – zumindest stellenweise – nach Norden flach unter das Vorland ein.

Besonders die Nordrandstörungszone ist fiederförmig aus mehreren Teilstörungen aufgebaut, und zwar so, daß die Störungen jeweils nach Nordwest ins Vorland auslaufen und eine weiter südlich gelegene Verwerfung die Funktion der Nordrandstörung des Thüringer Waldes übernimmt. Damit wird das Gebirge selbst nach Nordwest immer schmaler. Verfolgen wir das in einem Streifzug rings um den Thüringer Wald.

Bei Saalfeld läßt eine Verwerfung das Schiefergebirge als Südostfortsetzung des Thüringer Waldes markant über dem Vorland aufragen. Über Blankenburg verläuft diese Verwerfung nördlich von Königsee ins Thüringer Becken hinein und bildet dort die Arnstadt – Gothaer Störungszone.

Nordwestlich von Königsee bis Ilmenau bildet die relativ unbedeutende Ehrenbergverwerfung den Nordrand des Thüringer Waldes. Nordwestlich von Ilmenau übernimmt diese Funktion eine Störungszone, die südöstlich von Ilmenau innerhalb des Thüringer Waldes nachweisbar ist und als Floßberggang mit beachtlicher Führung von Flußspat bei Gehren – Ilmenau sogar bergmännisch von Bedeutung ist. Diese Störungszone läuft über Georgenthal nach Waltershausen und tritt dort als Waltershäuser Störungszone in das Thüringer Becken ein.

Der erdgeschichtliche Werdegang des Thüringer Waldes

① Zur Zeit des Varistischen Gebirges: *a* Schwarzburger Sattel, *b* Oberhöfer Mulde, *c* Ruhlaer Sattel, *d* Eisenacher Mulde
② Am Ende der Trias: Das Gebirge ist abgetragen und von jüngeren Schichten überlagert
③ In Kreidezeit und Tertiär: Der Thüringer Wald ist als Horstscholle emporgehoben; auf dieser sind die jüngeren Schichten abgetragen
④ In der Gegenwart: Der Thüringer Wald und sein von Tälern zerschnittenes Vorland

Darunter: Die Randstörungen detailliert (ohne Berücksichtigung der Abtragungsvorgänge; gerasterte Fläche: gehobene Scholle)

Die weiter südlich bei Friedrichroda gelegene neue, auch erzführende und streckenweise als Überschiebung ausgebildete Randstörung klingt östlich von Thal aus, wo auf einige Erstreckung eine deutliche Randverwerfung des Thüringer Waldes nicht nachweisbar ist, sondern von Ruhla bis zu den Hörselbergen geologisch und auch landschaftlich ein allmählicher Übergang vom Gebirge zum Vorland stattfindet.

Bei Eisenach ist die Hebung des Thüringer Waldes wieder sehr deutlich, geologisch aber noch wesentlich intensiver als landschaftlich sichtbar, da der Creuzburger Graben, über den das Gebirge herausgehoben ist, heute noch mit den jüngeren Sedimenten angefüllt ist, die über dem Thüringer Wald abgetragen worden sind.

Fahren wir von Eisenach nach Bad Salzungen, so fällt der Thüringer Wald geologisch und landschaftlich ganz allmählich zum Werratal hin ab. Erst ab Steinbach – Bad Liebenstein zerlegen in Richtung Südost zwei Verwerfungszonen die Südabdachung des Gebirges so, daß dessen Rand wieder deutlich wird. Bei Trusetal und Schmalkalden sind Eisenerz-, Schwerspat- und Flußspatlagerstätten an diese Verwerfungen gebunden.

Noch weiter nach Südosten vereinigen sich die Verwerfungen zu einer Südrandstörungszone, die von Steinbach-Hallenberg über Suhl bis Steinach – Sonneberg den Südrand des Gebirges deutlich gegenüber seinem Vorland markiert.

Von Ilmenau nach Elgersburg

Wenn man mit Bahn oder Auto von Norden her nach Ilmenau kommt, sieht man neben den großen Gebäuden der Technischen Hochschule den niedrigen Ehrenberg der eigentlichen Silhouette des Thüringer Waldes vorgelagert. Geologisch jedoch gehört der Ehrenberg mit seinem Granit und den Kontaktgesteinen zum Thüringer Wald. Dessen Nordrandstörung liegt am Nordfuß des Ehrenberges und trennt den dortigen Granit von dem abgesunkenen Buntsandsteingebiet.

Durch die südlich gelegenen Berge des Thüringer Waldes streicht die Verwerfung des Floßberggangzuges, die südlich vom Stadtgebiet geologisch und landschaftlich zur Nordrandstörung des Thüringer Waldes wird.

Zwischen der Floßberggangverwerfung im Süden und der im Untergrund verborgenen Ehrenbergverwerfung im Norden liegen die Gips und früher auch Salz führenden Schichten des Zechsteins flach und in geringer Tiefe. Sie wurden deshalb so von Auslaugungen betroffen, daß hier Senkungen des Geländes Teiche entstehen ließen.

Der unter dem Gips anstehende Kupferschiefer hat in seiner Aufrichtungszone am Gebirgsrand vom Mittelalter bis 1737 einen berühmten Bergbau veranlaßt. GOETHE versuchte 1776 den Bergbau erneut, und zwar im Gebiet der flachen Lagerung, aufzunehmen, erlitt aber bekanntlich damit einen Mißerfolg. Man hatte mit dem aus dem Gips zu-

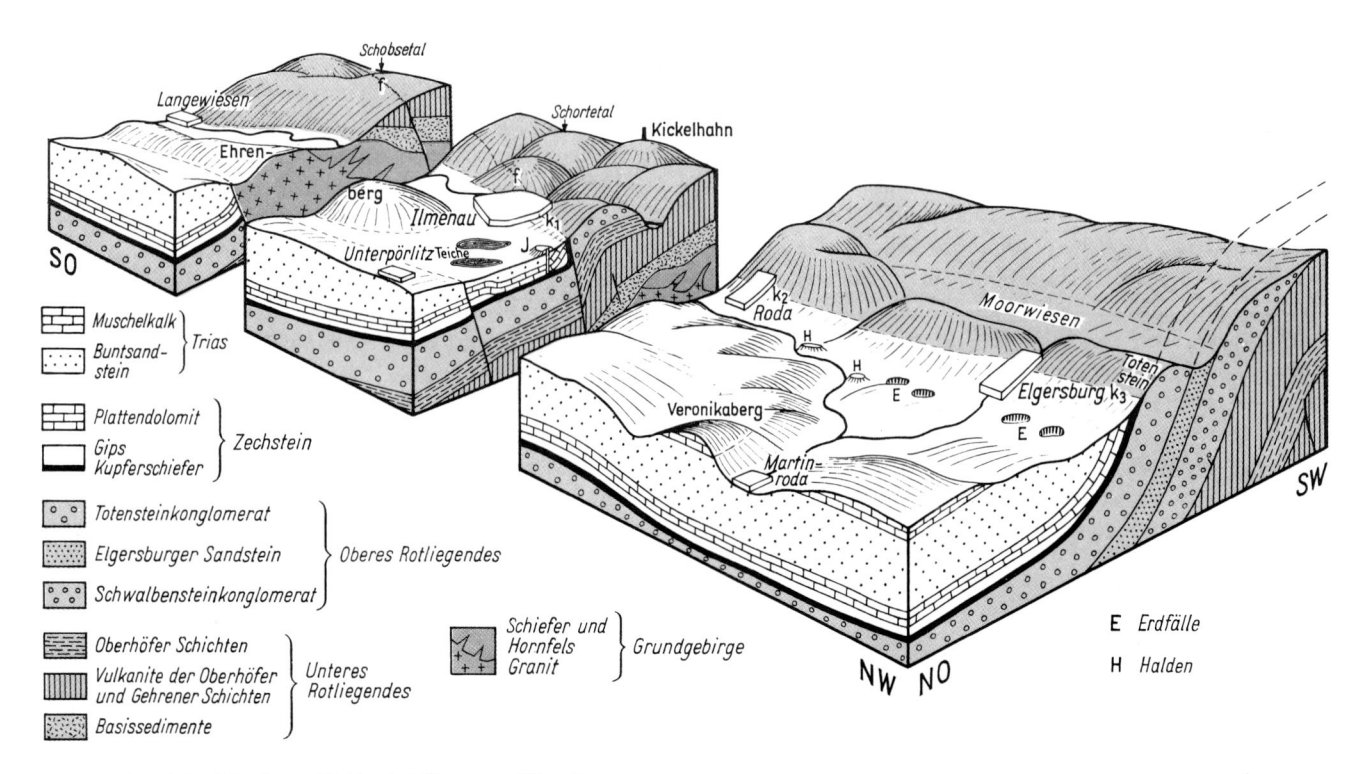

Der Nordrand des Thüringer Waldes bei Ilmenau – Elgersburg

f–f Floßberggangzug, k_1–k_2–k_3 Ausbiß des Kupferschiefers (k_1 Sturmheide, k_2 Rodaer Revier), J Johannisschacht (über Zechstein), E Erdfälle (in Auslaugungssenken über Zechstein), H Halden des Martinrodaer Stollens

Auslaugungssenken mit Seen über Salz und Gips des Zechsteins bestimmen das Landschaftsbild nördlich von Ilmenau. Im Hintergrund, südlich der Stadt, die vorwiegend aus Vulkaniten der Rotliegendzeit aufgebauten Berge des Thüringer Waldes mit dem Kickelhahn

dringenden Grundwasser zu kämpfen, fand den Kupferschiefer im Gebiet der flachen Lagerung metallarm bis völlig taub und mußte schließlich 1797 den Bergbau völlig aufgeben, als der Martinröder Stolln zusammenbrach, das Grubenwasser keinen Abfluß mehr hatte und das Bergwerk deshalb ersoff.

Weiter im Nordwesten bei Roda und Elgersburg lassen Aufschlüsse und Landschaft sowohl die Gesteinsverteilung wie auch die Ausbildung der Nordrandstörung als Flexur, d. h. als vertikale Schollenverschiebung mit steilem, nicht unterbrochenem Mittelschenkel, erkennen. Während am Ortsausgang von Roda der Plattendolomit des Zechsteins in ziemlich steiler Lagerung den Mittelteil der Flexur angibt, müssen wir uns unter dem Nadelwald der nördlichen Vorberge die Buntsandsteinschichten nur flach nach Norden geneigt vorstellen. Die Lagerung des Rotliegenden (Tambacher Schichten) in der Hochscholle läßt sich in der unmittelbaren südöstlichen und nordwestlichen Umgebung von Elgersburg erkennen. Der leicht erodierbare und in einem Hohlweg im südlichen Ortsteil aufgeschlossene Elgersburger Sandstein bildet die Moorwiesen und einen entsprechenden Wiesengrund im Nordwesten. Die gegenüber der Abtragung widerstandsfähigeren Rotliegendkonglomerate blieben als Höhenrücken stehen und zeigen uns damit zugleich die Längserstreckung aller am Aufbau dieses Gebietes beteiligten Schichten.

Um Tambach-Dietharz

Bei Georgenthal sind die Randberge des Thüringer Waldes trotz steiler Anstiege niedriger als an anderen Stellen. Hier tritt das Apfelstädttal aus dem Gebirge. Wandert man flußaufwärts nach Süden, so öffnet sich das Tal bald zu einer ziemlich flachhügeligen Landschaft, einem weiten Talkessel, der erst in etwa 5 km Entfernung ringsum von Bergen solcher Höhe umgeben wird, wie wir sie sonst vom Thüringer Wald gewöhnt sind. Tambach-Dietharz liegt im Zentrum dieses Talkessels, und zwar dort, wo mehrere Gebirgsbäche in die Apfelstädt münden.

Die Ursache für die Bildung dieses Talkessels ist einerseits die Einmuldung der Oberrotliegendschichten und andererseits ihr im Gegensatz zu den vulkanischen Gesteinen der Umgebung geringer Widerstand gegen die Abtragung.

Am Ende der Unterrotliegendzeit hatten vulkanische Eruptionen in der weiteren Umgebung von Tambach ein intensives Relief von Vulkanbergen aus Lava und Ablagerungen vulkanischer Aschen geschaffen. Diese Massen liegen uns heute als Quarzporphyre der Oberhöfer Schichten und zugehörigen Tuffe vor. Als sich in der Zeit des Oberrotliegenden das Tambacher Becken tektonisch schüsselförmig einsenkte, bildeten die Vulkanite der Oberhöfer Schichten ringsum einen Kranz hoher Berge. Mächtige Schuttkegel und Schwemmfächer abgetragenen Gesteins schütteten das Becken zu. Aus dem grobkörnigen Gesteinsschutt entstanden die Konglomerate, aus dem feinkörnigen die Sandsteine und Schiefertone der Tambacher Schichten. Diese erreichen im Zentrum des Beckens eine Mächtigkeit von 250 m.

Im unteren meist stark verfestigten Teil der Schichtfolge herrschen grobe Konglomerate mit Geröllen aus Oberhöfer Quarzporphyr vor. Diese Gerölle haben einen Durchmesser von meist 10 bis 20 cm, maximal 100 cm. Den oberen Teil der Tambacher Schichten bilden meist lockere Konglomerate mit Porphyr-, Granit-, Gneis- und Quarzitgeröllen von durchschnittlich 5 bis 10 cm Durchmesser. Dieser Geröllbestand beweist, daß nun – gegen Ende der Rotliegendzeit – auch das tiefere Grundgebirge des benachbarten Ruhlaer Sattels abgetragen und sein Gesteinsschutt in das Tambacher Becken geschüttet wurde.

Der mittlere Teil der Tambacher Schichten besteht vorwiegend aus Sandsteinbänken mit Schiefertonschichten. Alle diese Sedimente lassen mit ihrer roten Farbe ein warmes bis subtropisches Klima vermuten. Die damalige Landschaft war aber wohl keine extreme Wüste, sondern zumindest zeitweise mehr eine Savanne. Zweigabdrücke von Nadelbäumen (Walchia) bezeugen eine die Landschaft locker bedeckende Baumflora. Tonige Sedimente mit Trockenrissen bzw. deren Ausfüllungen dagegen entstanden in flachen austrocknenden Wasserflächen. Berühmt geworden sind die Saurierfährten, die im Tambacher Sandstein manche Schichtfläche so bedecken, daß man noch die Marschrichtung jener Tiere und manche Eigenart ihrer Verhaltensweise rekonstruieren kann. Aus verschiedenen Einzelheiten der Fährten lassen sich auch Angaben zur Anatomie und zum Aussehen der Saurier machen. Erst in jüngster Zeit wurden einige Knochenreste gefunden. Im Gothaer Museum der Natur und im Kurpark von Tambach sind derartige Fährtenplatten zu besichtigen.

Nach der Ablagerung der Schichten des Oberrotliegenden senkte sich das Tambacher Becken weiter ein. Die Konglo-

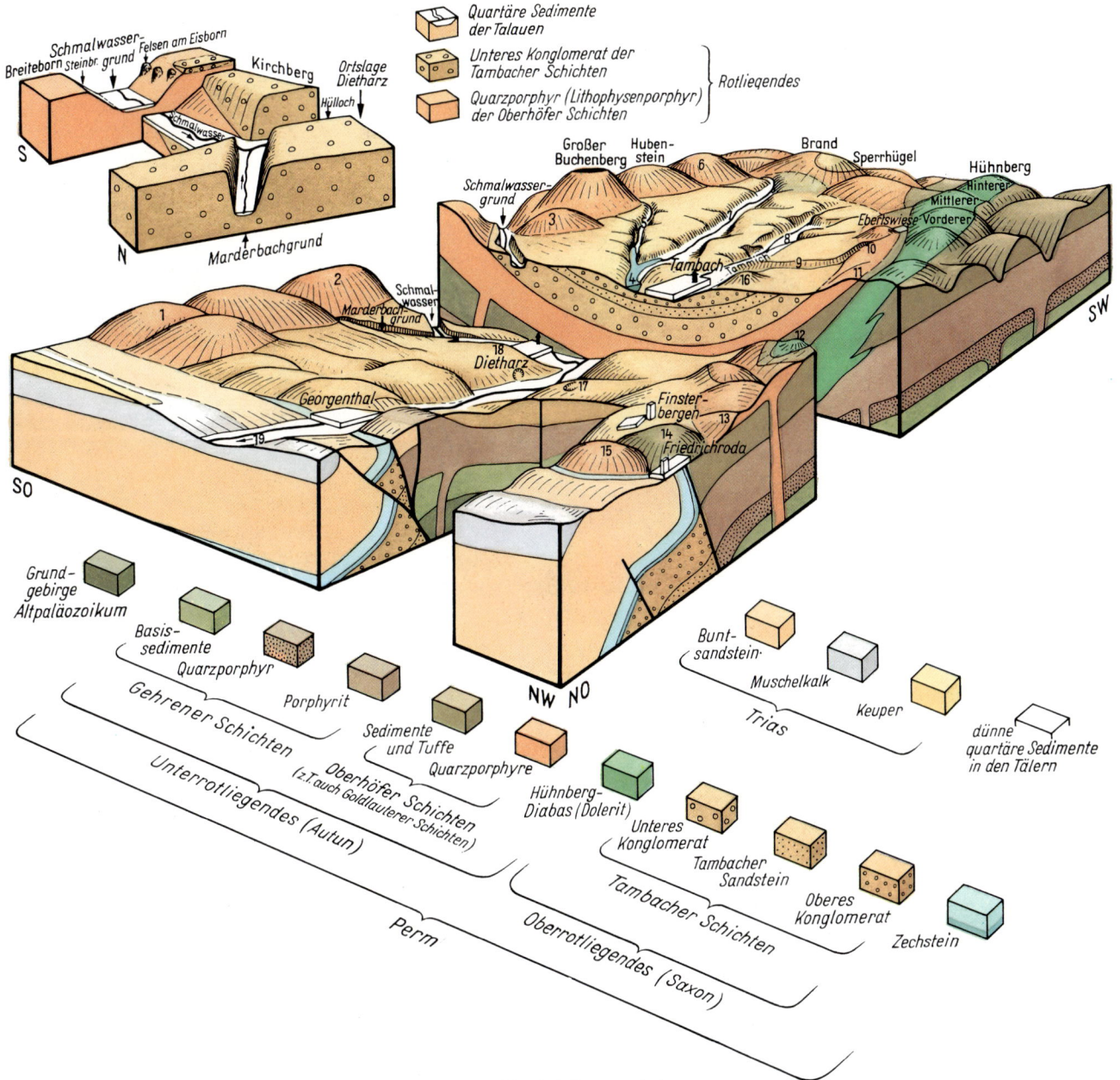

Das Tambacher Becken und der Nordrand des Thüringer Waldes bei Georgenthal

1 Brandkopf, *2* Hohe Schlaufe, *3* Steinbühl, *4* Talsperre Tambach, *5* Mittelwassergrund, *6* Roßkopf, *7* Apfelstädter Grund, *8* Tammichgrund, *9* Spittergrund, *10* Spitterfall, *11* Richtershög, Brandköpfe, *12* Spießberg, *13* Schauenburg, *14* Gottlob, *15* Körnberg, *16* Köpfchen, *17* Bromacker mit den alten Steinbrüchen im Tambacher Fährtensandstein, *18* Gallberg, *19* Apfelstädt

links darüber: Schema der Talformen am Rande des Tambacher Beckens am Beispiel des unteren Schmalwassergrundes und des Marderbachgrundes bei Dietharz; senkrechte Felswände im Unteren Konglomerat der Tambacher Schichten, flachere Böschungen mit einzelnen Felsgruppen im Quarzporphyr der Oberhöfer Schichten

merat- und Sandsteinschichten wurden muldenförmig durchgebogen. Das kann man an der Auflagerung des Unteren Konglomerats auf die Quarzporphyre in den Tälern rings um Tambach-Dietharz beobachten. Das festverkittete Untere Konglomerat bildet z. B. im Schmalwassergrund, Mittelwassergrund, Apfelstädtgrund und Spittergrund stellenweise fast senkrechte Felswände, die manchem Tal, z. B. dem Marderbachgrund und Spittergrund, sogar klammartigen Charakter verleihen. Der Fuß dieser Felswände hebt sich über den flacheren Porphyrböschungen zum Rand des Tambacher Beckens immer höher heraus, damit die muldenförmige Lagerung bezeugend. Allerdings bilden stellenweise auch die Quarzporphyre Felsen, so am Napoleonstein, Falkenstein und Hubenstein.

Das Zentrum der Tambacher Rotliegendmulde bildet eine weite, heute waldfreie, zertalte Geländeniederung. Hier der Blick vom Köpfchen über Tambach. Die Berge im Hintergrund, wie z. B. der Große Buchenberg, bestehen aus Quarzporphyren der Oberhöfer Schichten, die rings um die Tambacher Mulde auftauchen und sie umrahmen

Der Tambacher Sandstein wurde früher als guter Baustein genutzt. Wegen seiner schönen dunkelrotbraunen Farbe sollte er künftig als Dekorationsstein wieder stärker beachtet werden.

Westlich des Tambacher Beckens ist gegen Ende der Rotliegendzeit in Form eines mächtigen Ganges basisches Magma spitzwinklig in die Schichtfolge eingedrungen. Als Hühnberg-Diabas (Dolerit) bildet es heute aufgrund seines Widerstandes gegen die Abtragung den Höhenrücken der Hühnberge (835 m) oberhalb von Nesselhof und der Ebertswiese. Der Hühnberg-Diabas ist für Schotter und Splitt sehr gut geeignet und wird deshalb in zwei großen Steinbrüchen abgebaut.

Friedrichroda

Nordwestlich vom Tambacher Becken treten unter dessen Oberrotliegendschichten wieder Gesteine des Unterrotliegenden empor. Konglomerate, Sandsteine, Schiefertone, Quarzporphyre und vulkanische Tuffe vorwiegend der Oberhöfer Schichten bilden hier wieder höhere und steilere Berge als in der unmittelbaren Umgebung von Tambach. Der Inselsberg (916 m) ist als höchster Berg der Umgebung selbst eine Quarzporphyrkuppe.

In der engeren Umgebung von Friedrichroda sei auf drei geologische Besonderheiten hingewiesen:

Am Südende von Friedrichroda beobachten wir im Steinbruch im Kühlen Tal graue bis schwarze Schiefertone der Goldlauterer Schichten, die ebenso wie die von Manebach auf eine feuchtere Periode oder ein lokal feuchteres Oasengebiet in der Zeit des Unterrotliegenden hinweisen. Demgemäß fand man auch hier Pflanzenreste, vor allem Zweige von Nadelbäumen sowie als Lebensreste aus Tümpeln und ihrer Umgebung Fischabdrücke, kleine Saurierreste und Fährten. Der Aufschluß steht unter Naturschutz, Ausgrabungen bleiben den wissenschaftlichen Forschungsinstituten vorbehalten.

An den Höhen westlich der Schauenburg ragen Klippen von Quarzporphyr mauerartig auf. Diese sog. Weißlebersteine sind die von junger Abtragung herausmodellierte spaltenförmige Wurzel einer Quarzporphyreruption aus der Zeit der Oberhöfer Schichten. Die Erdoberfläche zu jener Zeit lag wohl mindestens 100 m höher.

Als Touristenattraktion weit bekannt ist die Marienglashöhle bei Friedrichroda, als deren wertvollster Teil die Kristallgrotte gilt. Dort sieht sich der Besucher von einem glitzernden Gewirr bis 25 cm großer wasserklarer Gipskristalle (Marienglas) umgeben. Entstanden ist die Marienglashöhle durch den Bergbau. Um Kupferschiefer zu erschließen, trieben gothaische Bergleute den Herzog-Ernst-Stolln, den heutigen Zugangsstolln, in den Berg und fanden ein mächtiges Gipslager. Dieses wurde dann über 100 Jahre lang so abgebaut, daß die heute noch sichtbaren, mit Pfeilern gestützten Weitungen entstanden. Beim Abbau des Gipses entdeckte man einen Auslaugungshohlraum und darin das Marienglas, das hier schon seit über 100 Jahren als große Sehenswürdigkeit gilt.

Die Aufschlüsse in der Höhle außerhalb der Kristallgrotte lassen den Bau des Thüringerwald-Nordrandes im Raum Friedrichroda erkennen. Durch »Fenster« in der Ausmauerung des Zugangsstollns sieht man steilgestellte

Schichten des Buntsandsteins und des Plattendolomits. Auch das Gipslager selbst ist steilgestellt und daher in zwei Sohlen, aber nur auf beschränkter Breite abgebaut. Über Tage markieren Pingen alte Abbaue und Erdfälle.

Ringberg, Wartberge und Hörselberge

Zwischen Ruhla, Heiligenstein, Thal und Wutha können wir im Tal des Erbstroms zwar genau die Grenze zwischen dem Kristallin des Grundgebirges und dem auflagernden Zechstein und Buntsandstein feststellen und damit den Nordrand des Thüringer Waldes geologisch angeben; eine eigentliche Störungszone aber gibt es nicht. Die Oberfläche des Ruhlaer Kristallins taucht kontinuierlich nach Norden in die Tiefe, wie schon die Nordabdachung des aus Glimmerschiefer bestehenden Ringberges anzeigt. Die höheren Schichten sind ebenso nach Nordosten geneigt, prägen aber jeweils eine für ihr Gestein typische Landschaftsform.

Bei Thal fallen beiderseits des Erbstromtales steile Berge auf. Die Wartberge, der Spitzige Stein, Ebertsberg, Scharfenberg und Wolfsberg werden von klotzigen Riffkalken des Zechsteins aufgebaut. Auf untermeerischen Felsklippen des Ruhlaer Kristallins bauten in dem damaligen etwa 50 bis 100 m tiefen Zechsteinmeer Kalkalgen und Moostierchen ihre Riffe auf, zwischen denen sich Gips ablagerte. Beide Gesteine wurden später von den Schichten des Buntsandsteins flach bedeckt. Alle diese Gesteine wurden hier bei der Hebung des Thüringer Waldes schräggestellt und durch verschieden tiefe Abtragung wieder freigelegt. Die klotzigen

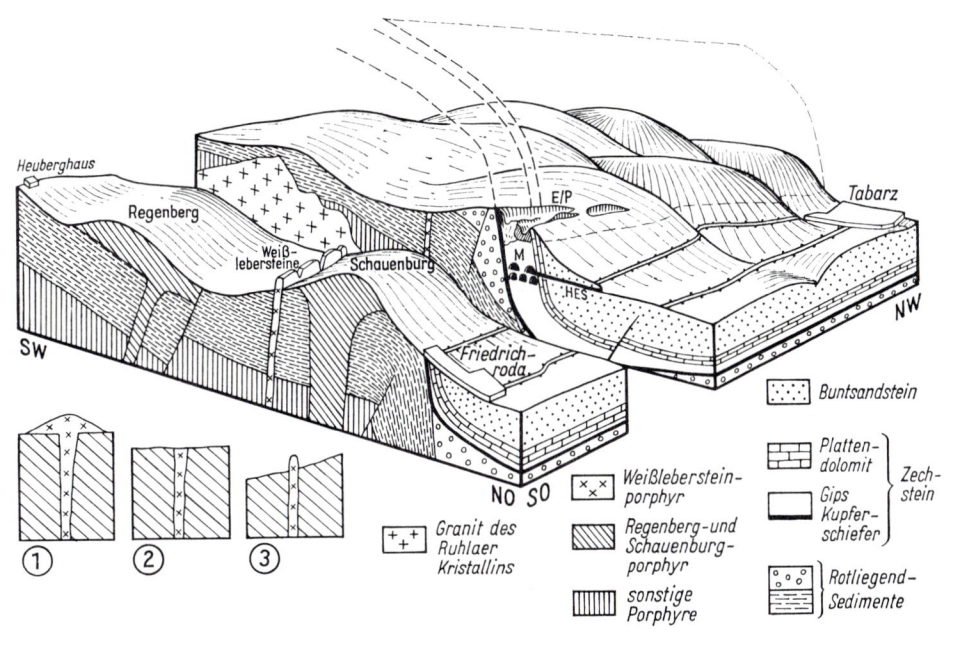

Weißlebersteine und Marienglashöhle bei Friedrichroda
HES Herzog-Ernst-Stolln, M Marienglashöhle, EP Erdfälle und Pingen über dem Gips
Gestrichelt darüber: Die Lage des Kupferschiefers und Plattendolomits vor der Abtragung des Thüringer Waldes zur gegenwärtigen Landschaft

Links unten: Profilreihe zur Entstehung der Weißlebersteine
① vulkanische Quellkuppe über Eruptionsspalte
② die Abtragung legt die Eruptionsspalte frei
③ weitere Abtragung (bis zur Gegenwart) modelliert die Füllung der Spalte heraus

Blick vom Kleinen Hörselberg zum Großen Hörselberg mit der felsigen Steilstufe des unteren Muschelkalkes über dem flacheren Hangfuß des oberen Buntsandsteins

Die am Nordrand des Thüringer Waldes bei Thal von der Abtragung herauspräparierten Bergkegel der Wartberge sind ehemalige Algen-Bryozoen-Riffe und damit Zeugen des Küstensaumes und der Untiefen des Zechsteinmeeres

Der Nordrand des Thüringer Waldes im Gebiet Wutha – Ruhla
Hö–Hö Hörselberge, *G* Gipsbruch von Kittelsthal *1–10* Zechsteinriffe in der Umgebung von Thal:
1 Kalkberg, *2* Spitziger Stein, *3* Wolfsberg, *4* Krumsberg, *5* Scharfenberg (mit Ruine), *6* u. *7* Kleiner und Großer Ebertsberg, *8* Schoßberg, *9* u. *10* die Wartberge bei Seebach – Schmerbach. Links darüber die Wuthaer Verwerfung mit dem Westende des Kleinen Hörselberges

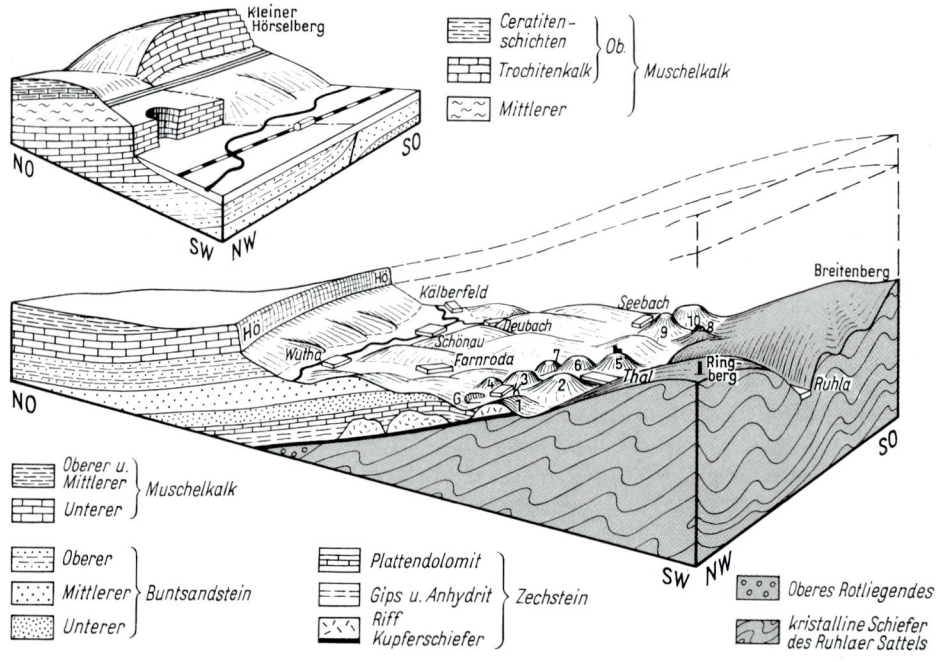

Riffe des ehemaligen Zechsteinmeeres wurden aus dem umgebenden Gestein herauspräpariert und treten uns in Form der genannten Berge bei Thal entgegen. Deren nach Norden abnehmende Höhe zeigt uns das Abtauchen der Schichten an. Der Gips des Zechsteins steht in bekannten Aufschlüssen bei Kittelsthal an. Die Riffe und der Gips werden nach Norden im Bereich Farnroda – Wutha von Buntsandstein als der nächstjüngeren Schichtfolge bedeckt. Weit geschwungene Höhenrücken sind typisch für die Buntsandsteinlandschaft. Über dieser ragt nördlich des Hörseltales und von der Erosion der Hörsel mit erzeugt die gewaltige, aus Muschelkalk bestehende Schichtrippe der Hörselberge auf. Deren flacher Nordhang entspricht mit seiner Neigung etwa dem Eintauchen des Muschelkalks unter das innere Thüringer Becken, während der Südhang deutlich die von der Abtragung geschaffene Steilstufe darstellt. Ergänzt man gedanklich die Schichten nach Süden in den Luftraum, dann kann man ermessen, welche Gesteinsmassen einst noch die Landschaft des heutigen Thüringer Waldes bedeckt haben und seitdem abgetragen sind.

Am Bahnhof Wutha endet der Kleine Hörselberg nach Westen sehr unvermittelt, und zwar an einer Verwerfung. Weiter westlich liegen dieselben Muschelkalkschichten, die den Kleinen Hörselberg aufbauen, unmittelbar über der Talaue der Hörsel und geben sich hier durch den gleichen Steilhang und ehemalige Steinbrüche zu erkennen. Die aus der Höhenlage des Muschelkalks abzuleitende Sprunghöhe der Verwerfung beträgt etwa 150 m.

Eisenach – Wartburg

Den Bau des Nordrandes des Thüringer Waldes an seinem Nordwestende überschauen wir am besten vom Burschenschaftsdenkmal bei Eisenach. Die Berge des Thüringer Waldes – Mädelstein, Wartburg und die südlich anschließenden Berge – werden von flachliegenden Schiefertonen, Sandsteinen und Konglomeraten des Oberen Rotliegenden aufgebaut. Besonders gut sind die rotbraunen Schichten des Wartburgkonglomerates am Parkplatz der Wartburgauffahrt aufgeschlossen.

Nördlich des Mädelsteins fällt die Landschaft steil zum Vorland des Thüringer Waldes ab. Die tektonische Sprunghöhe der Nordrandstörung ist hier jedoch noch wesentlich größer als der landschaftliche Höhenunterschied. Betrachten wir dazu einen tektonischen Leithorizont: Der Kupferschiefer ist mindestens 100 m oder mehr über der Wartburg anzusetzen. Um diesen Betrag ist der Thüringer Wald im Gebiet der Wartburg durch die Abtragung erniedrigt worden. An der Nordrandstörung des Gebirges am Nordfuß des Mädelsteins tauchen die jüngeren Schichten des Zechsteins, des Buntsandsteins, Muschelkalks und Keupers sowie des Lias so steil in die Tiefe, daß man nördlich von Eisenach den Kupferschiefer stellenweise in mehr als 1000 m Tiefe erwarten muß. Der Thüringer Wald ist also hier um mehr als 1200 m über sein Vorland emporgehoben worden.

Das Vorland ist auf etwa 5 km Breite in zahlreiche Schollen zerstückelt und als Creuzburger Graben eingesunken. Hier liegen relativ junge Gesteine an der Oberfläche, so der gelbe Sandstein des Oberen Keupers und Unteren Lias, der seit dem Mittelalter als Baustein z. B. für die Wartburg gebrochen wurde, und blaugrauer Liasschieferton, der heute die Rohstoffbasis für das moderne Ziegelwerk Eisenach-Stregda darstellt. Durch das Emporpressen der Gebirgsscholle auf ihr Vorland wurden die Schichten stellenweise nicht nur steilgestellt, sondern sogar überkippt. Das bekannteste Beispiel bei Eisenach ist dafür die Michelskuppe in den Nordbezirken der Stadt. Nördlich vom Creuzburger Graben liegt der Muschelkalk wieder an der Oberfläche. In wenig gestörter Lagerung gehen hier die Schichten nach Norden ins Thüringer Becken über.

Das Oberrotliegende der Eisenacher Mulde besteht aus einer Wechsellagerung von Konglomeratbänken und intensiv rot gefärbten sandigen Schiefertonhorizonten. Felswand am Parkplatz unterhalb der Wartburg

Die Drachenschlucht

Wenn man die Landschaft des Thüringer Waldes in dessen Nordwestteil bei Eisenach erdgeschichtlich verstehen will, muß man auch durch die bereits 1546 von GEORG AGRICOLA erwähnte Drachenschlucht wandern, vom Mariental zur Hohen Sonne oder in der Gegenrichtung.

Die Gesteine, die wir beiderseits der Drachenschlucht beobachten, sind die Schiefertone, Sandsteine und Konglomerate des Oberrotliegenden, wie sie schon vom Parkplatz der Wartburgauffahrt erwähnt worden sind. Die Gerölle der Konglomerate bestehen aus Granit und Glimmerschiefer des Ruhlaer Sattels und aus den Quarzporphyren aus der Landschaft des Unteren Rotliegenden. Es handelt sich also hier wie im Tambacher Becken um den Abtragungsschutt des alten Varistischen Gebirges, mit dem hier im Oberrotliegenden, also vor etwa 250 Millionen Jahren, die Eisenacher Mulde aufgefüllt und eingeebnet wurde.

Nach der Hebung des Thüringer Waldes zur Kreide- und Tertiärzeit, also vor etwa 80 bis 30 Millionen Jahren, setzte erneut die Abtragung ein. Nun wurde auch das Rotliegende selbst zertalt, und zwar auf gesetzmäßige Weise, wofür die

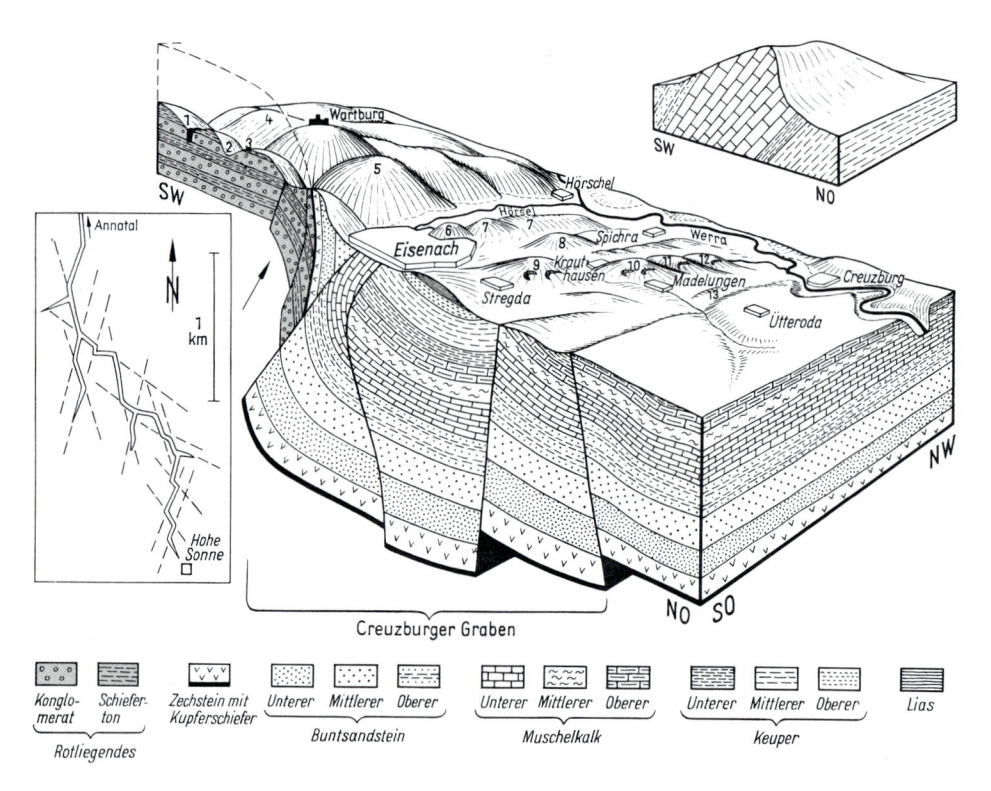

Der schrägliegende überkippte Muschelkalk an der Michelskuppe im Norden des Stadtgebietes von Eisenach gehört tektonisch sowohl zur Nordrandtektonik des Thüringer Waldes wie auch zur südlichen Randstörung des Creuzburger Grabens

Das Nordwestende des Thüringer Waldes bei Eisenach und der Creuzburger Graben

1 Drachenschlucht, *2* Landgrafenschlucht, *3* Annatal, *4* Eisenacher Burgberg, *5* Mädelstein, *6* Michelskuppe, *7* Ramsberg, Karlskuppe und Stedtfelder Berg (Muschelkalk), *8* Tellberg (Muschelkalk), *9* Moseberg, *10* Eichelberg, *11* Hageleite, *12* Schlierberg (9–12 Lias und Oberer Keuper, mit alten Sandsteinbrüchen), *13* Galgenleite (Muschelkalk)

Rechts oben: Blockbild der Michelskuppe im Stadtgebiet von Eisenach mit Muschelkalk (ungegliedert in Kastensignatur), Unterem Keuper und Mittlerem Keuper in überkippter Lagerung; links: Karte der Drachenschlucht, Doppellinie: die Drachenschlucht; gestrichelt: Klüfte, die die Richtung der Drachenschlucht bestimmt haben

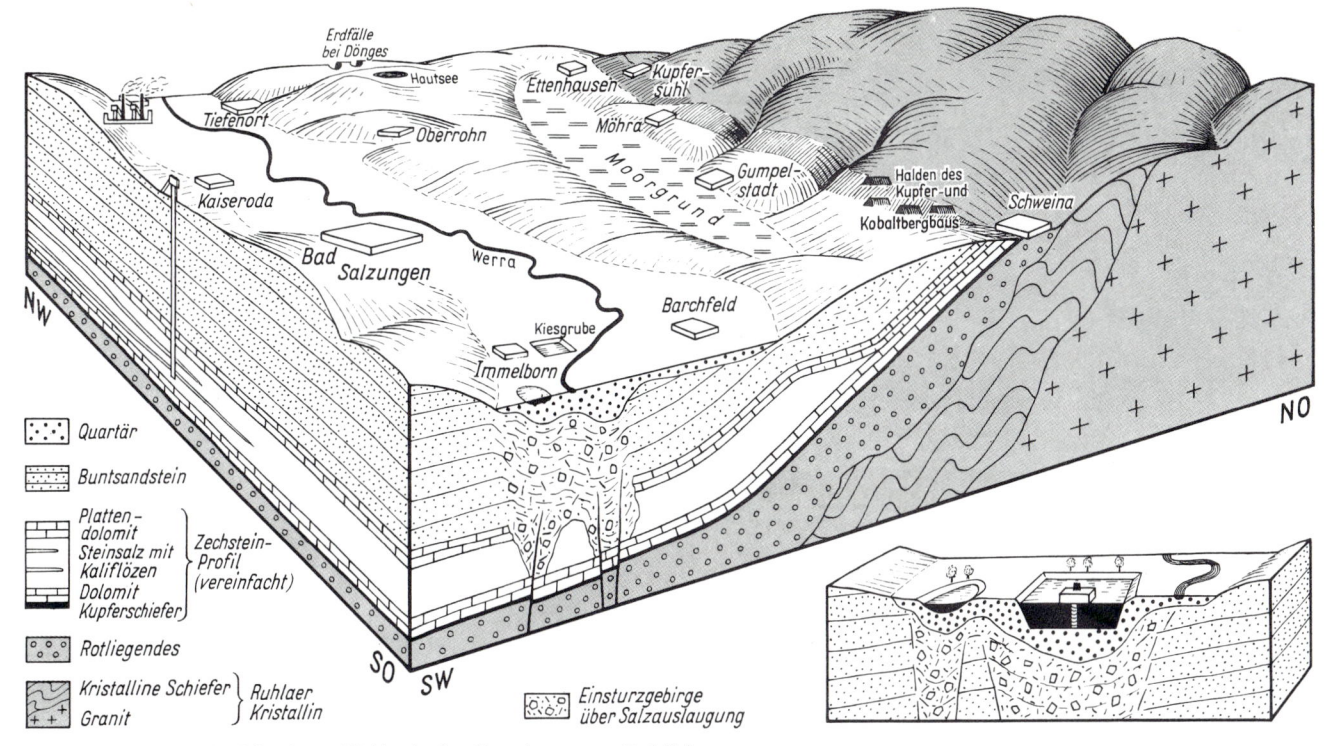

Werratal und Rand des Thüringer Waldes in der Umgebung von Bad Salzungen
Rechts unten: See (z. B. Breitunger See) und Kiesgrube über kiesgefüllten Auslaugungssenken im Werratal (z. B. Immelborn und Breitungen)

Drachenschlucht das beste Beispiel ist. In den festen Konglomeratbänken konnte der Bach nur eine enge Klamm mit steilen Wänden ausbilden. Alte Strudellöcher in den Felswänden oberhalb des jetzigen Bachlaufs lassen erkennen, wie sich der Bach immer tiefer einschneidet. In den weichen Sandsteinen und Schiefertonen bilden sich geneigte Talhänge heraus. Gemäß dem vertikalen Wechsel von Konglomerat- und Sandstein-Schieferton-Schichten wechseln in der Drachenschlucht enge klammartige Abschnitte mit senkrechten Wänden und Talabschnitte mit V-Querschnitt mehrfach ab.

Auch in der Richtung des Bachlaufs in der Drachenschlucht können wir eine Gesetzmäßigkeit deutlich beobachten. Bei seiner Hebung ist der Thüringer Wald hier in zahlreiche Einzelschollen zersprungen, die durch S–N- und SO–NW-streichende Klüfte voneinander getrennt werden. Diesen Klüften ist der Bach gefolgt, allerdings so, daß er bei einer Kluftkreuzung oft eine Richtungsänderung ausführt. Beim Durchwandern der Drachenschlucht sehen wir an diesen Stellen, wie sich die vom Bach nicht weiter benutzte Kluft in die seitlichen Felsen hinein fortsetzt.

Förtha – Ettenhausen – Merkers

Wenn wir den nordwestlichen Thüringer Wald von Eisenach aus nach Süden überqueren, finden wir in einem Aufschluß am Bahnhof Förtha den Unteren Zechstein einschließlich Kupferschiefer dem Rotliegenden aufgelagert, von hier an also nach Süden nicht mehr so wie bei der Wartburg abgetragen. Bei Möhra und Kupfersuhl veranlaßte der oberflächennahe Kupferschiefer vor Jahrhunderten Kupferbergbau, hier war LUTHERS Vater Bergmann. Die Schichten des Zechsteins tauchen flach nach Südwesten ein, so daß die weitgeschwungenen Hänge des Buntsandsteins nun nach Süden zu das Landschaftsbild bestimmen. Dort, wo der Buntsandstein mächtig genug ist und dem Grundwasser tieferes Eindringen verwehrt, liegt in der Tiefe

Abflußlose wassergefüllte Auslaugungssenken sind südlich des Thüringer Waldes über dem Gebiet des salz- und gipsführenden Zechsteins verbreitet; nahe der Straße Eisenach – Bad Salzungen liegt bei Dönges der Hautsee mit seiner bekannten schwimmenden Insel aus einer mit Wald bestandenen Torfschicht

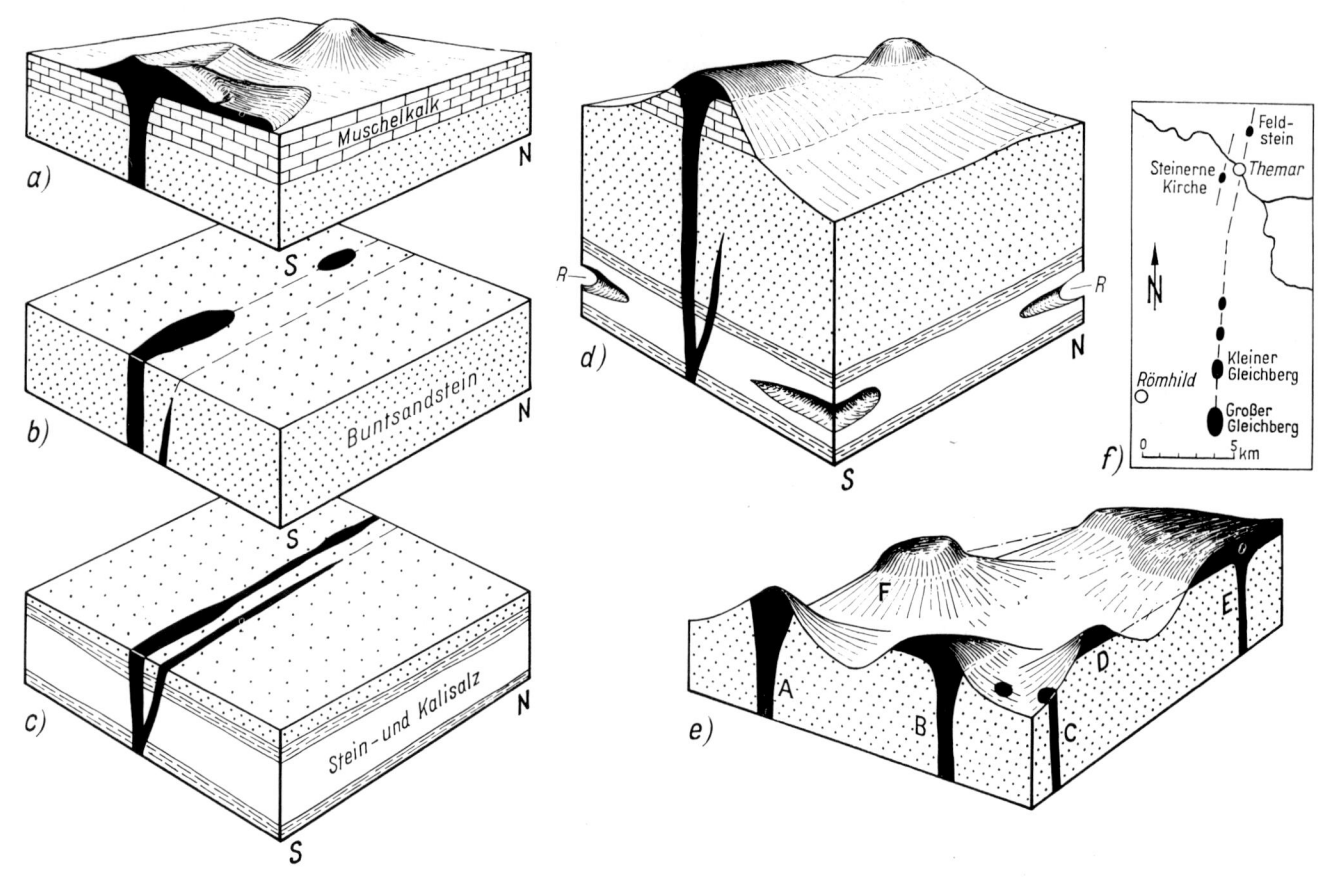

Erdgeschichte, Landschaft und Untergrund in der Nordrhön

(Schwarz: Basalt) *a–c* horizontale Scheiben der Erdkruste zur Zeit des Basaltvulkanismus im Tertiär: *a* die Vulkanformen in der Landschaft, *b–c* Übergang der Eruptionsschlote in Eruptionsspalten in der Tiefe, *d* Gesamtblock dieser Scheiben mit der jetzigen Abtragungslandschaft (etwa im Gebiet des Dietrichsberges und des Öchsen bei Vacha) und mit Racheln *R–R* im Kalilager infolge von Kohlensäureausbrüchen im Bergbau, *e* die Formen der Basaltberge und ihre Deutungsmöglichkeiten: *A* Kegelberg als Vulkanschlot (Beispiel: Öchsen, Kleiner Gleichberg u. a.), *B* stumpfer Kegel als Schlot mit Übergang zu Deckenerguß (Beispiel: Baier), *C* Vulkanschlote tiefer angeschnitten (z. B. Basalte bei Dermbach und Diedorf), *D* spitzer Kegel als Deckenrest, *E* großer Tafelberg als Deckenerguß (z. B. Geba), *F* kleiner Tafelberg (z. B. Dolmar), *f* Kartenskizze des Gebietes Themar–Römhild mit den Basaltvorkommen auf der Gleichbergspalte

ein mächtiges Steinsalzlager. Nach dem Thüringer Wald zu taucht dieses Lager allerdings so auf, daß es vom Grundwasser aufgelöst wird und verschiedene Geländesenkungen entstehen. Bei Frauensee zeigen die Hohlen Berge steilwandige Erdfälle. Auch die Seen bei Dönges, nicht weit von Frauensee entfernt, verdanken ihre Entstehung Erdfällen über dem Zechsteinsalz. Von Ettenhausen in SO-Richtung nach Gumpelstadt ist der Moorgrund eine große, durch Senkung über der Salzauslaugung entstandene Geländewanne.

Unter der Buntsandsteinlandschaft des Werratales bei Merkers und Dorndorf sind dem Steinsalz des Zechsteins zwei je etwa 2 m mächtige Kaliflöze eingeschaltet. In den hier wegen der geringen Mächtigkeit sehr weitläufigen Grubenbauen hatte man schon vor Jahrzehnten unter Tage Kraftfahrzeuge eingesetzt. Ein besonderes Problem des Kalibergbaus im Werrarevier sind die Kohlensäureausbrüche, die noch Nachwirkungen des dortigen tertiären Basaltvulkanismus sind.

Die Nordrhön

Bei allen Reisen in Südwestthüringen fallen die spitzen Basaltkegel und die aus dem gleichen Gestein bestehenden Plateauberge auf. Der Öchsen und der Dietrichsberg bei Vacha, der Baier bei Dermbach, der Umpfen bei Kaltennordheim gehören zum Nordteil der Rhön, jenem Zentrum des tertiären Basaltvulkanismus. Aber auch in der weiteren Umgebung der Rhön, in Südthüringen östlich anschließend, bezeugen auffallende Berge den Basaltvulkanismus: das Plateau der Geba bei Helmershausen, der Dolmar bei Meiningen und die Gleichberge bei Römhild.

Trotz der zum Teil spitzen, vulkanähnlichen Form der Berge dürfen wir aber in ihnen nicht die Form der alten Vulkane selbst sehen, wie man das im 18. Jahrhundert versucht hat. Was wir heute in der Landschaft beobachten, sind vielmehr nur die Wurzeln oder die inneren Kerne der alten Vulkane. Das Landschaftsbild unmittelbar vor dem

Die Basaltkegel der Nordrhön sind von der Abtragung herauspräparierte Reste vulkanischer Schlotfüllungen oder Eruptivdecken. Blick vom Baier über Gehaus auf Dietrichsberg und Öchsen bei Vacha

Basaltvulkanismus können wir rekonstruieren, wenn wir die Lage der Basis der Basaltvorkommen analysieren. Daraus ergibt sich ein flaches bis flachwelliges Gelände mit Buntsandstein, Muschelkalk und Keuper im Untergrund. Auf diese ergoß sich die dünnflüssige Basaltlava und bildete teils breitgestreckte Eruptivdecken, teils kleine Quellkuppen. Auch Eruptionen vulkanischer Asche fanden statt, die uns heute z. B. am Umpfen als Basalttuff vorliegt.

Aus diesen einstigen Vulkanformen hat die Abtragung über Jahrmillionen hinweg das heutige Landschaftsbild herausmodelliert. Die weichen Tuffe sind fast vollständig erodiert. Täler schnitten sich ein und haben die Eruptivdecken und Quellkuppen im Umfang und sicher auch etwas in der Höhe verringert. Indem sich die Täler aber noch weit unter die ehemalige Landoberfläche in den Buntsandstein und Muschelkalk eingetieft haben, erhalten nun die Basaltberge sogar eine größere landschaftliche Wirkung, als sie zur Zeit ihrer Entstehung gehabt haben.

Aufschlüsse im Kalibergbau des Werrareviers und über Tage auf dem Feldstein bei Themar zeigen, daß die eigentlichen Wurzeln des Basaltvulkanismus N–S-streichende Spalten waren, die – nun mit Basalt gefüllt – in der Tiefe die Salz- und Kalischichten und in höherem Niveau (z. B. am Feldstein) den Buntsandstein und Muschelkalk durchsetzen. Die N–S-Richtung der Spalten bezeugt im tektonischen Bau Mitteleuropas eine O–W-gerichtete Erdkrustendehnung, die sicher mit einer N–S-gerichteten Spannungskomponente und damit mit der Auffaltung der Alpen und der Hebung des Thüringer Waldes in ursächlichem Zusammenhang steht. Auf der N–S-Spaltenzone des Feldsteins bei Themar stiegen auch die Basaltlaven der Gleichberge bei Römhild empor.

Durch den Basaltvulkanismus ist der Untergrund mit großen Mengen Kohlensäure imprägniert worden. Diese stellt heute einen wichtigen Bodenschatz des Gebietes dar, der mit speziellen Bohrungen gewonnen wird, bringt dem Kalibergbau durch explosionsartige Ausbrüche aber große Gefahren.

Der Basalt selbst wurde an vielen Stellen zu Schotter und Splitt verarbeitet, ist aber auch zur Produktion von Mineralwolle geeignet. Auf dem Kleinen Gleichberg bei Römhild haben um das Jahr 500 v. u. Z. die Kelten aus den Basaltblöcken dieses Berges die berühmte Steinsburg errichtet.

Immelborn – Bad Liebenstein

Von der Nordrhön leiten uns Straße und Bahn im Werratal aufwärts wieder dem Thüringer Wald zu. Die stellenweise weite Talniederung, vor allem aber einige Seen wie der Salzunger See in Bad Salzungen und der Breitunger See erinnern uns daran, daß auch hier die Salze des Zechsteins im Untergrund liegen bzw. lagen und mindestens zum Teil der Auslaugung zum Opfer gefallen sind. Diese Auslaugungsvorgänge hatten sogar ein viel größeres Ausmaß, als es die genannten Seen widerspiegeln. Die meisten und größten Auslaugungssenken sind von der Werra mit Kies zugeschüttet worden, der heute stellenweise, z. B. bei Immelborn, Breitungen und Dankmarshausen, in einer Mächtigkeit von mehreren Dekametern unter der Talaue der Werra ansteht und als Baukies mit Schwimmbaggern aus dem Grundwasserbereich gefördert wird.

Seit dem Ende des Tertiärs hat sich die Werra, aus dem damals noch einmal etwas gehobenen Thüringer Wald kommend, ihr Tal in die Gesteine des Gebirges und seines Vorlandes eingeschnitten und die Gesteinsbrocken selbst abgerollt und flußabwärts eben in den Auslaugungssenken als Kies sedimentiert. Dieser setzt sich also vorwiegend aus den rotliegenden Quarzporphyren des Thüringer Waldes sowie aus Buntsandstein und Muschelkalk des südlichen Vorlandes zusammen und enthält stellenweise Knochen der damals lebenden Tiere wie Mastodonten aus dem Jungtertiär und Flußpferde aus dem Altpleistozän.

Das Werratal aufwärts können wir an der Steilheit der Talhänge ebenso wie z. B. bei Jena, Arnstadt, Sondershausen und Naumburg erkennen, wo sich die Werra in die flachliegenden Schichten des Buntsandsteins und in die des Muschelkalks eingeschnitten hat.

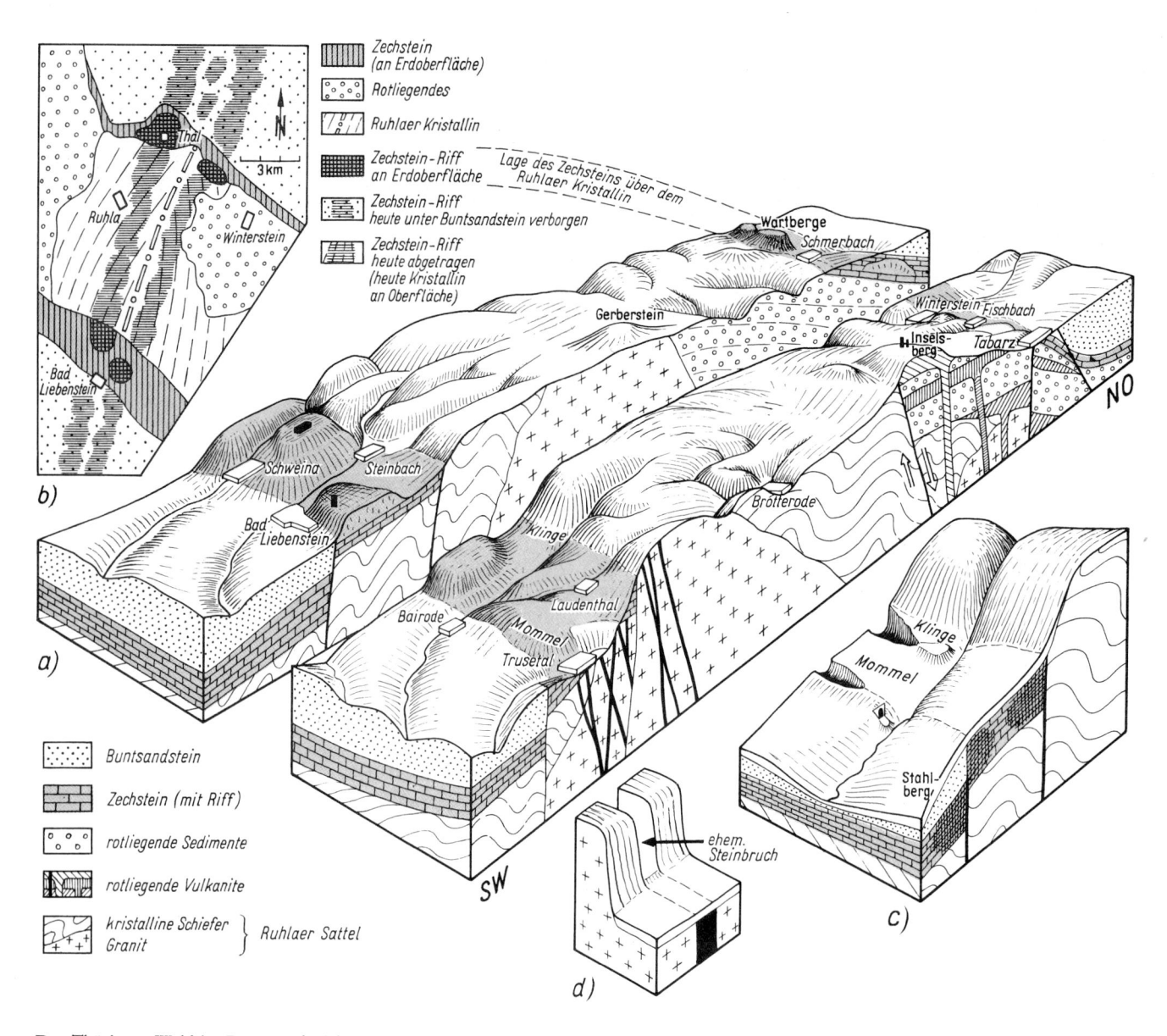

Der Thüringer Wald im Raum Bad Liebenstein – Brotterode – Inselsberg

a die Pfeile unter dem Inselsberg geben die Relativbewegung der Schollen an (statt Laudenthal lies Laudenbach); *b* Kartenskizze zur Verbreitung der Zechsteinriffe; *c* Schmalkalder Eisenerzlagerstätten und Bergbauspuren in der Landschaft (Kreuzschraffur = Eisenerz); *d* der Trusetaler Hauptgang, an ehemaligem Steinbruch erkennbar

Fahren wir dagegen von Immelborn nach Bad Liebenstein, dann queren wir zunächst die Buntsandsteinlandschaft, berühren die Auslaugungssenke des Moorgrundes an ihrem Südostende und kommen nördlich vom Moorgrund in das Gebiet, wo die Schichten des Zechsteins gegen den Thüringer Wald zu aufsteigen und zutagetreten.

Massige Kalkberge, von Schloß Altenstein und der Ruine Liebenstein bekrönt, bilden hier ebenso Vorberge des Thüringer Waldes wie im Norden die Berge bei Thal. Auch erdgeschichtlich besteht zwischen den Bergen bei Thal und Bad Liebenstein ein enger Zusammenhang: Es handelt sich um Algenriffe, die zur Zechsteinzeit in dem damaligen Meer auf den letzten untermeerischen Felsklippen des Ruhlaer Sattels emporgewachsen sind und deshalb wie dieser in N–S-Richtung langgestreckt waren. Wo heute auf den Höhen des Thüringer Waldes (zwischen Steinbach und Ruhla) das kristalline Grundgebirge des Ruhlaer Sattels von der Abtragung freigelegt ist, sind die einst mit emporgehobenen Zechsteinriffe vollständig abgetragen. Dort, wo (im südlichen und nördlichen Vorland) der Buntsandstein das Landschaftsbild bestimmt, liegen die Zechsteinriffe heute tief im Untergrund verborgen. Bei Bad Liebenstein aber

Die Zechsteinriffe am Südrand des Thüringer Waldes bilden steile und helle Kalk- und Dolomitfelsen wie hier an der Burgruine Liebenstein

sind die Riffe durch die Abtragung etwa in ihrer ursprünglichen Form aus den einst darüberliegenden Schichten wieder herausmodelliert worden. Das unregelmäßige Höhenwachstum von Riffkörpern im Meer können wir näherungsweise verstehen, wenn wir in der Altensteiner Höhle das massige, schichtungslose Riffgestein mit seinen unregelmäßigen Hohlräumen sehen.

Die Südrandverwerfungen des Thüringer Waldes bei Bad Liebenstein sind zugleich auch die Aufstiegsbahnen für die dortigen Kohlensäurequellen, denen der Ort seinen medizinischen Ruf verdankt und die heute durch Bohrbrunnen erschlossen sind.

Bei normalem Emportreten der Schichten nördlich der Riffe müßte der Kupferschiefer in Oberflächennähe auftauchen; das ist tatsächlich der Fall. Bei Schweina – Möhra nordwestlich von Bad Liebenstein wurde jahrhundertelang Kupfer aus dem Kupferschiefer bzw. Kobalt aus Verwerfungsspalten, den sog. Kobaltrücken, im Bereich des Kupferschiefers abgebaut. In der Landschaft ist heute dieser Bereich durch Halden markiert.

Trusetal – Brotterode – Inselsberg

Wenn wir uns dem Thüringer Wald im Trusetal von Süden nähern, begleiten uns beiderseits waldfreie Höhenrücken, deren rote Bodenfarbe den Buntsandstein als Untergrund verrät.

In einem Streifen vor dem Thüringer Wald ist jedoch zwischen Verwerfungen die Erdkruste so gehoben, daß dort der Zechstein zutage tritt, allerdings nicht mehr in Form der zur Zechsteinzeit abgelagerten Kalksteine und Dolomite, sondern großenteils in Form von Eisenerz. Nach oder während der Bildung der Verwerfungen, vermutlich im Tertiär, stiegen auf den Verwerfungsspalten eisenhaltige Thermalwässer auf, die von den Spalten aus in das Nebengestein eindrangen und ihr Eisen gegen das Kalzium der Kalksteine austauschten und damit diese zu Eisenkarbonat umwandelten. Oberflächennah verwitterte der Spateisenstein zu Brauneisenstein. Beide Minerale bildeten jahrhundertelang die Grundlage eines bedeutenden Bergbaus und der Schmalkalder Eisenindustrie. In der Erstreckung der Erzkörper und heute der Pingen zeigt sich deutlich die Abhängigkeit von den Verwerfungen, die hier den Südrand des Thüringer Waldes bilden. Berühmt waren die Schmalkalder Grubenreviere Klinge, Mommel und Stahlberg, von denen das letztgenannte an die südliche der Verwerfungen gebunden ist und ganz im Buntsandsteingebiet liegt.

Neben dem Eisenerz treten – noch heute wirtschaftlich wichtig und besonders in den Gangspalten (Verwerfungen) selbst vorkommend – Schwerspat und Flußspat auf.

Im Ort Trusetal zeigen uns Felsanschnitte von stark zerklüftetem Grundgebirge, daß wir die Südrandstörungen des Thüringer Waldes überschritten haben und uns in der um einige hundert Meter gehobenen Scholle des Thüringer Waldes befinden. Von Brotterode bis Trusetal hat sich die Truse in die Gneise, Granite und anderen Gesteine des Ruhlaer Kristallins eingeschnitten, die uns hier gegenüber der Oberhöfer Mulde und der Eisenacher Mulde eine Sattelzone des Varistischen Gebirges verraten. Die in der Rotliegendzeit in diesen Gesteinen entstandenen Spalten, bis zu zehn Meter und mehr breit, wurden mit Magmaschmelzfluß ausgefüllt. Die so zahlreich entstandenen Gänge von Quarzporphyr und verwandten Gesteinen baute man zur Verwendung als Bruchstein und Straßenschotter ab, so daß wie beim Trusetaler Hauptgang die alte Spalte oberflächennah heute wieder sichtbar ist.

Der weite, aber hochliegende Talkessel von Brotterode ist von der Abtragung aus dem Ruhlaer Kristallin ausgearbeitet worden.

Dieses wird hier im Norden ähnlich wie der Suhler Granitkessel von einer jüngeren Verwerfung begrenzt. Ähnlich wie dort ist auch hier die Nordscholle die gesenkte, zugleich aber auch die landschaftlich höher aufragende. Der Quarzporphyr des Inselsberges hat der Abtragung solchen Widerstand entgegengesetzt, daß er – obwohl der gesenkten Scholle angehörend – mit 916 m Höhe der höchste Berg des nordwestlichen Thüringer Waldes ist.

Von Meiningen nach Suhl und Zella-Mehlis

Von Meiningen kehren wir aus dem südlichen Vorland über Rohr und Suhl in den Thüringer Wald zurück.

Im Werratal und im Tal der Schwarza begleiten uns die steilen Hänge des flach über dem Oberen Buntsandstein liegenden Unteren Muschelkalks so, wie wir es bereits von Jena und anderen Orten her kennen.

Zwischen Rohr und Dillstedt deuten schräggestellte Schichten am Talhang und dessen flache Böschungen die Marisfelder Störungszone an, einen Grabenbruch, in dem Keuper bis ins Niveau des Muschelkalkes eingesunken ist und der parallel zum Thüringer Wald von Südost nach Nordwest streicht. Auf seinen Spalten ist nordöstlich von Meiningen die Basaltlava des Dolmar aufgestiegen.

Nach Norden steigen dann die Schichten an, so daß der Muschelkalk abgetragen ist und der Buntsandstein die hohen, gerundeten und mit Nadelwald bestandenen Berge des südlichen Gebirgsvorlandes bildet. Dieses schließlich wird bei Suhl durch eine Verwerfung scharf gegen den Thüringer Wald abgegrenzt. Nördlich von dieser besteht der hier wesentlich herausgehobene Thüringer Wald aus dem Rotliegendporphyrit des Domberges.

Nachdem der Domberg auch landschaftlich den Thüringer Wald imposant angekündigt hat, sind wir nunmehr überrascht, im Gebiet Suhl – Zella-Mehlis eine große flachhügelige und wenig bewaldete Geländedepression vorzufinden, die erst etwa 4 bis 5 km weiter nördlich steil zum eigentlichen zentralen Thüringer Wald mit dem fast 1000 m

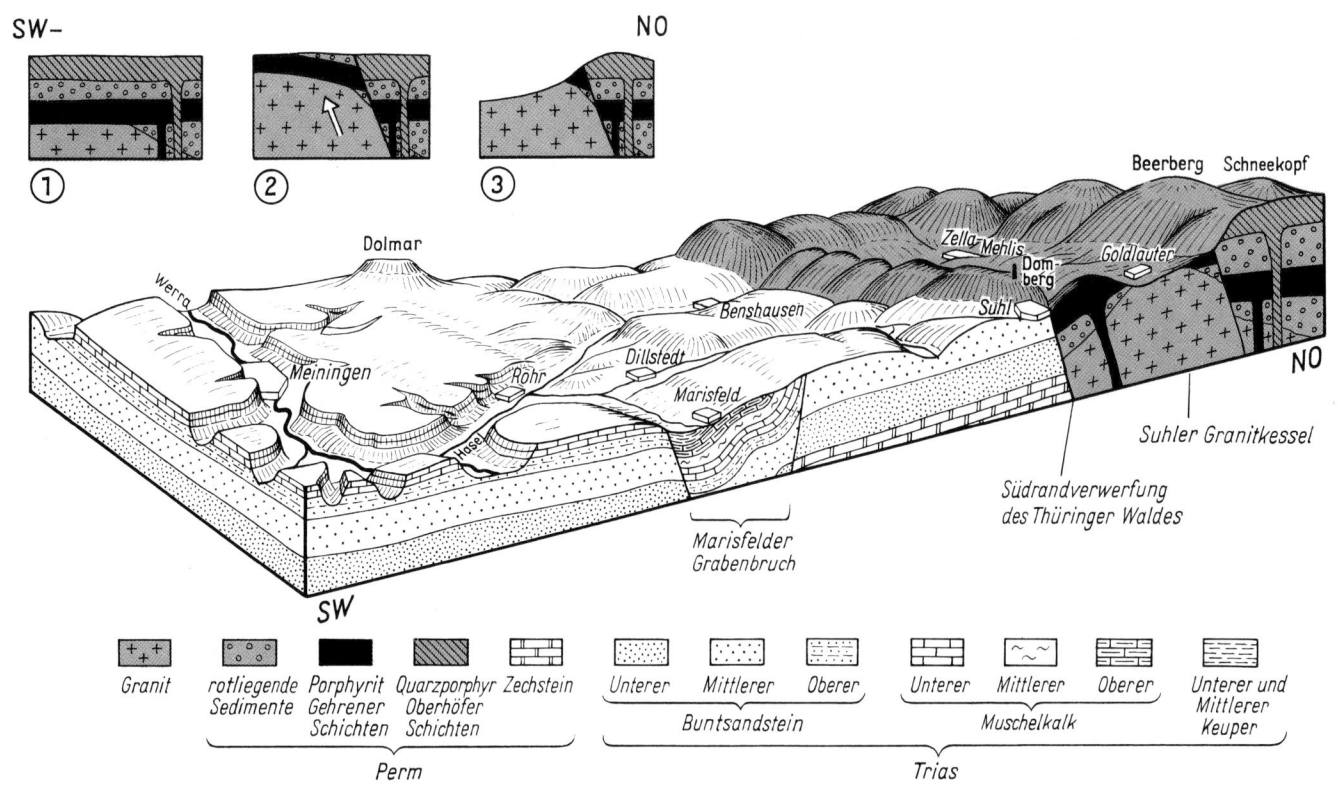

Der Thüringer Wald bei Zella-Mehlis und Suhl und sein südwestliches Vorland
Darüber eine genetische Profilreihe zur Entstehungsgeschichte des Granitkessels von Suhl – Zella-Mehlis:
① die ursprüngliche Lagerung
② die Verwerfung mit Hebung der Südwestscholle und erneuter Einebnung des Gebietes
③ stärkere Abtragung des Granitgebietes

hohen Beerbergmassiv ansteigt. Wir befinden uns in dem von der Abtragung tief ausgeräumten Granitkessel von Suhl, der rings von Bergen mit festen Vulkangesteinen der Oberhöfer Schichten des Unterrotliegenden umgeben wird. Der Granit ist durch die Verwitterung zermürbt und daher leicht erodierbar.

Nach Norden gegen das Beerbergmassiv wird der Suhler Granit durch eine Verwerfung begrenzt. An dieser ist jedoch nicht, wie man aufgrund der Landschaftsform vermuten könnte, die Nordscholle die gehobene, sondern die gesenkte. Die Verwerfung ist wesentlich älter als die heutige Landschaft. Sie hat den leicht verwitternden Granit neben die widerstandsfähigeren Rotliegendporphyre geschoben. Die spätere Abtragung hat dann das Granitgebiet schneller erniedrigt und den Suhler Granitkessel ausgeräumt.

Bei Goldlauter am Südhang des Beerbergmassivs trieben vor Jahrhunderten Bergleute Stolln vor, um im Acanthodesschiefer des Rotliegenden die vorwiegend um Fischreste entstandenen, silber- und kupferhaltigen Erzkonkretionen abzubauen, die im benachbarten Pochwerksgrund aufbereitet wurden. Die Eisenerzgänge bei Suhl, die ursprünglich die Grundlage für die dortige Eisenindustrie und Waffenproduktion waren, sind an die Südrandstörung des Thüringer Waldes gebunden.

Das Thüringisch-Vogtländische Schiefergebirge

Überblick

Das zwischen dem Thüringer Wald im Westen und dem Erzgebirge im Osten liegende Thüringisch-Vogtländische Schiefergebirge ist gegen seine Umgebung nur an wenigen Stellen als eine eigenständige Erdkrustenscholle abgesetzt. Insgesamt ist es eine im Süden stärker angehobene Tafel, die flach nach Nordwest geneigt ist, nach Süden aber ohne geologische Grenze in den Frankenwald und das Fichtelgebirge übergeht.

Der Untergrund des Schiefergebirges besteht aus den sandig-tonigen Sedimenten des Präkambriums, Kambriums, Ordoviziums, Silurs, Devons und Unterkarbons, denen einige Kalksteinzonen und – besonders im Devon – Diabase als untermeerische Lavaergüsse eingeschaltet sind. Nach Gestein und Versteinerungen ist die Schichtfolge recht differenziert gegliedert. Diese insgesamt einige Kilometer mächtige Schichtfolge ist besonders im Zuge der Varistischen Gebirgsbildung zu mehreren Sätteln und Mulden gefaltet worden, die im Oberkarbon und Rotliegenden als Höhenrücken und Talniederungen hier das Landschaftsbild bestimmt haben. Von West nach Ost folgen aufeinander der Schwarzburger Sattel, die Ziegenrücker Mulde, der Ostthüringer (Bergaer) Sattel und die Vogtländische Mulde. Die Gesteine selbst wurden bei der Gebirgsbildung geschiefert, d. h., sie erhielten durch den Gebirgsdruck eine ebene Spaltbarkeit und wurden zu Tonschiefer verfestigt.

Die Höhenzüge des Varistischen Gebirges wurden in der Folgezeit hier zwar auch wieder abgetragen, der Gesteinsschutt aber offenbar weiter verfrachtet, denn Sedimente der Rotliegendzeit finden wir in dem Schiefergebirge nur an wenigen Stellen in Form geringmächtiger Erosionsreste in flachen Geländesenken der damaligen Landschaft aufgelagert.

Im Laufe der Rotliegendzeit wurden die Höhenrücken bis auf geringe Felsklippen erniedrigt, aber auch die in den Muldenzonen gelegenen Tonschiefer abgetragen und das ganze Gebiet eingeebnet.

Das Meer der Zechsteinzeit konnte das Schiefergebirge

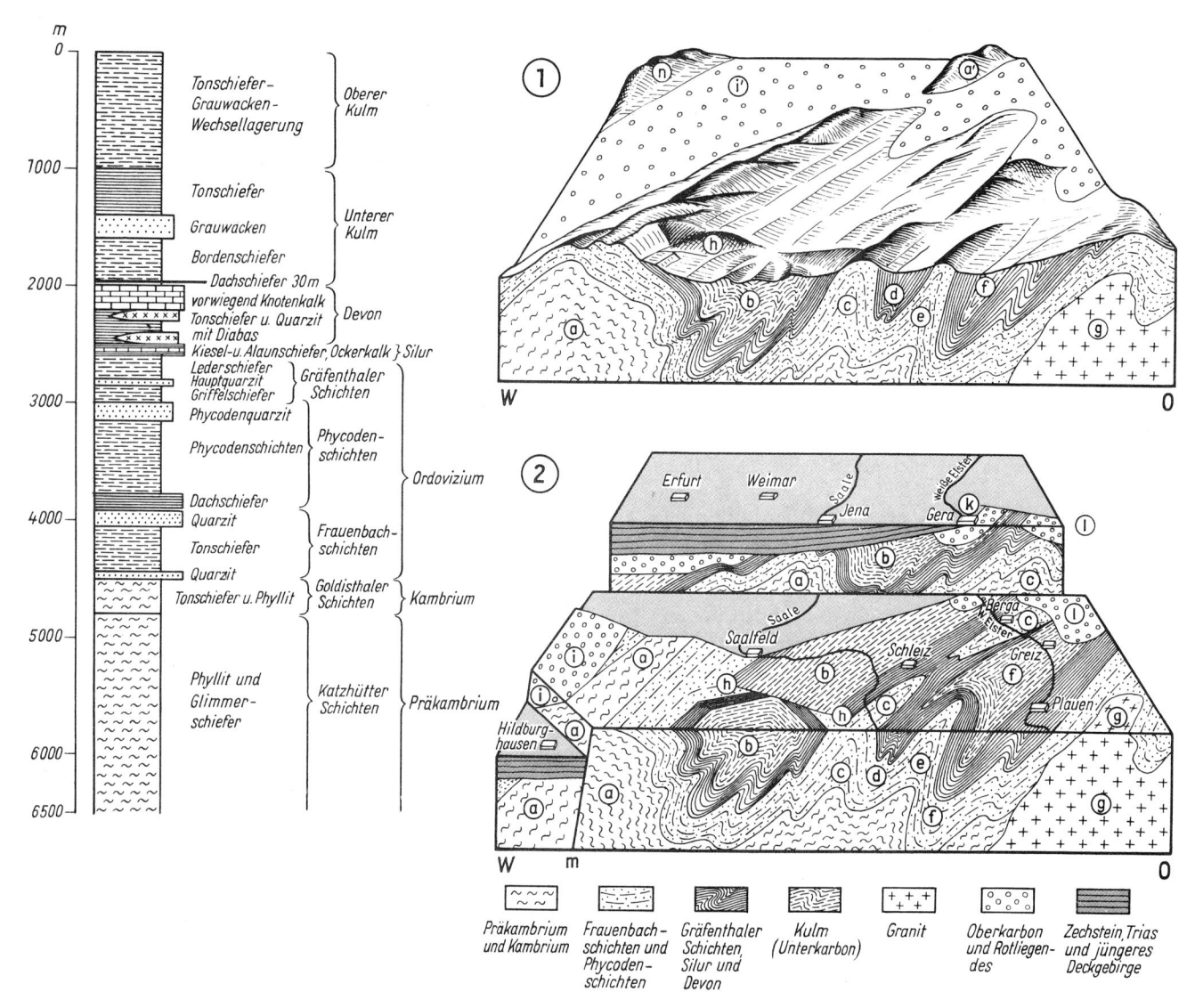

Schichtfolge und tektonischer Bau des Thüringisch-Vogtländischen Schiefergebirges

Links: Die Schichtfolge, stark vereinfacht. Unterer und oberer Kulm = Unterkarbon
Rechts: Landschaft und tektonischer Bau
① zur Zeit des Oberkarbons: mit den schon teilweise aufgefüllten Muldenzonen
② in der Gegenwart: zur Fastebene abgetragen, schräggestellt, im Nordwesten von den Schichten des Thüringer Beckens überdeckt, im Südwesten von der Südrandverwerfung des Thüringer Waldes abgeschnitten

a Schwarzburger Sattel, *a'* dessen NO-Fortsetzung als Nordsächsischer Sattel, *b* Ziegenrücker Mulde, *c* Bergaer Sattel, *d* Blintendorfer Mulde, *e* Sattel von Gefell, *f* Vogtländische Mulde, *g* Bergener Granit, *h–h* Frankenwälder Querzone, *i* Oberhöfer Rotliegendmulde, *i'* deren weitergespannte Fortsetzung im Saaletrog, *k* Geraer Rotliegendbecken, *l* Erzgebirgisches Becken, *m* Südrandverwerfung des Thüringer Waldes bei Schleusingen – Sonneberg, *n* die NO-Fortsetzung des Ruhlaer Kristallins

Die Schwarza hat sich ein tiefes, aber je nach der Gesteinsfestigkeit verschieden breites Tal in die flachwellige Hochfläche des Thüringer Schiefergebirges eingeschnitten, hier in die ziemlich weichen präkambrisch-kambrischen Schiefer an der Obstfelder Schmiede

deshalb großflächig, wenn auch nicht vollständig überfluten. Wohl aber wurden die Schichten des Buntsandsteins und Muschelkalks und sicher auch teilweise des Keupers auf dem ganzen Gebiet abgelagert.

In der Kreidezeit und im Tertiär wurde das Schiefergebirge wieder gehoben – aber als Ganzes – und erneut abgetragen und eingeebnet. Insbesondere wurden die Schichten der Trias und des Zechsteins fast restlos abgetragen. Im Ergebnis dessen entstand zu Beginn des Tertiärs eine weite flache Ebene, durch die die Kerne der Sättel und Mulden des Varistischen Gebirges erneut freigelegt wurden. Reste des Buntsandsteins auf der Höhe des Schiefergebirges bei Steinheid und des Muschelkalks bei Greiz bezeugen heute die obengenannte einstige Verbreitung dieser Schichten über das Schiefergebirge. Rings um das heutige Schiefergebirge tauchen die alten Gesteine allerdings unter die jüngeren Schichten unter: nach Nordwest unter den Zechstein und die Trias des Thüringer Beckens, nach Nordost unter das Rotliegende des Erzgebirgischen Beckens. Im Südwesten grenzt das Schiefergebirge primär an das Rotliegende der Oberhöfer Mulde (im heutigen Thüringer Wald). Nach Osten geht das Schiefergebirge allmählich in die Gesteine des Erzgebirges über.

Hebungen der Schiefergebirgsebene in ihrem Südteil und ihre Kippung nach Norden am Ende der Braunkohlenzeit haben die Flüsse seitdem veranlaßt, sich tiefe Täler einzuschneiden. Den Charakter des Flachlandes hat das Schiefergebirge im gewissen Sinne aber auf den Höhen weithin behalten, da die Täler insgesamt gesehen nur lineare Gebilde sind. So bietet sich das Schiefergebirge dem Betrachter heute als eine von tiefen Tälern zerschnittene und von einzelnen Bergen überragte Hochfläche dar.

Das Schwarzatal

Das touristisch bekannteste Tal des Schiefergebirges ist das Schwarzatal.

Wollen wir es flußaufwärts kennenlernen, dann überschreiten wir bei Bad Blankenburg die Nordrandstörung des westlichen Schiefergebirges, die zugleich Nordrandstörung des Thüringer Waldes ist. Südlich des Ortes sind die Phycodesschiefer und -quarzite des Ordoviziums so hoch herausgehoben, daß uns die Schwarza in einem engen und tiefen Tal entgegenkommt. Tonschieferfelsen an der Straße lassen Schichtung und Schieferung erkennen. Halden bei Böhlscheiben und Unterweißbach bezeugen den alten Dachschieferbergbau in den Phycodesschichten.

Wo das Tal eng ist und die Schwarza über Felsen fließen muß, können wir die Erosion durch das Flußwasser deutlich beobachten. Felsrippen werden abgeschliffen, mit dem Geröll runde Strudellöcher ausgeschliffen und das Geröll je nach den Strömungsverhältnissen stellenweise abgelagert.

Die Weite des Tales hängt wesentlich auch von dem Gestein ab, das die Talflanken aufbaut. Die Phycodenschiefer und Quarzite des Ordoviziums bedingen von Blankenburg bis Schwarzburg ein enges, zum Teil felsiges Tal. Zu diesem Talabschnitt gehört auch der bekannte Felsen des Trippsteins hoch über Schwarzburg. Ebenfalls eng ist das Schwarzatal dort, wo seine Flanken von den Tonschiefern und Quarziten der unterordovizischen Frauenbachserie aufgebaut werden, also besonders im Raum Sitzendorf. Die weicheren, teils phyllitischen Tonschiefer der älteren präkambrischen bis kambrischen Schichtserien haben im Raum Obstfelder Schmiede – Mellenbach – Katzhütte ein etwas weiter geöffnetes Tal zur Folge.

Besonders in den Quarziten an den Hängen des Schwarzatales treten Quarzgänge von wenigen Zentimetern bis Dezimetern Mächtigkeit auf, die gediegen Gold in geringer Menge enthalten. Bei Goldisthal sind diese Goldquarzgänge seit dem Mittelalter mehrfach abgebaut worden, allerdings stets nur mit sehr bescheidenem Erfolg.

Landschaftlich wichtiger sind im Schwarzatal die Überreste der alten Goldseifen. Die Schwarza hat zugleich mit dem Gestein ihrer Talflanken auch die Goldquarzgänge erodiert und das Gold im Sand ihres Flußbettes sedimentiert, und zwar nicht nur in den Ablagerungen ihres gegenwärtigen Flußlaufes, sondern auch im pleistozänen Flußbett, dessen Sedimente in Resten höher am Hang als Flußterrassen auftreten. Auch diese Terrassenschotter sind von den alten Bergleuten systematisch auf Gold durchgewaschen worden. Deshalb finden wir heute die pleistozänen Flußterrassen der Schwarza überall mit der kleinkuppigen Oberfläche, die einst von dem Betrieb der Goldwäscherei erzeugt worden ist: eine bergbauhistorisch bedingte Oberflächenform, an der wir heute die Flußterrassen erkennen können!

Auch in den Nebentälern der Schwarza sind die Gesteine des Untergrundes maßgebend für die Talformen. So bilden die Phycodesschichten oberhalb des Schlagebachtals bei Meura den Meurastein.

Bad Blankenburg – Oberweißbach – Großbreitenbach

Die Oberkanten der Talhänge des Schwarzatales sind durchaus nicht – wie es uns beim Blick aus dem Tal erscheinen mag – die größten Höhen des dortigen Gebietes. Ganz gleich, wo wir das Schwarzatal seitlich verlassen und auf die Höhe kommen, überall beobachten wir oberhalb des Schwarzatales eine flachwellige weite Hochfläche, die von mehreren Bergen und Höhenrücken überragt wird.

Die Hochfläche ist das in Kreidezeit und Tertiär emporgehobene Flachland, in das die Schwarza und ihre Nebenflüsse nachträglich die Täler eingeschnitten haben. Wenn man heute auf der Höhe steht und sich die Täler bis zu

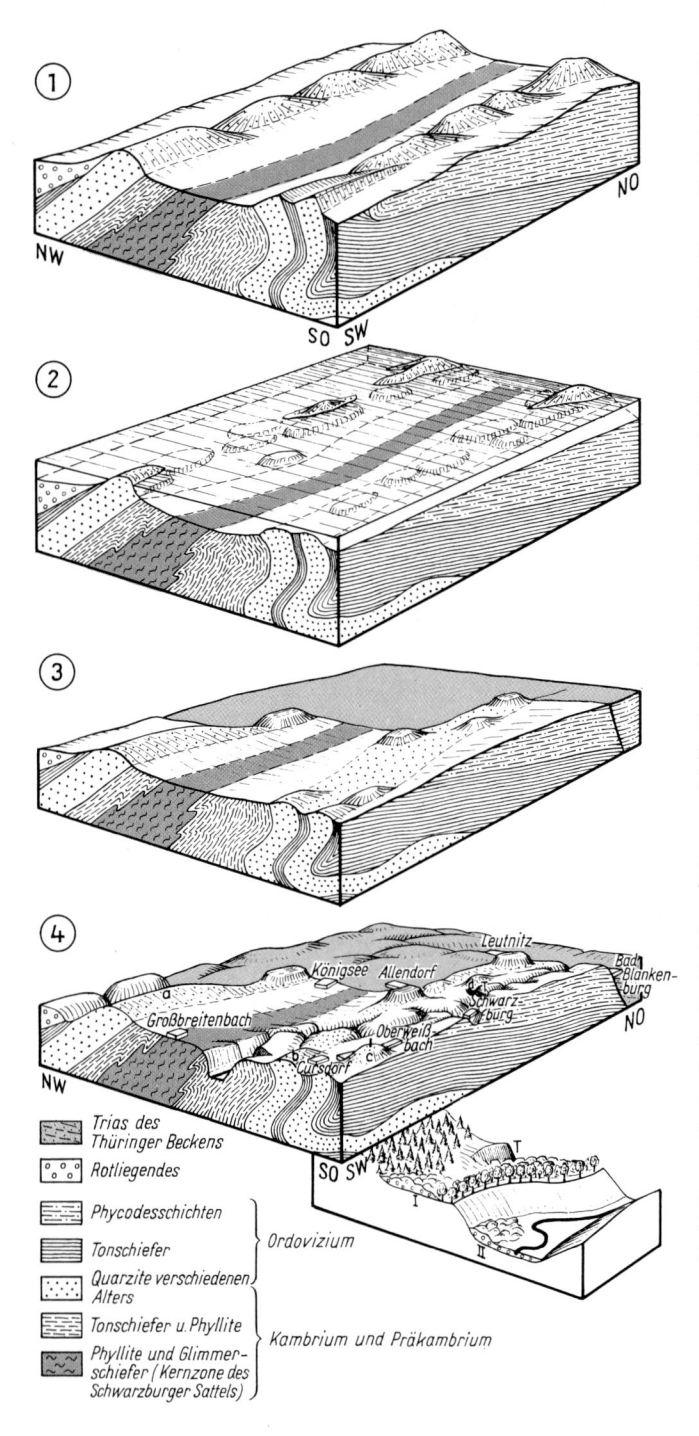

Die landschaftliche Entwicklung der Umgebung des Schwarzatales in der Erdgeschichte

a–c Quarzithärtlinge: *a* Langer Berg bei Gehren, *b* Meuselbacher (Cursdorfer) Kuppe, *c* Fröbelturm, *d* Kiehnberg, *T* Trippstein, rundliche Plateauberge bei Königsee, Allendorf und Leutnitz sind Zechsteinriffe

Rechts unten: Skizze des Schwarzatals mit Goldseifenhuckeln, *I* auf pleistozäner Terrasse, *II* auf der gegenwärtigen Talsohle, *T* ehem. Goldseifentagebauwand, z. B. an der Mankenbachmühle

① Der Schwarzburger Sattel im Oberkarbon – Unterperm: Die Quarzite der Sattelflanken bilden Schichtrippen, die Kernzone ist durch Abtragung freigelegt

② Im Zechstein: Das Gebiet ist vom Meer überflutet. Die Schichtrippen bilden Inseln und Untiefen. Auf diesen wachsen in geringer Meerestiefe Algenriffe

③ Im Tertiär: Der Zechstein war von mächtigen Triasschichten verdeckt. Die Abtragung hat nach Hebung des Schiefergebirges die Schichtrippen der Quarzite und die Zechsteinriffe herauspräpariert

④ In der Gegenwart: Flüsse und Bäche haben sich in das gehobene Schiefergebirge und sein Vorland tiefe Täler eingeschnitten (die Zechsteinriffe sind in Größe und Höhe zwecks Anschaulichkeit etwas übertrieben gezeichnet)

ihrer Oberkante ausgefüllt denkt, hat man das ehemalige Flachland noch deutlich vor Augen.

Die Berge, die heute die Hochfläche überragen, haben dort einst auch schon das Flachland überragt. Sie bestehen vorwiegend aus Quarziten, die bereits im Rotliegenden der Abtragung Widerstand entgegengesetzt haben. Da die Quarzite auf den Flanken des Schwarzburger Sattels liegen, haben die durch sie bedingten Kuppen und Höhenzüge schon in der eingeebneten Landschaft der Rotliegendzeit den Schwarzburger Sattel indirekt markiert. Als das Zechsteinmeer das flache Land überflutete, bildeten die Quarzitrücken Inseln und Untiefen, auf denen sich riffbauende Pflanzen und Tiere (Kalkalgen und Bryozoen) ansiedelten. Bei Königsee und Allendorf-Leutnitz, wo das Schiefergebirge unter das Thüringer Becken untertaucht, sind die Zechsteinriffe auf den Quarzitklippen beiderseits des Kerns des Schwarzburger Sattels erhalten. Weiter südlich wurden die Zechsteinriffe mit den jüngeren Deckschichten wieder abgetragen, nachdem das Gebiet in Kreidezeit und Tertiär angehoben worden war. Diese Abtragung hat die Quarzitkuppen und -rücken so freigelegt, daß sie auch heute wieder die Landschaft überragen, ähnlich wie schon zur Zeit des Rotliegenden. Nordwestlich vom Kern des Schwarzburger Sattels liegt der Quarzitrücken des Langen Berges von Gehren. Dessen Aussichtspunkt bietet Blicke in drei Landschaftstypen: nach Norden in das Thüringer Becken mit der geneigten Muschelkalkplatte des Singer Berges, nach Westen in das kuppige Gebiet der Rotliegend-Vulkanite von Ilmenau und nach Südosten auf die Schiefergebirgshochfläche mit der Meuselbacher Kuppe und dem Fröbelturm als den Quarzitkuppen auf der Südostflanke des Schwarzburger Sattels.

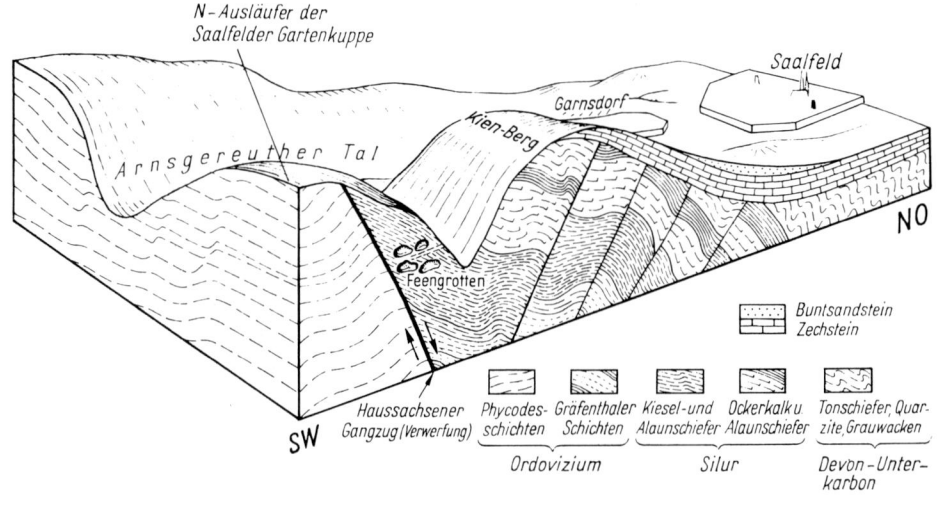

Die Randberge des Thüringischen Schiefergebirges bei Saalfeld–Garnsdorf mit den Feengrotten. Die Haussachsener Gangzone ist eine erzführende Verwerfung in Fortsetzung der Gotha-Arnstädter Störungszone, die westlich von Saalfeld zur Nordrandstörung des Schiefergebirges wird

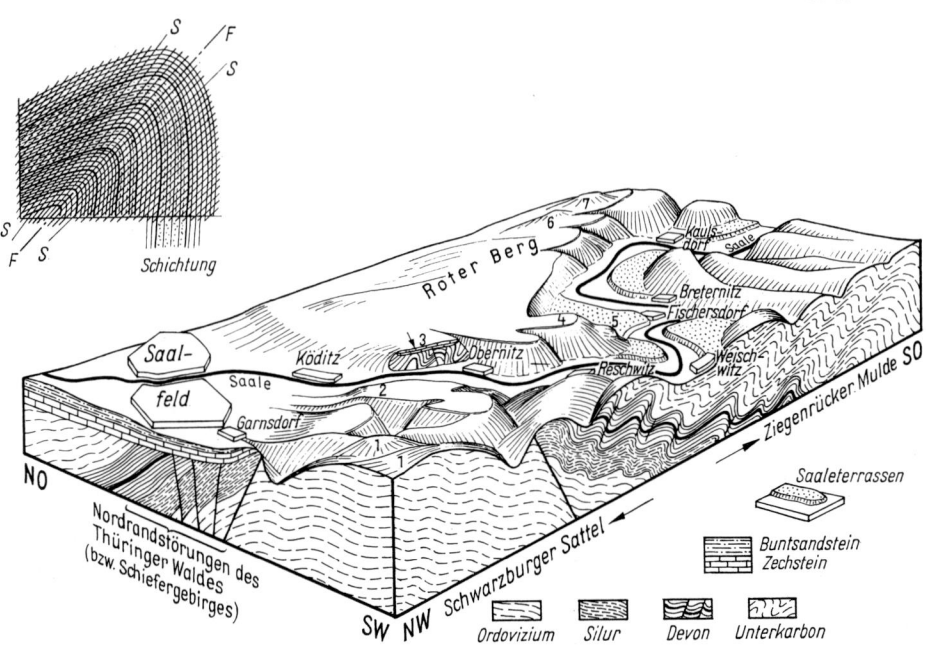

Die Westflanke der Ziegenrücker Mulde, der Nordrand des Schiefergebirges, das Saaletal und seine Terrassen oberhalb Saalfeld
1 Saalfelder Gartenkuppen (Phycodesschichten des Ordoviziums),
2 Galgenberg, 3 Obernitzer Bohlen (gefaltete Knotenkalke des Devons, diskordant darüber Zechstein),
4 Gleitsch, 5 Gositzfelsen (an rückwärtiger Böschung), 6 Giebelstein,
7 Wernburg (6 u. 7 Zechstein)
Links darüber: Schema der Falten im Kulm der Ziegenrücker Mulde, z. B. am Schloßfelsen Ziegenrück
S–S Schieferung
F–F Faltenachsenfläche

Nur die Zertalung der eigentlichen Hochfläche ist in geologisch junger Zeit zusätzlich entstanden.

Die Hochfläche selbst steigt von Königsee bis Großbreitenbach und von Oberwirbach bis Masserberg allmählich an, so daß man daran noch die Schiefstellung des alten Flachlandes durch seine ungleiche Hebung erkennen kann.

Die Feengrotten bei Saalfeld

Südlich von Saalfeld ragen unvermittelt über dem flachgeneigten Gelände der Stadt die Berge des Schiefergebirges steil auf. Sie sind an einer am Fuß der Berge NW–SO entlangstreichenden Verwerfungsspalte um einige hundert Meter gegenüber dem Vorland emporgehoben worden. Dabei wurden die Schichten an der Verwerfung »geschleppt«, d. h., sie wurden in der Bewegungsrichtung der Nachbarscholle umgebogen. Deshalb stehen von Saalfeld aus in Richtung Feengrotten bei Garnsdorf zunächst die Schichten des obersilurischen Ockerkalks und weiter südlich die schwarzen Kiesel- und Alaunschiefer des Silurs an. In diesen Gesteinen liegen die Feengrotten, die sich damit schon vom Nebengestein her von den sonstigen in Kalkstein entstandenen Tropfsteinhöhlen unterscheiden.

Die Kiesel- und Alaunschiefer enthalten Eisensulfid und eine Reihe weiterer Verbindungen verschiedener Elemente. In den Jahren von 1543 bis 1846, also vor der synthetischen Herstellung von Alaun, hat man deshalb das Gestein bergmännisch gefördert, die Sulfide unter dem Einfluß der Atmosphärilien zu Alaun verwittern lassen, diesen aus dem vor der Grube aufgehäuften Gestein ausgelaugt und durch Sieden der Lauge Alaun und Vitriol gewonnen. Ein Zeugnis dieses alten Bergbaus sind heute die Feengrotten, allerdings eben nur deren eigentliche Hohlräume. Die bunten Tropfsteine, die die Feengrotten erst berühmt gemacht haben, sind die Ausscheidungen der verschiedensten Minerale, die durch Verwitterung im Nebengestein, Auflösung im Sickerwasser und Neuausscheidung in den ehemaligen Grubenräumen gebildet worden sind, nachdem die Bergleute sie vor über 130 Jahren verlassen hatten.

Südlich der Feengrotten läuft dem Rand des Gebirges eine Verwerfung parallel, die auch mit Erz gefüllt war und vor Jahrhunderten einen regen Bergbau veranlaßt hat. Diese Verwerfung – der »Haussachsener Gangzug« – hat hier jedoch mehr tektonische, weniger landschaftliche Bedeutung. Erst weiter im Nordwesten wird die Verwerfung des Haussachsener Gangzuges zur Nordrandstörung des Schiefergebirges westlich von Saalfeld.

Saalfeld – Ziegenrück – Lehesten

Saalfeld liegt auf der Ostflanke des Schwarzburger Sattels bzw. der Westflanke der Ziegenrücker Mulde. Im Schiefergebirge südlich von Saalfeld kommen wir demgemäß in immer jüngere Schichten, je weiter wir nach Osten gehen.

Die Gartenkuppen südlich von Saalfeld bestehen aus den Tonschiefern und Quarziten der ordovizischen Phycodesschichten. Im Saaletal sind bei Obernitz-Fischersdorf vorwiegend Schichten des Devons aufgeschlossen.

Östlich anschließend folgen im Saaletal von Kaulsdorf über Ziegenrück bis zur Bleilochtalsperre und in den Tälern der Sormitz und Loquitz fast ausschließlich die Tonschiefer und Grauwacken des Unterkarbons, nach der vorliegenden Gesteinsausbildung auch als Kulm bezeichnet.

Die Schichten tauchen jedoch nicht einfach schräg nach Osten unter die jüngeren unter, sondern sind in sich noch intensiv verfaltet. Die großen Falten 1. Ordnung wie eben die Ziegenrücker Mulde sind aus kleineren Falten 2. und 3. Ordnung aufgebaut, d. h. aus Falten von etwa 1 km bzw. 50 bis 100 m Breite. Dafür bietet das Gebiet Saalfeld – Ziegenrück – Lehesten drei international bekannt gewordene Beispiele, den Obernitzer Bohlen, die Falte von Ziegenrück und die Dachschiefer von Lehesten.

Oberhalb Saalfeld rechts der Saale schließt die über 100 m hohe und 700 m lange Felswand des Obernitzer Bohlens gefaltete und verworfene Knotenkalke und Kalkknotenschiefer des Devons auf, die diskordant von fast waagerecht liegenden Zechsteinschichten überlagert werden. Die diskordant aufgelagerten, flachliegenden Zechsteinschichten bezeugen das höhere Alter der Faltung, also die Zugehörigkeit der Faltungsphase zur Varistischen Gebirgsbildung. Obwohl die Felswand stellenweise stark bewachsen und an anderen Stellen von Gesteinsbrocken überrollt ist, können wir durch Kombination der Teilaufschlüsse den Faltenaufbau erkennen. Die Faltenscheitel sind nach Südost zu jeweils tiefer, die Falten selbst nach Südosten geneigt, siehe auch S. 17. Beides weist darauf hin, daß das Zentrum der Ziegenrücker Mulde weiter im Südosten zu suchen ist.

Am Gositzfelsen bei Fischersdorf treffen wir die gleichen gefalteten Knotenkalke des Devons, hier allerdings in einem schwieriger zu überschauenden Faltenbau an. Als Sorte »Fischersdorf« ist der Knotenkalk des Gositzfelsens ein besonders strukturiertes Dekorationsgestein im Angebot des »Saalburger Marmors«.

Unterhalb der Burg Ziegenrück am dortigen Schloßfelsen ist ein Sattel in Tonschiefern und Grauwackenschiefern des Kulms aufgeschlossen, hier also im Zentrum der Ziegenrücker Mulde. Diese Falte ist in lehrbuchhafter Klarheit ein Beispiel für den tektonischen Bau des Schiefergebirges im Bereich der Ziegenrücker Mulde. Mit dem flacheren NW-Schenkel und dem steileren, praktisch senkrechten SO-Schenkel ist der Sattel wie die meisten dortigen Falten nach Südost gekippt. Im Scheitel der Falte bzw. im steileren Schenkel sind die Massen angestaut, im flacheren Schenkel zu geringerer Mächtigkeit ausgewalzt. Die Schieferung liegt im wesentlichen der Mittelebene der Falte parallel, schneidet die Schichten also unter verschiedenen Winkeln.

Diese Grundzüge des tektonischen Baus gelten im Prinzip überall im Bereich der Ziegenrücker Mulde und ihrer

Die Falte in den Tonschiefern und Grauwacken des Unterkarbons (Kulm) an der Saale bei Ziegenrück gibt einen Einblick in den inneren Bau des Schiefergebirges

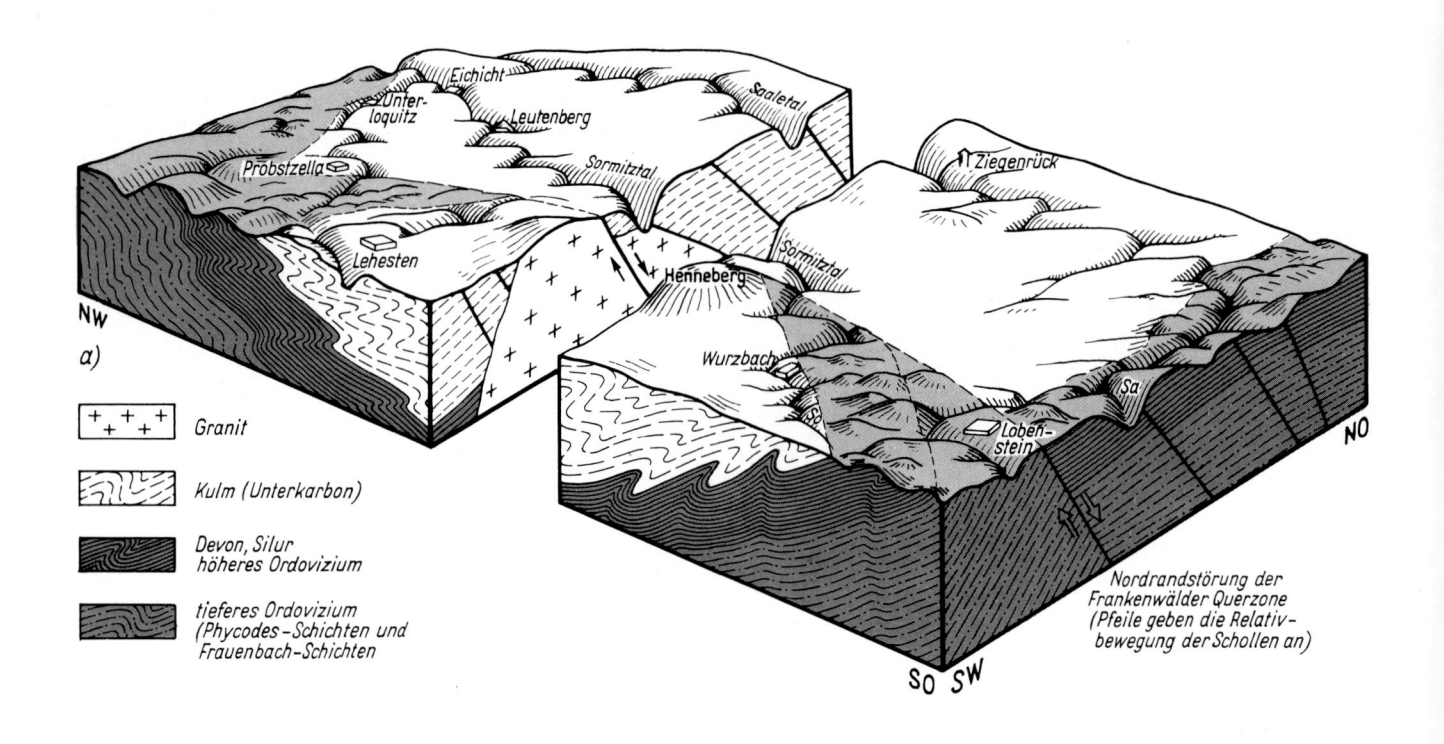

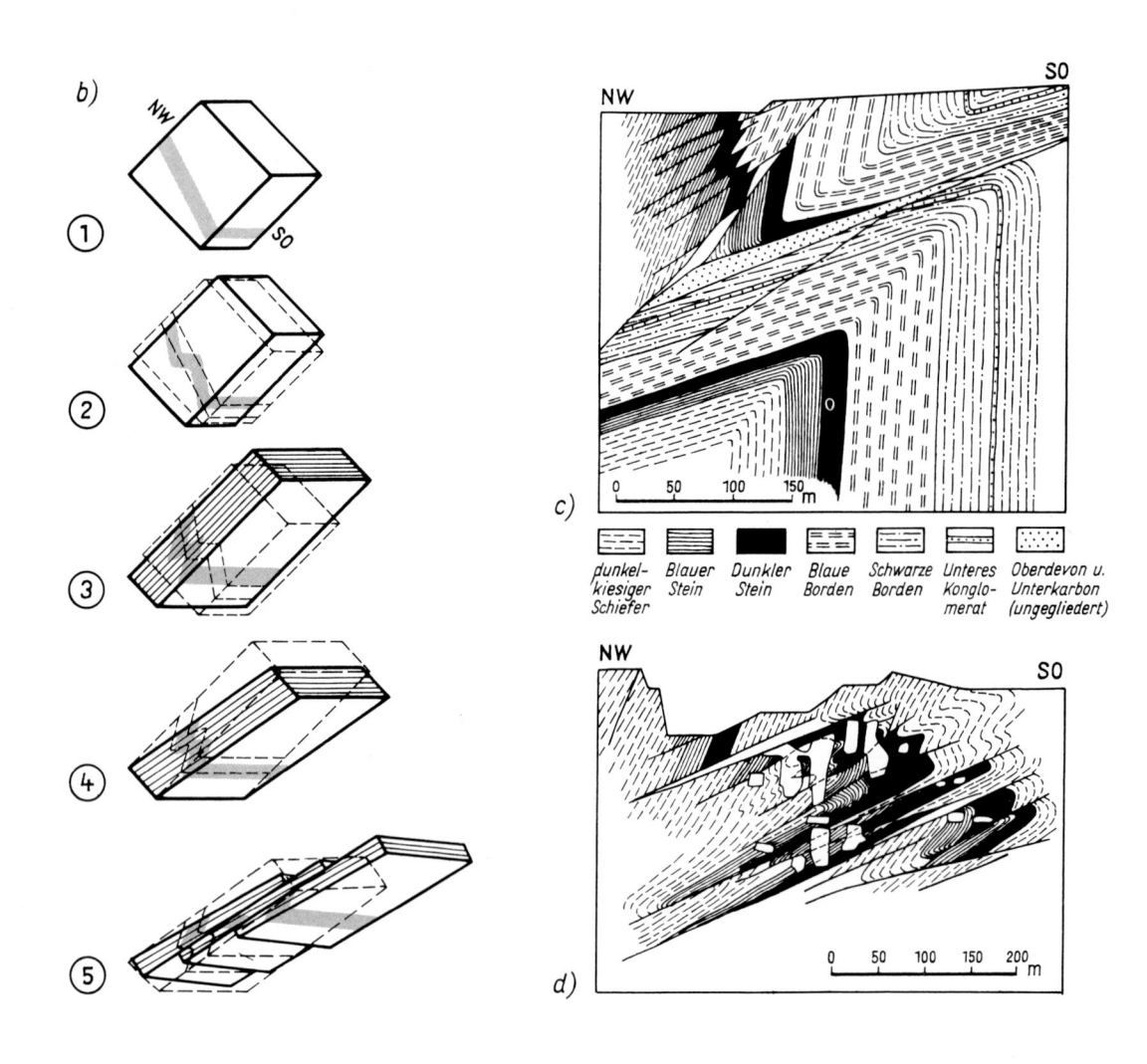

a)

+++	Granit
	Kulm (Unterkarbon)
	Devon, Silur höheres Ordovizium
	tieferes Ordovizium (Phycodes-Schichten und Frauenbach-Schichten)

Nordrandstörung der Frankenwälder Querzone (Pfeile geben die Relativbewegung der Schollen an)

b)

c)

dunkelkiesiger Schiefer	Blauer Stein	Dunkler Stein	Blaue Borden	Schwarze Borden	Unteres Konglomerat	Oberdevon u. Unterkarbon (ungegliedert)

d)

126

Die flachwellige Hochfläche des Schiefergebirges (im Vordergrund) taucht nach Norden (in Blickrichtung) unter den Zechstein und Buntsandstein des Thüringer Beckens unter. Im Hintergrund die bewaldeten Buntsandsteinhöhen der Heide. Im Zechsteinmeer siedelten sich auf den wasserbedeckten Felsrippen des Schiefergebirges vor allem in Ufernähe Algen an, deren Kalkriffe heute von der Abtragung wieder freigelegt sind und oft Burgen tragen, wie hier die Burg Ranis

Umgebung, auch in den Dachschieferrevieren von Lehesten und Unterloquitz. Hier allerdings ist die Gesteinsbeschaffenheit so gleichmäßig und die Gesteinsverformung durch Faltung, Mineralumformung und Verlagerung sowie Schieferung noch wesentlich intensiver, so daß der Faltenbau in den Aufschlüssen des Dachschieferbergbaus dem Betrachter ohne Spezialkenntnisse nicht deutlich wird. Was er erkennt, ist im Regelfall die Schieferung. Die größten Schieferbrüche liegen bei Lehesten, eine Anzahl weiterer bei Unterloquitz. In der Landschaft auffälliger sind jedoch die zahlreichen dunkelblaugrauen Halden des unbrauchbaren Schiefergesteins. Bei Unterloquitz wird heute aus dem für Dachschiefer ungeeigneten Gestein »Blähschiefer«, ein wertvoller Leichtzuschlagstoff, hergestellt.

Die Dachschieferreviere Unterloquitz und Lehesten liegen nördlich bzw. südlich einer an Verwerfungen gehobenen

Bild links: Die Frankenwälder Querzone und der thüringische Dachschiefer im Kulm der Ziegenrücker Mulde
a Blockbild zur regionalen Übersicht, So Sormitztal, Sa Saaletal
b Schema der tektonischen Deformation im thüringischen Kulm-Dachschiefer (nach R. SCHUBERT); die gestrichelt gezeichneten Körper stellen jeweils den Zustand der vorigen Verformungsstufe dar
① Ausgangssituation: Ebene, tektonisch schräggestellte Schicht
② Faltung durch NW – SO-gerichteten Druck
③ weitere Einengung und Schieferung (innere, planolineare Deformation)
④ Scherungsvorgänge auf den Schieferungsflächen
⑤ Untervorschiebungen (Schwarten) zerreißen die Falten
c Profil durch die Schiefergrube Lehesten (nach R. SCHUBERT)
d Profil durch die Schiefergrube Schmiedebach mit eingezeichneten Schieferabbauen (Tagebau und Tiefbau) (nach R. SCHUBERT)

NW–SO-gestreckten Zone. Diese etwa von Probstzella bis Lobenstein reichende Frankenwälder Querzone bringt in dem sonst vom Kulm aufgebauten Gebiet Gesteine des Devons, Silurs und Ordoviziums bis an die heutige Oberfläche. Das Landschaftsbild wird jedoch von diesen Gesteinen nur untergeordnet bestimmt. Entscheidend für die Landschaft außerhalb der tief eingeschnittenen Täler, also auf den Höhen, ist die in Kreidezeit und Tertiär gebildete Einebnungsfläche, die im Bereich der Frankenwälder Querzone nur vom Henneberg überragt wird, einem flachen Buckel aus Granit, der nach der Varistischen Faltung in die Nordrandstörung der Frankenwälder Querzone eingedrungen und von der später dort ausgebildeten Verwerfung abgeschnitten worden ist.

Die Täler sind im Oberlauf der Flüsse enge, steilwandige V-Täler. Von Eichicht – Kaulsdorf an flußabwärts ist das Saaletal jedoch ein relativ breites Sohlental, dessen Flanken an mehreren Stellen von Terrassen gebildet werden. Diese verdeutlichen uns heute noch Lage und Höhe der Talsohle der Saale im Mittelpleistozän, d.h. zu Beginn der Saalekaltzeit, siehe auch Bild S. 123.

Kamsdorf – Könitz – Pößneck

Zwischen Saalfeld und Pößneck streckt sich eine unsymmetrische Geländedepression, deren Landschaftsformen bis ins Detail vom geologischen Bau bestimmt sind.

Das große Waldgebiet der Heide im Nordwesten ist das Buntsandsteingebiet am Südostrand des Thüringer Beckens. Darunter taucht, nach Südost ansteigend und die Landschaft bestimmend, der Zechstein auf, der jedoch weiter im Südosten, etwa südöstlich der Linie Goßwitz – Ranis – Wernburg, so abgetragen ist, daß dort das Schiefergebirge

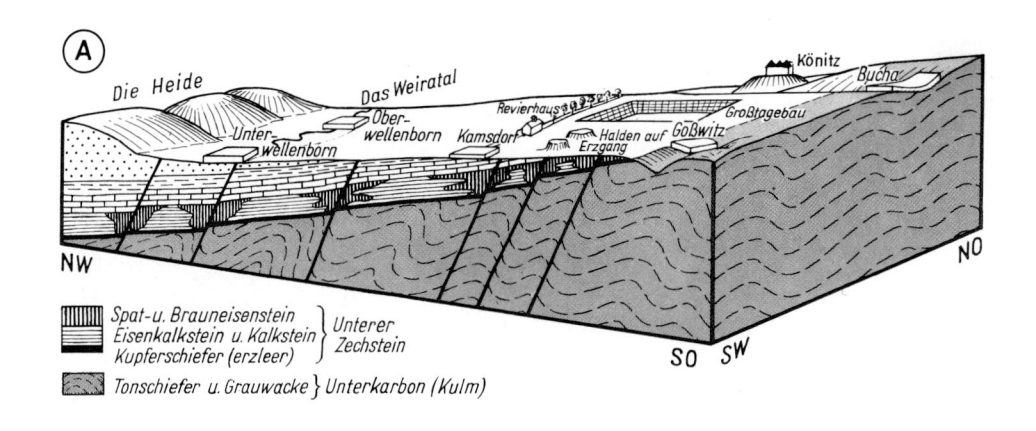

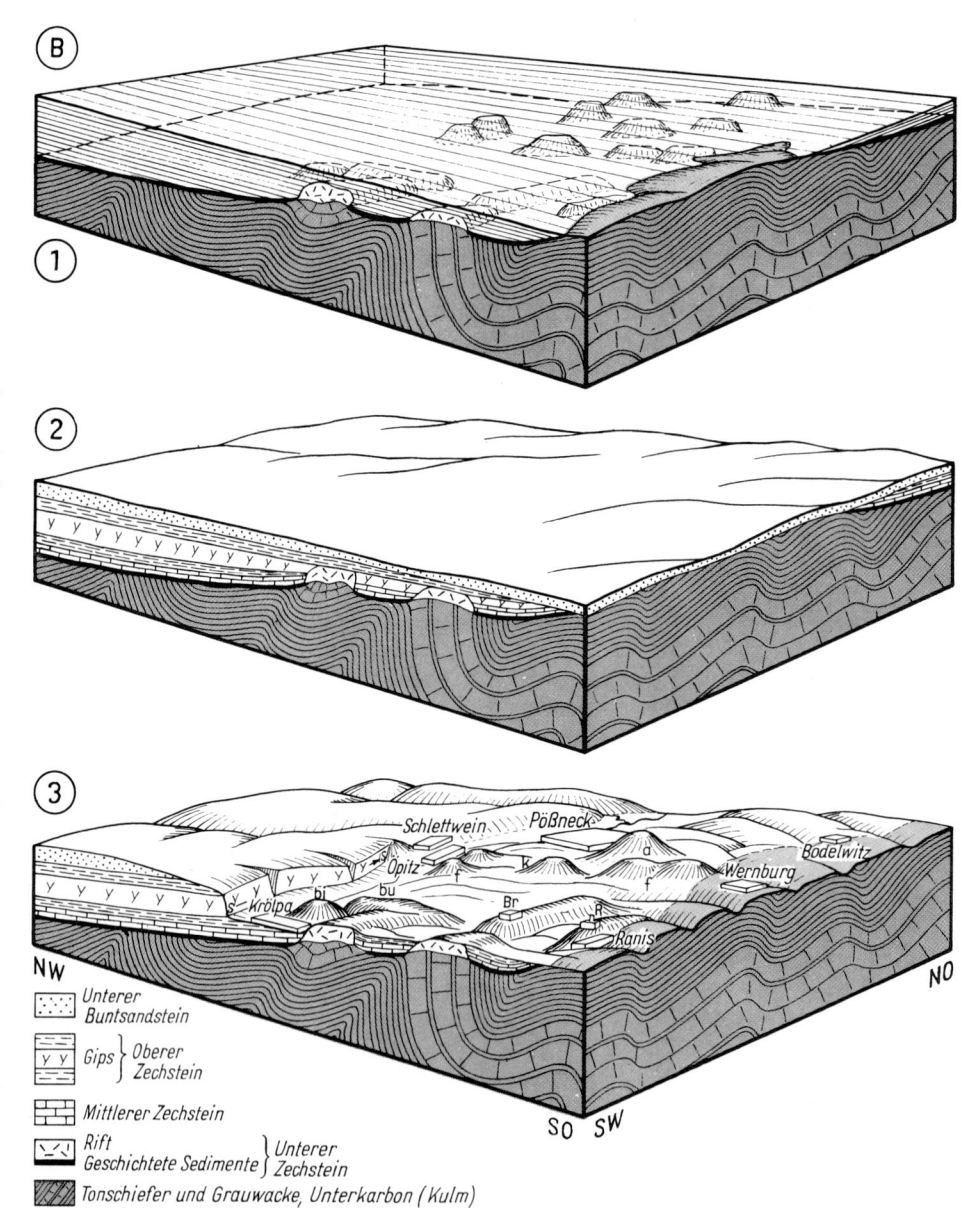

Der Nordrand des Thüringischen Schiefergebirges im Raum Saalfeld – Pößneck

A die metasomatischen Eisenerzlager von Kamsdorf; links Buntsandsteingebiet der Heide, rechts auf der Höhe zutage tretende Tonschiefer und Grauwacken des Kulms; das Schloß bei Könitz steht auf einem Zechsteinriff.

B Entstehung der Landschaft von Krölpa – Pößneck

① Im Zechsteinmeer Riffe auf Grauwackenschichtrippen
② In der Zeit des Unteren Buntsandsteins sind alle älteren Reliefunterschiede durch neue Sedimente ausgeglichen
③ In der Gegenwart sind die Zechsteinriffe zwischen dem Schiefergebirge im Südosten und dem Buntsandsteingebiet im Nordwesten durch die Abtragung wieder freigelegt

Br Schloß Brandenstein (auf Riff), *R* Schloß Ranis (auf Riff), weitere Riffberge: *a* Altenburg, *f* Haselberge, *k* Kochsberg, *f* Felsenberg *bu* Buchenberg, *bi* Binsenberg, *s–s* Gipssteinbruch von Krölpa

128

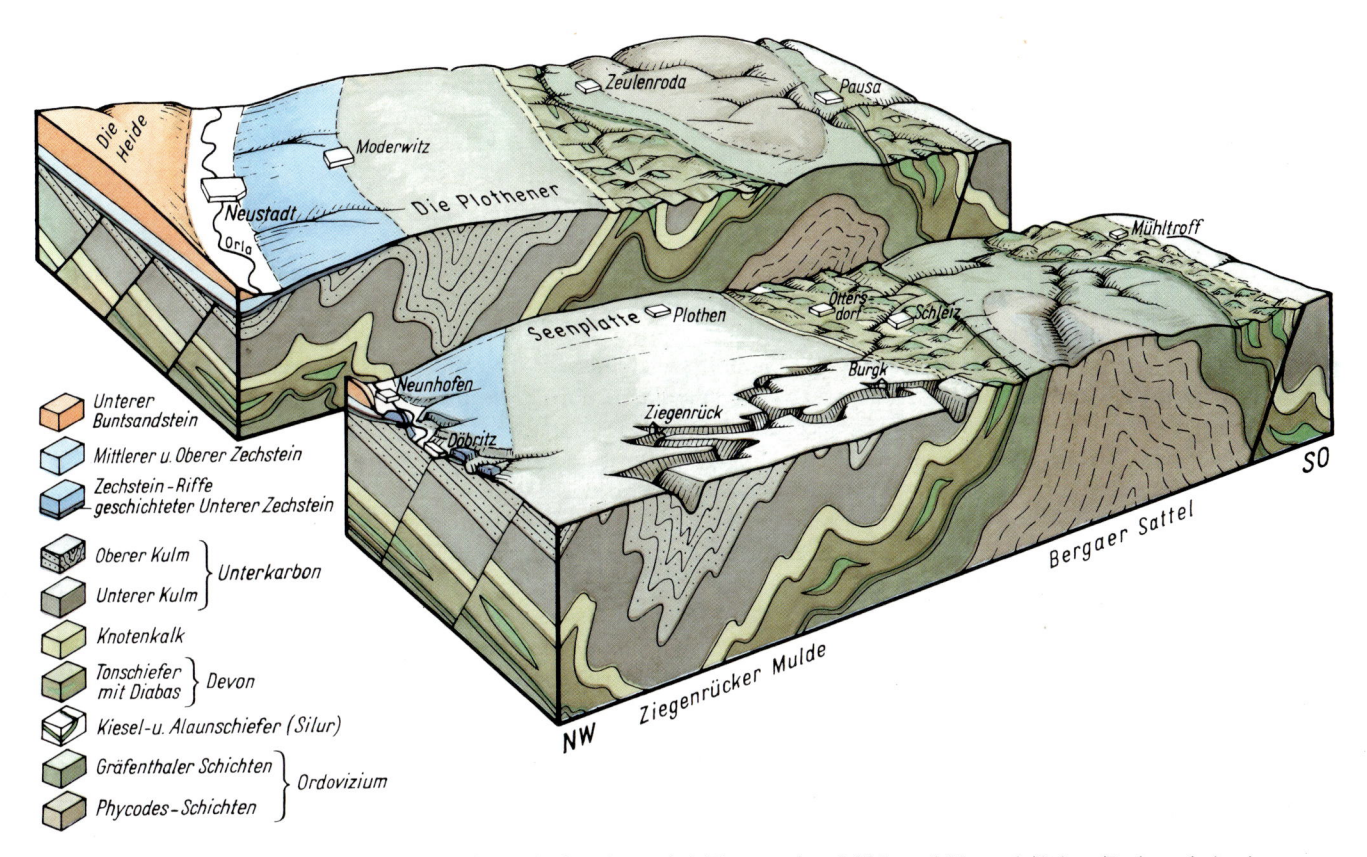

Tektonik und Landschaftsform des Thüringischen Schiefergebirges bei Ziegenrück – Schleiz und Neustadt/Orla – Zeulenroda in einem schematischen Blockbild (Knotenkalk gehört zu Devon)

zutage tritt und die flachwellige Hochfläche der Ziegenrücker Mulde das Landschaftsbild bestimmt.

Der Aufbau des Zechsteins und damit die Landschaft in diesem Gebiet wird weitgehend von dem unter dem Zechstein liegenden Schiefergebirge bestimmt.

Auf dem Roten Berg bei Saalfeld sowie bei Unterwellenborn – Kamsdorf liegt der Zechstein in geschichtet-bankiger Ausbildung direkt über den vor dem Eindringen des Zechsteinmeeres flach abgetragenen Kulmschiefern. Die Schichten des Unteren Zechsteins sind von saxonischen Verwerfungen aus in Eisenerz umgewandelt. Am Roten Berg und in der Gegend um Kamsdorf bezeugen Halden, Pingen und aus der Gegenwart der Großtagebau Kamsdorf den alten Bergbau auf die Silber-, Kupfer- und Kobalterze in den Verwerfungsspalten und den jüngeren Abbau von Eisenerz und Eisenkalkstein. An den zahlreichen, meist West-Ost-streichenden Verwerfungsspalten ist im Regelfall die Südscholle die gehobene. Damit kann man das Saalfeld-Kamsdorfer Spaltensystem als aufgefiederte Ostfortsetzung der Nordrandspalte des Thüringer Waldes betrachten.

Bei Könitz, Krölpa, Ranis und Pößneck ragen ähnlich wie bei Thal, Liebenstein und Königsee, sogar auf noch wesentlich größerer Fläche, Algen- und Bryozoenriffe des Zechsteins als steile Berge empor. Sie wuchsen im Zechsteinmeer auf Felsklippen, die von Grauwackenhärtlingen des Schiefergebirges gebildet wurden. In Küstennähe waren sie niedrig und breit, in tieferen Meeresbereichen dagegen hoch und schmal. Dazwischen lagen lagunenartige Meeresteile. Als mit steigendem Salzgehalt im Zechsteinmeer die Sulfatsedimentation begann, lagerten sich Anhydrit und Gips weniger *auf*, als vielmehr *neben* den Riffen ab. Diese wurden also von den Anhydriten und Gipsen seitlich so eingehüllt, daß die jüngeren Schichten des Zechsteins, vor allem der Plattendolomit und der Buntsandstein, die Riffe, den Gips und den Anhydrit gleichmäßig bedeckten.

Nach der Schrägstellung der gesamten Schichtfolge zum Thüringer Becken wurde nicht nur der Buntsandstein südöstlich der Heide abgetragen und damit der Zechstein freigelegt, sondern Erosion und Auslaugung schälten die Zechsteinriffe wieder so aus dem umgebenden Gestein heraus, daß sie heute ähnlich in der Landschaft emporragen wie einst im Meer der Zechsteinzeit.

Bei Ranis, Brandenstein und Könitz werden die Riffe von Burgen und Schlössern bekrönt. Die Ilsenhöhle im Riff von Ranis und die Kniegrotte im Riff von Döbritz wurden durch altsteinzeitliche Funde bekannt.

Gips und Anhydrit aber bilden unter dem Buntsandstein im Nordwesten einen teils natürlich bedingten, teils durch den Abbau entstandenen markanten Steilhang, der das weiße Gestein bei Krölpa weithin erkennen läßt.

Neustadt an der Orla – Schleiz – Zeulenroda

Von Pößneck erstrecken sich die Zechsteinriffe über Oppurg, Döbritz, Kolba und Neunhofen bis Neustadt/Orla. Auch der Gips und der Buntsandstein begleiten das Orlatal wie bei Pößneck weiter nach Nordosten. Erdfälle bei Neustadt lassen erkennen, wie die Auslaugung des Zechsteingipses die breite Orlasenke bedingt hat.

Bei Döbritz und am Totenstein bei Neunhofen ist unter den Riffgesteinen das Schiefergebirge aufgeschlossen, das auch hier südöstlich des Zechsteins auftaucht und von hier aus bis ins obere Vogtland die Landschaft aufbaut.

Von Neustadt/Orla aus in Richtung Schleiz beobachten wir bei Moderwitz oberhalb der Orlasenke die letzten Reste des Zechsteins auf den Kulmschiefern. Südöstlich davon kommen wir auf die flachwellige Kulmhochfläche, die noch heute die Einebnung der Landschaft in der Tertiärzeit erkennen läßt. Die tiefgründige Verlehmung der Kulmtonschiefer hat die »1000 Seen« der Plothener Seenplatte entstehen lassen. Die Einförmigkeit der Kulmhochfläche wird uns noch deutlicher bewußt, wenn wir bei Öttersdorf die Grenze des Kulmgebietes erreichen, wo weiter südöstlich das Devon an der NW-Flanke des Bergaer Sattels auftaucht und eine ganz andere Landschaft formt.

Das Devon bildet von Saalburg über Schleiz, Tegau, Zeulenroda bis Weida an der Landoberfläche einen etwa 2 bis 5 km breiten Streifen. Da die Sedimentgesteine des Devons ziemlich leicht erodiert werden können, ihnen aber die festeren Knotenkalke und Diabase eingeschaltet sind, ist der Streifen der Devonlandschaft generell erniedrigt, aber zu einer kuppigen Landschaft modelliert. Die Kuppen deuten dabei die Vielfalt der Knotenkalke und Diabase einerseits, zum anderen aber die Vielfalt der Falten 2. und 3. Ordnung an. Die Knotenkalkvorkommen werden als Rohstoff für den Saalburger Marmor abgebaut, die Diabase lokal als Rohstoff für Schotter und Splitt. Mit dem Diabasvulkanismus bildeten sich Eisenerzlager, z. B. bei Pörmitz, deren Abbau aber kaum noch Spuren in der Landschaft hinterlassen hat.

Die durch die Devongesteine bedingte Depression der Landschaft wird noch deutlicher durch den langgestreckten Höhenzug, der sich östlich und parallel der Devondepression SW–NO-gestreckt aus der Gegend von Schleiz über Zeulenroda bis in den Raum Berga/Elster erstreckt. Dieser flache Höhenzug markiert die unter dem Devon auftauchenden silurischen und ordovizischen Schichten und damit den Kern des Bergaer Sattels. Östlich schließt sich an diesen der Kulm und das Devon der Vogtländischen Mulde um Oelsnitz – Plauen – Reichenbach an.

Überschauen wir das Gebiet Neustadt/Orla – Schleiz – Zeulenroda zusammenfassend, so finden wir die Landschaft im ganzen von der kreidezeitlich-tertiären Einebnung bestimmt, im Detail aber so modelliert, daß wir an der Kulmhochfläche, dem erniedrigten und differenziert modellierten Devonstreifen, und an dem Höhenrücken des Silurs und Ordoviziums den großtektonischen Faltenbau des Bergaer Sattels aus der Varistischen Gebirgsbildung direkt im Landschaftsbild ablesen können.

Das Tal der Weißen Elster

Das Tal der Weißen Elster durchschneidet von der Staatsgrenze im Süden bis nach Wünschendorf alle großen Faltenstrukturen des östlichen Schiefergebirges. Das erkennen wir auch indirekt am Landschaftsbild, wenn wir von Bad Elster über Adorf, Oelsnitz/Vogtland, Plauen, Greiz und Berga das Tal durchwandern oder durchfahren.

Von Bad Elster über Adorf bis südlich von Oelsnitz begleitet uns die monotone, wenig differenzierte Landschaft der ebenso monotonen Schiefer- und Phyllitserien des Ordoviziums, die hier den Übergang vom Vogtländischen Schiefergebirge zum Kristallin des Fichtelgebirges und Erzgebirges darstellen.

Von Oelsnitz über Plauen bis kurz vor Elsterberg durchfließt die Elster die durch Diabase, Diabastuffe und Knotenkalke stark differenzierte kuppige Devonlandschaft der Vogtländischen Mulde östlich des Bergaer Sattels, gewissermaßen das Gegenstück zu dem Devonstreifen von Schleiz – Öttersdorf. Hier aber haben die gegen die Abtragung widerstandsfähigen Diabase und Diabastuffe nicht nur die Kuppen der Landschaft allgemein, sondern auch die engen, felsigen, mit großen Rollblöcken romantisch wirkenden Talabschnitte bedingt, so das Steinicht im Elstertal bei Rentzschmühle unterhalb von Plauen. Aus dem harten Diabastuff wird dort auch Schotter und Splitt gewonnen.

Nachdem sich die Elster bis Greiz auch noch in die Kulmtonschiefer eingeschnitten hat, kreuzt sie von Greiz bis Berga den Kern des Bergaer Sattels. Die tiefordovizischen Dachschiefer der Phycodesschichten bilden die ältesten Gesteine des Sattelkerns, in dem lokal auch Porphyroid als magmatisches Gestein enthalten ist. Der Porphyroid diente der Schotter- und Splittproduktion. Den silbrig glänzenden Dachschiefer der Phycodesschichten beobachten wir noch als älteres Dachdeckungsmaterial der Umgebung. Heute wird aus dem Gestein Schiefermehl produziert.

Wo nördlich von Berga die Elster ihr Tal in die harten Phycodesquarzite eingeschnitten hat, wird es infolge der Gesteinsbeschaffenheit enger. Da die Phycodesquarzite den höchsten Teil dieser Schichtserie darstellen, bezeugen sie hier bereits das Untertauchen der tieferen Schichten nach Nordwest. Wir haben also den Sattelkern überquert und finden weiter nordwestlich die Nordwestflanke des Bergaer Sattels von der Elster angeschnitten und aufgeschlossen, so an den Hüttchenbergen südlich Wünschendorf den Hauptquarzit der Gräfenthaler Schichten in eindrucksvollen Falten. Die Mulde im südlichen und der Sattel im nördlichen Steinbruch an den Hüttchenbergen geben wieder einen Einblick, wie eine große Falte 1. Ordnung,

Die stillgelegten Steinbrüche an den Hüttchenbergen bei Wünschendorf an der Weißen Elster lassen große Sättel und Mulden in den ordovizischen Quarziten an der Nordwestflanke Bergaer des Sattels sichtbar werden

z.B. der Bergaer Sattel, von kleineren Falten 2. und 3. Ordnung aufgebaut wird.

War das Elstertal im Schiefergebirge eng und steilwandig, so fällt unterhalb von Wünschendorf die Weite des Tales auf. Wo die Elster aus dem Schiefergebirge heraustritt und Zechstein und Buntsandstein den Gesteinsuntergrund bilden, schuf sich der Fluß in diesen leicht abtragbaren Gesteinen ein weites Tal mit flachen Flanken und breiter Talaue. Gefördert wurde dieser Vorgang durch Auslaugungsvorgänge in den Gipsen, die hier dem Oberen Zechstein in geringer Tiefe eingeschaltet sind. Der Plattendolomit des Oberen Zechsteins wurde bei Wünschendorf jahrzehntelang

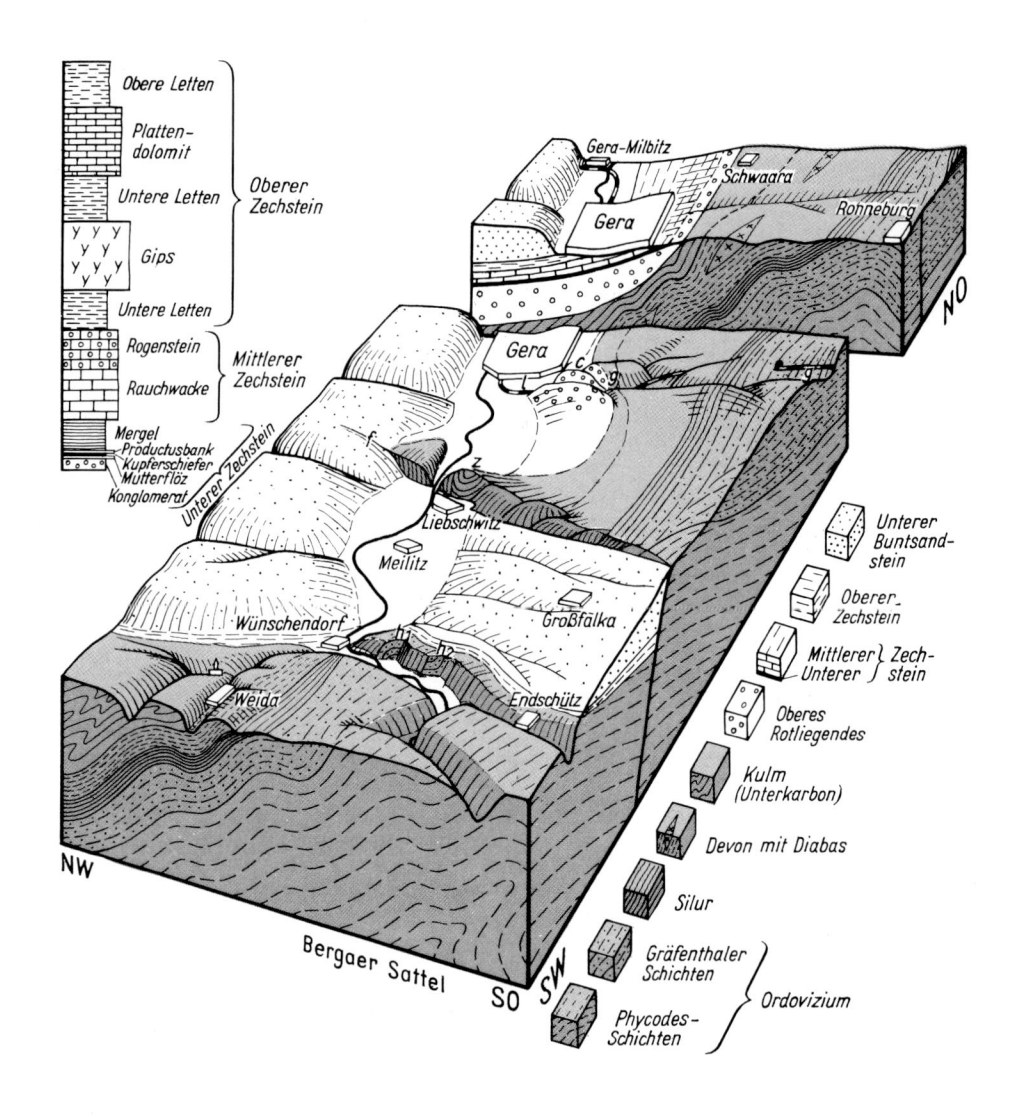

Das Schiefergebirge im Gebiet des Elstertales bei Wünschendorf – Gera
b_1 und b_2 Steinbrüche an den Hüttchenbergen bei Wünschendorf, Z Zoitzberg bei Liebschwitz mit Steinbruch, darin Kulmtonschiefer in muldenförmiger Lagerung, f–f Finnestörung, g–g Gessental zwischen Ronneburg und Gera, l Lasur, c »Colliser Alpen«

Links darüber die Schichtfolge des Geraer Zechsteins (Lokalgliederung, vereinfacht)

abgebaut. Das dort heute noch bestehende Dolomitwerk bezieht jetzt allerdings sein Rohgestein von Caaschwitz nördlich Gera.

Die Gesetzmäßigkeit im Unterschied der Talformen im Schiefergebirge und Buntsandstein/Zechstein demonstriert uns die Elster auch nördlich vom Wünschendorfer Becken. Bei Gera-Liebschwitz ist an der dort durchlaufenden Finnestörung das Schiefergebirge noch einmal hoch über das Niveau der Elster emporgehoben. Das zeigt sich sogleich in der Landschaftsform, indem die dort anstehenden Tonschiefer und Grauwacken des Kulms das Tal einengen und beiderseits die steilen hohen Talhänge des Zoitzberges und Heersberges bilden. Die Fortsetzung der Finnestörung nach Südosten erkennt man deutlich an dem Steilhang, der von Liebschwitz bis Niebra das flache Buntsandsteingelände des Wünschendorfer Beckens überragt. Bei Niebra liegen Kiese des Tertiärs ungestört über der Finnestörung und beweisen damit hier deren vortertiäres Alter.

Wo die Gesteine des Kulms nach Norden wieder unter das Rotliegende und den Zechstein untertauchen, öffnet sich das Elstertal zu dem weiten Talkessel von Gera.

Rotliegendes und Zechstein bei Gera

Die Schichtfolgen des Rotliegenden und des Zechsteins gehören zwar weder altersmäßig noch landschaftlich zum Schiefergebirge, der Zechstein von Gera wird aber so von den darunterliegenden Gesteinen des Schiefergebirges in Ausbildung, Verbreitung und landschaftlichem Auftreten bestimmt, daß er zweckmäßig hier zu erläutern ist.

In der Zeit des Oberrotliegenden füllte sich ein im Raum Gera im Bereich der Ziegenrücker Mulde gelegenes 300 m tiefes Becken fast völlig mit dem Abtragungsschutt der umgebenden Höhen. Am Ende der Rotliegendzeit war die Geraer Gegend demgemäß eine weite flache Wüste mit dem rotgefärbten Verwitterungsschutt des Varistischen Gebirges. Über diese Flächen ragten im Südosten die letzten Schieferklippen des Bergaer Sattels, im Nordwesten ebensolche des Schwarzburger Sattels empor. In der Folgezeit senkte sich die Erdkruste zwar nur schwach, aber großräumig nach Nordwesten ein und hob sich im Südosten entsprechend etwas heraus. Diesen Niveauänderungen gemäß drang von Norden her das mitteleuropäische Meer der

Zechsteinzeit bis in die Gegend von Gera vor und überflutete Zug um Zug die alten Schieferklippen, die je nach ihrer Höhe noch mehr oder weniger lange den Meeresspiegel überragten. So finden wir heute z. B. bei Gera-Milbitz über den Konglomeraten des Rotliegenden das vollständige Zechsteinprofil, angefangen von den tiefsten Schichten mit dem Kupferschiefer, über den ehemaligen Schieferklippen dagegen, z. B. bei Schwaara, erst höhere Glieder der Zechsteinschichtfolge. Diese liegt waagerecht und damit diskordant über den steilgestellten Schiefern des ehemaligen Gebirges. In der Folgezeit wurde das ganze Gebiet von der Schichtfolge des Zechsteins überlagert. Da es sich jedoch nur um den Randbereich des Zechsteinmeeres handelte, kamen Steinsalz nur lokal und in geringen Mengen, Kalisalze überhaupt nicht zur Ablagerung. Wohl aber sind Gipsschichten dem Profil eingeschaltet. Nach Rückzug des Zechsteinmeeres überdeckten Flüsse, Schlammfluten und Seebecken das ganze Gebiet mit den Sandsteinen und Schiefertonen des Unteren Buntsandsteins. Der Mittlere und der Obere Buntsandstein sowie der Muschelkalk waren hier auch abgelagert, wie die schon erwähnten Reste dieser Schichten von Ida-Waldhaus bei Greiz beweisen, sind aber nachträglich wieder abgetragen worden.

In der Kreidezeit und im Tertiär wurde die Erdkruste auch im Geraer Raum durch die saxonische Tektonik verformt: Die Schichtfolge neigte sich nach Westen zum Thü-

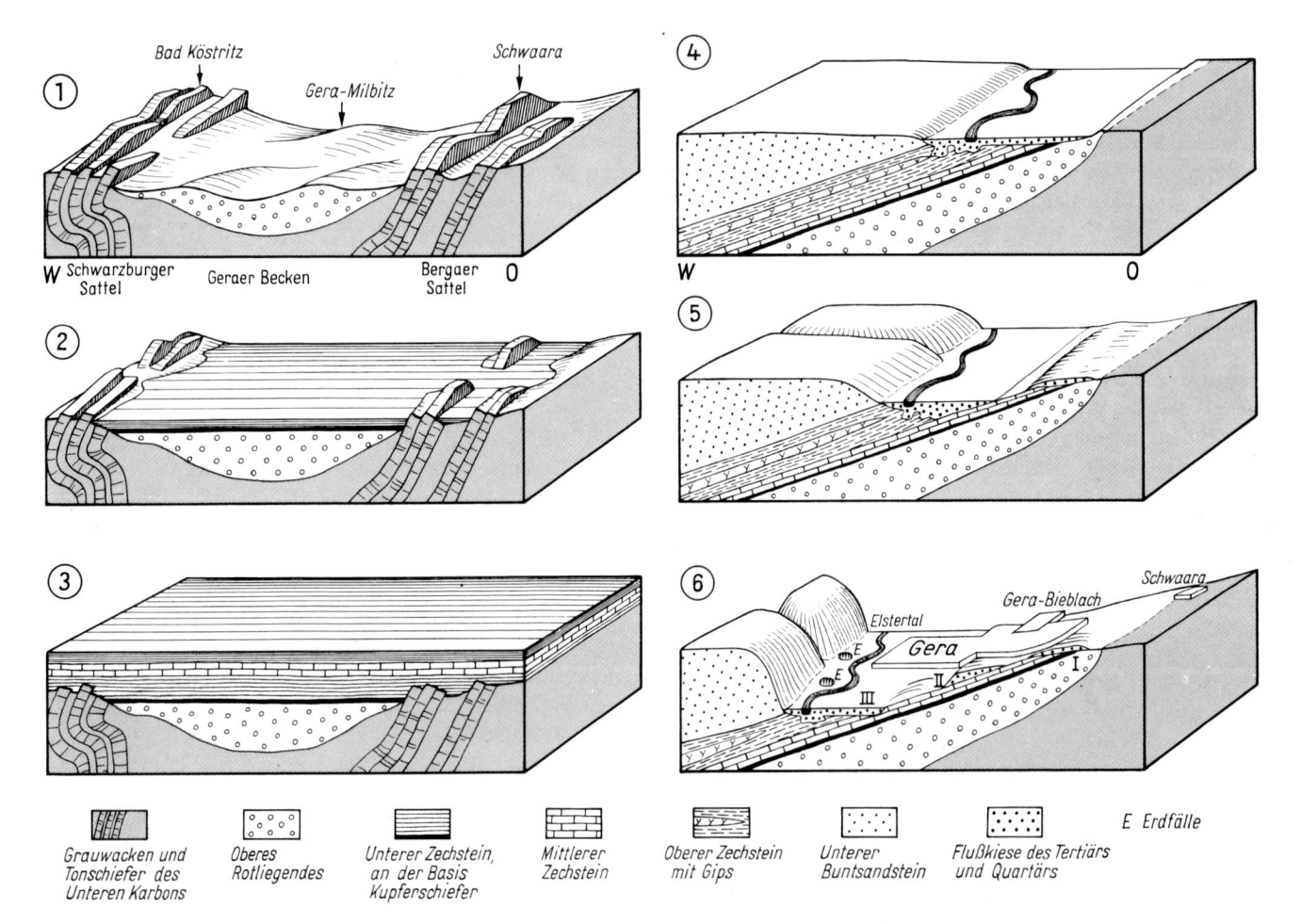

Schiefergebirge, Rotliegendes und Zechstein bei Gera

① – ③ Überflutung des Geraer Beckens und der benachbarten Schiefergebirgsklippen durch das Zechsteinmeer
① Landschaft zur Zeit des Rotliegenden
② das Meer mit klippenreicher Küste und felsigen Inseln zur Zeit der Kupferschiefersedimentation
enge, horizontale Strichsignatur = Meerwasser
③ das Meer am Ende des Mittleren Zechsteins: Die felsige Küste und die Inseln sind überflutet, die Küste ist weit östlich und südöstlich von Gera

④ – ⑥ Die Entstehung des Elstertales im Zechstein von Gera
④ Schrägstellung der Schichtfolge und Einebnung der Landschaft in der Kreidezeit, flache Eintiefung des Elstertals über den Erdfällen im Zechsteingips während des Tertiärs
⑤ weitere Eintiefung des Elstertals im Mittelpleistozän wieder über den Erdfällen im Zechsteingips
⑥ das Elstertal heute, mit Erdfällen E am Westrand der Talaue. I–III Elsterkiese: I der tertiären Terrasse, II der mittelpleistozänen Terrasse, III der gegenwärtigen Talaue

133

ringer Becken; mehrere Verwerfungen, darunter besonders die Finnestörung, durchziehen das Gebiet von Nordwest nach Südost, und schließlich sind die Schichten stellenweise großräumig flach verbogen. Einebnungen in Kreidezeit und Tertiär haben allerdings von diesen Störungsformen keine landschaftlich wirksam werden lassen. Nur die Gesteinsverteilung unter der einstigen Ebene ist durch die tektonischen Bewegungen bedingt, so daß heute im Raum Wünschendorf – Ronneburg – Großenstein die Gesteine des Schiefergebirges, im Holzland westlich der Elster der Buntsandstein und dazwischen im Stadtgebiet von Gera Rotliegendes und Zechstein den Untergrund bestimmen.

Diese Gesteinsverteilung bietet den Schlüssel für das Verständnis der Landschaftsformen und für Baugrundfragen im Stadtgebiet von Gera. Die Elster, die vor der Talbildung auf dem heute zur Hochfläche gewordenen Flachland floß, folgte mit ihrem Lauf dem oberflächlich anstehenden Zechstein, da die Erdfälle und Geländesenkungen über dem Zechsteingips dem Fluß den Weg vorzeichneten. Da die Erdfälle über dem Gips der Elster auch während der Talbildung den Weg wiesen, mußte sich der Flußlauf immer weiter westlich verlagern, je tiefer der Fluß sich sein Tal einschnitt. Die Talsohle rutschte der Neigung des Zechsteins folgend nach Westen ab. Das Ergebnis ist die heutige Landschaftsform: der Osthang des Elstertales breit und flach geneigt mit Zechstein im unmittelbaren Untergrund und Flußterrassen als Resten der tertiären und pleistozänen Talsohlen, der Westhang schmal und steil, aus Buntsandstein bestehend, der den Zechsteingips bedeckt. Dieser veranlaßt hier vor dem Westhang des Tales noch heute Erdfälle und gefährdet damit den Baugrund.

Die hier behandelte Entwicklungsgeschichte, Gesteinsverteilung und Landschaftsform können wir sogar beim Durchfahren des Gebietes auf der Bahnstrecke Glauchau – Gera – Jena erkennen. Im Gessental westlich von Ronneburg sind in mehreren Bahneinschnitten Tonschiefer und (an ihrer schwarzen Farbe) Kiesel- und Alaunschiefer des Silurs zu erkennen. Dann folgen (nördlich der Bahn) die roten, aus dem Rotliegendkonglomerat aufgebauten Berge der »Colliser Alpen« und wenig weiter westlich (südlich der Bahn) die Lasur, wo dickbankiger Zechstein über Rotliegendem zu sehen ist. Kleine Verwerfungen parallel zur Finnestörung haben den Zechstein hier deutlich in Schollen zerlegt und um je etwa 1 bis 1,5 m verworfen. Im Stadtgebiet von Gera erkennen wir die Unsymmetrie des Elstertales.

Nördlich von Gera ist (von der Bahn aus westlich) der bekannte Aufschluß des Zechsteins an den Merzenbergen sichtbar, ehe die Bahn in das Kraftsdorfer Tal nach Hermsdorf – Klosterlausnitz und damit in das Buntsandsteingebiet des Thüringer Beckens einbiegt. Der Kraftsdorfer Sandstein, von der Bahn aus in mehreren alten Steinbrüchen sichtbar, gehört geologisch zu den oberen Schichten des Unteren Buntsandsteins und diente besonders um 1900 in großem Umkreis als viel verwendeter Baustein.

Das Erzgebirge

Überblick

Geographisch-touristisch betrachtet man als Erzgebirge die Gegenden um Schneeberg – Schwarzenberg – Johanngeorgenstadt, Augustusburg – Annaberg – Oberwiesenthal, Marienberg – Olbernhau – Seiffen und Freiberg – Dippoldiswalde – Frauenstein – Altenberg – Zinnwald. Dazu kommt der in der ČSSR gelegene Südteil des Erzgebirges (Krušné hory). Den Zusammenhang zwischen der Erdgeschichte und der jetzigen Landschaftsform können wir jedoch nur verstehen, wenn wir das gesamte Gebiet zwischen Fichtelberg und Leipzig als einheitliche Erdkrustenscholle auffassen.

Dieses Gebiet war während der Varistischen Gebirgsbildung zu Sätteln und Mulden gefaltet worden. Südlich von Leipzig lag der Nordsächsische Sattel. Im Raum Zwickau – Karl-Marx-Stadt trennte das Erzgebirgische Becken den Granulitgebirgssattel im Norden vom Erzgebirgssattel im Süden. Dort wurden ordovizische bis präkambrische Gesteine intensiv gefaltet und emporgepreßt. In der Varistischen und in älteren Gebirgsbildungen waren diese Gesteine durch die höheren Drücke und Temperaturen in tieferen Bereichen der Erdkruste zu Metamorphiten umgeprägt worden, deren Ausgangsmaterial nicht in jedem Fall sicher bestimmbar ist. Die Grauen Gneise, Dichten Gneise (Grauwackengneise), Geröllgneise (Metakonglomerate), Glimmerschiefer, Phyllite und kristallinen Kalksteine sind sedimentären Ursprungs. Die Roten Gneise

Der Zechstein von Gera liegt an mehreren Stellen diskordant auf Klippen steilstehender Schiefergebirgsgesteine, hier am Kirchberg von Schwaara auf Tonschiefern des Unteren Karbons

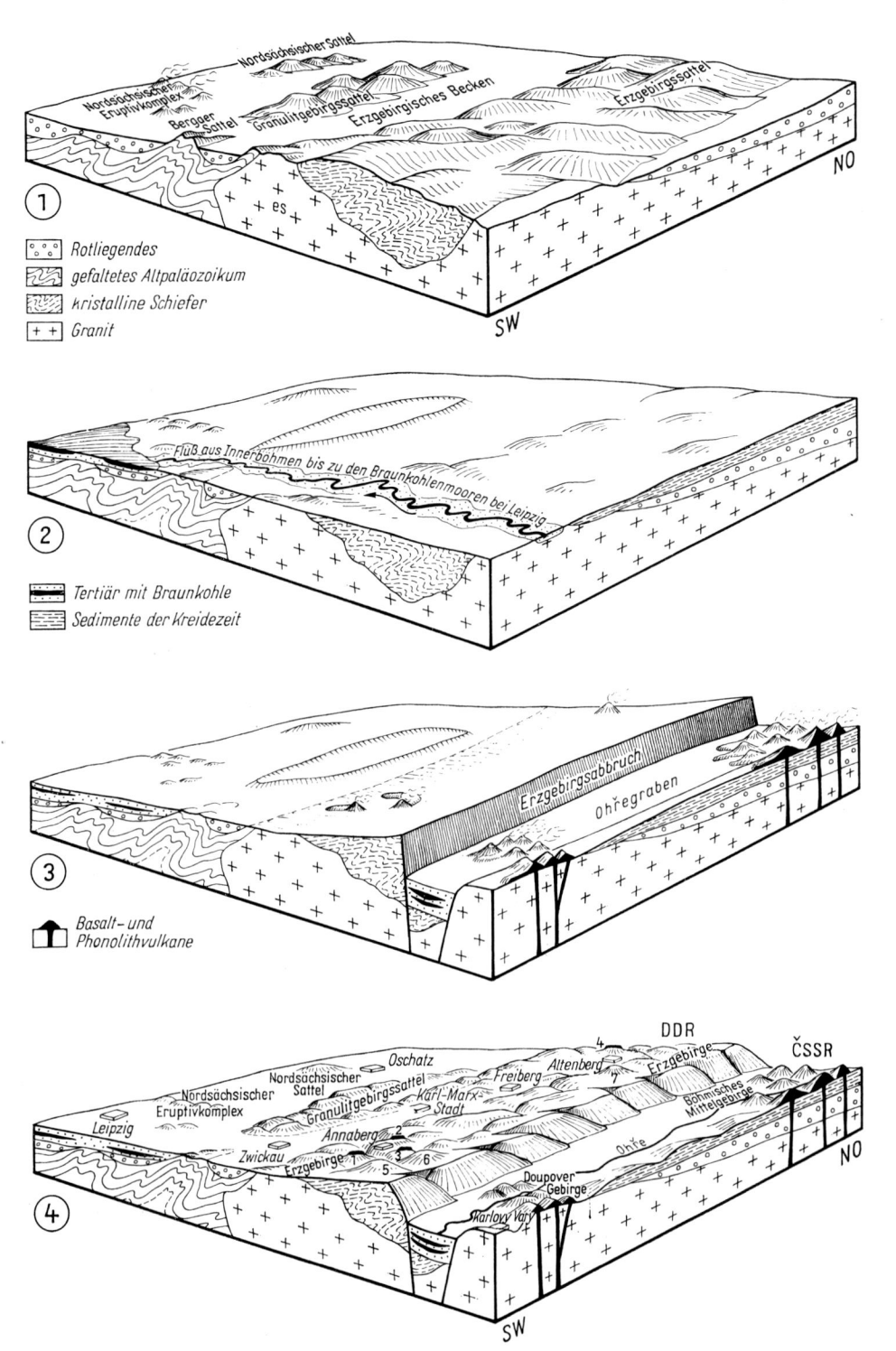

Die Entstehung des Erzgebirges und seines in der ČSSR gelegenen südlichen Vorlandes

① Das Varistische Gebirge im Oberkarbon-Rotliegenden
② Einebnung in Kreidezeit und Tertiär
③ Hebung des Erzgebirges und Einsenkung des Ohřegrabens im Jungtertiär mit Basaltvulkanismus
④ die Zertalung der gehobenen Erzgebirgsscholle vom Jungtertiär bis zur Gegenwart

1 Scheibenberg
2 Pöhlberg
3 Bärenstein
4 Geisingberg
5 Fichtelberg
6 Keilberg (Klinovec)
7 Kahleberg

werden als metamorphe, vermutlich kambrische Granite, die Serpentinite als Magmatite aus tieferen Bereichen der Erdkruste oder aus dem oberen Erdmantel mit einem komplizierteren Metamorphoseprozeß gedeutet. Alle diese Gesteine sind tektonisch intensiv verfaltet, durch die Metamorphose aber derart verändert, daß primäre Gesteinsunterschiede mehr oder weniger verwischt worden sind und auch die Lagerungsformen schwerer zu analysieren sind als in den weniger metamorphen Gebieten. Demgemäß ist auch das gegenwärtige Landschaftsbild des Erzgebirges weniger nach den verschiedenen Metamorphiten modifiziert. Auffällige Details der Landschaft werden deshalb hier vor allem von festeren Einlagerungen in den Metamorphiten und von jüngeren Gesteinen gebildet.

In Spätphasen der Varistischen Gebirgsbildung (Oberkarbon – Unterrotliegendes) drang granitisches Magma zwischen die erzgebirgischen Metamorphite ein, so daß heute in einigen Gebieten Granite und ihre Kontaktgesteine das Landschaftsbild bestimmen.

Einige varistische Granite führen Zinnerz. In manchen Metamorphiten des Westerzgebirges gibt es Eisenerzlager. Vor allem aber Erzgänge mit varistischen und jüngeren Erzen von Silber, Kobalt, Nickel, Wismut, Blei, Zink, Uran usw. haben Anlaß zu einem nun schon über 800 Jahre währenden historisch berühmten Bergbau gegeben, der in den Bergrevieren auch die Landschaft geprägt hat.

Alle Gesteine und tektonischen Strukturen, die sich im Gebiet des Erzgebirges bis einschließlich zum Perm gebildet hatten, wurden so wie im anschließenden Vogtland bis zur Kreidezeit und zum Tertiär abgetragen und eingeebnet. Flußsedimente des frühen Tertiärs in Nordböhmen sowie die gleich alten Flußkiese auf manchen Bergen des Erzgebirges und in Mittel- und Nordwestsachsen bezeugen für die damalige Zeit von Nordböhmen bis in den Raum Leipzig ein flaches Land.

Im Laufe des Tertiärs rissen jedoch südlich des heutigen Erzgebirges SW–NO-gerichtete Spalten auf, an denen der Ohřetalgraben einsank, die Erzgebirgsscholle aber um mehr als 1000 m hochgehoben und nach Nordwest schräggestellt wurde. So erklärt sich die heute noch beobachtbare allmähliche Abdachung des Erzgebirges nach Norden bis in den Leipziger Raum und die Steilheit und scharfe Begrenzung des Erzgebirgssüdhanges. Die Hebung des Erzgebirges zur Pultscholle erfolgte in mehreren Akten vom mittleren bis zum jüngsten Tertiär, dauerte also über einen Zeitraum von etwa 30 Millionen Jahren an. Zeitweise, besonders in den Anfangsstadien, war sie von Basaltvulkanismus nördlich und südlich der Hauptstörungszone begleitet. Davon zeugen heute noch die Basaltberge im Erzgebirge und auf der ČSSR-Seite das Böhmische Mittelgebirge und das Gebirge Doupovské hory, die aus großen Massen verschiedener vulkanischer Gesteine, vor allem Basalt und Phonolith, bestehen. Ebenfalls in den Anfangsstadien der Hebung des Erzgebirges bildeten sich in dem einsinkenden Ohřetalgraben in dem feuchten Klima des Tertiärs riesige Sümpfe und Moore, welche die mächtigen Flöze der nordböhmischen Braunkohlenreviere hinterlassen haben.

Das gegenwärtige Landschaftsbild des Erzgebirges entstand, indem in geologisch »jüngster« Zeit, also seit etwa 1 bis 2 Millionen Jahren, nach einer letzten Hebungsphase die nun der Nordabdachung des Erzgebirges folgenden Flüsse ihre Täler eingeschnitten haben. So erscheint das Erzgebirge ähnlich wie der Harz, das Thüringische Schiefergebirge und das Vogtland weithin nur als eine tief zertalte Hochfläche. Den Charakter eines Gebirges erhält es vor allem dort, wo zwischen benachbarten Tälern von der alten Ebene nur Grate und schmale Höhenrücken übriggeblieben sind.

Nach Westen geht das Erzgebirge ohne eigentliche Grenze in das Vogtland über. Nach Nordosten taucht die ehemalige Hochfläche allmählich zur Elbtalzone ab, so daß auch in dieser Richtung eine Grenze des Erzgebirges landschaftlich nur schwer festgelegt werden kann.

Freiberg – Mulda – Frauenstein

Das älteste Gestein des Erzgebirges ist der hochmetamorphe Freiberger Gneis, der aufgrund seines Gefüges und Mineralbestandes auch als Grauer Grobkörniger Biotitgneis bezeichnet wird. Sein Material stammt aus dem Präkambrium, ist also über 500 Millionen Jahre alt und wird heute als metamorphes Sediment gedeutet. Er bildet auf viele Qua-

Beim Blick von den Höhen des Erzgebirges, hier vom Schwartenberg bei Seiffen, verrät der fast horizontale Horizont, daß die Abtragung die gegenwärtigen Täler und Höhen aus einer tertiären Rumpffläche herausmodelliert hat

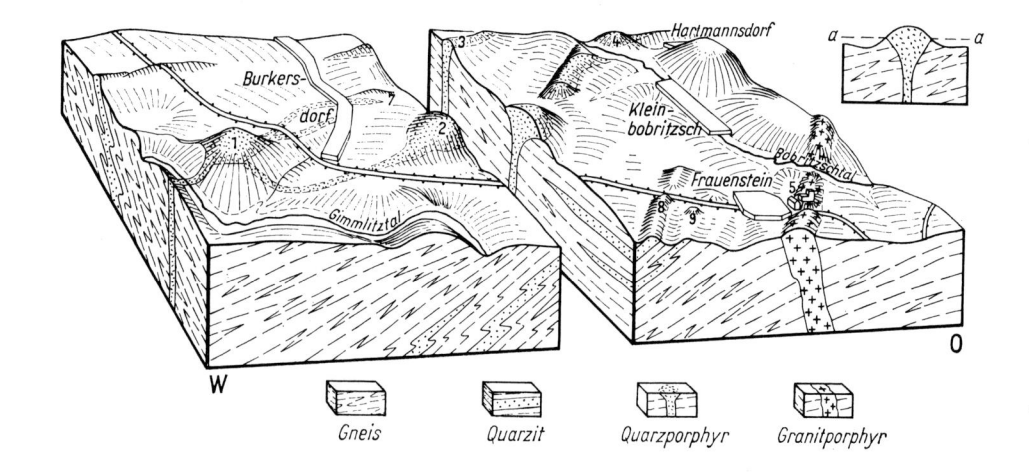

Porphyrkuppen und Quarzitrippen über dem Gneisgebiet von Freiberg – Frauenstein
1–4 Quarzporphyrkuppen: *1* Burgberg, *2* Turmberg, *3* Hühnerberg, *4* Büttnersberg, *5* Granitporphyrkuppen bei Frauenstein, *6–9* Quarzitrippen: *6* Fuchshübel und Beerhübel, *7* Weißer Stein am ehem. Bahnhof Burkersdorf, *8* Weißer Stein bei Frauenstein, *9* Buttertopf
Rechts darüber: die Porphyrkuppen mit dem Niveau der Landoberfläche zur Zeit Oberkarbon – Perm (*a–a*)

dratkilometer um Freiberg den Untergrund und grenzt ringsum an andere Metamorphite sowie im Nordosten an den oberkarbonischen Granit von Naundorf – Niederbobritzsch. Alle diese Gesteine sind in ihrem Abtragungsverhalten so einheitlich, daß die Landschaft um Freiberg in erster Linie von der kreidezeitlich-tertiären Ebene – heute als Hochfläche vorliegend – und den mehr oder weniger tief eingeschnittenen Tälern bestimmt wird. Das erkennt man besonders deutlich zwischen Freiberg und Nossen, wo der fast völlig geradlinige Horizont kaum ahnen läßt, daß sich vor ihm die Freiberger Mulde hundert Meter tief eingeschnitten hat. Aber auch südlich von Freiberg, im Raum Dörnthal – Sayda – Seiffen – Frauenstein, läßt sich die alte, nun schräggestellte Ebene nachempfinden, wenn auch die Gesamtfläche hier stärker und tiefer zertalt ist und keine ebenen Hochflächenreste mehr bestehen. Der geradlinige Horizont beweist aber auch hier, daß die weitgeschwungenen Höhenrücken und die tiefen Täler aus der ehemaligen Ebene herausmodelliert sind.

Einige Berge und Felsklippen sind jedoch auch hier durch das Gestein des Untergrundes bedingt: Der Burgberg bei Mulda, der Turmberg bei Frauenstein, der Büttnersberg bei Hartmannsdorf, der Röthenbacher Berg und die Kahle Höhe bei Sadisdorf sind Kuppen von Quarzporphyr. Dieser entstand im Oberkarbon oder Unterperm als Produkt eines Vulkanismus, als die Höhenrücken des Varistischen Gebirges schon weitgehend eingeebnet waren. Die Wurzeln des damaligen Quarzporphyrvulkanismus waren Spalten von mehreren Metern bis Dekametern Breite und mehreren Kilometern Länge, deren Verlauf man an ihrer Quarzporphyrfüllung noch heute im Raum Freiberg – Frauenstein feststellen kann. Der Burgfelsen von Frauenstein ist ein zum Höhenrücken herauspräparierter Granitporphyrgang.

Etwa 1 bis 1,5 km westlich von Frauenstein aber ragen westlich der Straße nach Freiberg hohe, langgestreckte Felsklippen auf. Sie bestehen aus Quarzit, wie schon ihr Name Weißer Stein andeutet. Quarzit als fast nur aus Quarz bestehendes Gestein setzt der Verwitterung und Abtragung wesentlich größeren Widerstand entgegen als der umgebende Gneis und wurde deshalb zu einer Felsrippe herausmodelliert. Das Gestein selbst war ursprünglich wohl ein Sandstein, der einer tonigen Schichtfolge eingelagert war. Durch Metamorphose entstand aus den tonigen Gesteinen der Gneis, aus dem Sandstein der Quarzit. Beide Gesteine wurden in der Varistischen Gebirgsbildung gefaltet und verworfen, so daß an den meisten Stellen die Schichten nun mehr oder weniger schräg gestellt sind. Als später die Abtragung die kreidezeitlich-tertiäre Ebene schuf, schnitt sie deshalb lokal den Quarzit an. Dieser aber blieb aufgrund seines Widerstandes gegen die Verwitterung als Felsrippe über das Niveau erhaben, bis zu dem der Gneis abgetragen wurde. Damit ist der Weiße Stein bei Frauenstein landschaftlich den Quarzitrippen von Falkenstein, Schöneck und Auerbach im Vogtland zu vergleichen.

Vielleicht bekannter als der Weiße Stein ist ganz in der Nähe der Buttertopf, eine kleinere, durch die Lage auf freiem Felde auffälligere Quarzitklippe. Ehemaliger Abbau des Gesteins hat hier aber die Zusammenhänge zwischen Landschaft, Felsform und Bau des Untergrundes völlig verwischt.

Hammerunterwiesenthal

Auch das obere Erzgebirge, also der Raum Marienberg – Annaberg, ist aus kristallinen Schiefern aufgebaut und gehörte in Kreidezeit und Tertiär der damaligen Ebene an. Überragt wurde diese aber wohl schon damals von den Glimmerschiefermassiven des Fichtelberges (heute 1214 m hoch) und des Klinovec/ČSSR (heute 1244 m hoch), die bei Unter- und Oberwiesenthal das Landschaftsbild bestimmen.

Auch im oberen Erzgebirge sind den Gneisen und Glimmerschiefern besondere, auch nutzbare Gesteine eingelagert.

Seit dem 16. Jahrhundert wird bei Hammerunterwiesenthal Marmor (kristalliner Kalk) abgebaut, erst in Steinbrüchen, heute unter Tage. Reste mehrerer Kalköfen bezeugen eine jahrhundertealte Branntkalkproduktion. Zeitweise aber ist der erzgebirgische Marmor, besonders der von Crottendorf, auch als Dekorationsgestein verwendet worden, z. B. in der kurfürstlichen Begräbniskapelle des Freiberger Doms (1588/94).

In dem großen Steinbruch an der Straße von Hammerunterwiesenthal nach Crottendorf kann man an den dunklen Amphibolitlagen erkennen, wie intensiv die einst waagerecht sedimentierten Kalkschichten bei der Varistischen Gebirgsbildung verfaltet worden sind.

Die Falten im kristallinen Kalkstein (Marmor) und Amphibolit von Hammerunterwiesenthal sind ein Maß für die intensive tektonische Verformung des Erzgebirgskristallins

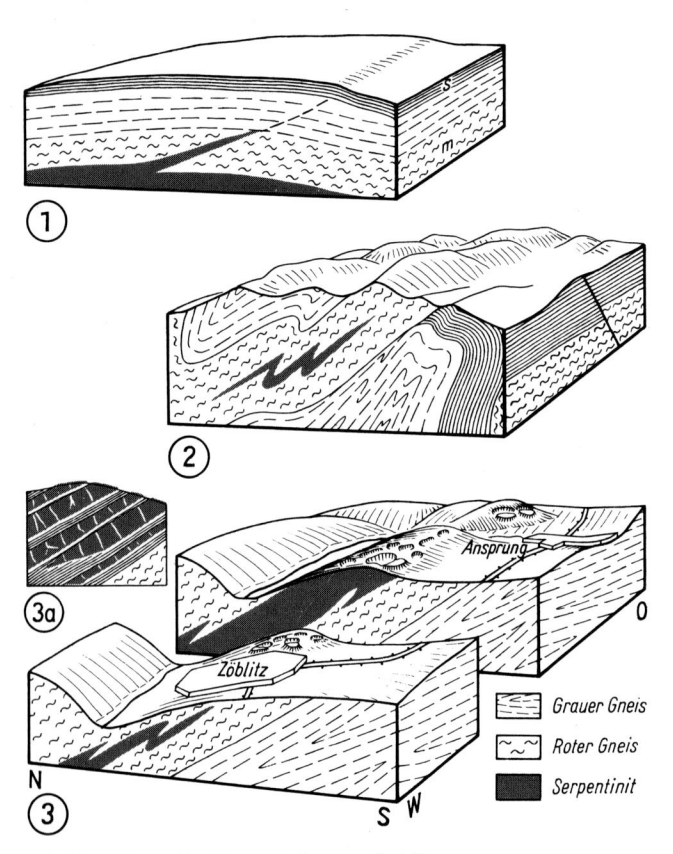

Die Entstehung des Serpentinits von Zöblitz

① Magma aus dem Erdmantel (schwarz) wird im Präkambrium in die metamorphe Tiefenzone *m* der Erdkruste eingequetscht (*s* Sedimentzone der Erdkruste)

② das aus Erdmantelmaterial entstandene Magmagestein wird in die Faltung des Varistischen Gebirges einbezogen, geschiefert und in Serpentinit umgewandelt

③ nach Abtragung des Faltengebirges wird das Serpentinitlager von der Kreidezeit bis zur Gegenwart von der Erdoberfläche angeschnitten

Die Gliederung des Serpentinitlagers in schieferige und blockiggeklüftete Bereiche zeigt der Ausschnitt 3a (die Blöcke ② und ③ stellen jeweils Ausschnitte aus den Blöcken ① bzw. ② dar)

Wenige hundert Meter südlich der alten Kalköfen, oberhalb der Kirche von Hammerunterwiesenthal, sehen wir ein großes modernes Schotterwerk. Der dazugehörige Steinbruch ist vom öffentlichen Verkehrsraum aus nicht zu sehen. Er geht etwa 60 m in die Tiefe, wird künftig das Gestein in noch größerer Tiefe aufschließen, kann sich aber aus geologisch-erdgeschichtlichen Gründen nicht seitlich ausbreiten: Es handelt sich um Phonolith, also ein relativ junges vulkanisches Gestein (aus dem Tertiär), das hier einen einstigen Vulkanschlot ausfüllt. Der Steinbruch räumt also heute genau den Vulkanschlot wieder aus.

Beide Gesteine, Marmor und Phonolith, bestimmen bei Hammerunterwiesenthal nur indirekt durch die Zeugen des Abbaus und der Verarbeitung das Landschaftsbild.

Zöblitz – Ansprung

Bei Zöblitz und Ansprung östlich von Marienberg ist den Gneisen und Glimmerschiefern ein Gestein eingelagert, das sowohl geologisch wie auch kulturgeschichtlich gerade von diesen Fundpunkten weltbekannt ist: der Serpentin oder – petrographisch genauer – der Serpentinit. Seit dem 16. Jahrhundert wird er im Kunstgewerbe und in der Architektur als meist dunkelgrüner, gut polierbarer Dekorationsstein benutzt, der auch auf der Drehbank bearbeitet werden kann. Balustraden in der katholischen Hofkirche und in der Semperoper in Dresden sind ebenso aus ihm hergestellt wie goldgefaßte Trinkkrüge und Schalen im Grünen Gewölbe.

Auch geologisch hat der etwa 50 bis 100 m mächtige, schräg nach Norden eintauchende Serpentinit eine besondere, für Erzgebirgsgesteine einmalige Entstehungsgeschichte. Im Präkambrium erstarrten in den untersten Bereichen der Erdkruste oder unter dieser kieselsäurearme, eisenreiche, also vorwiegend aus Olivin und Granat bestehende Gesteine. Tektonische Verformungen der Erdkruste haben lokal – eben im Raum Zöblitz und Ansprung – Teile dieser Gesteine in höhere Erdkrustenbereiche emporgepreßt und zwischen kristalline Schiefer eingeschoben. Dabei wurde das Gestein lagenweise intensiv geschiefert und bei etwas niedrigeren Temperaturen und Aufnahme von Wasser in Serpentinit umgewandelt. Zahlreiche Klüfte zerlegten den Serpentinit auch senkrecht zu Schieferung und Bankung. Die kreidezeitlich-tertiäre Abtragung beseitigte die höhergelegenen Teile des etwa 2,5 km langen, schräggestellten Serpentinitlagers. Die Verwitterung ergriff die obersten Bereiche des noch erhaltenen Gesteins, lockerte sie und schuf durch Umwandlung verschiedener Mineralgemengteile des auch schon primär etwas verschiedenfarbigen Serpentinits dessen hellgrüne, graue, gelbliche und rote Farbvarietäten. Alle diese Faktoren bestimmen die Möglichkeiten für Abbau und Verwendung des Gesteins und seine Kulturgeschichte. Der größte Teil des Serpentinits ist aufgrund der Schieferung und Klüftung kleinstückig. Dieses Material wird seit etwa 1910 zu dunkler Terrazzokörnung verarbeitet. Weniger als 10% der Gesamtmasse sind Blöcke, aus denen kunstgewerbliche Gegenstände hergestellt werden. Auch als Bildhauerstein und zur Restaurierung historischer Bauten wurde Serpentinit in jüngster Zeit verwendet.

Die besondere geologische Entstehungsgeschichte hat zur Folge, daß Serpentinit nur ziemlich selten zu finden ist. Das Zöblitzer Vorkommen ist eins der bekanntesten in der Welt.

Landschaftlich fällt das Serpentinitvorkommen zunächst nicht besonders auf. Seine höchsten Erhebungen liegen noch unterhalb des Niveaus der ehemaligen tertiären Rumpffläche, ordnen sich also den umliegenden Höhenrücken ein oder sogar unter. Trotzdem fällt bei genauer Betrachtung das Serpentinitgebiet schon von weitem auf. Die Widerstandsfähigkeit des Gesteins gegen die Verwitterung und seine Unfruchtbarkeit sind die Ursache dafür, daß sein Vorkommen zwischen Zöblitz und Ansprung einen lokalen und nur dürftig bewachsenen Höhenrücken bildet. Auch die alten Steinbruchslöcher und Halden des

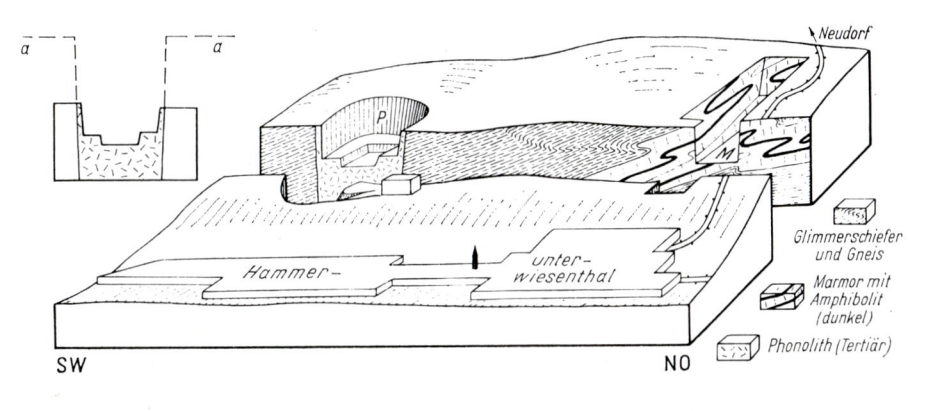

Liegende Falten im Marmor und Amphibolit sowie Phonolith in einem Vulkanschlot des Tertiärs bei Hammerunterwiesenthal
P Phonolith-Steinbruch,
M Marmorbruch
Links darüber: der Vulkanschlot mit der Landoberfläche im Tertiär (a–a)

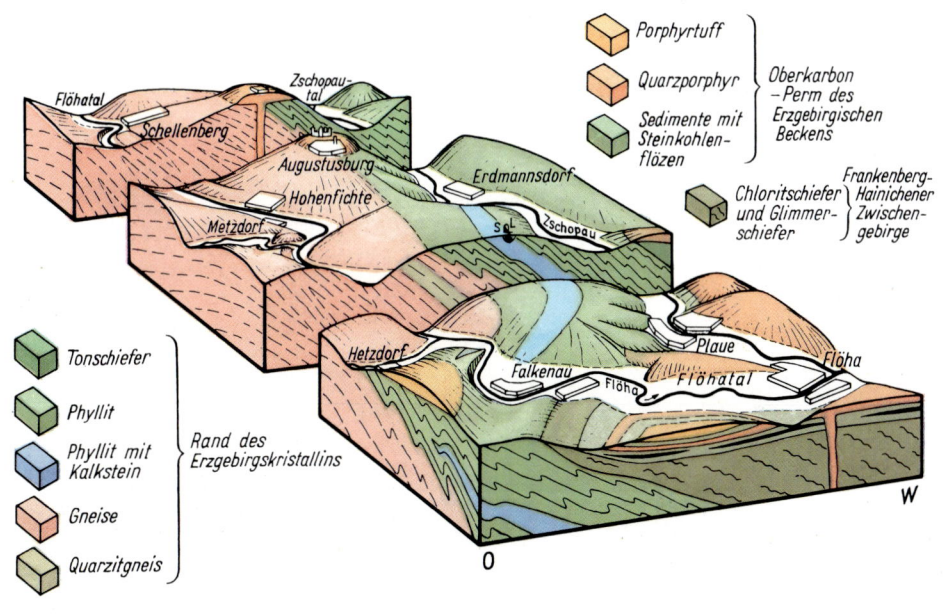

Der Nordrand des Erzgebirges bei Augustusburg – Flöha mit dem Quarzporphyrvulkanschlot Augustusburg und dem flachliegenden, steinkohlenführenden Oberkarbon bei Flöha
SL Schwedenlöcher

nun länger als 400jährigen Abbaus sowie der neue große Steinbruch des jetzigen Serpentinwerkes markieren die Verbreitung des Serpentinits nördlich der Straße Zöblitz–Ansprung.

Wer diese Straße benutzt, lernt in der weiteren Umgebung noch zwei sehr verschiedene Landschaftstypen kennen: westlich, Richtung Marienberg, das tief in Gneise eingeschnittene steilwandige Tal der Schwarzen Pockau, dessen Sohle die Straße nach steiler Abfahrt an der »Kniebreche« erreicht; östlich vom Ort Ansprung dagegen die weite, landschaftlich von leicht abtragbaren Sedimenten des Rotliegenden verursachte Talniederung der Flöha bei Olbernhau.

Flöha – Plaue – Augustusburg

Bei Flöha und Falkenau treten die Flüsse Zschopau und Flöha aus dem Erzgebirge in das von oberkarbonischen und rotliegenden Gesteinen gefüllte Erzgebirgische Becken ein. Flußabwärts werden die Täler im Bereich des Erzgebirgischen Beckens weiter, die begleitenden Berge niedriger. Flußaufwärts sind die Täler von Zschopau und Flöha tief in die kristallinen Schiefer des Erzgebirges eingeschnitten. Allerdings finden wir hier nicht die Gneise, sondern Phyllite und Glimmerschiefer als die kristallinen Schiefer, die den Nordrand des Erzgebirges bilden und unter das Erzgebirgische Becken untertauchen. Die Schwedenlöcher

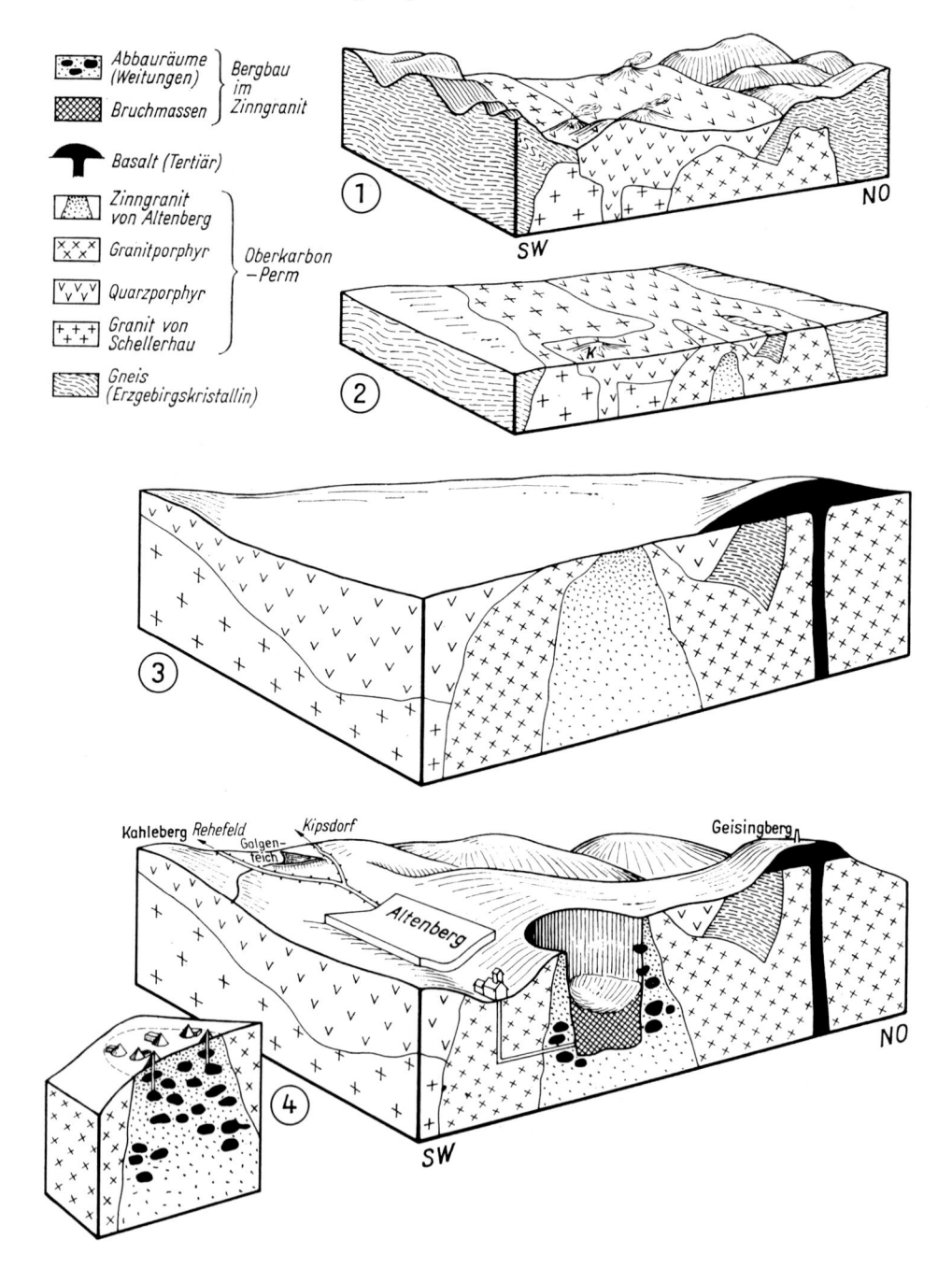

Die Entstehung der Altenberger Pinge und des Geisingberges

① Die Landschaft des Oberkarbons und Rotliegenden mit Magmatiten in einer Querzone des Varistischen Gebirges; die Altersfolge der Magmatite: Schellerhauer Granit (von der Abtragung schon freigelegt), Quarzporphyr von Teplice (mit den letzten Eruptionsstellen), Granitporphyr

② in den Granitporphyr ist der Altenberger Zinngranit als letzter Magmatit im Unterrotliegenden eingedrungen; in der Kreidezeit und im Alttertiär ist die Landschaft zur Fastebene abgetragen (K Kahleberg bei Altenberg)

③ und ④ – Ausschnitte aus ②

③ im Jungtertiär Eruption des Basalts vom Geisingberg

④ seit dem Jungtertiär: Fastebene von Tälern zerschnitten und – in historischer Zeit – Einbruch der Pinge im Bereich des Zinngranits infolge des Bergbaus

Links daneben: Weitungsbaue im Zinngranit vor Einbruch der Pinge

Zwei landschaftliche Wahrzeichen des Osterzgebirges: die Altenberger Pinge als berühmtestes Zeugnis des erzgebirgischen Zinnbergbaus und der Geisingberg als Überrest des tertiären Basaltvulkanismus

bei Plaue sind durch den Abbau eines Kalklagers entstanden, das dem Phyllit eingeschaltet ist.

Die Höhen beiderseits des Zschopau- und Flöhatales lassen wieder die schräg nach Norden abgedachte Hochfläche des Erzgebirges erkennen. Sie wird von dem Quarzporphyrfelsen der Augustusburg überragt, der der Überrest eines Vulkans aus dem Oberkarbon oder Unterperm ist. Der Brunnen des Schlosses Augustusburg ist 170 m tief in Quarzporphyr abgeteuft und hat damit den Schlot dieses Vulkans nachgewiesen.

Altenberg/Osterzgebirge

Die höchste Erhebung des östlichen Erzgebirges ist der 905 m hohe Kahleberg bei Altenberg. Von ihm überschaut man nach Südwest, West, Nord und Nordost zahlreiche Höhenrücken, die insgesamt die schon mehrfach erwähnte kreidezeitlich-tertiäre Tiefebene repräsentieren, die heute aber gehoben, nach Norden schräggestellt und intensiv zertalt ist. In diesem Landschaftsbild fallen in unmittelbarer Nähe der alten Bergstadt Altenberg zwei besondere Elemente auf, die berühmte Altenberger Pinge als Einsturztrichter des dortigen Zinnbergbaus und der Geisingberg als Zeuge des Vulkanismus der Tertiärzeit.

Das Altenberger Zinnerzvorkommen ist einer NNW–SSO-streichenden Querstörungszone des Varistischen Gebirges eingeschaltet. Im Oberkarbon/Unterperm drangen in dieser von Teplice (ČSSR) über Zinnwald – Altenberg bis gegen Dippoldiswalde nachgewiesenen Zone nacheinander verschiedene Magmaschmelzflüsse ein, die den Granit von Schellerhau, den Quarzporphyr von Teplice, den Granitporphyr und zuletzt und nur lokal den Zinngranit von Altenberg bildeten. Letzterer hat seine besondere Entstehungsgeschichte.

Nachdem sich bei ihm wie bei jedem Granit die Gemengteile Feldspat, Quarz und Glimmer aus der Schmelze ausgeschieden hatten, wurden die Feldspäte durch die noch verbliebenen heißen Dämpfe und wäßrigen Lösungen zu Quarz und Glimmer zersetzt, und zwar speziell im oberen

Teil des kuppelförmigen Granits, wo die Dämpfe und Lösungen nicht entweichen konnten. Der Granit »schmorte also quasi im eigenen Saft« und wurde durch die Zersetzung des Feldspats zu einem nur aus Quarz und Glimmer bestehenden Gestein, dem Greisen, umgewandelt. Der Greisen und im tieferen Bereich lokal von Klüften aus der intakte Granit wurde schließlich mit Zinnstein imprägniert. Dieses Zinnerz ist deshalb im ganzen Greisenkörper, dem Zwitterstock, fein verteilt, wenn auch mit unterschiedlichen und stets nur geringen Metallgehalten.

Etwa im Jahre 1440 entdeckten Bergleute dieses Zinnerzvorkommen und bauten seitdem besonders die im ganzen Zwitterstock verteilten wolkenförmigen Reicherzpartien ab. Dadurch entstanden in dem Gesteinskörper zahlreiche große Höhlungen von etwa 3 bis 20 m Durchmesser. Der Zwitterstock war schließlich so von Abbauhohlräumen durchzogen, daß er in sich zusammenbrach. Solche Einstürze erfolgten in den Jahren 1545, 1578 und 1620. Damit war die Altenberger Pinge entstanden, der Zinnbergbau aber nicht beendet.

Nun teufte man Schächte im festen Gestein neben der Pinge ab, trieb Strecken bis zur Pinge vor, zog die zinnhaltigen Bruchmassen ab und förderte diese durch die Schächte zutage. Über 300 Jahre bis zur Gegenwart konnten so die Bruchmassen der Pinge zur Zinnproduktion genutzt werden. Künftig wird man dazu noch rings um die Pinge intakte, randliche vererzte Bereiche »zu Bruch schießen« und auf gleiche Weise aus der Pinge fördern. Dadurch wird diese sich noch weiter vergrößern. Ihr Durchmesser von einigen hundert Metern und ihre Tiefe von mehr als hundert Metern am Ende des Abbaus wird in der Landschaft ziemlich genau die Lage und Größe des einstigen Zinngranitvorkommens zeigen, dem die Stadt Altenberg ihre Existenz verdankt.

Die Pinge ist heute schon nicht nur eine Sehenswürdigkeit in der Landschaft des Osterzgebirges, sondern zugleich international ein berühmtes Objekt der Erzlagerstättenlehre und ein Denkmal aus der Geschichte der Produktivkräfte im Bergbau. Aschergraben, Quergraben und Neugraben, vor allem aber die auf der Höhe oberhalb der Stadt Altenberg gelegenen Galgenteiche, die heute dort das Landschaftsbild bestimmen, verdanken auch dem Bergbau ihre Entstehung. Sie hatten den Wasserkünsten und Zinnwäschen das benötigte Wasser zuzuführen.

Der 824 m hohe Geisingberg, etwa 1 km nordöstlich der Pinge gelegen, hat mit seinen steilen Flanken und seiner ziemlich flachen Oberfläche die typische Form der erzgebirgischen Basaltberge. Deren Entstehung werden wir am Beispiel der obererzgebirgischen Basaltberge betrachten. Unter dem Geisingberg ist ein ebenfalls mit Basalt gefüllter Vulkanschlot anzunehmen. Der aus dem Tertiär stammende Basalt ist bei Altenberg das jüngste Festgestein. Lage und Durchmesser dieses Schlotes wie auch die ehemalige Form des Geisingbergvulkans lassen sich heute jedoch nur mit Unsicherheit vermuten.

Der historische Silberbergbau

Das Erzgebirge ist vor allem durch den Bergbau auf Silber, Blei, Zink, Kobalt, Nickel und Wismut bekannt geworden. Dieser Bergbau, der im Jahre 1168 begann, ist zwar nach 800jährigem Betrieb 1968 eingestellt worden, hat aber in den historischen Bergrevieren des Erzgebirges das Landschaftsbild bis heute so geprägt, daß wir auch »über Tage« in der Landschaft die Bergbaugeschichte nacherleben und die geologischen Grundlagen des Bergbaus erkennen können.

Die Erze der genannten Metalle kommen in Gängen vor. Das sind mineralgefüllte Spalten von wenigen Millimetern bis zu mehreren Metern Breite, bis zu mehreren Kilometern Länge, und fast bis 1000 m Tiefe nachgewiesen. Spaltenbildung und Mineralfüllung sind vorwiegend in der Varistischen Gebirgsbildung erfolgt und ursächlich an diese gebunden. Nur ein Teil der Erzgänge, allerdings auch solche mit reichem Metallgehalt, sind in der Kreidezeit und im Tertiär entstanden.

In der Gangfüllung unterscheidet man Erzminerale wie Silberglanz, Bleiglanz, Zinkblende, Arsenkies, Kobaltkies, Wismutglanz und viele andere, sowie taube, d. h. metallfreie Minerale wie Quarz, Kalkspat, Schwerspat, Flußspat. Aufgrund verschiedener Mächtigkeit und verschiedener Mineralführung sind die Erzgänge sehr unterschiedlich reich. Die Verwitterung verschiedener Gangminerale in den obersten 10 bis 50 m der Gänge führte zu einer Anreicherung des Edelmetalles Silber, das die Bergleute in den oberen Dekametern der Gänge demgemäß reichlich und gediegen fanden. Das bedingte ein schnelles Aufblühen und nach Erschöpfung der Reicherzzone einen ebenso schnellen Niedergang des Silberbergbaus und der Silberbergstädte. Da Silber in vergangenen Jahrhunderten Währungsmetall war, hatten diese wirtschaftlichen Schwankungen des Bergbaus für den Landesherrn, aber auch für die übrige Bevölkerung und die Bergstädte selbst große Bedeutung.

Die Erzgänge sind nicht gleichmäßig über das Erzgebirge verteilt, sondern treten nur in bestimmten Gebieten, in diesen aber gehäuft und gesetzmäßig in verschiedenen Richtungen auf. Die wichtigsten dieser Erzreviere des Erzgebirges sind die von Freiberg, Schneeberg, Annaberg, Marienberg und Johanngeorgenstadt, die jeweils eine bemerkenswerte Geschichte haben.

Bei Freiberg wurde das Silbererz im Jahre 1168 nahe des heutigen Stadtzentrums im Zuge der Besiedelung des Osterzgebirges entdeckt. Gefunden wurde das Erz vor allem dort, wo die Erzgänge an Talhängen von der natürlichen Abtragung freigelegt waren, wie man heute an einem Beispiel im Muldental unterhalb Großschirma bei Freiberg beobachten kann. Wo Erze nachgewiesen waren, schürfte man dann auch auf allen umliegenden Äckern und fand so nacheinander unter dem Verwitterungslehm alle Erzgänge des betreffenden Reviers. Durch Zuzug von Berg-

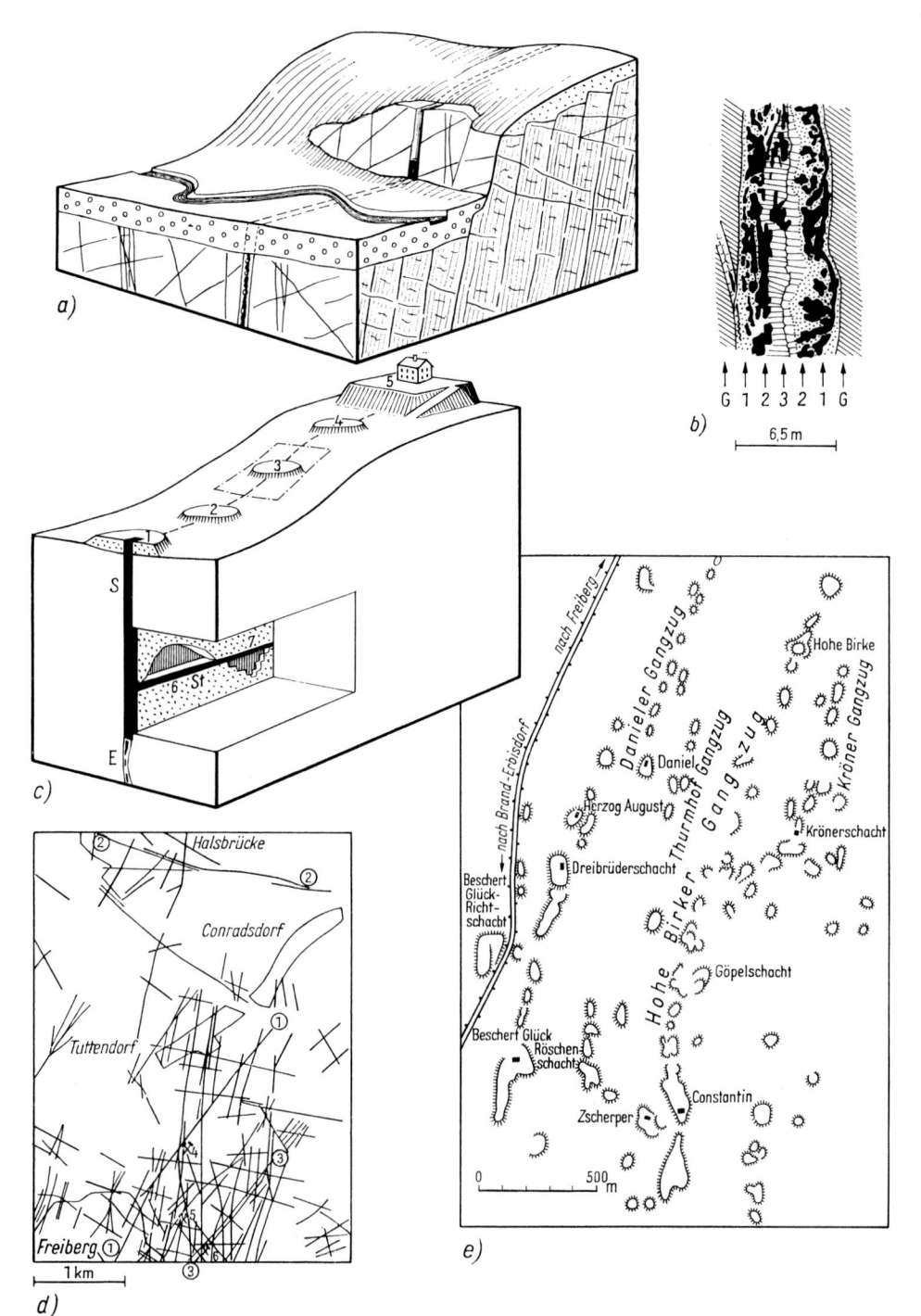

Erzlagerstätten und Landschaft im Freiberger Revier

a) Schema eines an einem Felshang aufgeschlossenen Erzganges gestrichelt: Erzgang durch Kies (Kreise) und Verwitterungslehm (Punkte) verdeckt; b) Minerale in einem erzreichen Gang in der Reihenfolge der Ausscheidung: *1* Manganspat, *2* Zinkblende mit Silberglanz, *3* Kalkspat, *G* Gneis als Nebengestein (Gangstück von Grube Himmelsfürst nach BECK, 1909); c) Haldenlandschaft über einem Erzgang: *1–4* mittelalterliche Halden von Handhaspelschächten, strichpunktiert: altes Grubenfeld, *5* Halde aus dem 19. Jahrhundert mit Schachtgebäude, *S* Schacht, *E* Erzgang in der Tiefe; im Ausschnitt sichtbar: Seitenfläche des Erzganges (punktiert) mit Abbaustrecke *St*, Firstenbau *6* und Strossenbau *7*; schraffiert: abgebaute Bereiche des Erzganges; d) Lageplan der Erzgänge zwischen Freiberg und Halsbrücke (nach MÜLLER, 1901)

①–① Hauptstollengang
②–② Halsbrücker Spatgang
③–③ Thurmhofgang
4 Reiche Zeche
5 Alte Elisabeth
6 Thurmhofschacht

e) Halden auf den Gangzügen zwischen Freiberg und Brand-Erbisdorf

leuten, Handwerkern, Vasallen des Markgrafen und kapitalkräftigen Kaufleuten wandelte sich die 1152 gegründete Bauernsiedlung Christiansdorf um das Jahr 1187 zur Bergstadt Freiberg. Im Laufe der Jahrhunderte fand man um Freiberg etwa 1000 Erzgänge. Das Revier dehnte sich schließlich auf etwa 5 km W–O- und 20 km N–S-Erstreckung um Freiberg aus.

Bei Schneeberg nahm der Silberbergbau um 1470 seinen Aufschwung und führte zur Gründung der Bergstadt. Nachdem um 1520/1540 der Silberreichtum zurückging, wurden bis ins 20. Jahrhundert vorwiegend Kobalt, Nickel und Wismut gefördert. Die Schneeberger Bergbaulandschaft entwickelte sich besonders zwischen Schneeberg, Neustädtel und dem 1483 erbauten Filzteich, der ältesten wasserwirtschaftlichen Anlage des Bergbaus im Erzgebirge, einem heute viel besuchten Naherholungsgebiet.

Bei Annaberg fand man 1492 reiche Silbererze, gründete die Bergstadt, erbaute die berühmte Annenkirche als Kirche

Die Halden des historischen Silberbergbaus geben nicht nur den Bergrevieren von Freiberg, Schneeberg, Annaberg, Marienberg und Johanngeorgenstadt eine besondere landschaftliche Note, sondern markieren noch heute an der Oberfläche Lage und Richtung der Erzgänge im Untergrund, hier die Halden vom »Bauer-Morgengang« bei Lauta im Revier Marienberg

für die große Bergmannsgemeinde und stellte darin den ebenso berühmten Bergaltar auf, dessen Rückseite ein Bild der damaligen Bergbaulandschaft darstellt.

Marienberg wurde nach reichen Silberfunden ganz in der Nähe 1521 als Bergstadt planmäßig angelegt, Johanngeorgenstadt folgte 1654, als man dort Silber fand und Bergbau begann.

Ohne die Vorkommen von Silbererz wäre keine der genannten Städte entstanden. Sie liegen alle an Stellen, wo sich ohne den Erzreichtum des Untergrundes keine Stadt hätte entwickeln können, und geben damit schon durch ihre Lage über den inneren Bau des Erzgebirges Auskunft.

Rings um die genannten Städte ist die Landschaft der alten Bergreviere heute vor allem durch die Halden geprägt. Jede Halde bezeugt die Lage eines früheren Schachtes. Kleine Halden entstammen früheren Bergbauperioden, als der Handhaspel die vorherrschende Fördermaschine war. Größere Halden entstanden im 18. bis 20. Jahrhundert durch leistungsfähigere Schächte mit modernen Fördermaschinen.

An einigen Stellen, besonders im Freiberger und Marienberger Revier, finden wir zahlreiche kleine alte Halden perlschnurartig hintereinander in der Landschaft. Während der Abstand dieser Halden noch die Größe der damaligen Grubenfelder und damit eine Rechtsgrundlage des alten Bergbaus zu erkennen gibt, markiert die Haldenreihe im ganzen die Lage des Erzganges in der Landschaft. Den Gang selbst können wir hier nicht mehr sehen, da die untertägige Welt, wo der Bergmann die Erze abgebaut hat, mit dem Ausfahren des letzten Bergmanns unzugänglich geworden ist. Die Halden aber bezeugen uns heute noch in der Landschaft den einstigen unterirdischen Reichtum der erzgebirgischen Bergreviere.

Schächte, Stolln und Strecken des alten Gangerzbergbaus können heute im Schaubergwerk »Molchner Stolln« in Pobershau bei Marienberg besichtigt werden. Die erzgebirgischen Erze und die sonstigen Gangminerale lernen wir am besten in den mineralogischen und lagerstättenkundlichen Sammlungen der Bergakademie und des Freiberger Naturkundemuseums kennen.

Die obererzgebirgischen Basaltberge

Im oberen Erzgebirge im Raum Annaberg – Oberwiesenthal wird das Landschaftsbild durch die Basaltberge Scheibenberg, Pöhlberg und Bärenstein bestimmt, die sich durch ihre Tafelbergform auffällig von den breiten Kegelbergen kristalliner Schiefer wie Fichtelberg oder Klinovec unterscheiden.

Die basaltischen Tafelberge spielen sowohl in der Erdgeschichte des Erzgebirges wie auch in der Geschichte der geologischen Forschung eine besondere Rolle.

Ausgehend von Beobachtungen in Frankreich erklärte man um 1750 (richtig) den Basalt als vulkanisches Produkt und deutete demgemäß alle Basaltberge als Überreste ehemaliger Vulkankegel. Demgegenüber erkannte 1789/90 der Geologie-Professor an der Bergakademie Freiberg ABRAHAM GOTTLOB WERNER ebenfalls richtig, daß der Basalt der obererzgebirgischen Tafelberge insgesamt plattenförmige Vorkommen in etwa gleicher Höhenlage bildet und Kiesen, Sanden und Tonen, also Sedimentgesteinen, flach aufgelagert ist. Er folgerte daraus (falsch), daß der Basalt auch ein Sedimentgestein sei, das ursprünglich eine einheitliche flach gelagerte Schicht gebildet habe, aus der die heutigen Basaltberge durch Erosion herausmodelliert seien. Daraus entwickelte sich der in der Geschichte der Geologie berühmte Neptunistenstreit, zu dem sich auch GOETHE äußerte.

Für unser Anliegen, Bau und Entstehung der Landschaft vom Untergrund her verstehen zu lernen, sind die positiven Teile in den Aussagen der sich damals streitenden Parteien wichtig: Der Basalt ist vulkanischen Ursprungs, bildete aber im Erzgebirge keine vulkanischen Kegelberge, sondern plattenartige Talergüsse vulkanischen Gesteins, von denen der Scheibenberg, der Pöhlberg und der Bärenstein nur Erosionsreste sind.

Aus den uns möglichen Beobachtungen können wir folgenden Gang der landschaftlichen Entwicklung ableiten.

Zu Beginn des Tertiärs bestand in Mitteleuropa ein fast einheitliches Flachland, auf dem Flüsse z. B. aus dem heutigen Gebiet der ČSSR auch dort nach Norden flossen, wo sich heute das Erzgebirge erhebt. Diese Flüsse mündeten bei Leipzig in das große Gebiet der Braunkohlenmoore am Rande des tertiären Meeres. Wo heute das Erzgebirge liegt, hatten sich die Flüsse flache Täler in das damalige Tiefland eingeschnitten und in diesen Tälern Kies, Sand und Ton sedimentiert.

Als etwa im mittleren Tertiär der Ohřetalgraben südöstlich des Erzgebirges einsank und dieses sich herauszuheben begann, stieg an verschiedenen Stellen, meist Bruchzonen, dünnflüssige Basaltlava empor, erfüllte – dem Gefälle nachfließend – besonders einige breite und flache Talzüge,

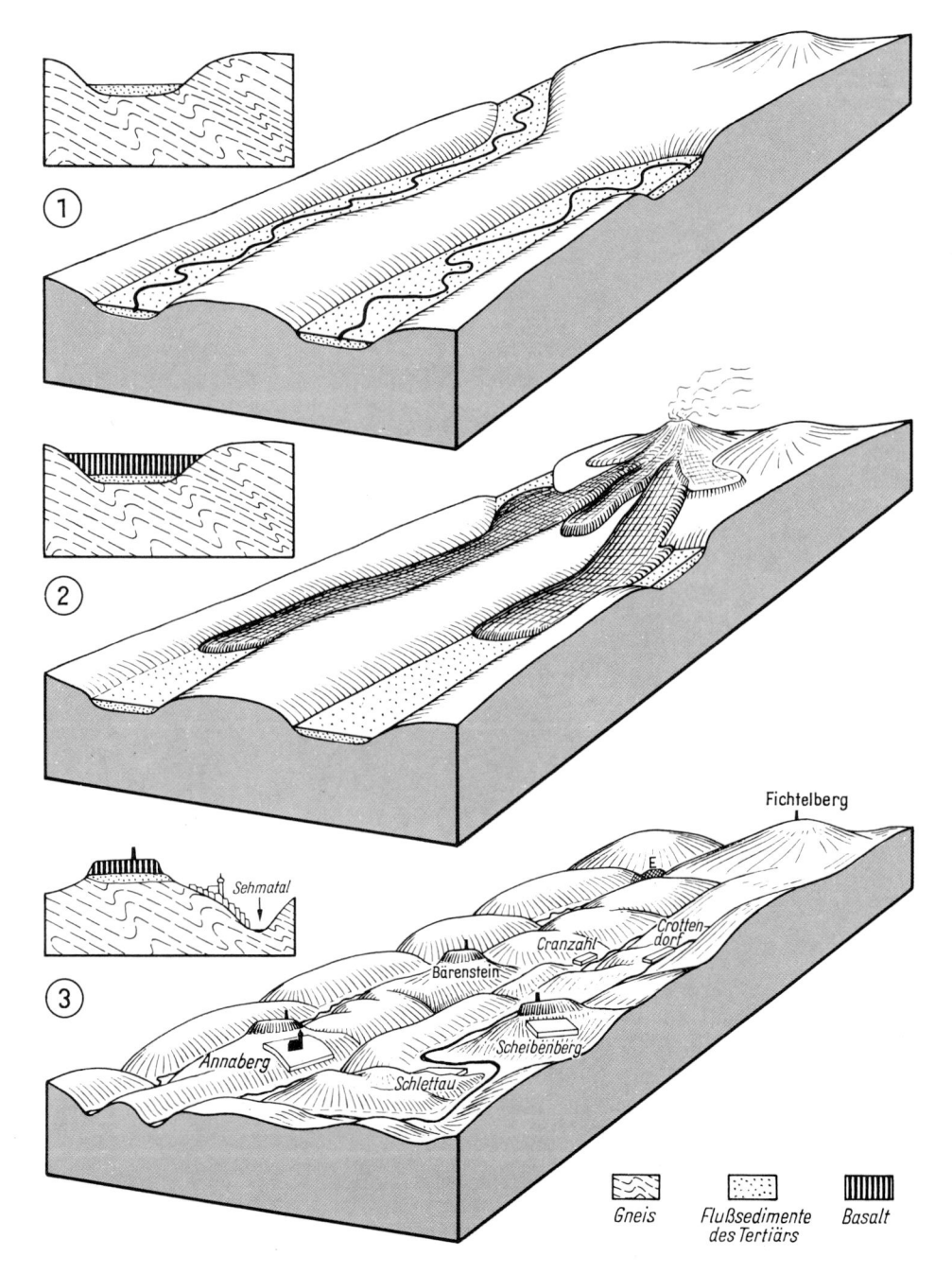

Die Entstehung der obererzgebirgischen Basaltberge

① Zu Beginn des Tertiärs: Flüsse auf flachem Land

② Im Tertiär förderte ein Vulkan dünnflüssige Basaltlava, die sich in die Flußtäler ergoß

③ Vom Ende des Tertiärs bis zur Gegenwart wurde das Land von der Abtragung zertalt, Reste der Talbasalte blieben in Form von Bergen stehen; E Eruptionszentrum (Vulkanschlot) bei Oberwiesenthal und Hammerunterwiesenthal

Links: die Reliefumkehr des Pöhlberges in Profilen

Scheibenberg, Pöhlberg und Bärenstein (letztere beiden hier im Bild) verraten schon durch ihre Form, daß sie nicht aus den kristallinen Schiefern des Erzgebirges bestehen, sondern Reste basaltischer Lavaergüsse darstellen

erstarrte dort zu flachen großflächigen Gesteinskörpern und sonderte sich dabei durch Schrumpfung in Form der bekannten, meist senkrechten Säulen ab.

Als danach das Erzgebirge als Kippscholle bis zu seiner gegenwärtigen Höhe herausgehoben wurde, schnitten die nun existierenden Flüsse und Bäche ihre tiefen Täler ein. Sie erniedrigten dabei besonders die aus den leichter verwitternden kristallinen Schiefern bestehenden Höhenrücken. Die schwerer abzutragenden Basaltmassen aber blieben lokal als Tafelberge stehen. Es kam zur Reliefumkehr, denn sie stehen dort, wo einst (allerdings nur flache) Täler waren. Wenn wir den Scheibenberg oder den Pöhlberg besteigen, dann begegnen wir direkt unter dem Basalt, also hoch über den gegenwärtigen Tälern, in ehemaligen Kies- und Sandgruben den tertiären Flußsedimenten, die uns heute noch beweisen, daß sich diese markantesten Berge des Erzgebirges an der Stelle einstiger Täler befinden. Außer den drei hier genannten Basaltbergen gibt es im Oberen Erzgebirge noch weitere Zeugen des tertiären Vulkanismus. Erwähnt seien der Phonolith von Hammerunterwiesenthal (vgl. Seite 138) und der Hirtstein bei Satzung mit seinen fächerförmigen Basaltsäulen.

Auf der ČSSR-Seite liegt bei Boží Dar ein markanter Basaltberg, der Špičák.

Das Granulitgebirge und das Erzgebirgische Becken

Überblick

Mittelsachsen, d. h. der Raum Zwickau – Karl-Marx-Stadt – Roßwein – Rochlitz, hat geologisch nicht wie Harz und Thüringer Wald durch junge Störungslinien seine Eigenständigkeit, sondern umfaßt zwei tektonische Großstrukturen des Varistischen Gebirges, das Granulitgebirge und das Erzgebirgische Becken.

Bei der Faltung des Varistischen Gebirges an der Wende Unter-/Oberkarbon wurden im Raum Glauchau – Mittweida – Waldheim – Roßwein uralte präkambrische Metamorphite in den Kern eines Sattels emporgepreßt. Die Granulite – die ältesten an der Oberfläche anstehenden Gesteine der DDR und Gesteine hohen Metamorphosegrades – sind meist ziemlich helle bis hellgraue kristalline Schiefer aus Feldspat, Quarz, Granat und etwas Glimmer. Ob sie aus magmatischen oder sedimentären Gesteinen entstanden sind, wird zur Zeit noch diskutiert. Eingelagert sind ihnen verschiedene andere Metamorphite, wie Cordieritgneis und Serpentinit. Alle diese Gesteine sind stark geschiefert und stellenweise bei der Faltung ineinandergeknetet sowie von zahlreichen Granitgängen durchzogen.

Rings um den ovalen, etwa 50 km langen und 20 km breiten Granulitkörper liegen kristalline Schiefer niederen Metamorphosegrades wie Glimmerschiefer und Phyllit, an vielen Stellen als Fruchtschiefer und Knotenschiefer, also als Kontaktmetamorphite ausgebildet. Früher glaubte man, daß der Granulit die Kontaktmetamorphose ausgeübt habe. Heute weiß man, daß diese »Hüllschiefer« nicht durch ein (früher angenommenes) Granulitmagma verändert worden sind, sondern daß sie zu einer Zeit, als die Granulitmetamorphose schon abgeschlossen war, durch tektonische Aufschiebungen während der Varistischen Gebirgsbildung auf den Granulit geraten sind.

Zwischen dem Erzgebirgssattel und dem Granulitgebirgssattel senkte sich bei der Faltung im Oberkarbon eine Mulde mit Gesteinen des Silurs, Devons und Unterkarbons ein. In deren Achse allerdings wurden kristalline Schiefer, vor allem Gneis, in einem schmalen Streifen bei Wildenfels und Frankenberg – Hainichen hoch herausgepreßt.

Alle diese Strukturen wurden im Oberkarbon – Unterperm von der Abtragung erniedrigt. Der Verwitterungsschutt füllte im Oberkarbon in Form grauer Sedimente (Flöhaer und Zwickau-Oelsnitzer Schichten) und während des Rotliegenden in Form roter Konglomerate, Sandsteine und Schiefertone die Muldenzone auf, die uns heute als Erzgebirgisches Becken vorliegt. Besonders im Oberkarbon von Hainichen, Flöha, Zwickau und Oelsnitz bildete sich in Sümpfen aus der damaligen Pflanzenwelt Steinkohle. In der Rotliegendzeit warfen Vulkane Aschen und Lava aus, die uns als Tuffe (bei Karl-Marx-Stadt und Oederan) sowie Quarzporphyr und Melaphyr erhalten sind. Die Tuffe von

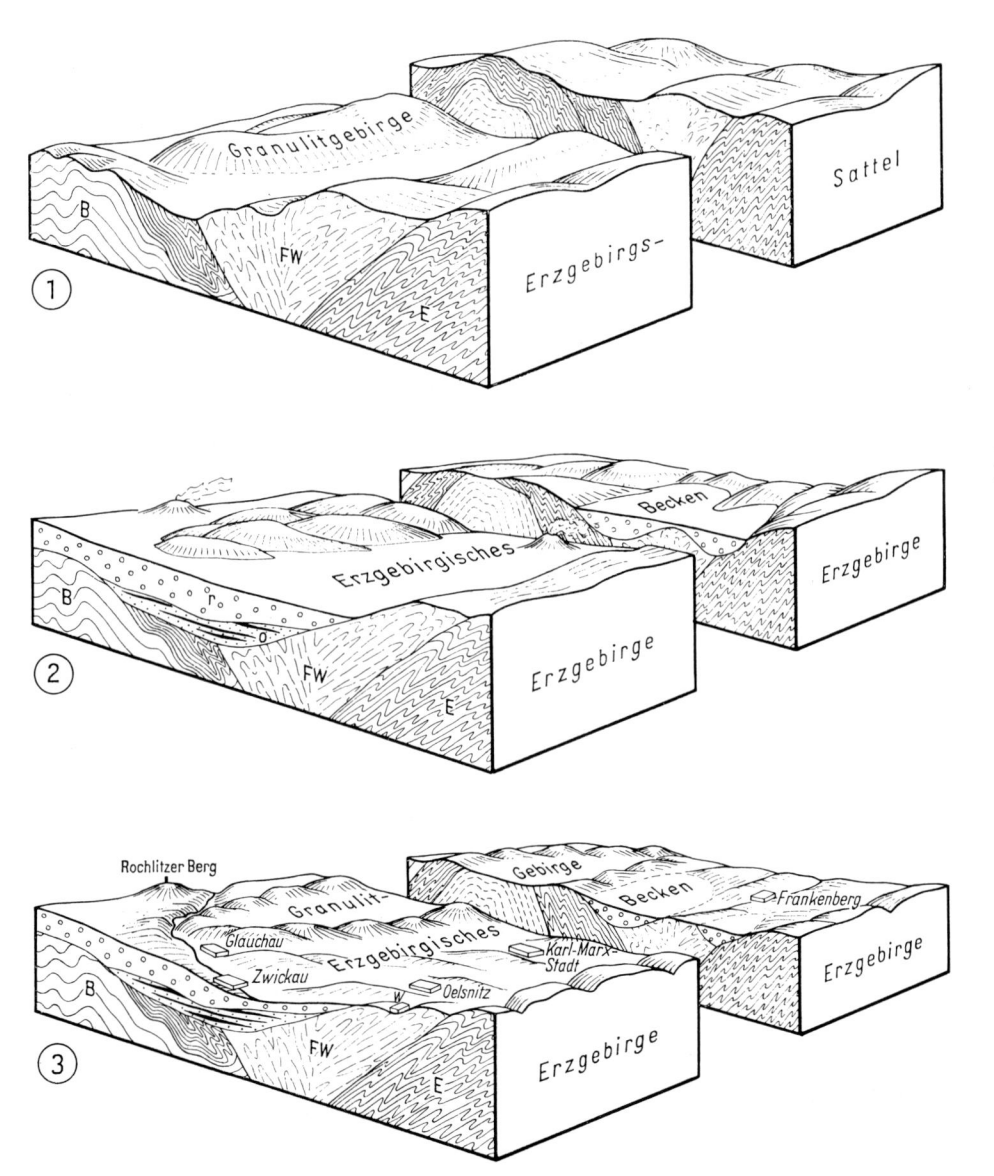

Der tektonische und landschaftliche Werdegang des Erzgebirgischen Beckens und des Granulitgebirges

① Nach der varistischen Faltung (Wende Unterkarbon/Oberkarbon): B Bergaer Sattel, in seiner Fortsetzung G Granulitgebirgssattel, FW Frankenberg-Wildenfelser Zwischengebirge (ein Keil emporgepreßter Gneise), E Erzgebirgssattel

② Nach dem Einsinken des Erzgebirgischen Beckens und seiner Auffüllung mit Abtragungsschutt: o Oberkarbon mit Steinkohlenflözen, r Rotliegendes, Granulitgebirge erniedrigt, Granulit freigelegt, nordwestlich vom Granulitgebirge ein Vulkan

③ Die gegenwärtige Landschaft: Erzgebirgisches Becken flachwellig zertal, Granulitgebirge fast eingeebnet, zertal und von Schieferwall umgeben
W Wildenfels

Im Stadtgebiet Karl-Marx-Stadt–Hilbersdorf wurden besonders in den Jahren um 1860 und 1925 verkieselte Baumstämme aus der Rotliegendzeit gefunden, aus denen vor dem Naturkundemuseum in Karl-Marx-Stadt der »Versteinerte Wald« zusammengestellt wurde

Karl-Marx-Stadt-Hilbersdorf begruben bei den Eruptionen zahlreiche Bäume. Deren später verkieselte Stämme wurden bei Bauarbeiten vor Jahrzehnten ausgegraben und teilweise vor dem Naturkundemuseum als »Versteinerter Wald« aufgestellt.

Wie das Erzgebirge, so blieb auch dieses Gebiet während Trias, Jura und Kreidezeit flaches Festland. Die Schichten des Zechsteins, Buntsandsteins, Muschelkalks usw. waren also hier nie vorhanden.

Zu Beginn des Tertiärs überzog die große Tiefebene auch dieses Gebiet, bis es zusammen mit dem Erzgebirge gehoben und schräggestellt wurde und sich die Täler tiefer einschneiden mußten. Hier blieb die Ebene als wellige Hochfläche im wesentlichen erhalten. Die Flüsse aber schnitten sich je nach dem Gestein landschaftlich sehr verschiedenartige Täler ein, so daß wir vor allem in diesen die Zusammenhänge zwischen Landschaftsform und Untergrund erkennen können.

Zwickau – Oelsnitz

Das Erzgebirgische Becken war im Oberkarbon – Unterperm kein einheitlicher Senkungsraum. Heute erscheint zwar das ganze Gebiet zwischen Zwickau – Werdau – Glauchau im Südwesten und Hainichen im Nordosten als große einheitliche Rotliegendmulde, zur Zeit des Oberkarbons und Unterperms selbst aber sanken in diesem Gebiet zunächst mehrere kleine Becken ein und füllten sich mit dem Abtragungsschutt der benachbarten Höhenrücken des Varistischen Gebirges.

Das bedeutendste dieser Teilbecken ist das Zwickau-Oelsnitzer Steinkohlenrevier. Auf etwa 20 km SW–NO-Erstreckung und 5 km Breite sank im Oberkarbon das Gelände zwischen Zwickau – Planitz und Lugau – Oelsnitz ein, so daß in dem Becken etwa 400 m mächtige graue Konglomerate, Sandsteine und Schiefertone sedimentiert wurden. In dem feuchtwarmen Klima wuchsen in den Sümpfen des Beckens u. a. Farne, Palmfarne, Schachtelhalme und Schuppenbäume. Ihre Überreste bildeten zahlreiche Steinkohlenflöze von meist etwa 0,5 bis 2 m Mächtigkeit. Bei Zwickau waren der Schichtfolge 11 bauwürdige Flöze mit etwa 35 m Steinkohle, bei Oelsnitz 13 bauwürdige Flöze mit etwa 30 m Steinkohle eingeschaltet. Zwischen beiden Revieren gab es allerdings ein flözleeres Gebiet. Vielleicht mündete von Süden her ein Fluß in das Gesamtbecken und schüttete mit dem Abtragungsschutt ein Delta auf, so daß die Steinkohlensümpfe nur an den beiden Seiten, eben bei Zwickau und Oelsnitz, entstehen konnten.

In der Folgezeit wurde das Becken weiter abgesenkt, auch von Verwerfungen zerstückelt und schließlich – auf die Nachbargebiete übergreifend – im Unterperm mit Rotliegendsedimenten bis zu mehreren hundert Meter Mächtigkeit zugeschüttet.

Nachdem der Bergbau – bei Zwickau wohl um 1300, bei Oelsnitz um 1844 – am Rande der Becken am Ausbiß der Flöze begonnen hatte, mußte im 19./20. Jahrhundert der größte Teil der Steinkohle aus 600 bis 1000 m Tiefe gefördert werden. Heute ist der Bergbau in beiden Revieren zwar wegen Erschöpfung der Vorräte stillgelegt, aber Halden und einige historische Fördertürme geben noch Zeugnis von der Geschichte des Zwickau-Oelsnitzer Reviers. Der Förderturm des Karl-Liebknecht-Schachtes in Oelsnitz bleibt Wahrzeichen in der Landschaft des Steinkohlenreviers und zugleich technisches Denkmal des Steinkohlenbergbaus und Denkmal der fortschrittlichen Traditionen der Zwickau-Oelsnitzer Bergarbeiter.

Der geologische Bau des Steinkohlenreviers deutet sich in der Landschaft nur stellenweise an, nicht z. B. in den zentralen Teilen des Beckens östlich von Zwickau, wo die Martin-Hoop-Schächte auf der Höhe – einem landschaftlichen Überrest der tertiären Tiefebene – stehen. Deutlicher kann man sich das Steinkohlenbecken im Gebiet der heutigen Haupttäler vorstellen. So ist das Tal der Zwickauer Mulde abwärts bis Kainsdorf eng und steilwandig in die alten Gesteine des Silurs, Devons und Unterkarbons eingeschnitten, die zwischen Planitz und Ebersbrunn auch in ehemaligen Steinbrüchen aufgeschlossen sind. Von Kainsdorf über die Stadt Zwickau bis Glauchau weitet sich das Tal genau im Bereich des Erzgebirgischen Beckens.

Im Oelsnitzer Raum wird die hügelige Landschaft des Beckens im Süden bei Stollberg von Phyllithöhen des Erzgebirges, im Norden bei Hohenstein-Ernstthal vom Schieferwall des Granulitgebirges überragt. Dadurch erscheint das einstige Rotliegendbecken heute wieder als Becken.

Die Höhen des Granulitgebirges

Landschaft und geologischer Bau des Granulitgebirges offenbaren sich sehr verschieden, je nachdem, ob man es über die Höhen oder durch die Täler quert.

Die Höhen sind mit ihrer flachwelligen, größtenteils ebenen Landschaft deutlich noch von der kreidezeitlich-tertiären Tiefebene bestimmt, die nach der Hebung des Gebietes von tiefen Tälern in Teilstücke zerschnitten, auf diesen aber durchaus noch erkennbar ist. Überragt wird die Hochfläche des Granulitgebirges ringsum von den Hüllschiefern, die landschaftlich deutlich einen Schieferwall bilden. Dessen Höhen sind etwa 10 bis 50 m höher als das Granulitgelände und stellenweise auffällig bewaldet.

Die Autobahn Karl-Marx-Stadt – Glauchau und die Straße Hohenstein-Ernstthal – Waldenburg führen vorwiegend über die Höhen des Schieferwalls, bieten aber Ausblicke auf die Granulitfläche bei Limbach und in das Erzgebirgische Becken. Auch das stark bergige Gebiet um die Stadt Waldenburg selbst ist Teil des Schieferwalls. Die Straße Karl-Marx-Stadt – Penig – Leipzig quert im Bereich der Autobahn und nordwestlich Penig den Schieferwall, dazwischen liegt das Granulitgebiet. Die Straße Hartha – Rochlitz verläuft auf dem Schieferwall selbst und erlaubt nach Süden Blicke auf die Granulithochfläche, nach Norden in das tiefer gelegene nördliche Vorland des Granulitgebirges.

Die Täler des Granulitgebirges

Im Granulitgebirge sind die größeren Täler in die festen, widerstandsfähigen Metamorphite meist eng und steilwandig eingeschnitten. Das ist um so auffälliger, als alle Täler weiter oberhalb im Bereich des Erzgebirgischen Beckens weite Talauen bilden, so das Muldental bei Zwickau – Glauchau, das Chemnitztal bei Karl-Marx-Stadt, das Zschopautal bei Frankenberg.

Die engen steilwandigen Täler im Granulitgebirge durchschneiden größtenteils den Granulit selbst, der weniger in natürlichen Felsen, sondern öfters in Steinbrüchen zur Schottergewinnung aufgeschlossen ist, z. B. bei Diethensdorf, Lunzenau und Roßwein. Besonders erwähnenswert sind in den Tälern die Cordieritgneise, die der Verwitterung noch größeren Widerstand entgegensetzen als der Granulit. Wo sie den Untergrund bilden, werden die Täler durch Felsen und riesige Blöcke im Flußbett besonders romantisch, so z. B. im Chemnitztal bei Markersdorf – Mohsdorf und bei dem Ort Stein, der wohl seinen Namen diesen Cordieritgneisfelsen und -blöcken verdankt.

Der schwer verwitternde Cordieritgneis bildet auch den Taurastein, eine der höchsten Erhebungen des Granulitgebirges zwischen Burgstädt und dem Chemnitztal.

Im Tal der Zwickauer Mulde bei Penig, im Tal der Zschopau bei Mittweida und im Tal der Striegis bei Berbersdorf schließen Steinbrüche Granitvorkommen verschiedener Größe auf. Diese Granite entstanden aus magmatischen Schmelzflüssen, die in verschiedenen Stadien der Metamorphose des Granulits diesen flüssig durchzogen.

Durch das typischste der Täler im Granulitgebirge, das Zschopautal, führt zwischen Mittweida und Döbeln die Bahnstrecke Karl-Marx-Stadt – Riesa – Berlin.

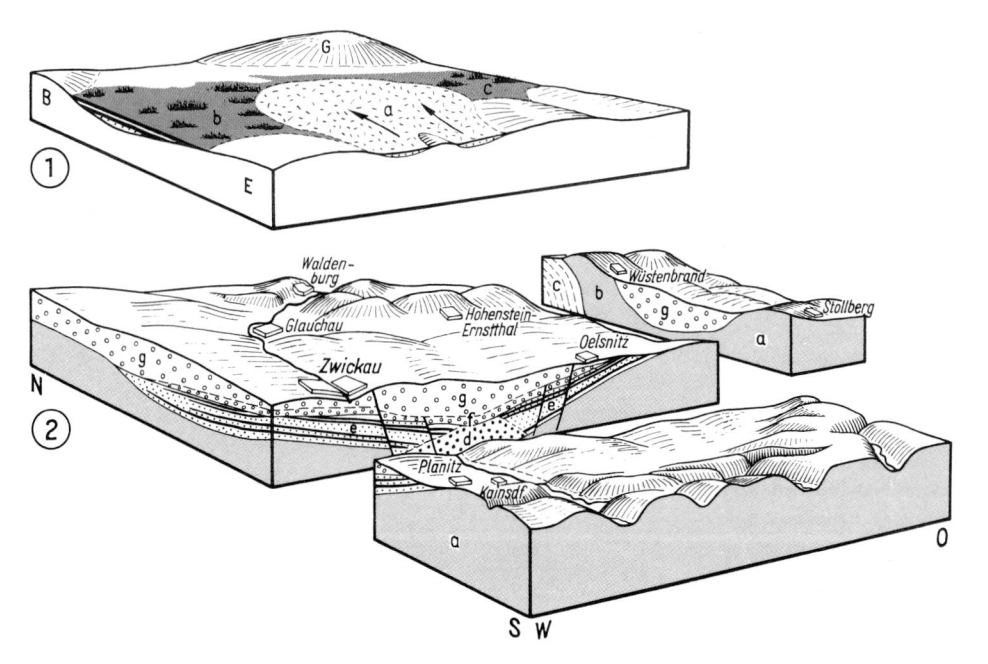

Das Erzgebirgische Becken
① Zur Zeit des Oberkarbons: E Höhen des Erzgebirgssattels, B des Bergaer Sattels, G des Granulitgebirgssattels, a Schwemmkegel aus Sand und Kies, b, c Steinkohlensümpfe bei Zwickau und Oelsnitz
② Die heutige Landschaft: a Grundgebirge, b Schiefermantel des Granulitgebirges, c Granulit, d flözleeres Oberkarbon (Sedimente des Schwemmkegels zwischen Zwickau und Oelsnitz), e flözführendes Oberkarbon, f graues Konglomerat (unterste Schicht des Rotliegenden, schneidet Steinkohlenflöze erosiv ab), g Rotliegendes

Nordwestsachsen

Überblick

Geographisch ist Nordwestsachsen etwa durch das Dreieck Leipzig – Altenburg – Riesa markiert. Geologisch ist auch dieses Gebiet nicht durch scharfe junge Störungslinien, sondern teils durch alte Strukturen des Varistischen Gebirges, teils überhaupt nur unscharf begrenzt.

Als Südostgrenze kann der Schieferwall des Granulitgebirges und seine Verlängerung bis Altenburg und Riesa gelten. Als Nordgrenze wollen wir das Altmoränengebiet der Dahlener Heide und der Schwarzen Berge, also etwa den Raum Dahlen – Schildau – Eilenburg – Taucha betrachten. Die Westgrenze umfaßt die Elster- und die Pleißenaue und damit wesentliche Teile der Braunkohlenreviere von Borna, Altenburg und Zeitz.

Geologisch umfaßt Nordwestsachsen zwei miteinander verzahnte Komplexe: Der östliche Teil um Wurzen – Rochlitz – Oschatz wird als Nordsächsischer Vulkanitkomplex bezeichnet und besteht aus mächtigen Decken und Stöcken von Vulkangesteinen des Unterperms. Auf einer Fläche von mehr als 900 km² brachen verschiedene, zeitlich aufeinanderfolgende Lavaergüsse und vulkanische Glutwolken hervor und bildeten vulkanische Gesteine bis zu maximal mehreren hundert Metern Mächtigkeit. Das ergibt in erster

Die 700 Jahre alte Wehrkirche von Beucha (Kreis Wurzen) steht auf einem einst eiszeitlich geformten Felshügel aus Pyroxengranitporphyr. Heute wird sie von den Wänden der Steinbrüche umgeben, in denen die Blöcke für das Leipziger Völkerschlachtdenkmal gewonnen worden sind

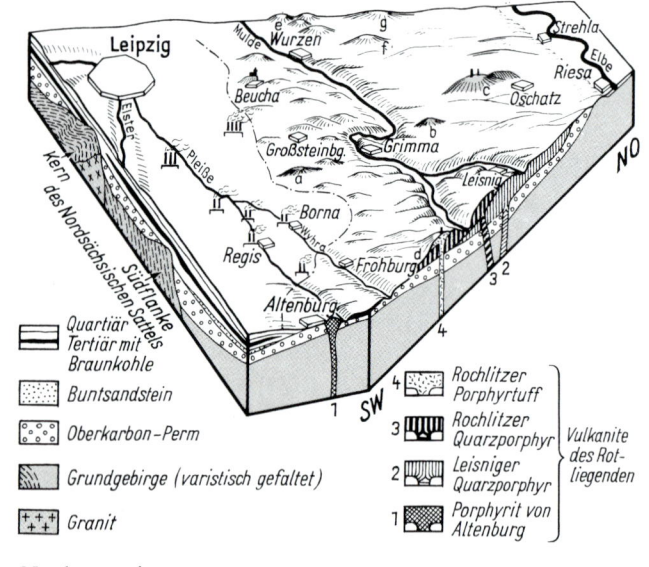

Nordwestsachsen
Strichpunktiert: Ostgrenze des Bornaer Braunkohlenreviers; *a–c* Aufragungen alter Gesteine der Südflanke des Nordsächsischen Sattels: *a* bei Otterwisch, *b* Deditzhöhe, *c* Collmberg; *1–4* Eruptiva des Rotliegenden: *1* Porphyrit von Altenburg, *2* Leisniger Quarzporphyr, *3* Rochlitzer Quarzporphyr, *4* Rochlitzer Porphyrtuff; *d–g* Berge von Rotliegendvulkaniten: *d* Rochlitzer Berg, *e* Hohburger Berge, *f* Stolpenberg bei Dornreichenbach, *g* Schildauer Berg

Näherung etwa 100 bis 150 km³ vulkanischer Massen, die damals hier auf die Erdoberfläche emporbrachen!

Diese Gesteine bilden seit der Zeit des Unterperms wohl fast ununterbrochen die Landoberfläche, wenn man von kurzfristigen und vielleicht auch nur lokalen Meeresüberflutungen mit geringer Sedimentbildung absieht, wie sie sich z. B. für die Zeit des Zechsteins nachweisen läßt. In der Kreidezeit und im Tertiär war das Gebiet Festland. Das damalige warm-feuchte Klima ließ die feldspathaltigen Quarzporphyre zu Kaolin verwittern, der uns die Landoberfläche zu jener Zeit anzeigt und heute ein wertvoller Rohstoff u. a. für die keramische Industrie ist. In der gegenwärtigen Form wurden die Kuppen des Nordsächsischen Vulkanitkomplexes von dem eiszeitlichen Eis modelliert, das in einigen hundert Metern Mächtigkeit das Gebiet überfuhr und auf den Vulkaniten Rundhöcker und Gletscherschliffe mit Schrammen erzeugte.

Der westliche Teil des Gebietes, geographisch die Leipziger Tieflandsbucht, ist ein weites flaches Senkungsbecken, das im Tertiär mit Sedimenten aufgefüllt wurde. Vermutlich steht die Senkung dieses Weißelsterbeckens mit der Hebung und Schrägstellung Mittelsachsens und des Erzgebirges in ursächlichem Zusammenhang. Die maximal etwa 100 m mächtigen tertiären Sedimente bestehen vorwiegend aus Kies, Sand und Ton, Abtragungsschutt aus dem südlichen Vorland, von S–N-gerichteten Flüssen herantransportiert. Die meist hochwertigen Tone sind dabei als umgelagerte Massen der weiter im Süden und Südosten gebildeten Kaolindecken aufzufassen.

Als sich während des Tertiärs das Land im Norden nochmals so absenkte, daß das Meer im Eozän vom Gebiet der heutigen Nordsee aus weit nach Südost vordrang, stieg in dem sich senkenden Weißelsterbecken der Grundwasserspiegel, so daß dieses großflächig versumpfte und vermoorte. Mehrere Braunkohlenflöze von etwa 5 bis 20 m Mächtigkeit, voneinander getrennt durch kiesig-sandigtonige Zwischenschichten, waren die Folge. Schließlich überflutete das Meer des Tertiärs auch das Gebiet des Weißelsterbeckens etwa bis zur Linie Pegau – Böhlen – Rötha – Espenhain, wie die über der Braunkohle liegenden, aus dem Oligozän stammenden Meeressande mit Muscheln, Schnecken und Haifischzähnen beweisen.

Alle diese tertiären Schichten wurden im Quartär von den Ablagerungen der Eiszeit und von den Sedimenten in den gegenwärtigen Flußauen bedeckt. Wie im Tertiär, so zog auch im Quartär die weitgespannte Niederung der Leipziger Tieflandsbucht die Flüsse von Süden an, die in dem Flachland ihren Lauf allerdings noch öfter verlegten.

Leipzig – Oschatz

Zwischen Leipzig und Riesa beobachten wir in der Landschaft zahlreiche Kuppen. Die meisten davon, besonders bei Brandis und Beucha, nördlich und südlich von Wurzen, die Hohburger Berge zwischen Wurzen und Eilenburg, bei Wermsdorf und einige Berge bei Oschatz sind Kuppen von Quarzporphyr und anderen Vulkangesteinen des Unterperms. Eine Anzahl von Schotterwerken – heute Großbetriebe mit mehr als 1 Million Tonnen Jahresproduktion – an zahlreichen dieser Berge machen anschaulich, daß dieses Gebiet Schwerpunkt der Schotter- und Splittindustrie der DDR ist. Mehrere Berge sind in der Vergangenheit bereits völlig abgebaut worden, wie z. B. der einst markante Spitzberg bei Lüptitz nördlich von Wurzen. Die Landschaft verliert dadurch viel an belebenden Formenelementen. Ein gewisser Ersatz dafür sind die Formen, die der Steinbruchbetrieb am Ende hinterläßt: Abraumhalden, die – schließlich begrünt – mit ihren markanten Formen später ebenfalls die Landschaft beleben werden, und wassergefüllte Steinbruchrestlöcher mit bewaldeter Umgebung und felsigen Ufern. Um den früheren, erdgeschichtlich gewachsenen Charakter der Landschaft wenigstens an einer Stelle zu erhalten, wurde der Kleine Hohburger Berg bei Wurzen unter Naturschutz gestellt.

Der höchste Berg des Gebietes, der 314 m hohe, mit Fernsehturm und Geophysikalischem Observatorium weithin sichtbare Collmberg bei Oschatz, ist jedoch keine Kuppe vulkanischen Gesteins, sondern ein die Vulkanite noch heute überragender Höhenzug des Varistischen Gebirges.

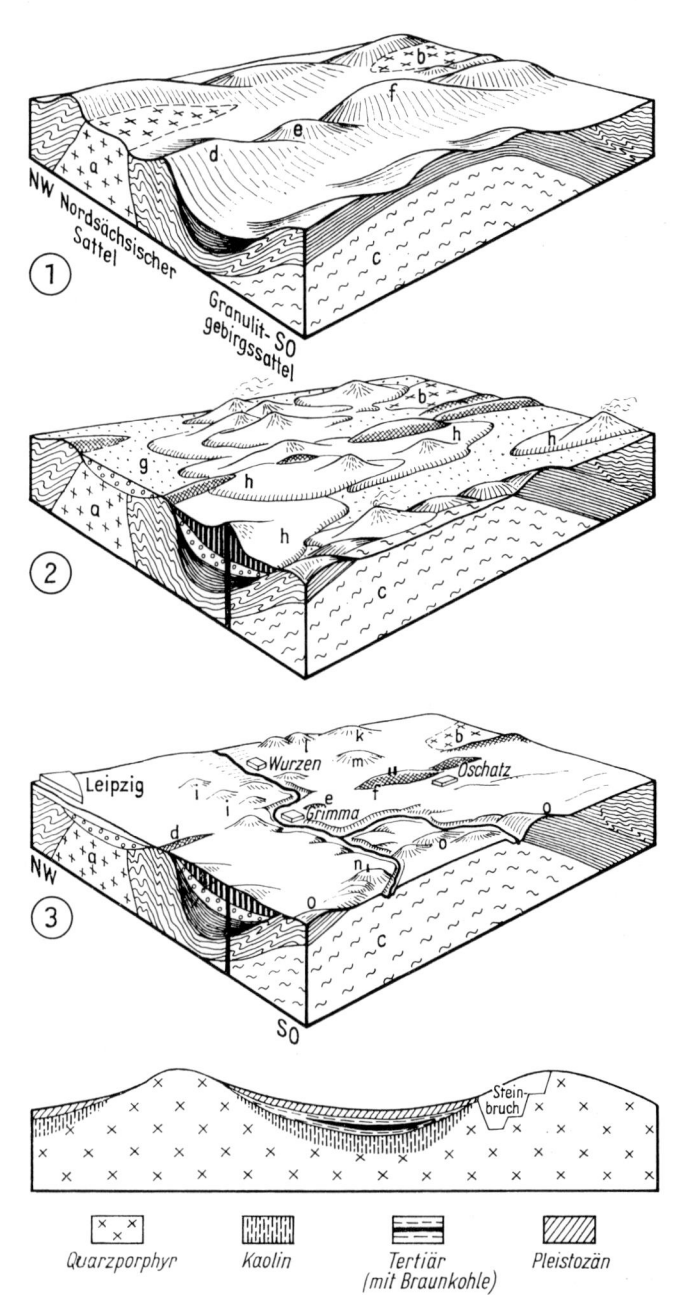

Die Entwicklung des nordsächsischen Eruptivkomplexes

① Zur Zeit des Varistischen Gebirges: *a* Granit von Leipzig, *b* Granodiorit von Laas (rechts daneben die Grauwacke von Clanzschwitz), *c* Granulit, *d–f* Höhenrücken gefalteten Gesteins an der Südflanke des Nordsächsischen Sattels (heute: *d* bei Otterwisch, *e* Deditzhöhe bei Grimma, *f* Collmberg bei Oschatz)
② Zur Zeit des Rotliegenden: *g* Sedimente des Oberkarbons und Rotliegenden in den Niederungen, *h* große Ergüsse vulkanischen Materials
③ Die gegenwärtige Landschaft: *i* Porphyrberge bei Beucha – Großsteinberg, *l* Hohburger Berge, *k* Schildauer Berg, *m* Stolpenberg bei Dornreichenbach, *n* Rochlitzer Berg, *o–o–o* Schieferwall des Granulitgebirges
Darunter: Schematisches Profil durch Porphyrberge mit Kaolin, Tertiär und pleistozänen Deckschichten in den Niederungen

Die eiszeitlichen Flußkiese begleiten in Terrassen weithin die gegenwärtigen Flüsse Sachsens und Thüringens; hier die bis 40 m mächtigen Schotter der Zwickauer Mulde aus der Saalekaltzeit, die in der Kiesgrube Zaßnitz-Biesern oberhalb des Muldentals südöstlich von Rochlitz als Baustoff abgebaut werden

Als Sattelzonen, d. h. einstige Höhenrücken des Varistischen Gebirges, hatten wir in Sachsen das Erzgebirge und das Granulitgebirge kennengelernt. Im Untergrund Nordwestsachsens läßt sich – als Fortsetzung des Schwarzburger Sattels – der Nordsächsische Sattel nachweisen, der allerdings mit den nördlich und südlich anschließenden Muldenzonen im Unterperm fast vollständig eingeebnet und von Sedimenten des Oberkarbons bzw. von den vulkanischen Massen überdeckt worden ist. Im Untergrund von Leipzig hat man Granite sowie Schiefer und Grauwacken des Sattelkerns erbohrt, die ebenflächig von Sandsteinen und Konglomeraten des Oberkarbons bedeckt werden, aber in Leipzig-Plagwitz und Leipzig-Großzschocher in alten Steinbrüchen auch aufgeschlossen sind.

Diese Strukturen sind unter den jungen Sedimenten des Tertiärs und Quartärs verborgen und landschaftlich heute nicht mehr deutlich. Bei Otterwisch nördlich Bad Lausick und an der Deditzhöhe bei Grimma treten silurische Gesteine der Südflanke des Nordsächsischen Sattels zutage, vielleicht Schichtrippen in der Landschaft des Unterperms, heute aber im Landschaftsbild nicht weiter auffällig.

Westlich von Strehla bildet auf 7 km Länge und Breite der Kern des Nordsächsischen Sattels den Untergrund der hier flachwellig-hügeligen Landschaft, nämlich der Granodiorit von Laas und die präkambrische Grauwacke von Clanzschwitz. Weder in der Höhe noch in der Form unterscheiden sich die hiesigen Höhenrücken wesentlich von den anderen in Nordwestsachsen.

Für den im Landschaftsbild heute dominierenden Collmberg aber läßt sich nachweisen, daß er seit dem Oberkarbon bis heute in der Landschaft eine mächtige Schichtrippe darstellt. Denken wir uns alle Vulkanite und Sedimente des Unterperms weg, betrachten wir also das Relief der Unterfläche dieser Gesteine, dann haben wir die Landschaft des Oberkarbons vor uns, in der der Collmberg noch etwas höher aufragte als heute.

Die Vulkanite in der nordsächsischen Landschaft des Unterperms waren einst nicht wesentlich höher als jetzt, wurden also wohl auch noch vom Collmberg überragt. Die Landoberfläche der Kreidezeit und des Tertiärs wird näherungsweise durch die ursprüngliche Oberfläche der nordwestsächsischen Kaoline bei Hohburg, Colditz und Kemmlitz bestimmt, lag also höchstens 10 bis 40 m über der heutigen Landoberfläche und wurde vom Collmberg deutlich überragt.

Das pleistozäne Inlandeis hobelte die Lockergesteine von den Kuppen ab und füllte die Niederungen mit Sedimenten auf, glich also Höhenunterschiede der Landschaft aus. Trotzdem ist der demnach seit dem Oberkarbon bestehende Höhenzug des Collmberges noch heute als solcher bestimmend für das Landschaftsbild Nordwestsachsens.

Die geologischen Vorgänge der Kreidezeit, des Tertiärs und des Quartärs erfordern noch nähere Hinweise. Während der Kreidezeit und des Tertiärs verwitterten die feldspathaltigen Quarzporphyre etwa 60 m tief zu Kaolin. Dieser wurde in der Folgezeit von den höheren Geländeteilen abgetragen und blieb – in seiner Mächtigkeit mehr oder weniger reduziert – nur in den Geländeniederungen erhalten. Hier aber gestattet er, wie von der Umgebung des Collmberges schon erwähnt, Rückschlüsse auf das Landschaftsniveau im Tertiär. Der Kaolin von Kemmlitz wird in Tagebauen abgebaut und als hochwertiger Rohstoff vor allem in unserer Porzellanindustrie verwendet.

Über dem Kaolin lagerten sich im Tertiär in den Niederungen zwischen den Porphyrkuppen Kiese, Sande und Tone ab. Lokale Moore führten zur Bildung von Braunkohlenflözen meist geringer Mächtigkeit und Ausdehnung, die aber früher bei Grimma, Leisnig und Wurzen abgebaut wurden.

Das eiszeitliche Eis sedimentierte zwischen den Porphyrkuppen Geschiebelehm und andere Glazialsedimente, während die Porphyrkuppen selbst von ihm rundgehobelt, auf der Oberfläche abgeschliffen und von den im Eis steckenden Geschieben geschrammt wurden. Die Gletscherschliffe und der Naumann-Heim-Fels auf dem Kleinen Hohburger Berg erinnern an die Diskussionen um die Eiszeittheorie 1844/1874 durch die Geologen B. v. COTTA, A. v. MORLOT, C. F. NAUMANN und A. HEIM. Am Spielberg bei Collmen-Böhlitz sind auf der Porphyroberfläche einige Quadratmeter Gletscherschliff und Gletscherschrammen aufgeschlossen und so gut erhalten, als sei das Eis dort erst vor kurzem abgeschmolzen.

Beucha – Grimma – Rochlitz – Altenburg

Für den Westteil des Nordsächsischen Vulkanitbeckens gilt insgesamt dasselbe wie für den Raum Wurzen – Eilenburg – Oschatz, doch sind hier einige auch landschaftlich hervortretende Örtlichkeiten besonders zu nennen.

In Beucha wird grobkörniger Pyroxengranitporphyr abgebaut, das jüngste Gestein der nordwestsächsischen Unterpermvulkanite. Das Gestein durchspießt in Form eines langgestreckten, einige hundert Meter breiten Stockes den benachbarten (älteren!) Pyroxenquarzporphyr. Es ist ein beliebter Bau- und Dekorationsstein, z. B. wurde er als Baumaterial für das Völkerschlachtdenkmal verwendet. Zum Wahrzeichen der Umgebung wurde der Kirchberg von Beucha, der fast vollständig von ehemaligen Pyroxengranitporphyr-Steinbrüchen umgeben ist. Deren senkrechte Felswände steigen aus dem Wasserspiegel der Restlöcher auf und umgeben den Kirchberg und seine historischen Bauwerke.

Vor der Saalekaltzeit floß die Mulde von Grimma nicht nach Wurzen – Eilenburg, sondern über Naunhof – Leipzig nach Bitterfeld. Zeuge dieses alten Muldelaufs ist der saalekaltzeitliche Muldenschotter bei Naunhof, der dort in großen Gruben als Betonkies gewonnen wird. Stillgelegte Kiesgruben beleben als Seen die Landschaft und werden als Naherholungsgebiete besucht.

Großsteinberg und Hohnstädt bei Grimma sind durch große Schotterwerke an den dortigen Porphyrkuppen bekannt. Hier steht dunkelgrauer Pyroxenquarzporphyr an, wogegen die bemerkenswerte fast schwarze Varietät des Gesteins im Raum Lüptitz bei Wurzen zu finden ist. Grimma selbst liegt so wie Colditz und Leisnig im Tal der Mulde, die sich hier ein steilwandiges Tal mit lokalen, teils senkrecht geklüfteten, teils waagerecht-plattigen Porphyrfelsen geschaffen hat.

Im Tal der Freiberger Mulde bildet der technisch nicht verwendbare Leisniger Quarzporphyr von Tanndorf über Leisnig, Klosterbuch bis Hochweitzschen die steilen, zum Teil felsigen Talhänge. Im Tal der Zwickauer Mulde ist bei Colditz der Rochlitzer Quarzporphyr aufgeschlossen, dessen verschiedene Varietäten den größten Anteil am Aufbau des nordsächsischen Eruptivkomplexes haben. Auf Leisniger Quarzporphyr steht Schloß Mildenstein bei Leisnig, auf Rochlitzer Quarzporphyr das Colditzer Schloß.

Weiter oberhalb im Tal der Zwickauer Mulde liegt Rochlitz, dessen Burg auf Fruchtschiefern des Granulitgebirgsschiefermantels steht. Oberhalb der Burg ist der Rochlitzer Berg 80 bis 100 m mächtig aus vulkanischer Asche, dem heutigen Quarzporphyrtuff, aufgebaut. Dieses auch vom Vulkanismus des Unterperms geförderte Material kommt nur hier vor. Der Rochlitzer Berg, mit 350 m Höhe höchste Erhebung und landschaftliches Wahrzeichen am Südostrand der Leipziger Tieflandsbucht, ist vermutlich als Ruine eines einst wesentlich größeren Aschenvulkans aufzufassen. Die Asche ist heute zu einem porösen, leicht bearbeitbaren, aber genügend festen Gestein zusammengebacken, das seit etwa 900 Jahren als Baustein verwendet wird, so z. B. an der 1168 gegründeten Stiftskirche Wechselburg und am Alten Rathaus in Leipzig. Auf dem Rochlitzer Berg selbst bezeugen sehenswerte, 60 m tiefe Steinbrüche mit senkrechten Wänden die historischen Gewinnungsorte dieses Gesteins.

Der Rochlitzer Berg kann als Südwestecke des geschlossenen Gebietes der Vulkangesteine im nordsächsischen Eruptivkomplex gelten. Wie ein Vorposten vor dem großen Vulkangebiet erscheinen aber noch weiter südwestlich bei Altenburg kleine Vorkommen von Quarzporphyr und Glimmerporphyrit des Unterperms und durchragen jüngere sedimentäre Schichten des Rotliegenden, des Zechsteins und des Tertiärs. Landschaftlich fallen die Altenburger Vulkanite jedoch kaum auf, denn selbst der Glimmerporphyrit des Altenburger Schloßberges bildet keine eigentliche Kuppe, sondern nur nach der Stadt hin einen steilen Talhang. Auch in der Zeit des Tertiärs, in der Landschaft der Braunkohlenmoore, dürften die Altenburger Eruptivgesteine allenfalls ganz flache, niedrige Höhenrücken gewesen sein.

▶

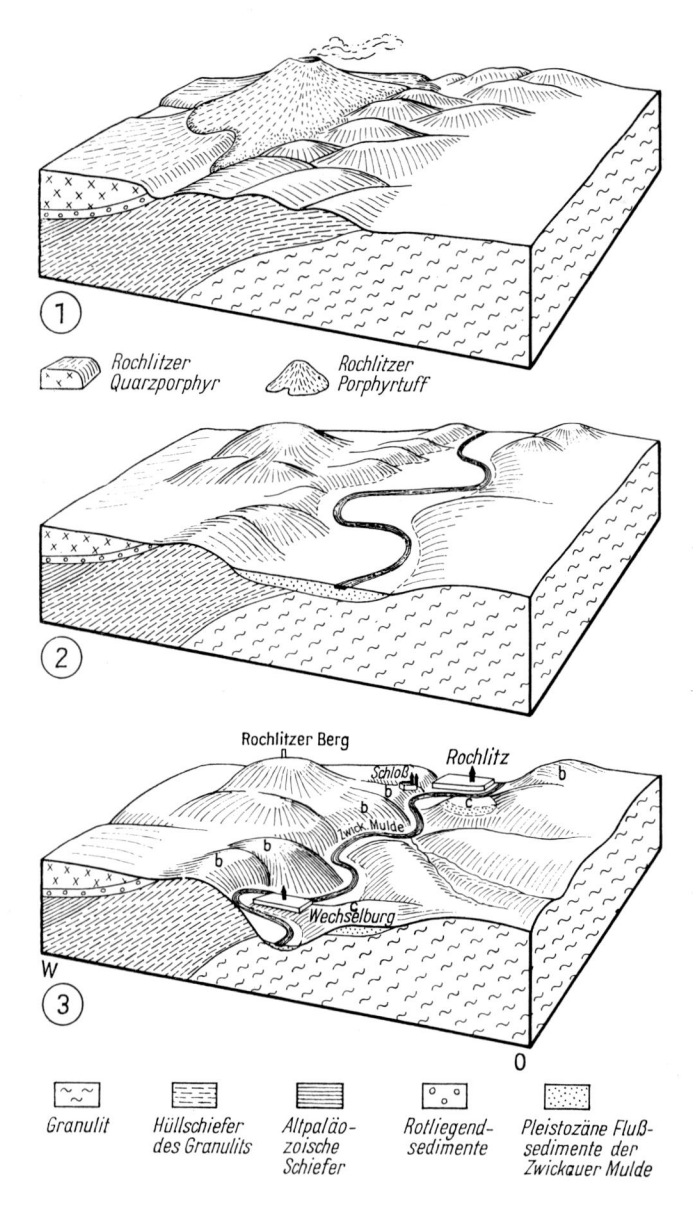

Die Entstehung des Rochlitzer Berges und des Muldentals bei Wechselburg – Rochlitz

① Zur Zeit des Rotliegenden: Ein Vulkan förderte den Rochlitzer Quarzporphyr und den Porphyrtuff und lagerte beides nordwestlich vom Schieferwall des Granulitgebirges ab. Der Schieferwall überragte die fast eben abgetragene Landschaft

② Im Pleistozän schnitt sich die Mulde ein flaches Tal durch den Schieferwall ein und lagerte Kiese und Sande ab.

③ In der Gegenwart ist das Muldental noch wesentlich tiefer eingeschnitten. Die Sedimente der pleistozänen Mulde bilden Terrassen hoch am Talhang. b–b–b Berge im Schieferwall des Granulitgebirges, c, c Kies und Sand der pleistozänen Muldenterrassen

Der unterrotliegende Quarzporphyrtuff des Rochlitzer Berges liefert seit Jahrhunderten wertvolle Bausteine. Tiefe steilwandige Steinbrüche sind zugleich geologisches Naturdenkmal und technisches Denkmal der Steingewinnung

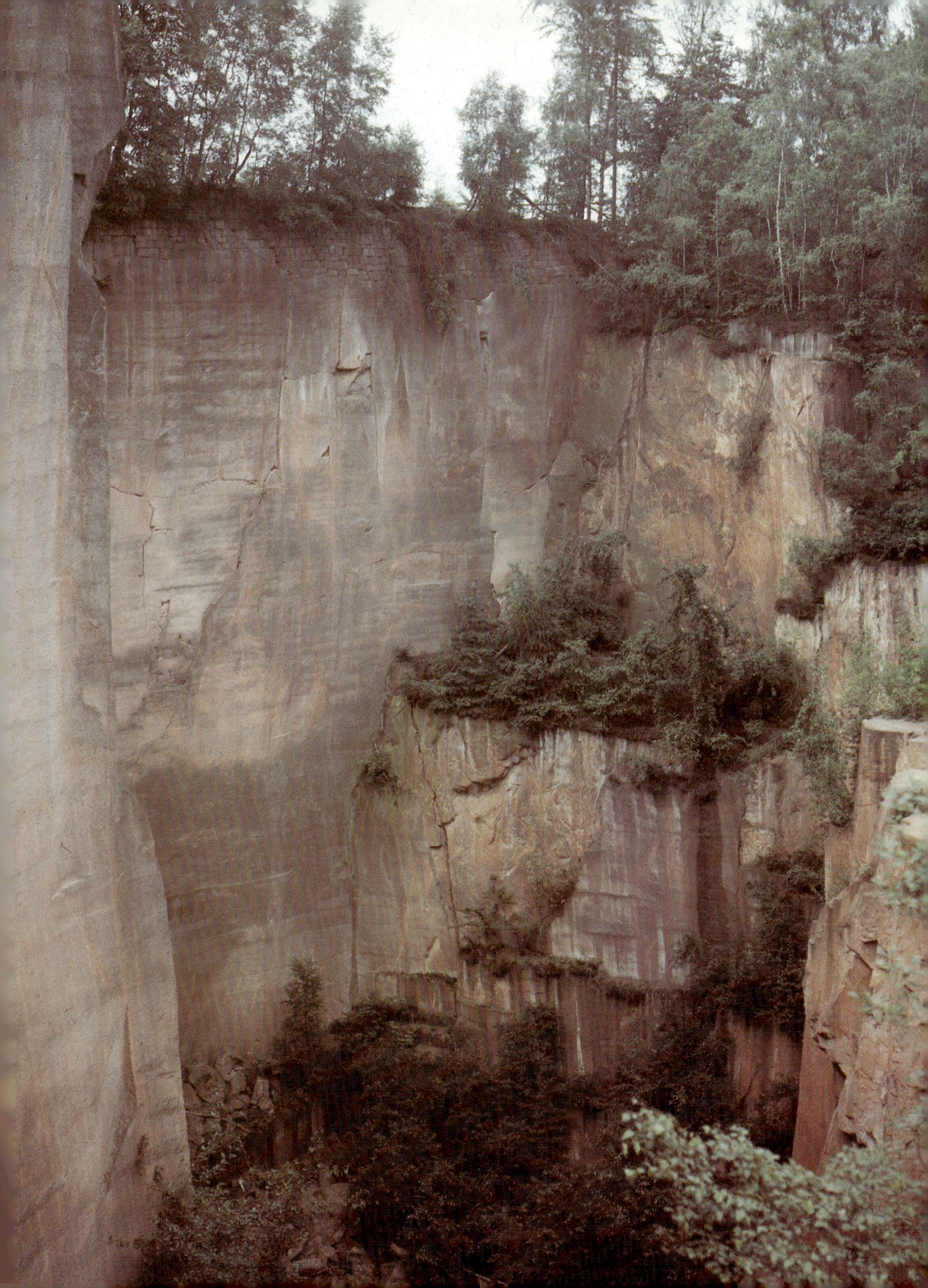

Das Braunkohlenrevier des Weißelsterbeckens südlich von Leipzig

Vor den bergbaulichen Eingriffen bestand die Landschaft der Leipziger Tieflandsbucht aus einem ebenen bis flachwelligen Gebiet eiszeitlicher Ablagerungen, vor allem Löß und Geschiebelehm, in das sich die generell S–N-gerichteten Täler der Weißen Elster, der Pleiße und der Wyhra flache, aber breite Täler eingeschnitten hatten. Die Flächen eiszeitlicher Ablagerungen trugen fruchtbare Felder, die Talauen Wiesen und Auenwälder. Diese von der jüngsten Erdgeschichte geformten Landschaftstypen sind nur noch lokal erhalten, die eiszeitlich bedingten Feldflächen z. B. zwischen Altenburg und Borna sowie bei Groitzsch und im Gebiet Plagwitz–Lützen, die Auenlandschaft im Wyhratal bei Borna, im Pleißetal bei Windischleuba und Markkleeberg und im Elstertal bei Pegau – im Stadtgebiet von Leipzig z. B. das Rosental bei Leutzsch – sowie die Elster-Luppe-Aue von Leipzig nach Schkeuditz zu.

Über die ältere Erdgeschichte des Leipziger Raumes und über den geologischen Bau des tieferen Untergrundes verriet diese Landschaft früher nichts. Seit etwa hundert Jahren und noch verstärkt in den kommenden Jahrzehnten wird das Gebiet durch den Braunkohlenbergbau umgestaltet. Zahlreiche Brikettfabriken, Kraftwerke und Schwelereien werden mit Kohle aus Tagebauen versorgt, die Zug um Zug die gesamte ursprüngliche Landschaft abbaggern. Zwar werden die ausgekohlten Flächen wieder rekultiviert, die Bergbaufolgelandschaft kann aber nicht wieder das ursprüngliche, auch hinsichtlich des Reliefs ganz von der Natur geprägte Bild bekommen. Die Flüsse pendeln künftig nicht mehr durch Wiesen und Wälder natürlicher Talauen, sondern fließen durch ein künstliches Bett, in das sie verlegt worden sind, damit die Kohle auch unter den Talauen gewonnen werden kann.

Man sollte jedoch hier nicht nur den Verlust landschaftlicher Schönheiten sehen, mit dem die Deckung des Energiebedarfs für die Gesellschaft und der Komfort für den einzelnen erkauft werden müssen. Auch die Bergbaufolgelandschaft hat – außer hohen land- und forstwirtschaftlichen Erträgen – ihre Schönheiten, dazu auch historische Aussagekraft. Halden und Kippen beleben künftig das Relief. Tagebaurestlöcher entwickeln sich zu Seen mit waldbestandenen Ufern und werden als Naherholungsgebiete genutzt, wie heute schon die ehemaligen Tagebaue Pahna bei Altenburg und Kulkwitz bei Markranstädt.

Die Schichtfolge des Tertiärs in Nordwestsachsen (stark vereinfacht in Anlehnung an PIETZSCH, EISSMANN und BELLMANN) mit einem Blick in einen Förderbrückentagebau (die Zahlen geben die ungefähre Mächtigkeit in Metern an)

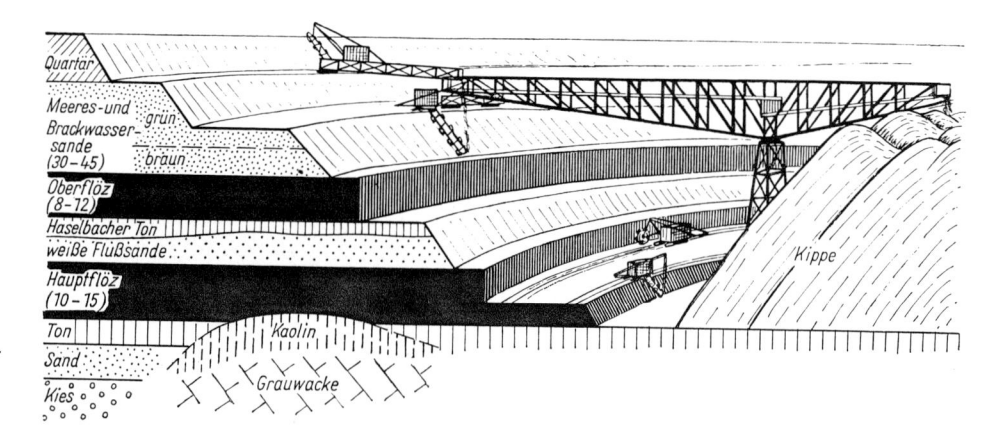

Abraumförderbrücken sind die größten Tagebaugeräte in den Braunkohlentagebauen des Bornaer Reviers

Art und Verteilung der Bergbauspuren machen in der Bergbaufolgelandschaft die Geschichte des Bergbaus und die Lagerung des Braunkohlenflözes im Untergrund ablesbar. Kleine Restlöcher kleiner Tagebaue, kleine Kippen und Tiefbaubruchfelder am Südrand des Reviers bei Zeitz – Meuselwitz – Rositz – Altenburg – Borna – Frohburg stammen aus dem 19. Jahrhundert, als zu Beginn des Braunkohlenbergbaus zahlreiche kleine Werke die Kohle dort, wo sie zutage trat oder in geringer Tiefe lag, im Tagebau oder bei etwas mächtigerem Deckgebirge im Tiefbau abbauten. Im 20. Jahrhundert rückte der Bergbau nach Norden ins Zentrum des Reviers vor, entwickelte Großtagebaue wie die von Böhlen, Espenhain und Zwenkau, die nur wenige große Kippen und Restlöcher hinterlassen werden. Den Nordrand des Abbaus überhaupt wird später ein See am Südrand von Markkleeberg markieren.

Vom öffentlichen Verkehrsraum aus erkennen wir an den Baggerstrossen einiger Tagebaue die Schichtfolge. In deren unterem Teil ist die Braunkohle aufgeschlossen, mehr oder weniger flachliegend entweder nur in Form des 10 bis 20 m mächtigen Hauptflözes oder in zwei durch ein tonig-sandiges Zwischenmittel getrennten Flözen. Besonders in den Tagebauen Zwenkau und Espenhain liegen flach darüber etwa 5 bis 10 m braune Brackwassersande und etwa 20 m grüne Meeressande mit Muscheln, Haifischzähnen und Resten anderer Meerestiere. Diese Sande bezeugen, wie sich im Tertiär das Land hier senkte und die Braunkohlenmoore allmählich von dem vordringenden Meer überflutet wurden, dessen Küste sich nach Süden bis in den Raum Pegau – Böhlen – Espenhain vorschob. Später stieg das Land wieder über den Meeresspiegel empor. Zeugen dieser Festlandszeit in Form bestimmter Gesteine blieben im eigentlichen Braunkohlenrevier aber nicht erhalten. Erst eiszeitliche Ablagerungen bedeckten großflächig die Schichten des Tertiärs. Der Geschiebelehm enthält auch bei Leipzig zahlreiche verschiedenartige nordische Geschiebe, aus denen man in der Gletschersteinstraße in Leipzig eine originelle Geschiebepyramide errichtet hat. In Flußschottern aus dem Beginn der Saalekaltzeit fand man am Rand des Tagebaus Espenhain bei Markkleeberg zahlreiche Feuersteinwerkzeuge des eiszeitlichen Menschen. In fast allen eiszeitlichen Schichten des Braunkohlenreviers bezeugen Frostbodenstrukturen das kalte Klima jener Zeit.

Der tiefere Untergrund unterhalb des tiefsten vom Bergbau freigelegten Braunkohlenflözes ist nur an ganz wenigen Stellen ein wenig angeschnitten worden. Er scheint kaum die Lagerung der Braunkohlenschichtfolge und erst recht nicht das Landschaftsbild der Umgebung von Leipzig zu bestimmen. Und doch gibt es an einigen Stellen um Leipzig indirekte Beziehungen zwischen den geologischen Strukturen des tieferen Untergrundes und der gegenwärtigen Landschaft einschließlich des Bergbaus.

Westlich der Bahnstrecke Leipzig – Zeitz zieht sich im Raum Pegau – Profen seit etwa vier Jahrzehnten ein Tagebau entlang, der geologisch bedingt zwar über 6 km lang,

In Leipzig-Stötteritz wurde aus nordischen Geschieben von der einstigen Feldflur dieses Stadtteils die Gletschersteinpyramide aufgebaut – ein originelles Denkmal der Eiszeit

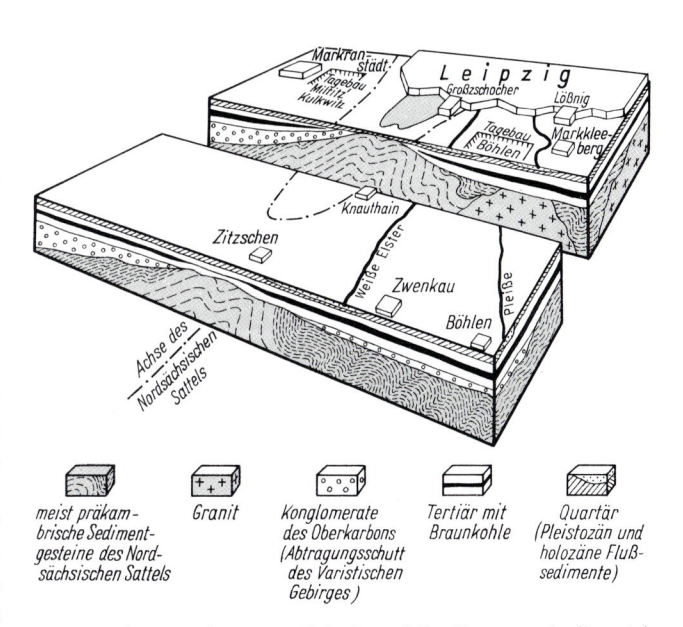

Die südliche Umgebung von Leipzig und ihr Untergrund; die strichpunktierte Linie umgrenzt das braunkohlenfreie Gebiet
Der vordere Blockschnitt verläuft NW (links) – SE (rechts)

aber nur etwa 1 km breit ist. Er schloß zwei Flöze auf, von denen das untere bis 50 m Mächtigkeit erlangte, aber eben nur in dem von dem Tagebau markierten SSW–NNO-gestreckten 1 km breiten Streifen. Diese besonderen Mächtigkeiten der Kohle und ihre Lagerungsverhältnisse sind letzlich durch den Bau der dort in etwa 200 m Tiefe versenkten Falten des Varistischen Gebirges bedingt. In der Abtragungslandschaft des Varistischen Gebirges waren zur Zeit des Oberperms hier Schichtrippen über Gesteinen des Schwarzburger bzw. Nordsächsischen Sattels stehengeblieben.

Im Zechsteinmeer bauten Kalkalgen und Bryozoen ihre etwa 60 m mächtigen Riffe auf diesen Schichtrippen auf und bekamen dadurch dieselbe SSW–NNO-Richtung, die die Schichtrippen des Varistischen Sattels hatten. Als später im Zechsteinmeer Gips und Salze sedimentiert wurden, füllten diese löslichen Gesteine hier den Raum zwischen den Riffen aus, bildeten also einen etwa 60 m mächtigen auch SSW–NNO-gestreckten Gesteinszug. Im Tertiär wurden diese löslichen Gesteine unter dem Braunkohlenmoor Zug um Zug aufgelöst. Das Moor sank ein, die Pflanzen reagierten mit verstärkter Torfbildung, und genau über dem Senkungsgebiet bildete sich ein SSW–NNO-gestreckter Streifen, in dem das Unterflöz Mächtigkeiten bis 50 m erreicht. Dieser Streifen wurde vom Tagebau Profen abgebaut. Der Tagebau zeichnet also letzlich den Verlauf des im Untergrund verborgenen, sonst nicht mehr erkennbaren Schwarzburger bzw. Nordsächsischen Sattels in der heutigen Bergbaulandschaft nach.

Südwestlich von Leipzig sind die Braunkohlenvorkommen von Borna – Böhlen im Osten und Markranstädt im Westen bei Zitzschen – Knautnaundorf – Großzschocher

Die indirekte Abhängigkeit des Tagebaus Profen (südwestlich von Leipzig) von den Strukturen des Varistischen Gebirges im Untergrund

① Schichtrippen varistisch gefalteter Gesteine nach Abtragung des Gebirges zur Rotliegendzeit, *a* Grauwacke, *b* Tonschiefer, *c* Sedimente des Oberkarbons oder Rotliegenden

② Im Meer der Zechsteinzeit Riffe *d* auf den Schichtrippen, geschichtete Sedimente mit Anhydrit *e* im Gebiet dazwischen

③ Im Alttertiär Braunkohlenmoore über dem ganzen Gebiet, der Zechsteinanhydrit wird ausgelaugt, in dem entsprechenden Senkungsgebiet häuft sich Braunkohle bis 50 m Mächtigkeit an, *f* Auslaugungsrückstände des Zechsteins, *g* Buntsandstein, *h* unterste Schichten des Tertiärs (Kies, Sand und Ton), *i* Braunkohle (Unterflöz)

④ Landschaft und Untergrund vor dem Bergbau, *k* tertiäre Sande, Kiese und Tone, *l* Hauptflöz (bis 25 m), *m* oberste tertiäre Sande, *n* pleistozäne Flußschotter der Elster, *o* Geschiebelehm und Löß, *p* junge Sedimente in der gegenwärtigen Elsteraue

⑤ Der Tagebau (stark vereinfacht gezeichnet) erstreckt sich im Gebiet mächtigen Unterflözes und zeigt damit die Schichtrippen des varistischen gefalteten Untergrundes an (vorn Tagebau Profen – Südfeld, hinten Tagebau Profen – Sachsenfeld)

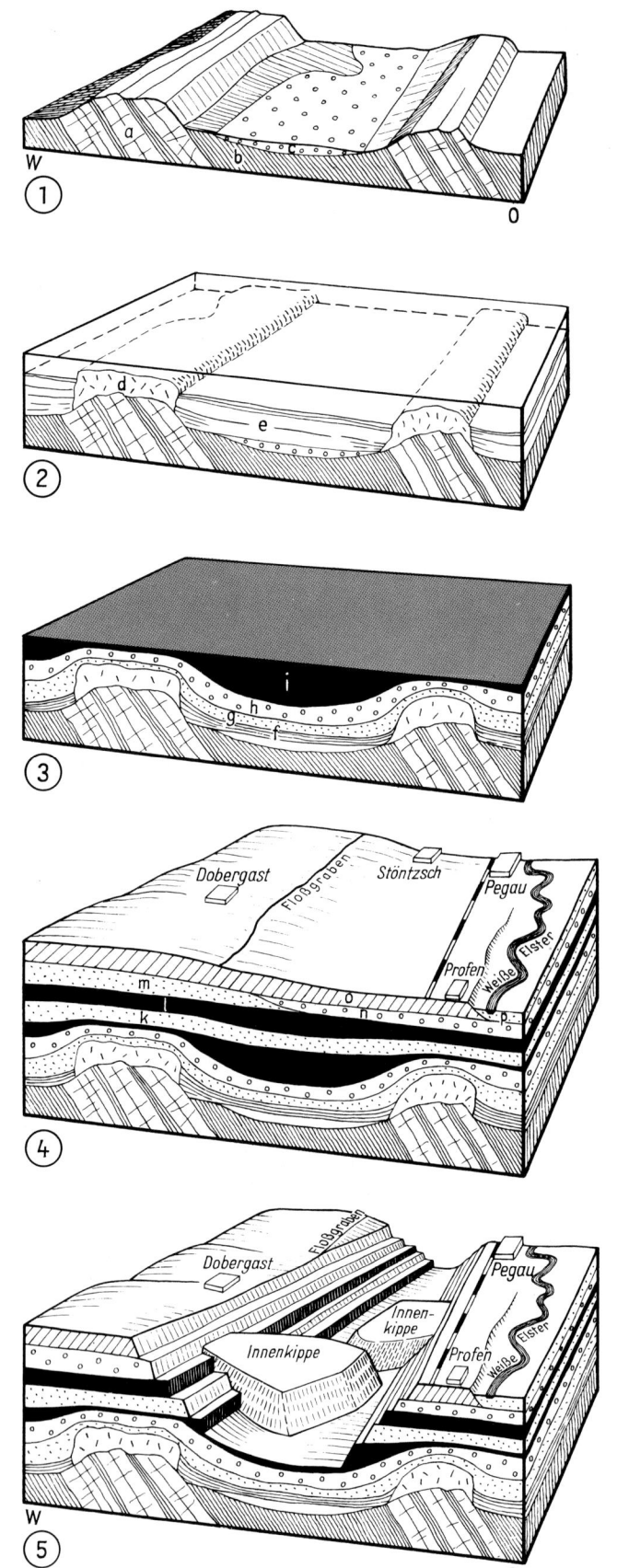

durch ein kohlefreies Gebiet voneinander getrennt. Das ist deutlich durch den dort in der Tiefe verborgenen Nordsächsischen Sattel bedingt, indem dieser noch im Tertiär hier eine Schwelle in der Landschaft bildete und Braunkohlenmoore deshalb nicht auf ihm, sondern nur auf beiden Seiten entstanden sind. In Leipzig-Großzschocher ist präkambrische Grauwacke heute noch in ganz geringer Tiefe unter der ebenen Landoberfläche aufgeschlossen. Bei Leutzsch, Mockau und Lößnig hat man präkambrischen Granodiorit als Kern des Nordsächsischen Sattels ebenfalls in geringer Tiefe erbohrt.

Die Elbtalzone

Überblick

Auf jeder geologischen Karte von Mitteleuropa fällt sofort auf, daß das Elbtal im Bereich Bad Schandau – Dresden – Meißen – Riesa die Grenzlinie ganz verschieden aufgebauter geologischer Einheiten ist: Im Westen zwischen dem Erzgebirge und Leipzig der Sattel- und Muldenbau des Varistischen Gebirges, im Osten das große Granitgebiet der Lausitz. Beide Gebiete sind voneinander durch tektonische Störungen getrennt, deren Fortsetzung man nach Südosten bis weit in die ČSSR hinein erkannt hat und nach Nordwesten bis in den Raum Hamburg vermutet. Solche Störungszonen von kontinentalem Ausmaß, die mit Sicherheit die Erdkruste in ihrer ganzen Mächtigkeit durchsetzen und die im Lauf der Erdgeschichte immer wieder Schauplatz tektonischer Bewegungen waren, nennt man Lineamente. Es handelt sich dabei im ganzen jedoch nicht um eine bloße Trennfläche, an der sich die beiden benachbarten Erdkrustenschollen unmittelbar berühren, sondern um einen Streifen von mehreren Kilometern Breite, in dem tektonische Störungen teils parallel liegen, teils sich kreuzen. Außerdem können von unten magmatische Schmelzflüsse in ein solches Lineament eindringen und auf seiner Ober-

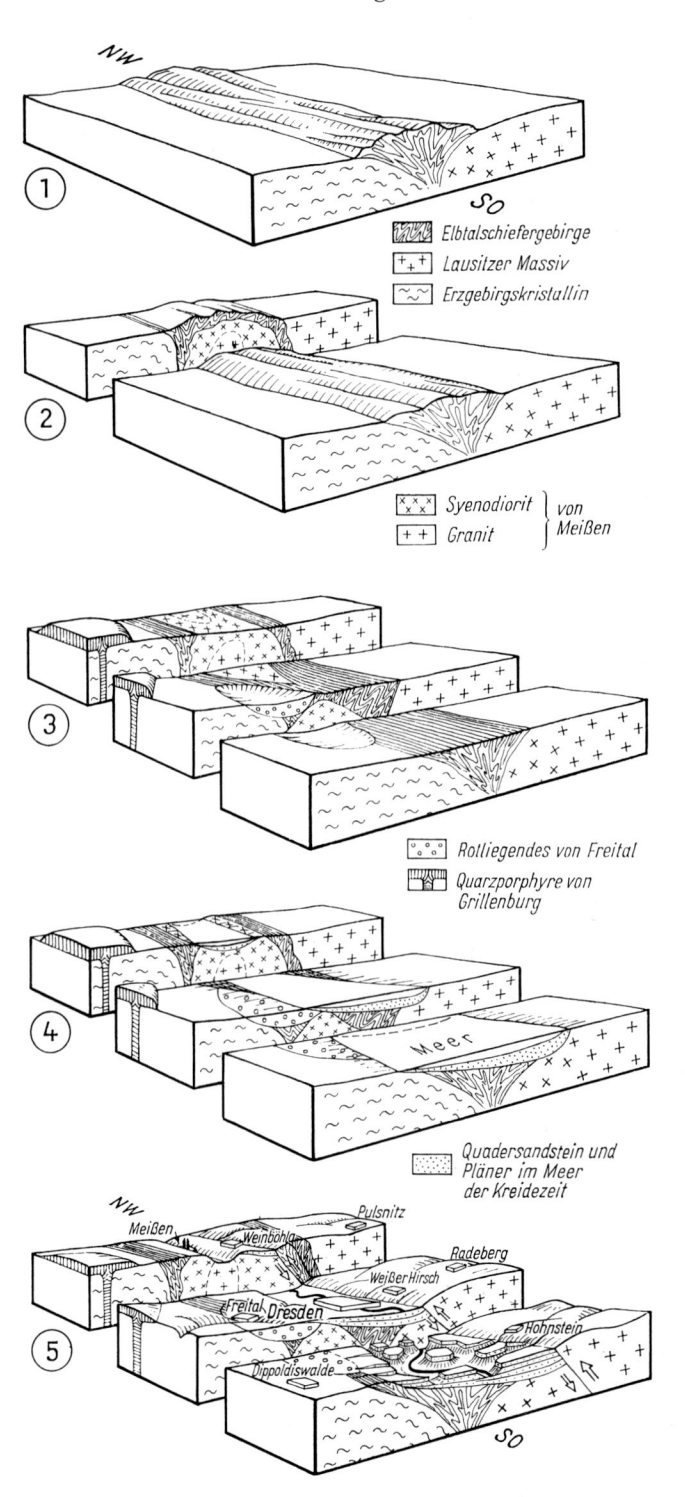

Die Entwicklung der Elbtalzone zwischen Meißen und Bad Schandau in stark vereinfachter Darstellung

① Bis Oberkarbon: Sedimentation in NW–SO-gerichtetem Trog und Faltung des Elbtalschiefergebirges zwischen Erzgebirgskristallin und Lausitzer Massiv (diese Schollen vereinfacht mit ebener Oberfläche gezeichnet);

② Oberkarbon: Intrusion des Meißener Syenodiorits und Granits;

③ Unterperm: (Rotliegendes): Einsinken des Döhlener Beckens bei Freital und Sedimentation des dortigen Rotliegenden mit Steinkohle, westlich außerhalb der Elbtalzone Eruption der Grillenburger Quarzporphyre;

④ Oberkreide (Cenoman – Turon): unsymmetrisches Einsinken der Elbtalzone, Eindringen des Meeres und Sedimentation des Plänermergels bei Meißen – Dresden – Pirna und des Quadersandsteins bei Pirna – Bad Schandau;

⑤ Oberkreide (Senon) bis Gegenwart: Entstehung der Lausitzer Überschiebung (Aufschiebung des Lausitzer Massivs auf die Elbtalzone), Entstehung des Elbsandsteingebirges durch Einschneiden des Elbtals und seiner Nebentäler, Entstehung des Plauenschen Grundes bei Freital durch Erosion und des Elbtalgrabens bei Dresden durch Einsinken der Elbtalscholle, Einschneiden des Elbtals bei Meißen in das Meißner Syenodiorit-Granit-Massiv

Unterhalb von Meißen hat sich die Elbe in die Magmatite des Meißner Plutons ein enges, steilwandiges Tal eingeschnitten

fläche eigenständige, d. h. nur dem Lineament zugehörige Senkungs- und Sedimentationsräume bilden. Für alle diese Möglichkeiten ist das Elbelineament im Bereich Bad Schandau – Meißen ein Schulbeispiel.

Soweit landschaftlich heute noch von Belang, verlief die Erdgeschichte der Elbtalzone wie folgt: Vom Präkambrium bis zum Unterkarbon lag im Bereich der Elbtalzone ein eigenständiger Senkungstrog, der sich mit Sedimenten dieser Zeiten füllte und bei der Varistischen Gebirgsbildung zwischen dem Erzgebirge und dem Lausitzer Block eng zusammengepreßt wurde. Bald darauf drangen silikatische Schmelzen von unten in dieses Elbtalschiefergebirge ein und erstarrten zu Granit. Ob bei der Varistischen Gebirgsbildung die beiden benachbarten Blöcke längs des Elbelineaments auch horizontal gegeneinander verschoben worden sind, wird noch diskutiert.

Wenig später, gegen Ende der Varistischen Gebirgsbildung, stiegen weiter nördlich bei Riesa und bei Meißen Magmamassen kuppelförmig auf und bildeten große Tiefengesteinskörper. Der Meißener Pluton liegt oval und längsgestreckt in der Elbtalzone mit schmalem Ausläufer bis in das Elbtalschiefergebirge.

Wiederum erdgeschichtlich wenig später, im Unterperm, sank auf der Südwestflanke des Meißener Plutons bei Freital ein ebenfalls NW–SO-gestreckter Trog ein, der sich mit steinkohlenführenden Sedimenten und einigen Vulkangesteinen des Rotliegenden füllte. Ob dieser Senkung die Eruption großer Porphyrmassen im Tharandter Wald zeitlich und ursächlich entspricht, kann nur vermutungsweise erwogen werden.

Erneute Senkungen der Elbtalzone fanden im Jura und in der Kreidezeit statt. Beide Male bildete sich dadurch zwischen Erzgebirge und Lausitz ein schmaler Meeresarm, wie erhalten gebliebene Meeressedimente beweisen. Dem kreidezeitlichen Meer entstammt der Quadersandstein, der etwa 17 km breit und 35 km lang das Elbsandsteingebirge aufbaut. Er ist maximal etwa 400 m mächtig, was der Senkung der Elbtalzone in der Oberen Kreidezeit entspricht. Im Raum Dresden – Meißen setzte sich das kreidezeitliche Senkungsgebiet der Elbtalzone fort, füllte sich hier aber mit tonig-kalkigem Sediment, dem Pläner. Gegen Ende der Kreidezeit riß im nordöstlichen Bereich des Meeresarmes in Längsrichtung des Elblineaments eine große Störung, die Lausitzer Überschiebung, auf. Die nordöstlich gelegene Erdkrustenscholle der Lausitz wurde an dieser Störung auf die Elbtalzone aufgeschoben. Dadurch liegt heute der ältere Granit auf dem jüngeren Quadersandstein der Elbtalzone bzw. der unterpermische Syenit von Meißen auf dem kreidezeitlichen Pläner.

Gegen Ende des Tertiärs oder im Pleistozän sank bei Dresden südwestlich der Lausitzer Überschiebung der Elbtalgraben ein, der in jüngster geologischer Vergangenheit der Elbe den Lauf nach Meißen vorzeichnete, wie überhaupt die jungen Senkungsgebiete des Elbelineaments den generellen Lauf dieses Flusses bestimmten.

Das also seit etwa 500 Millionen Jahren tektonisch aktive Elblineament ist auch heute noch in Bewegung: Feinnivellements bei Dresden über den Elbtalgraben hinweg 1938 und 1941 sowie Wiederholungsmessungen 1953 machen es höchst wahrscheinlich, daß sich der Elbtalgraben auch heute noch um etwa 0,2 mm pro Jahr senkt. Das erscheint uns als unbedeutender Betrag, aber extrapoliert über geologische Zeiträume kann diese Senkung künftig Hunderte von Metern erreichen und dementsprechend mächtige Sedimente zur Folge haben, wie wir es aus geologischer Vergangenheit am Beispiel des Quadersandsteins schon sehen konnten. Heute reagiert die Elbe auf diese Senkungen mit verstärkter Sedimentation im Flußbett. Daraus resultieren Probleme für die Schiffahrt. Tektonische Bearbeitungen der Elbtalzone in jüngster Zeit (1974) haben auch Horizontalbewegungen nachgewiesen. Die Elbtalzone kann als Scherzone zwischen den Erdkrustenplatten des Erzgebirges und der Lausitz gelten.

Rings um Meißen

Als roter Dekorationsstein weit bekannt ist der Meißner Riesensteingranit, der am östlichen Stadtrand von Meißen bei dem Vorort Zscheila gebrochen wird. Die Albrechtsburg ragt ebenfalls auf einem Granitfelsen auf. Verschiedene Granitvarietäten bilden auch am gegenüberliegenden Elbufer sowie im Elbtal auf beiden Seiten unterhalb von Meißen steile Hänge oder nackte Felswände von Straßenanschnitten oder Steinbrüchen. Auch im Triebischtal zwischen Miltitz-Roitzschen und Meißen wird das Landschaftsbild an vielen Stellen durch Felsen bestimmt, die aus verschiedenen magmatischen Gesteinen des Unterperms bestehen.

Der in der Elbtalzone liegende ovale, NW–SO-gestreckte Meißner Tiefengesteinskörper wird von außen nach innen aus Zonen von Syenodiorit (besonders im Triebischtal und Dresden-Plauen), Hornblendegranit und Biotitgranit (im Elbtal bei Meißen) und dem quarzreichen Riesensteingranit (im Zentrum des Plutons) aufgebaut. Das bedeutet, daß bei der Erstarrung des Plutons unter einem sicher nicht sehr mächtigen Gesteinsdach von außen nach innen immer kieselsäurereichere Plutonite auskristallisierten.

Noch im Unterperm, also geologisch kurze Zeit nach der Entstehung des Meißner Tiefengesteinskörpers, wurden dessen Dachschichten, das dortige Schiefergebirge, abgetragen, Syenodiorit und Granit also von der Abtragung freigelegt. Vulkanische Laven ergossen sich im Unterperm auf den Syenodiorit und Granit. Diese als Quarzporphyr und Pechstein u. a. bei Garsebach, Dobritz und Zehren vorliegenden Gesteine verwitterten in der Kreidezeit und im Tertiär oberflächlich zu Kaolin, der seit Jahrhunderten bei Seilitz abgebaut und für das Meißner Porzellan verwendet wird.

Die Elbe durchfließt bei Meißen zwei landschaftlich ganz verschiedene Talformen. Von Dresden bis zum »Spaargebirge« wenige Kilometer südöstlich von Meißen benutzt sie seit dem Pleistozän den hier etwa 15 km langen und 3 bis 5 km breiten Elbtalgraben, hat die in diesem versenkten kreidezeitlichen Plänerschichten weitgehend ausgeräumt und sich eine weite, beiderseits von Syenodiorit- und Granithöhen flankierte Talaue geschaffen. Unterhalb von Meißen mußte die Elbe ihr Tal in den festen Granit einschneiden. Es ist deshalb eng und steilwandig. Seinen besonderen Reiz bekommt es durch die roten Wände der zahlreichen alten Steinbrüche in den Magmatiten des Meißner Plutons und durch die bekannten Weinberge.

Tharandt – Freital – Dresden

Felsen von Gneis im Tal der Wilden Weißeritz bei Tharandt und im Rabenauer Grund, dem Tal der Roten Weißeritz bei Hainsberg bezeugen, daß dieses Gebiet geologisch noch zum Erzgebirge gehört.

In Freital zwischen Hainsberg und Potschappel ist das Weißeritztal wesentlich weiter, die flankierenden Berge sind zwar noch hoch, aber doch nicht so schroff wie die Talhänge im Gneisgebiet. Hier durchfließt die Weißeritz das Rotliegendbecken von Freital, das Döhlener Becken.

Nach der Intrusion des Meißener Syenitplutons im Oberkarbon und seiner Freilegung durch die Abtragung sank hier ein NW–SO-gestrecktes Becken von 20 km Länge und 5 km Breite etwa 600 m tief ein und nahm den Abtragungsschutt von den umliegenden Höhen des Varistischen Gebirges auf. Dieser Schutt wurde aufgrund des trockenheißen Klimas in Form roter Konglomerate, Sandsteine und Schiefertone abgelagert. Vulkane förderten Lava und Asche, von denen der Porphyrit von Potschappel und

Im Plauenschen Grund bei Dresden durchfließt die Weißeritz ein enges Tal, in dem ehemalige Steinbrüche senkrechte Wände von Syenodiorit hinterlassen haben

die Quarzporphyre des Grillenburger Waldes bei Tharandt besonders zu erwähnen sind. Bei Mohorn erschließt ein Steinbruch den quarzarmen Grillenburger Quarzporphyr in säuliger Ausbildung.

Auch diese Vulkanite wurden im Rotliegenden abgetragen und finden sich zusammen mit den Gneisen des Erzgebirges im Geröllbestand der rotliegenden Konglomerate, z. B. am Backofenfelsen bei Hainsberg. Zeitweise war das Becken mit Sümpfen, Farnwäldern und Seen bedeckt, die graue Sedimente mit deutlichen Pflanzenabdrücken und Steinkohlen hinterlassen haben. Von etwa 1800 bis zur Stillegung 1966 hat der historische Steinkohlenbergbau von Freital beachtliche wirtschaftliche Bedeutung gehabt. Heute geben nur noch wenige Halden und Schachtgebäude Zeugnis davon in der Landschaft. Alle über Tage anstehenden Gesteine des Rotliegenden leisten gegenüber der Abtragung so wenig Widerstand, daß die Weißeritz von Hainsberg bis Potschappel einen weiten Talkessel ausräumen konnte. Dieser wird von weitgeschwungenen Höhenrücken rotliegender Gesteine umrahmt, von denen der Windberg vom Tal aus besonders hervortritt.

In auffälligem Gegensatz zu dem weiten Talkessel steht der enge, steilwandige Plauensche Grund zwischen Freital-Potschappel und Dresden-Plauen. Hier mußte sich die Weißeritz nach Verlassen des Freitaler Rotliegendbeckens in den festen Syenodiorit einschneiden. Der Plauensche Grund war ursprünglich noch enger, sicher auch steilwandig und felsig. Steinbrüche aus dem 19. Jahrhundert (z. T. bis etwa 1955 in Betrieb) haben ihn zwar etwas erweitert, dafür aber zahlreiche fast senkrechte Felswände geschaffen.

In dem nördlichsten Steinbruch, dem Ratssteinbruch am Ausgang des Plauenschen Grundes, sehen wir, wie die ebene, schwach nach Nordost geneigte Oberfläche des Syenits von eben geschichteten, kreidezeitlichen Plänermergeln überlagert wird. Das Meer der Kreidezeit hat also die hier von der Abtragung freigelegte Syenitoberfläche allmählich überflutet und in dem vorrückenden Küstenbereich Schichten mit Syenitgeröllen abgelagert.

Der Syenit taucht nach Nordost unter die Stadt Dresden unter. Deren Untergrund baut sich aus einer geringmächtigen Decke junger Lockergesteine sowie aus Plänermergel und anderen kreidezeitlichen Sedimenten auf, die 1836 in einer Bohrung am jetzigen Platz der Einheit mit 243 m Tiefe noch nicht durchbohrt waren, also sicher über 250 m mächtig sind. Hier befinden wir uns mitten im Gebiet des NW–SO-gerichteten kreidezeitlichen Meeresarmes, der damals das Festland des Erzgebirges von dem der Lausitz trennte und dessen Senkungstendenz in jüngerer Zeit, ebenfalls hier, in der Entstehung des Elbtalgrabens ihre Fortsetzung fand.

Die kreidezeitlichen Sedimente im Raum Dresden wurden im Nordosten vom Lausitzer Granitmassiv überschoben, als dessen Westgrenze hier tektonisch die Störung der Lausitzer Überschiebung und landschaftlich der steile Granithang von Radebeul über den Weißen Hirsch bis Pillnitz erscheint. Das Gebiet des Elbtals, vor allem nordwestlich von Dresden, sank auch in der folgenden Zeit (Tertiär – Pleistozän) als Grabenbruch weiter ein und bildet heute den Elbtalgraben. Extrapoliert man die Messungen der letzten Jahrzehnte auf künftige Jahrtausende, dann sinkt (in einem für menschliche Zeitmaßstäbe allerdings unwesentlichen Ausmaß) Dresden weiter ein, und der Weiße Hirsch steigt gegenüber dem Stadtgebiet in der Elbeniederung noch höher empor.

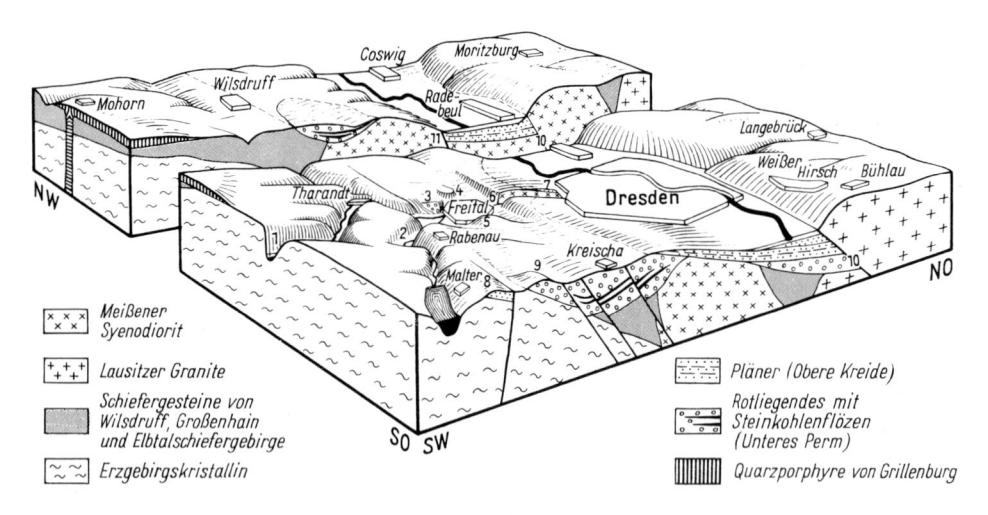

Die Umgebung von Tharandt – Freital – Dresden (Nordostrand des Erzgebirges, Döhlener Rotliegendbecken, Elbtalgraben bei Radebeul und Lausitzer Überschiebung)

1 Tal der Wilden Weißeritz, *2* Rabenauer Grund (Rote Weißeritz), *3* Backofenfelsen bei Hainsberg, *4* Halde des Freitaler Steinkohlenbergbaus, *5* Windberg, *6–7* Plauenscher Grund, *7* Ratssteinbruch (Pläner über Syenit), *8* Dippoldiswalder Heide (Kreidesandstein über Gneis), *9* Quohrener Kipse, *10–10* Lausitzer Überschiebung, *11* westliche Randverwerfung des Elbtalgrabens

Der interessanteste Aufschluß im Quarzporphyr des Tharandter Waldes liegt bei Mohorn. Die fächerförmige Stellung der Säulen und Platten zeigt einen speziellen Abkühlungsmechanismus in der Nähe der Eruptionsstelle der Quarzporphyrlava an

Das Elbsandsteingebirge

Von Schöna über Bad Schandau, Königstein, Kurort Rathen, Stadt Wehlen bis Pirna durchfließt die Elbe die Sächsische Schweiz, eine der schönsten und am meisten besuchten Landschaften Mitteleuropas. Tausende erleben sie durch eigene Wanderungen, durch Schiffsfahrten auf der Elbe oder durch den Blick aus der Eisenbahn auf der Strecke Dresden–Prag. Weltberühmt sind die Felsen der Sächsischen Schweiz, wie z. B. der Hohe Thorstein und die Schrammsteine, für die Klettersportler.

Der Name Elbsandsteingebirge für das gleiche Gebiet weist auf das dominierende Gestein hin, den kreidezeitlichen Quadersandstein, der in maximal 400 m mächtiger Schichtfolge das Gebiet zwischen Schöna und Pirna, Berggießhübel und Hohnstein aufbaut. Die gesamte Schichtfolge ist in einem schmalen Meeresarm zwischen Erzgebirgsfestland und einer großen Lausitzer Insel über der sich zur Oberen Kreidezeit senkenden Elbtalzone sedimentiert worden. Der Name Quadersandstein leitet sich von den Absonderungsformen des Gesteins her. Zu den fast waagerechten Schichtfugen des dickbankigen Sandsteins kommen vorwiegend SW–NO- und SO–NW-gerichtete senkrechte Klüfte, die das Gestein in Quader zerlegen. Wo die Felsen freiliegen, kann man außer dieser quaderförmigen Absonderung des Sandsteins auch die verwitterungsbedingte Rundung des Gesteins und an der Sandsteinoberfläche die Wabenverwitterung oder andere Verwitterungsformen beobachten.

Die Landschaftsformen des Elbsandsteingebirges wurden vor allem durch die abtragende Tätigkeit der Flüsse und Bäche geschaffen. Wichtigster Fluß war im Tertiär ein Vorläufer der Elbe, seit dem Pleistozän die Elbe selbst. Im Detail bestimmen jedoch die flache Lagerung und die Klüfte des Quadersandsteins sowie die Verwitterungsvorgänge das gegenwärtige Relief.

Weichere Schichten boten der Abtragung stärkere Angriffsmöglichkeit. Die festeren Sandsteinbänke lösten sich an den senkrechten Klüften. Das erklärt die steilen Felswände. Über Zonen besonders weicher Schichten sind die festeren Sandsteinschichtfolgen so weitgehend zerstört, daß ihre Reste wie Zeugenberge mit steilen Wänden einem ziemlich flachen Gelände aufgesetzt erscheinen. Steigen wir vom Elbtal oder aus den Nebentälern der Elbe die steilen Talhänge empor, dann erreichen wir das flache Gelände, die sogenannte Ebenheit, etwa 100 bis 120 m über der Elbe, z. B. bei Königstein, wo auch ein Dorf den Namen Ebenheit trägt. Die Ebenheit wird selbst wiederum etwa 120 m hoch von den steilwandigen Zeugenbergen, den Steinen, überragt. Nordöstlich der Elbe sehen wir den Lilienstein (415 m) und bei Bad Schandau den Falkenstein, die Schrammsteine und andere, südwestlich der Elbe u. a. den Großen und Kleinen Bärenstein, den Königstein (360 m), den Pfaffenstein (427 m), den Gohrischstein, den Papststein (451 m), den Kleinhennersdorfer Stein sowie den Kleinen und den Großen Zschirnstein (563 m). Zeugenberge der Sandsteinschichten unterhalb der großen Ebenheit am Rande des Elbtals sind die Kaiserkrone (355 m) und der Zirkelstein (385 m) bei Schöna. Vergleicht man die Höhen der Steine, dann erkennt man großräumig ein allmähliches Abtauchen der Schichten des Elbsandsteingebirges nach Pirna zum Elbtalgraben hin, was man übrigens auch schon vom Schiff oder von der Bahn aus bei einer Fahrt von Bad Schandau bis Pirna beobachten kann.

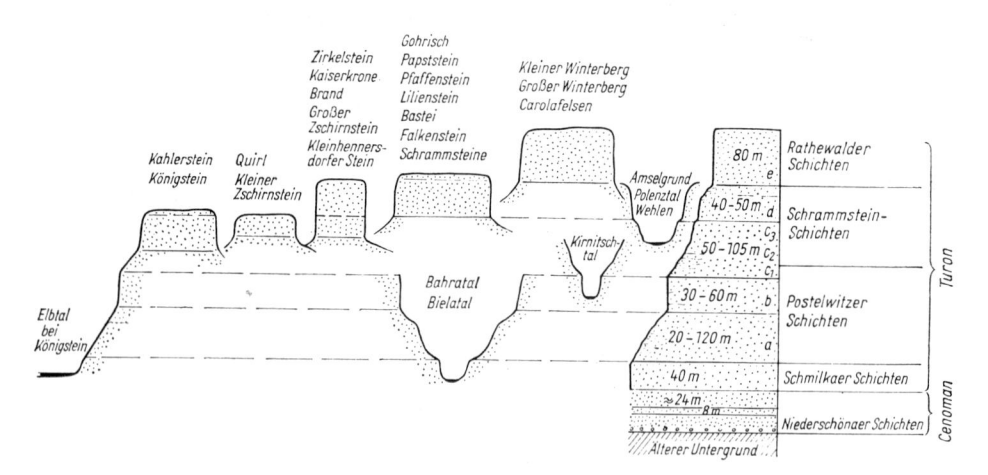

Die wichtigsten Landschaftselemente des Elbsandsteingebirges in ihrer stratigraphischen Zuordnung und (rechts) die Schichtgliederung der Oberen Kreide in der Elbtalzone (stark vereinfacht)

a–e die Sandsteinstufen nach LAMPRECHT; die Namen der Sandsteinstufen beziehen sich auf Orte typischer Ausbildung, die Zahlen geben die Mächtigkeitsschwankungen an (nach RAST, 1959, und PRESCHER)

Typische Felsbildungen der sächsischen Oberkreidesandsteine im Felsenkessel des Wehlgrundes bei Rathen mit den Gansfelsen, von der Basteibrücke aus gesehen

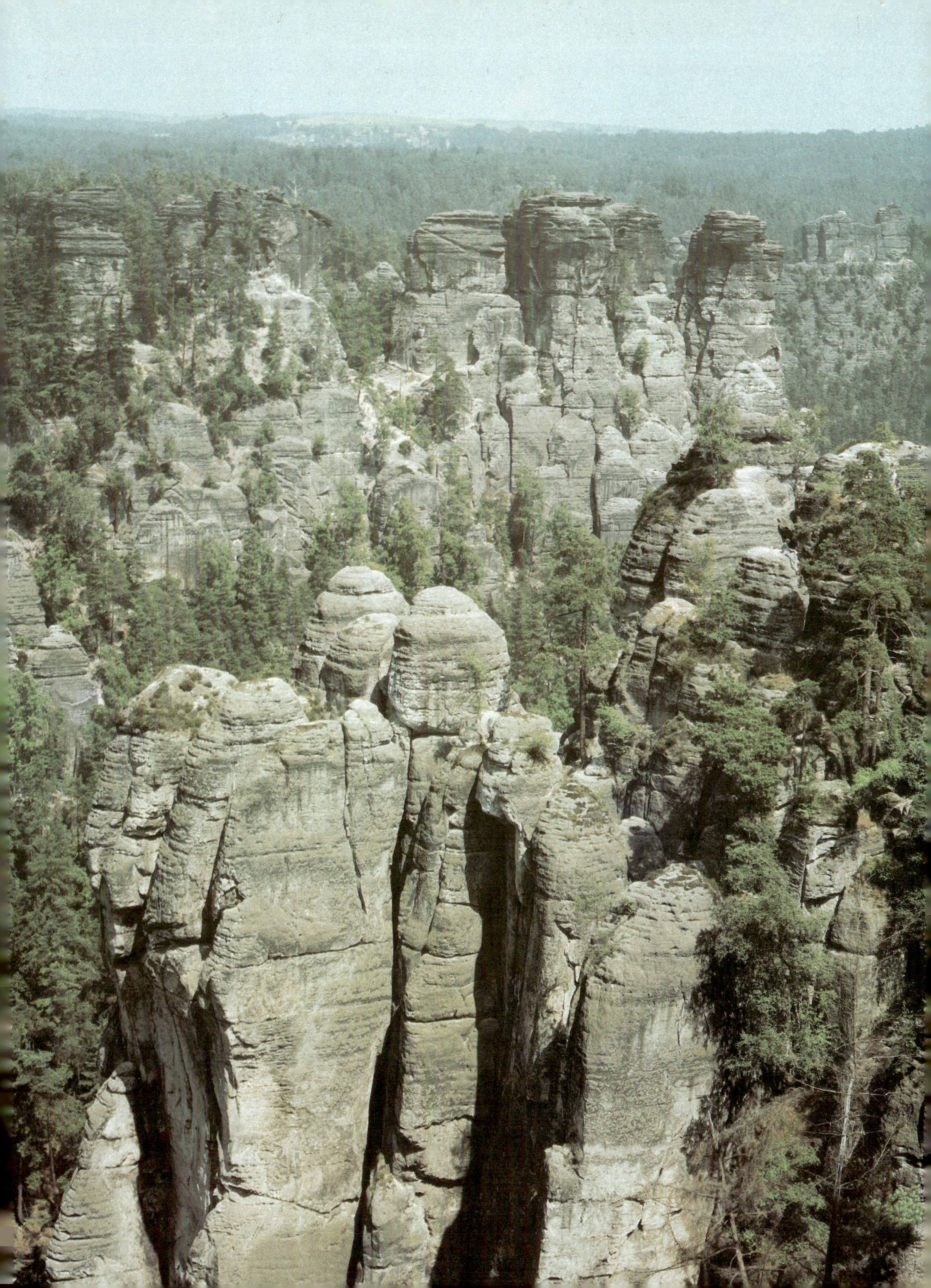

Die Abtragung hat im Elbsandsteingebirge aus dem Quadersandstein ganz verschieden gestaltete Felsformen herausgearbeitet, so die Barbarine am Pfaffenstein (im Hintergrund der Gohrisch)

Zum Verständnis von Geologie und Landschaft muß noch auf einige kleinräumige Formen aufmerksam gemacht werden.

Zahlreiche Felsen des Elbsandsteingebirges bilden Formen, die unter besonderen Namen bekannt sind, wie z. B. die Barbarine, die Gans, die Lokomotive usw. Diese Formen sind durch besondere Wechselwirkungen von Klüften und Gesteinsfestigkeit im Laufe der Verwitterung entstanden. Die Klüfte wurden zu Rissen und Schluchten erweitert. Die Gesteinsfestigkeit ist stellenweise von Meter zu Meter unterschiedlich, so daß der Sandstein je nach Festigkeit an Klüften, Rissen, Schluchten und Schichtfugen verschieden stark absandet und dann die genannten Felsformen entstanden sind.

Klüfte und Schichtfugen werden von der Verwitterung auch zu Klufthöhlen und Schichthöhlen erweitert. Eine bekannte Schichthöhle ist die Diebshöhle am Quirl bei Königstein.

Die Felswände direkt über dem Elbtal sind großenteils nicht natürlichen Ursprungs, sondern Abbauwände ehemaliger Steinbrüche. Besonders an der Grenze zu kleinen Taleinschnitten läßt sich deutlich unterscheiden, was natürliche Felsform und was künstliche Steinbruchswand ist. Der Elbsandstein ist mit seiner meist goldgelben Farbe ein seit Jahrhunderten beliebter Baustein. Der gotische Meißner Dom, besonders aber die Bauwerke des Dresdener Barock sind aus ihm errichtet.

Nach Süden setzt sich das Elbsandsteingebirge als Böhmische Schweiz weit in die ČSSR hinein fort. Dort beobachten wir dieselben kreidezeitlichen Sandsteine und auch berühmte Felsbildungen, wie z. B. das Pravčická brána (Prebischtor). Am Rande des Elbsandsteingebirges finden wir aber schon auf sächsischer Seite Berge, die den Übergang zu einer ganz andersartigen Landschaft andeuten, zu dem vorwiegend aus Basalt und Phonolith bestehenden Böhmischen Mittelgebirge. Wie ein Vorposten dieses Gebirges erscheint der schon auf ČSSR-Seite liegende Růžovsky vrch (Rosenberg, 619 m), ein Basaltberg, der sich durch seine Kegelform auffällig von den Tafelbergen der Steine im Elbsandsteingebirge unterscheidet. Kleinere Basaltvorkommen stecken auf sächsischer Seite z. B. im Kleinen und Großen Winterberg und im Cottaer Spitzberg.

Dippoldiswalde – Königstein – Hohnstein

Bei Wanderungen durch das zentrale Gebiet des Elbsandsteingebirges im Raum von Bad Schandau – Königstein – Pirna erweckt die fast horizontale ungestörte Lagerung des Quadersandsteins den Eindruck, als ob hier in der geologischen Vergangenheit tektonisch nichts geschehen sei. Nur die steilen, SW–NO- und SO–NW-gerichteten Klüfte verraten dem Geologen einen auf diese Richtungen orientierten Spannungszustand, der hier das Gestein nach seiner Verfestigung in Tausende und aber Tausende einzelner Quader zerbrechen ließ.

In welchem Maße das Elbsandsteingebirge aber doch von der Tektonik des Elbelineaments in der Elbtalzone betroffen worden ist, erkennen wir in der Landschaft, wenn wir das Gebiet in einem Profil von Südwest nach Nordost queren.

Im Südwesten bei Niederschöna, Höckendorf, Dippoldiswalde und Reinhardtsgrimma liegen geringmächtige kreidezeitliche Sandsteine auf Erzgebirgsgneis, markieren heute noch die ungefähre Strandlinie des damaligen Meeres und bezeugen durch ihre Existenz die kreidezeitliche Senkung der nordöstlich davon gelegenen Elbtalzone. Diese Sandsteinschichten sind im ganzen Gebiet schwach nach Nordost geneigt, also durch die spätere tektonische Senkung der Elbtalzone nach dieser zu gekippt. Demgemäß bauen die Sandsteine nach Nordosten und Osten in immer größerem Anteil die Talhänge auf. Bei Malter, Possendorf, Berggießhübel – Ottendorf und Gottleuba bedecken sie, wenige Meter mächtig, die obersten Kuppen und Höhenrücken. Im Lockwitz-, Gottleuba- und Bahratal bilden sie streckenweise die obere Hälfte der Talhänge, während der untere Teil von den Gesteinen des Döhlener Beckens, des Meißner

Massivs bzw. des Elbtalschiefergebirges aufgebaut wird. Im Gottleubatal etwa 2 km nordöstlich von Berggießhübel, im Bahratal ab Bahra und weiter östlich im gesamten Bielatal bestehen die Talhänge von den Höhen bis hinab zur Talsohle ganz aus Quadersandstein. Die älteren Gesteine liegen hier tiefer als die Talsohle und werden von den Tälern noch nicht angeschnitten. Zwischen dem Elbtal und Hohnstein reicht der Sandstein bis in etwa 400 m Tiefe, d. h. noch ungefähr 200 m unter die Talsohle der Elbe hinab.

Die damit nachweisbare Kippbewegung der Quadersandsteinscholle nach Nordost ist mit Verwerfungen verbunden gewesen, von denen sich heute die Karsdorfer Verwerfung etwa 6 km nordöstlich von Dippoldiswalde landschaftlich am deutlichsten bemerkbar macht. Tektonisch ist hier jedoch nicht (wie man zunächst vermuten würde) die nordöstliche Scholle abgesenkt, sondern die südwestliche. Mechanisch erklärt sich das damit, daß hier die Kippung der Elbtalscholle und ihre Zugbeanspruchung nach Nordost stärker war als die Senkung. So grenzt nun der hier einige Dekameter mächtige, abgesenkte Quadersandstein im Südwesten gegen den Erzgebirgsgneis im Nordosten.

Wenige Meter nordöstlich der Kursdorfer Verwerfung sind die Gesteine des Döhlener Rotliegendbeckens dem Erzgebirgsgneis aufgelagert. Landschaft und Tektonik stehen hier nur undeutlich miteinander im Zusammenhang. Die Höhenrücken werden teils vom Rotliegenden, teils vom kreidezeitlichen Sandstein gebildet, liegen also zum Teil auf der gehobenen, zum Teil auf der gesenkten Scholle. Aus Rotliegendgesteinen bestehen die weithin sichtbare Quohrener Kipse (452 m) sowie der Wilisch (476 m), der seine Höhe jedoch einem basaltischen Vulkanschlot der Tertiärzeit verdankt. Die aus kreidezeitlichem Sandstein aufgebauten Höhen sind unfruchtbar und demgemäß mit Nadelwald bedeckt; sie tragen bezeichnenderweise die Namen Dippoldiswalder Heide und Hirschbacher Heide.

Nach Südosten tritt unter den Rotliegendgesteinen das Elbtalschiefergebirge zutage. Seine NW–SO-streichenden präkambrischen bis unterkarbonischen Schiefer, Quarzite, Konglomerate, Kalksteine und Amphibolite verleihen dem Müglitztal bei Maxen-Weesenstein, dem Gottleubatal bei Gottleuba – Berggießhübel und dem Bahratal bei Markersbach Landschaftsformen, die deutlich an die aus ähnlichen Gesteinen bestehenden Täler des Ostthüringisch-Vogtländischen Schiefergebirges und des Harzes erinnern.

Auf das Döhlener Rotliegende und das Elbtalschiefergebirge auflagernd, schließen sich nach Osten und Nord-

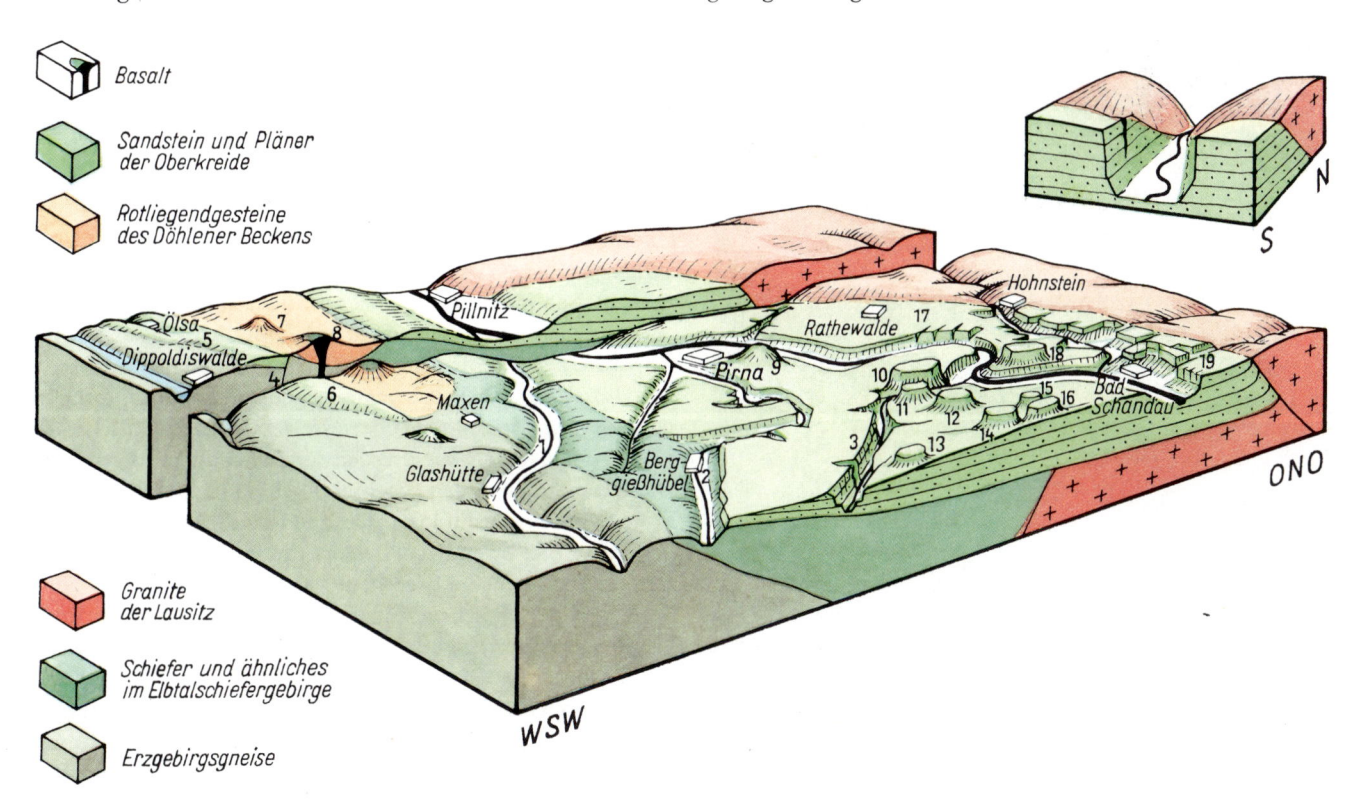

Ein WSW-ONO-Streifen aus dem Elbsandsteingebirge und seinen Nachbargebieten
1 Müglitztal, 2 Gottleubatal, 3 Bielatal, 4 Karsdorfer Verwerfung, 5 Dippoldiswalder Heide, 6 Hirschbacher Heide, 7 Quohrener Kipse, 8 Wilisch, 9 Sonnenstein, 10 Königstein, 11 Quirl, 12 Pfaffenstein, 13 Lampertsstein, 14 Gohrischstein, 15 Kleinhennersdorfer Stein, 16 Papststein, 17 Bastei, 18 Lilienstein, 19 Schrammsteine; strichpunktiert: Verlauf der Lausitzer Überschiebung im Gelände
Oben: Detailskizze der Landschaftsformen im Polenztal bei Hohnstein an der Lausitzer Überschiebung

osten die kreidezeitlichen Pläner und Quadersandsteine an und bilden nun östlich von Pirna das Elbsandsteingebirge, dessen Schichten – wie schon dargestellt – nach Nordosten an Mächtigkeit zunehmen und flach eintauchen. Die kreidezeitlichen Quadersandsteine bilden im Elbsandsteingebirge eine unsymmetrische Beckenfüllung, indem die größte Mächtigkeit und die tiefste Absenkung nicht in der Mitte, sondern an der Nordostgrenze des Elbsandsteingebirges, nahe an der Lausitzer Überschiebung, der Grenze gegen das Lausitzer Granitgebiet liegt.

Die Lausitzer Überschiebung ist eine generell NW–SO-streichende, die Erdkruste durchsetzende Bruchzone, an der an vielen Stellen das Lausitzer Granitmassiv und Teile des Meißener Massivs gegen Ende der Kreidezeit einige hundert Meter weit flach auf die kreidezeitlichen Schichten der Elbtalzone aufgeschoben worden sind. Die Störungslinie verläuft von Oybin bei Zittau über Hinterhermsdorf, Hohnstein, Pillnitz, Klotzsche, Kötzschenbroda bis Oberau bei Meißen. Am bekanntesten wurde sie bei Hohnstein, wo sie durch B. v. COTTA 1838 erforscht und richtig gedeutet wurde.

An der Böschung der Wartenbergstraße am westlichen Hang des Polenztales etwa 0,5 km westlich von Hohnstein kann man beobachten, wie der Granit als älteres Gestein auf dem jüngeren Sandstein liegt, also nachträglich schräg auf diesen aufgeschoben worden ist. Etwa 400 m Überschiebungsbetrag des Granits hat man hier festgestellt. Die Gesteine an der Böschung der Wartenbergstraße gleichen allerdings nicht dem Granit und Sandstein, wie man ihn gewöhnlich kennt, sondern sie zeigen in ihrer Beschaffenheit die Beanspruchung, die sie bei diesem großen Überschiebungsvorgang erlitten haben; der Granit ist stark zersetzt und mürbe, der darunterliegende Sandstein durch Kieselsäure verfestigt, aber durch Tausende von Klüften kleinstückig zerrüttet. An einigen Stellen hat der Granit bei seiner Überschiebung Teile von Juragestein aus der Tiefe mit hochgeschleppt und zwischen sich und dem Quadersandstein eingeklemmt. Landschaftlich tritt das aber nicht in Erscheinung.

Am deutlichsten sichtbar wird die Lausitzer Überschiebung bei Hohnstein an den Formen der Talhänge im Polenztal: Wo dieses sich (im Süden) in den Quadersandstein eingeschnitten hat, bilden senkrechte, quaderförmig zerklüftete Sandsteinfelsen, wie z. B. der Hockstein, die Talhänge. Blicken wir dagegen vom Hockstein polenztalaufwärts ins Granitgebiet, dann sehen wir dort die für dieses Gestein typischen gerundeten Formen und schrägen Talhänge. Wo diese beiden Talformen aneinandergrenzen, kreuzt das Polenztal die Lausitzer Überschiebung, die größte tektonische Störungslinie in der Elbtalzone.

In den vorigen Abschnitten wurde erwähnt, daß kreidezeitliche Sedimente auch im Raum des Elbtals bei Dresden und oberhalb von Meißen liegen. Für den Leser erhebt sich also die Frage, warum Wände von Quadersandstein das Elbtal nur bis Pirna begleiten und die Elbe unterhalb von Pirna in den weiten Talkessel eintritt, der die Landschaft um Heidenau, Dresden und Radebeul bestimmt. Die Ursache für diesen Wechsel des Landschaftsbildes liegt in der Gesteinsausbildung der kreidezeitlichen Sedimente. Im Raum Bad Schandau-Pirna wurde im Meer der Kreidezeit Sand abgelagert, der heute als Quadersandstein vorliegt und die beschriebenen steilen Wände bildet. Von Pirna über Dresden bis Weinböhla waren die Sedimente des kreidezeitlichen Meeres mehr tonig-kalkig. Dieses als Pläner bezeichnete Gestein verfällt leichter der Abtragung, so daß die Elbe den weiten Talkessel ausräumen konnte. Im Gebiet des Pläners erscheint die Lausitzer Überschiebung als Granitsteilhang auf der Nordostseite des Elbtals vom Borsberg bis zum Weißen Hirsch und als Syenodioritsteilhang im Gebiet Radebeul-Weinböhla.

Die wichtigsten erdgeschichtlichen Ereignisse im Elbsandsteingebirge nach der Kreidezeit waren die Abtragungsvorgänge, die schließlich die markanten Wände und

Im Elbsandsteingebirge bestimmen die waagerechte Schichtung und senkrechte Klüftung des kreidezeitlichen Quadersandsteins die Tafelbergform der »Steine« und das Aussehen der Felswände, hier den Basteifelsen und im Hintergrund der Lilienstein

Die Oberkreidesandsteine der Sächsischen Schweiz werden seit langer Zeit als Werk- und Dekorationssteine abgebaut. Ein noch betriebener Steinbruch im Lohmgrund bei Cotta zeigt deutlich die Bankung sowie Sandlinsen im »Cottaer Sandstein« (Labiatus-Sandstein/Schmilkaer Schichten des Unterturons). Links im Hintergrund der Cottaer Spitzberg mit einem zentralen Basaltdurchbruch

»Steine« modelliert haben. Ehe diese ihre heutige Form erlangten, ist für die Zeit des Tertiärs eine Rumpffläche im Niveau der Oberfläche der höchsten »Steine« anzunehmen, die hier allerdings nicht mehr so deutlich zu erkennen ist wie im Ostthüringischen Schiefergebirge oder im Erzgebirge. Sicher aber floß auf dieser alten Rumpffläche die Ur-Elbe träge in großen Windungen von Südost nach Nordwest. Als sich das Elbsandsteingebirge im Tertiär gleichzeitig mit dem Erzgebirge hob, konnte die Elbe ihren gewundenen Lauf nicht verlassen, sondern mußte sich ihr tiefes Tal diesen Windungen folgend einschneiden. So erklären sich wohl die Bögen der Elbe um den Lilienstein und bei Wehlen. Während der ersten Vereisung im Pleistozän drang eine Eiszunge im Elbtal vor und erreichte vermutlich den Raum Bad Schandau, worauf dort ein »Eiszeitmarkierungsstein« aufmerksam macht.

Ober- und Niederlausitz

Überblick

Die Ober- und Niederlausitz ist landschaftlich ein sehr abwechslungsreiches Gebiet, das im Süden bei Oybin schroffe Mittelgebirge bis fast 800 m Höhe umfaßt und nach Norden unter Ausbildung verschiedener Landschaftsformen ziemlich allmählich in das vom Eis der Eiszeit geformte Tiefland übergeht. Dabei sind die meisten Formen des Reliefs im einzelnen durch die Gesteine des Untergrundes bestimmt. Insgesamt gesehen ist aber die Landschaft nicht so klar durch ihre geologische Geschichte gegliedert, wie das z. B. im Harzvorland, im Thüringer Becken oder im Thüringer Wald der Fall ist.

Das Gesamtgebiet läßt sich – stark vereinfacht – in drei geologisch unterschiedlich geprägte und auch verschieden begrenzte Teilgebiete gliedern: Im Südosten erhebt sich südlich der kreidezeitlichen Lausitzer Überschiebung das aus Quadersandstein bestehende Zittauer Gebirge hoch, steil und scharf begrenzt über seinem Vorland. Der übrige, weitaus größere Teil der Oberlausitz bildet weitgeschwungene Höhenzüge in einer vorwiegend von verschiedenen Graniten aufgebauten Landschaft. Durch kleinere Vorkommen anderer Gesteine, z. B. Grauwacke und Basalt, wird das Landschaftsbild lokal differenziert. Dieses Lausitzer Granitgebiet grenzt nach SW an der Lausitzer Überschiebung gegen die Elbtalzone. Nach Norden taucht der Granit ziemlich allmählich unter das Tiefland und seine Lockergesteine unter, so daß diese geologische Grenze zwischen Ober- und Niederlausitz in ihrer gegenwärtigen Lage nur durch den augenblicklichen Stand der Abtragung bestimmt ist. Greift die Abtragung später einmal noch tiefer ein, dann legt sie im südlichen Bereich der Lockergesteinsdecke auch diejenigen Gesteine frei, die weiter südlich heute an der Oberfläche liegen und das Landschaftsbild bestimmen.

Die Verwerfungen, der Lausitzer Grauwackenkomplex und das Görlitzer Schiefergebirge, die im Norden das Granitgebiet begrenzen, sind so von den mächtigen, jüngeren Lockergesteinen des Tertiärs und Quartärs bedeckt, daß sie landschaftlich überhaupt nicht oder nur ganz lokal in Erscheinung treten, zum Beispiel bei Bad Liebenwerda, Ortrand, Kamenz, Senftenberg, Hoyerswerda und Görlitz. Noch weiter nördlich wurden Schollen an meist NW–SO-streichenden Verwerfungen so abgesenkt, daß im nördlichen Teil der Niederlausitz heute Schichten der Trias und der Kreide unter den tertiären und quartären Lockergesteinen verborgen sind. Der von Luckau über Calau nach Rothenburg bei Görlitz streichende Lausitzer Hauptabbruch ist die größte dieser im Untergrund verborgenen Verwerfungen.

Neben den von der Eiszeit geschaffenen Landschaftsformen des Tieflands wird die Niederlausitz heute vor allem von den Tagebauen, Kippen, Restlöchern und Industriewerken des Braunkohlenbergbaus geprägt.

Dresden – Bautzen – Görlitz

Quert man die Oberlausitz in W-O-Richtung, etwa im Bereich Dresden – Bautzen – Görlitz, dann hat man in dem ganzen Gebiet eine wellige Landschaft mit weitgeschwungenen, verschieden hohen und verschieden gerichteten Höhenzügen vor sich. Selbst die höchsten Erhebungen südöstlich von Bautzen, der Czorneboh (554 m) und der Bieleboh (499 m), sowie der Valtenberg (587 m) und der Picho (499 m) südwestlich von Bautzen sind nur höhere Höhenrücken der gleichen Art, wie sie das Bild des ganzen Gebietes bestimmen. Dieser landschaftlichen Einheitlichkeit über mehr als 75 km hinweg entspricht der geologische Untergrund; es handelt sich um das größte Granitgebiet Mitteleuropas, das das Dreieck der Oberlausitz zwischen Dresden, Görlitz und Zittau füllt. Die weitgeschwungenen, meist landwirtschaftlich genutzten Hügelketten sind dabei typisch für die Landschaftsform in Granitgebieten überhaupt.

Allerdings handelt es sich hier nicht um eine zeitlich einheitliche Granitintrusion, sondern um mehrere verschieden alte. Jüngere granitische Massen sind in jeweils ältere eingedrungen, die sich aber in der heutigen Landschaftsform kaum unterscheiden.

Als ältester Granit dieses Gebietes erstarrte im Präkambrium in der noch älteren umgebenden Grauwacke des Görlitzer Schiefergebirges der Ostlausitzer Granodiorit.

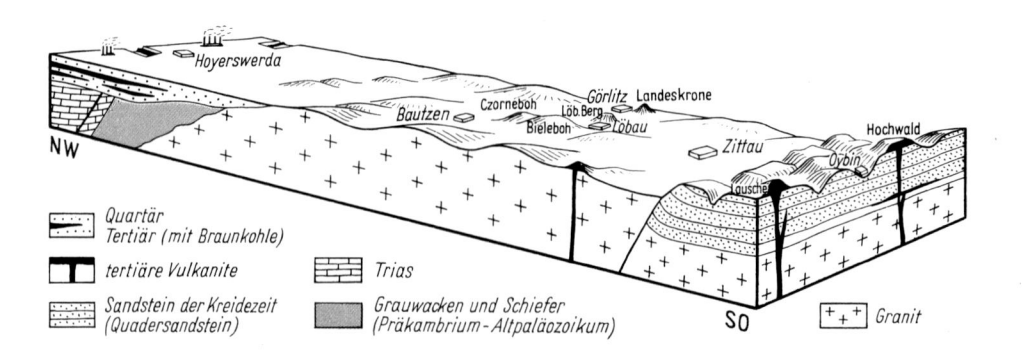

Blockstreifen aus der Nieder- und Oberlausitz mit Zittauer Gebirge

Die Lausitzer Granite werden von 0,5 bis über 10 m mächtigen Lamprophyrgängen durchzogen. Werden diese zur Gewinnung dunkler Dekorationssteine abgebaut, dann nimmt der Steinbruch die Richtung und Form der einstigen Gangspalte an, wie hier bei Friedersdorf

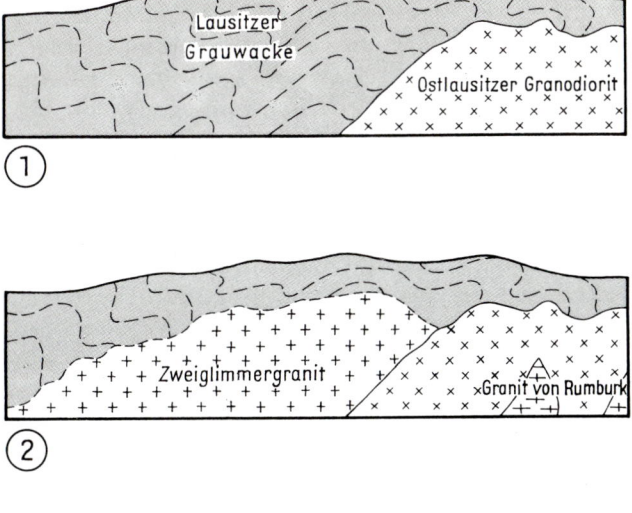

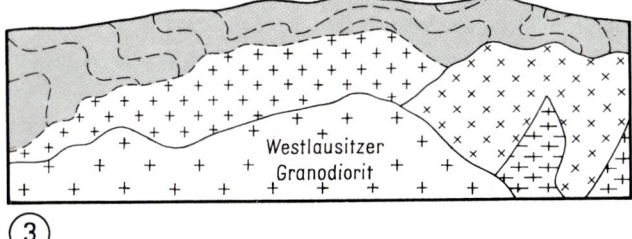

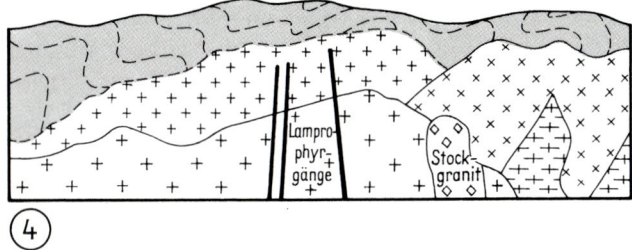

Genetische Profilreihe zur Entstehung der Lausitzer Granitlandschaft (nach MÖBUS, 1956 und 1970, vereinfacht)

① Präkambrium (assyntische Faltung): Die Lausitzer Grauwacke wird gefaltet, der Ostlausitzer (Seidenberger) Granodiorit intrudiert
② Kambrium (spätassyntische Faltung): In der Tiefe werden Grauwacken und Tonschiefer in den Zweiglimmergranit umkristallisiert. Im Osten der Lausitz intrudiert der Granit von Rumburk
③ Devon (kaledonische Tektogenese): Großflächig intrudiert der Westlausitzer Granodiorit
④ Devon – Karbon (varistische Tektogenese): Lokal dringen Stockgranite in das Granitmassiv ein, Spalten werden von Lamprophyrgängen gefüllt
⑤ Karbon – Kreide: flächige Abtragung legt die Tiefengesteine frei
⑥ Kreide – Gegenwart: Hebung im Osten und Senkung im Westen und weitere Abtragung bedingen die heutige Gesteinsverteilung der verschiedenen Granite der Lausitz. (Die jungen Lockergesteine in den Talsenken wurden nicht mit dargestellt)

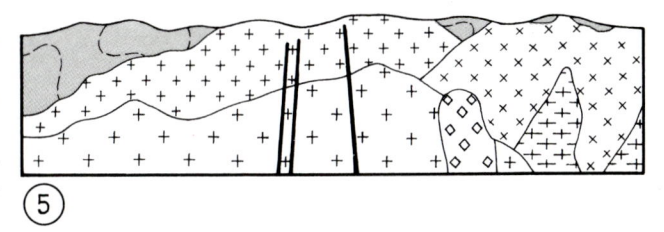

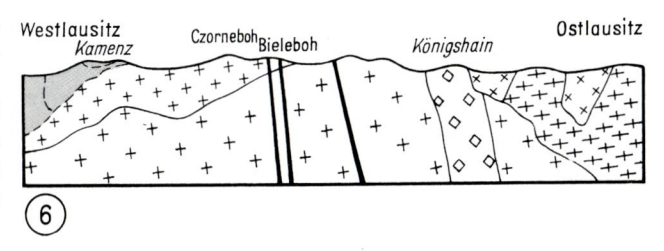

171

Im westlichen Teil der Oberlausitz herrscht dagegen der Lausitzer Zweiglimmergranit (mit den Glimmermineralen Biotit und Muskowit) vor. Er wird als Gestein gedeutet, das zwar nach Mineralbestand und Gefüge einem Granit entspricht, aber nicht durch Erstarrung eines dort eingedrungenen Magmaschmelzflusses, sondern durch extreme Umkristallisation und Teilaufschmelzungen der jungproterozoischen Lausitzer Grauwackenformation entstanden ist. Erdgeschichtlich wird das Ausgangsmaterial des Zweiglimmergranits in das Präkambrium, die Granitisation in die Zeit des Kambriums und Silurs eingestuft. Heute stellt er den Untergrund der genannten höchsten Berge der Oberlausitz dar.

In diesen Komplex der alten zum Teil granitisierten Gesteine war ganz im Südosten der Oberlausitz, im Gebiet des Neißetals zwischen Zittau und Görlitz, sowie bei Rumburk (ČSSR) schon im Unteren Kambrium der Granit von Rumburk eingedrungen und erstarrt, der heute in den genannten Gebieten einen kleinen Teil der Gesamtfläche der Lausitzer Granite einnimmt.

Im Zuge der kaledonischen Gebirgsbildung intrudierten weitere Magmamassen, die zu einem Granit mit hohem Plagioklasanteil, dem Westlausitzer Granodiorit, erstarrten. In der varistischen Gebirgsbildung folgten die Granite von Arnsdorf und Königshain als Ergebnis kleinräumiger Magmaintrusionen. Sowohl in der kaledonischen wie in der varistischen Gebirgsbildung bildeten kieselsäureärmere Magmen in Spalten des Untergrundes Ganggesteine mit vorherrschend dunklen Gemengteilen, die Lamprophyre.

Während alle genannten Granite in prinzipiell ähnlicher Weise das Landschaftsbild bestimmen, machen sich die Lamprophyrgänge aufgrund ihrer meist geringen Mächtigkeit von nur wenigen Metern landschaftlich nicht bemerkbar.

Tiefere Einblicke in den inneren Bau der Granitkörper und Ganggesteine bieten uns Steinbrüche. Die Oberlausitz ist eines der traditionsreichsten Zentren der europäischen Natursteinindustrie. Abgebaut werden heute noch der Westlausitzer Granodiorit in großen Steinbrüchen besonders in Demitz-Thumitz bei Bischofswerda und bei Kamenz sowie die Lamprophyre in mehreren kleineren Steinbrüchen. Der Stockgranit von Königshain wurde bis vor wenigen Jahren ebenfalls zur Werksteinproduktion genutzt. Der Granodiorit wird zu Werk- und Dekorationssteinen, zu Pflaster und neuerdings zu Schotter und Splitt verarbeitet. Die Lamprophyre sind unsere wichtigsten dunklen Dekorationsgesteine.

Schon ein Blick in einen der großen Granitsteinbrüche bei Demitz-Thumitz oder bei Kamenz zeigt uns die Klüftung des Gesteins. Durch N-S-gerichteten Druck auf die erstarrenden Massen während der Varistischen Gebirgsbildung entstanden im Granit die W-O-streichenden, geschlossenen Klüfte, die dem Gestein eine sehr gute Teilbarkeit in dieser Richtung verleihen. Die diesem Druck entsprechende Querdehnung (Zugbeanspruchung) ließ offene, N-S-gerichtete Klüfte entstehen. Flache, fast horizontale Klüfte entstanden durch Temperaturschwankungen nach der Tiefe zu oder durch Druckentlastung infolge Abtragung des Deckgebirges (Lagerklüfte bzw. Bankung). Demgemäß ist die Bankung in Nähe der Oberfläche am stärksten und nimmt nach der Tiefe zu ab. Die Bankung des Granits hat für dessen Gewinnung in den Steinbrüchen entscheidende Bedeutung. So sind die obersten zehn Meter meist so dünnbankig, daß eine Verarbeitung des Gesteins zu Werksteinen nicht möglich ist. In größerer Tiefe als 100 m dagegen sind Bankungsfugen so selten, die Bänke also so mächtig, daß eine Gewinnung technisch schwierig und ökonomisch unrentabel ist.

Steinbrüche im Lamprophyr nehmen mit dessen Abbau die Form der einstigen Gangspalte an, in die das Lamprophyrmagma eingedrungen ist und die es ausfüllte. Sie sind also relativ schmal und tief und erstrecken sich im Streichen des Ganges. Ein schönes Beispiel dafür ist der Lamprophyrsteinbruch von Friedersdorf bei Neusalza-Spremberg. Anstelle mächtiger Lamprophyrgänge, wie am Hohwald bei Steinigtwolmsdorf und an der Klunst bei Ebersbach, liegen oder lagen vor Beginn des Steinbruchbetriebes große Blöcke des schwer verwitternden Gesteins an den Hängen der Berge.

In geologisch junger Zeit, wohl in der Kreidezeit und im Tertiär, wurde die Oberlausitz im Süden stärker, im Norden weniger stark gehoben, also wie das Erzgebirge schräggestellt. Deshalb liegen heute die höchsten Erhebungen des Granitgebietes südlich der Linie Dresden–Bautzen–Görlitz, und das Granitgebiet taucht nördlich dieser Linie meist flach unter die jungen Lockergesteine unter.

Vor und während des frühen Pleistozäns floß von Dresden aus die Elbe durch dieses Gebiet in Richtung Nord und Nordost, wovon u. a. die großen Kieslagerstätten von Ottendorf-Okrilla zeugen.

Das elsterglaziale Inlandeis reichte bis an den Hang der höchsten Oberlausitzer Granitberge, ließ deren Gipfel aber frei. Einzelne Talgletscher sollen noch weiter nach Süden gereicht haben.

Klüftung und Lagerungsformen in Granit- und Lamprophyrsteinbrüchen der Oberlausitz

s, s-Klüfte, q Querklüfte, l Lagerklüfte (Bankung)

Etwa hundert Meter tief wird der Lausitzer Granodiorit bei Demitz-Thumitz abgebaut. Daraus werden Werk- und Pflastersteine hergestellt. Die Abstände der annähernd horizontalliegenden Bankfugen nehmen nach der Tiefe erheblich zu und erschweren den Abbau

Die Basaltsäulen am Burgberg von Stolpen, meilerförmig angeordnet, verraten dadurch unter sich den Vulkanschlot

Auf dem Weg von Zittau in das Zittauer Gebirge nach Oybin oder Jonsdorf kommt man bei Olbersdorf an einem Braunkohlentagebau vorbei. Mächtige Braunkohlenflöze liegen von Olbersdorf im Süden bis Hirschfelde nördlich von Zittau großflächig im Untergrund und bilden die Rohstoffbasis für die großen Kraftwerke in dieser Gegend.

In der Umgebung des Braunkohlenreviers ist auch das Vorland des Zittauer Gebirges durch auffällige Basalt- und Phonolithkuppen landschaftlich gegliedert. Damit wird das Zittauer Gebirge und sein Vorland zum geologisch vielseitigsten Gebiet der Oberlausitz. Dem entspricht eine sehr differenzierte Entstehungsgeschichte.

Im Meer der Zeit der Oberen Kreide war der Kern des Oberlausitzer Granitgebietes eine Insel, die der Abtragung unterlag. Der dadurch entstandene, oft geröllführende Sand lagerte sich im Meer neben dieser Insel im heutigen Zittauer Gebirge, in Nordböhmen und in der Elbtalzone in Form der mehrere hundert Meter mächtigen kreidezeitlichen Sandsteinschichten ab. Die besonders am Oybinfelsen deutliche horizontale Schichtung und vertikale Klüftung des Gesteins veranlaßte hier wie im Elbsandsteingebirge die Bezeichnung Quadersandstein. Gegen Ende der Kreidezeit entstand wie im Elbtalgebiet so auch hier die Lausitzer Überschiebung, indem an einer Störungszone der Granit

Stolpen – Löbau – Landeskrone

Lokal modifiziert wird das an sich einheitliche Bild der Lausitzer Granitlandschaft vor allem durch einige Basaltberge, die als nördlichste Ausläufer des tertiären Basaltvulkanismus im Böhmischen Mittelgebirge betrachtet werden können. Besonders markant erheben sich in der westlichen Oberlausitz der Burgberg von Stolpen, in der östlichen Oberlausitz der Löbauer Berg und die Landeskrone bei Görlitz. Diese Berge sind die Füllungen vulkanischer Schlote und damit die Überreste größerer von der Abtragung erniedrigter Vulkanberge (vgl. die Basaltberge in Rhön und Erzgebirge!).

Besonders vom Burgberg Stolpen ist die säulige Absonderung des Basaltes bekannt.

Am stärksten und differenziertesten war der tertiäre Vulkanismus in der südöstlichen Oberlausitz im Gebiet Zittau – Görlitz. Dort ist er jedoch nur in engem Zusammenhang mit dem Zittauer Becken und dem Zittauer Gebirge zu erläutern.

Das Zittauer Becken und das Zittauer Gebirge

Schaut man von Zittau aus nach Süd und Südwest, sieht man die Quadersandsteinberge des Zittauer Gebirges mit scharfem Rand mauerartig über das Vorland aufragen. Die hohen Sandsteinberge des Gebirges, z. B. Töpfer, Ameisenberg und Jonsberg, werden von den Phonolithbergen der Lausche (793 m) und des Hochwalds (749 m) noch besonders auffällig überragt.

Im Zittauer Gebirge ist die Lausche als Phonolithkegel dem tieferen Stockwerk der felsumstandenen Berge aus kreidezeitlichem Quadersandstein aufgesetzt

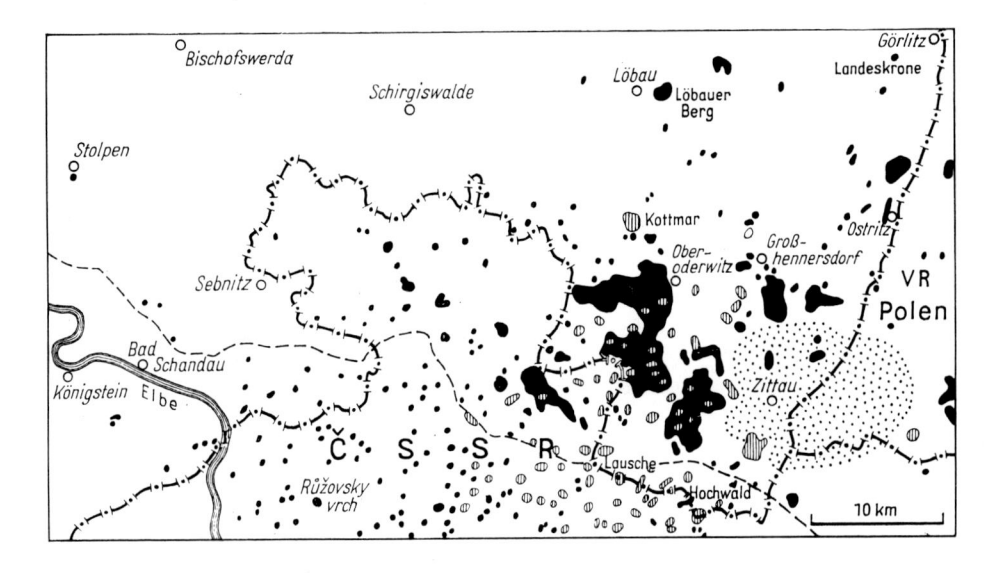

Die Basalt- und Phonolithberge der Oberlausitz

Karte: schwarz bedeutet Basalt, senkrecht schraffiert Phonolith; gestrichelte Linie: die Lausitzer Überschiebung; punktiert: das Zittauer Tertiärbecken. Darunter: Basaltberge bei Stolpen, Löbau und Görlitz. Der Löbauer Berg ist ein im Innern grobkristalliner Basaltstock. Rechts unten gestrichelt: die vermutlich ursprüngliche Form des Basalts von Stolpen

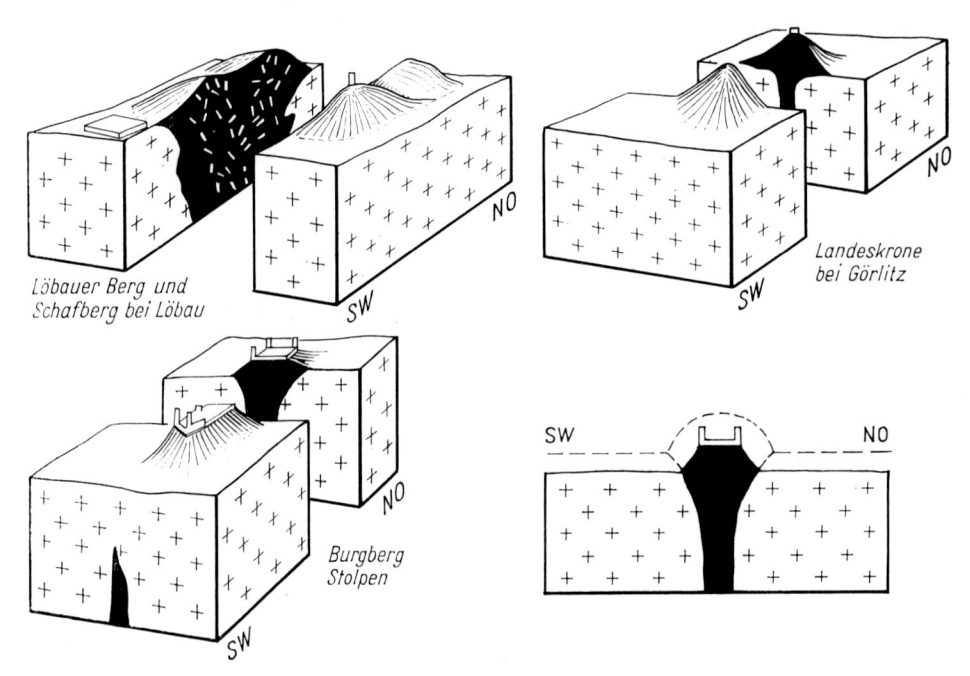

der Nordscholle einige hundert Meter auf den Sandstein der südlichen Scholle aufgeschoben wurde. Dabei wurden die Sandsteinschichten randlich aufgebogen, wie man heute noch im Oybintal südlich von Oybin-Niederdorf beobachten kann.

Zum Ende der Kreidezeit und in den ersten Zeitabschnitten des Tertiärs wurde auch hier die Landschaft von der Abtragung eingeebnet. Die Lausitzer Überschiebung war damals also landschaftlich nicht mehr bemerkbar. Im Miozän setzte hier in Analogie zu dem südlich benachbarten Böhmischen Mittelgebirge ein starker Basaltvulkanismus ein, der lokale Quellkuppen und weitgestreckte Deckenergüsse und Schichten vulkanischer Asche entstehen ließ. Diese vulkanischen Gesteine wurden an vielen Stellen noch von nur wenig jüngeren Phonolithvulkanen durchschlagen, die im Sandsteingebiet auch den Hochwald und die Lausche bildeten, die höchsten Berge der Oberlausitz.

Wenig später und durch die Basalt- und Phonolitheruptionen sicher kausal bedingt senkte sich im Granitgebiet das Zittauer Becken ein, indem an der Lausitzer Überschiebung rückläufige Bewegungen stattfanden und das Granitgebiet sich auch insgesamt an zahlreichen kleinen Verwerfungen schüsselförmig einsenkte. In diesem sich so bildenden Becken lagerten sich verschiedene Sedimente, vor allem Ton ab, und es entstand aus der sich dort ansiedelnden Sumpfflora die mächtige Braunkohle.

Jüngste Abtragungsvorgänge haben die Hochscholle des Sandsteins so zertalt, daß dabei die schroffen Formen des Zittauer Gebirges entstanden. Im Vorland schnitten sich die Flüsse und Bäche wesentlich weniger tief ein.

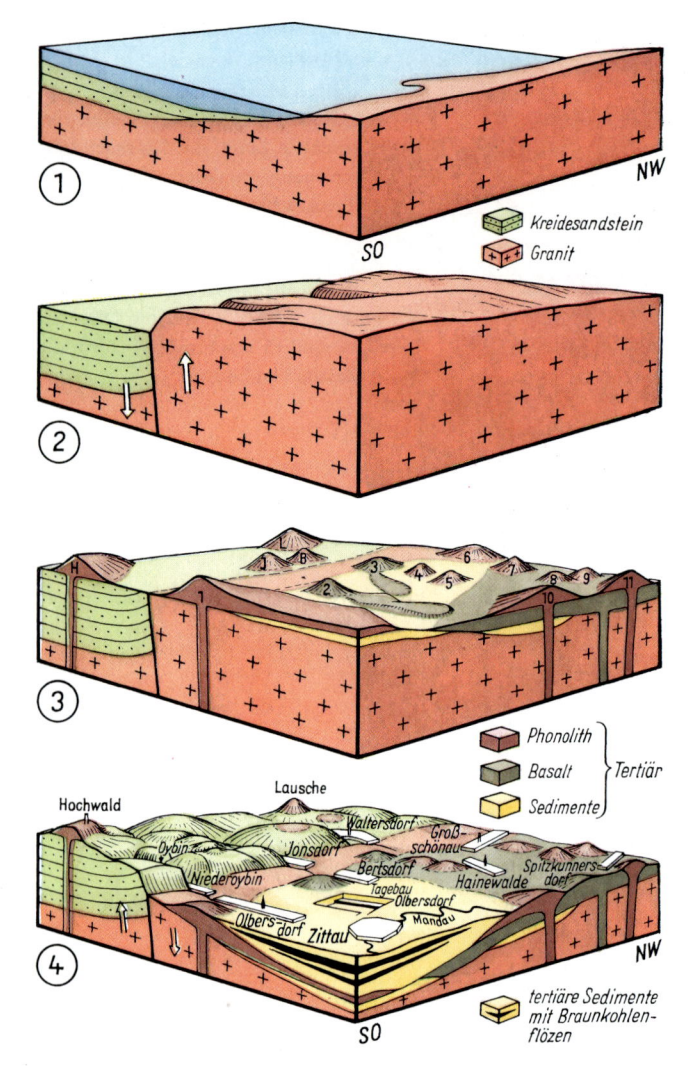

Die Entstehung des Zittauer Gebirges und des Zittauer Beckens

① Obere Kreidezeit: Sandsteinschichten im Meer neben der Lausitzer Granitinsel
② gegen Ende der Oberen Kreidezeit: an der Lausitzer Überschiebung wird der Granit über den Sandstein emporgepreßt
③ Untermiozän: nach der Abtragung des Gebietes zu einer Ebene ergießen sich Basalt- und Phonolithlaven über die flache Landschaft; die vulkanischen Kuppen sind heute als folgende Berge erhalten: über Sandstein: H Hochwald, J Jonsberg, B Buchberg, L Lausche; im Granitgebiet: 1 Butterhübel bei Olbersdorf, 2 Steinbusch, 3 Bocheberg, 4 Steinberg (3 u. 4 bei Bertsdorf), 5 Breiteberg bei Hainewalde, 6 Finkenhübel, 7 Hutberg (6 u. 7 bei Großschönau), 8 Wiedeberg, 9 Lindeberg (8 u. 9 bei Spitzkunnersdorf), 10 Scheibenberg bei Hainewalde, 11 Spitzberg bei Spitzkunnersdorf
④ Miozän bis Gegenwart: das Zittauer Becken sinkt im Miozän ein, es bilden sich Braunkohleflöze; das (relativ) aufgestiegene Sandsteingebiet wird von Tälern zerschnitten und zum Zittauer Gebirge geformt

Die Klüftung des Quadersandsteins ließ bei den Abtragungsvorgängen im Zittauer Gebirge die schroffen Felsformen der Großen und Kleinen Felsengasse, des Kelchsteins, des Töpfers, des Ameisenberges, der Nonnenfelsen usw. entstehen. Bei mehreren dieser Felsformen erweist sich die SW–NO-Richtung als die dominierende, sowohl was die Erstreckung der Felsgruppe wie auch die Begrenzung, die Hauptklüftung und auf den Kluftflächen die Brauneisenkrusten betrifft. Diese SW–NO-gerichteten Zonen stellen offenbar eine NO-Fortsetzung des Erzgebirgssüdrandes in abgeschwächter Form dar. Besonders deutlich zeigt sich diese Richtung in der Großen und Kleinen Felsengasse östlich von Oybin. Hier zirkulierten stellenweise auch SiO_2-Lösungen in den Klüften, schieden Quarz aus und verkitteten damit den Sandstein. Die bizarren Felsformen des Scharfensteins zwischen der Großen und der Kleinen Felsengasse sind so zu erklären. Sind bei diesen Felsgruppen vulkanische Massen in der Tiefe nur zu vermuten, so sind solche im Gebiet der Mühlsteinbrüche bei Jonsdorf nachweisbar. Zahlreiche Basaltgänge und -lager haben dort durch die Hitzewirkung bei ihrer Intrusion den Sandstein stärker verkittet und damit zur Mühlsteinherstellung geeignet gemacht. Die senkrechten Säulen aus gefrittetem Sandstein der bekannten Orgeln bei Jonsdorf sind als Kontakterscheinung eines einst darüber befindlichen flachen Basaltlagers zu deuten.

In zwei Richtungen wollen wir noch über das Gebiet des Zittauer Gebirges und des Zittauer Beckens hinausschauen: Das Böhmische Mittelgebirge erkennen wir als Gebiet noch stärkerer vulkanischer Tätigkeit, wenn wir beim Blick von Hochwald oder Lausche nach Süd und Südwest in der benachbarten ČSSR die zahlreichen dortigen Basalt- und Phonolithkuppen sehen, deren jede einen einstigen Vulkanschlot darstellt.

Verlassen wir das Zittauer Gebiet dagegen in entgegengesetzter Richtung, nach Nordost, dann finden wir südlich von Görlitz bei Berzdorf, markiert durch einen Tagebau und das Kraftwerk Hagenwerder, ein zweites Braunkohlenbecken, das zusammen mit dem von Zittau die NO-Fortsetzung der nordböhmischen Braunkohle des Ohřetalgrabens bildet. Auch dadurch wird bezeugt, daß die großen landschaftsformenden Strukturen des Erzgebirgssüdrandes ihre Fortsetzung bis in das Gebiet Zittau – Görlitz finden.

Zwischen Zittau und Görlitz verrät auch das Neißetal selbst Gestein und tektonischen Bau des Untergrundes: Im Bereich der Tertiärbecken von Zittau und Berzdorf–Görlitz durchfließt die Neiße eine aus den jungen Lockergesteinen herausmodellierte weite Talaue. Zwischen Hirschfelde und Ostritz hat sich die Neiße in den Granit von Rumburk ein enges, steilwandiges Tal eingeschnitten. Die Basalte der Berge westlich vom Neißetal bei Ostritz und die Landeskrone bei Görlitz beweisen, daß auch beim Berzdorfer Becken wie beim Zittauer Becken und beim Ohře-Graben Vulkane tätig und mit der Beckenbildung wohl ursächlich verbunden waren.

Das Niederlausitzer Braunkohlenrevier

Das Zittauer und das Berzdorfer Braunkohlenbecken sind klein gegenüber dem Braunkohlenrevier der Niederlausitz. Dort haben seit etwa 1880 Tagebaue, Brikettfabriken, Kraftwerke und seit 1951/1952 Industriebauten der Energiewirtschaft wie die Braunkohlenkokerei Lauchhammer, das Gaskombinat Schwarze Pumpe und die Großkraftwerke Lübbenau, Vetschau, Trattendorf, Boxberg und Jänschwalde sowie die zugehörigen Tagebaue die ehemalige Landschaft der Urstromtäler und Sander mit ihren Wiesen und Kiefernwäldern völlig umgestaltet.

Die Grenzen des Braunkohlenreviers, Lage, Größe und Tiefe der Tagebaue sowie deren historische Reihenfolge und damit die historische Dynamik zwischen der unberührten Landschaft, der Industrielandschaft und der Bergbaufolgelandschaft werden vom geologischen Bau des Untergrundes bestimmt und spiegeln sich im Landschaftsbild der Niederlausitz wider, wenn wir dieses Gebiet von Süd nach Nord queren, etwa im Bereich Kamenz – Straßgräbchen – Senftenberg – Lübbenau oder von Bautzen über Caminau, Hoyerswerda, Weißwasser nach Cottbus.

Bei Kamenz wird die flachwellige Granitlandschaft der Oberlausitz von den weit sichtbaren, aus kontaktmetamorpher Grauwacke bestehenden Höhenzügen des Schwarzen Berges (413 m), Hennersdorfer Berges (388 m), Wallberges (356 m), Hutberges (293 m) u. a. um mehr als 100 m überragt. Die durch Metamorphose gehärtete Grauwacke verwittert schwerer als der feldspathaltige Granit und wurde deshalb von der Abtragung zu Höhenrücken herausmodelliert. Diese sind um so auffälliger, als die Oberflächen von Grauwacke und Granit wenig nördlich von Kamenz unter die jungen Lockergesteine der Niederlausitz untertauchen, die nun nach Norden zu das Bild der fast ganz flachen, tiefen Landschaft bestimmen. Bei Hohenbocka beobachten wir alte, nun wieder bewaldete Kippen des ehemaligen Braunkohlenbergbaus und einiger Glassandgruben, bei Senftenberg einige ältere, noch in Betrieb stehende Brikettfabriken.

Die Niederlausitzer Braunkohle ist dem insgesamt etwa 200 m mächtigen Profil tertiärer Sedimente in mehreren Flözen eingeschaltet. Die beiden obersten entstammen der jüngeren Braunkohlenformation (Miozän), sind mit etwa 10 bis 20 m dort die mächtigsten Flöze und haben bisher allein bergbauliche Bedeutung. Die Flöze sind im Süden mächtiger und nach Norden geneigt, haben im Süden also weniger Abraum über sich. Der Bergbau begann deshalb im Süden und in dem bis 22 m mächtigen und in geringer Tiefe liegenden Oberflöz. Restlöcher, alte Kippen und die alten Brikettfabriken um Senftenberg sind landschaftliche Zeugnisse dieser Bergbauperiode. Als die Kohlenvorräte des Oberflözes ihrer Erschöpfung entgegengingen, erschloß man 1905 unter großen technischen Schwierigkeiten das mit etwa 30 bis 60 m Abraum bedeckte und nur 5 bis 10 m mächtige Unterflöz, und zwar im Bereich des Magdeburger Urstromtales bei Senftenberg.

Die technischen Probleme, insbesondere die im Urstromtal notwendige Hebung enormer Wassermengen zur Entwässerung von Kohle und Abraum, wurden gemeistert, und fortan war die Kohle des Unterflözes die Rohstoffbasis der Werke um Senftenberg. Die flache Lagerung der Kohle und ihre geringe Mächtigkeit gaben Anlaß zum Einsatz von Abraumförderbrücken, die seitdem für die Bergbautechnik der Niederlausitz typisch sind. Notwendige Folge von Förderbrückentagebauen sind lange, schmale Restlöcher. Aus mehreren solcher im Urstromtal gelegener Restlöcher ist nun der 12 km² große Senftenberger See entstanden, ein bergbaugeschichtlicher Zeuge für den Beginn der zweiten Periode des Niederlausitzer Braunkohlenbergbaus, den Aufschluß des Unterflözes im Urstromtal.

Südlich des Senftenberger Sees überragt der Koschenberg die flache Niederlausitzer Landschaft. Er besteht aus Lausitzer Grauwacke, die von Lamprophyrgängen durchsetzt wird, also Gesteinen, die im allgemeinen hier tief unter den Lockergesteinen das Grundgebirge bilden. Nur lokal wie eben am Koschenberg ragten sie schon im Tertiär als Abtragungshärtlinge über die Braunkohlenmoore empor, ähnlich wie noch heute über das flache umgebende Land.

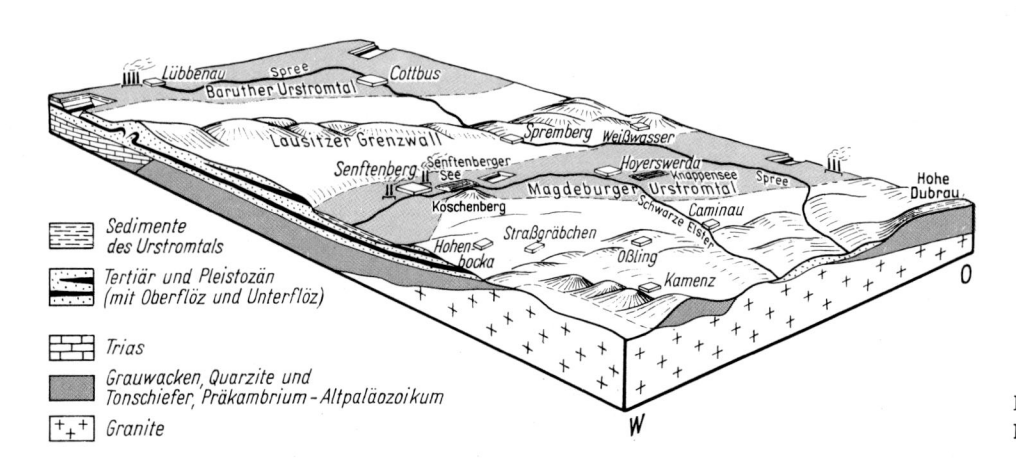

Die nördliche Oberlausitz und das Niederlausitzer Braunkohlenrevier

In dem Maße, wie die Tagebaue um Senftenberg ausgekohlt wurden oder den Bedarf nicht mehr decken konnten, rückte der Bergbau nach Norden vor, über die Endmoränen- und Grundmoränengebiete hinweg bis in das Baruther Urstromtal hinein. In dieser dritten Periode des Niederlausitzer Braunkohlenbergbaus, beginnend 1959 mit dem Tagebau Schlabendorf, muß die Braunkohle, das hier 10 m mächtige Unterflöz, unter durchschnittlich 50 m Abraum gewonnen werden. Wirtschaftlich möglich ist das nur mit Großgeräten wie im Tagebau Schlabendorf. Dieser versorgt das nahe gelegene Kraftwerk Vetschau mit Rohkohle.

Eine ähnliche geologisch-bergbauhistorische Abfolge von Landschaftstypen beobachten wir im Raum Bautzen – Hoyerswerda – Cottbus. Die flachwellige, von jungen Lockergesteinen bedeckte Granitlandschaft von Bautzen – Königswartha – Weißenberg wird bei Großradisch von dem dem ordovizischen Grundgebirge angehörenden Quarzithöhenrücken der Hohen Dubrau (307 m) überragt.

Bei Caminau, nördlich von Bautzen, wo die Granitlandschaft der Oberlausitz in das Flachland der Niederlausitz übergeht, ist unter einigen Metern junger Lockergesteine der Granit tiefgründig kaolinisiert aufgeschlossen. Der bis 60 m mächtige Kaolin ist aus der kreidezeitlich-tertiären Verwitterung des Lausitzer Granits hervorgegangen und bezeugt, daß bei Caminau seit dem Tertiär kein Granit weiter abgetragen wurde. Hier und weiter nördlich haben die aufliegenden tertiären Lockermassen die tertiäre Landoberfläche konserviert. Bei Oßling – Wittichenau durchspießen die Grauwacken vom Nordrand des Lausitzer Granitmassivs die jungen Lockergesteine, steigen aber nicht zu solchen Höhen auf wie die Grauwacken bei Kamenz oder vom Koschenberg bei Senftenberg. Bei Oßling verarbeitet ein großes Brecherwerk die Grauwacke zu Schotter und Splitt. Weiter nach Norden werden die tertiären Schichten mächtiger. Bei Bröthen nutzen keramische Werke den tertiären Ton. Die Tagebaue der Schwarzen Pumpe gewinnen die Kohle hier wie bei Senftenberg aus dem Magdeburger Urstromtal und seiner Umgebung. Auch hier ist nach Auskohlung der Tagebaue eine attraktive Bergbaufolgelandschaft im Entstehen. Der Knappensee bei Hoyerswerda ist ihr erster als Erholungsgebiet schon stark besuchter Teil.

Auch hier begann der Abbau der Braunkohle im Süden und schritt allmählich nach Norden fort. Im Magdeburger Urstromtal liegen z. B. die Tagebaue Nochten, Bärwalde und Lohsa sowie das Kraftwerk Boxberg. Der jüngste Tagebau in diesem Bereich der östlichen Niederlausitz liegt wiederum im Norden im Baruther Urstromtal. Es ist der nordöstlich von Cottbus gelegene Tagebau Jänschwalde, der etwa 10 m mächtige Braunkohle unter 46 m Deckgebirge erschließt.

Abschließend sei der Muskauer Faltenbogen im Gebiet Muskau – Weißwasser erwähnt. Während der Warthekaltzeit schob sich hier eine Zunge des Inlandeises nach Süden vor und stauchte rings um sich die tertiären Schichten einschließlich des Braunkohlenflözes zu mehr oder weniger steilstehenden Falten zusammen. Wo die Braunkohle bis an die Erdoberfläche trat, zersetzte sie sich in der Folgezeit, und vermoorte Senken in der Landschaft zeigten an, wo die Kohle ohne weiteren Abraum zu finden war. Diesen Senken folgte der Bergbau, so daß heute die Restlöcher und Bruchfelder des älteren Bergbaus von Weißwasser die Lage der vom Eis gestauchten Braunkohlenfalten in der Landschaft erkennen lassen.

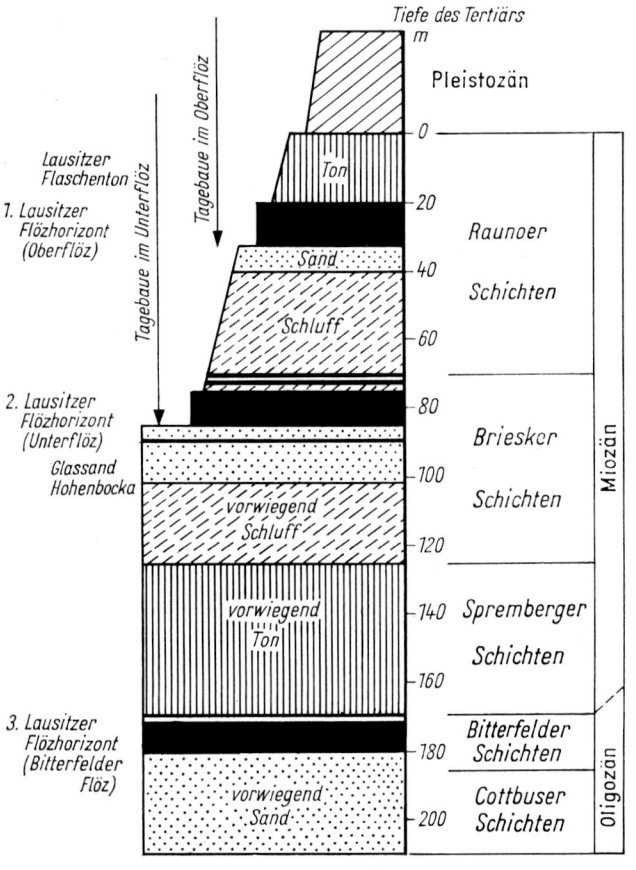

Die Tertiärschichtenfolge der Niederlausitz am Beispiel des Raumes Welzow – Spremberg (nach LOTSCH u. AHRENS, 1960)

Der geologische Bau und die geologische Zukunft Europas

Die Erdgeschichte und damit das Werden der Landschaften in Mitteleuropa müssen zu tieferem Verständnis in den geologischen Werdegang ganz Europas und eigentlich in die geologische Geschichte der ganzen Erde eingeordnet werden. Deuten sich dabei Gesetzmäßigkeiten an, dann könnte man diese sogar zu Extrapolationen über das zukünftige Geschehen, über Wandlungen des Landschaftsbildes in geologisch ferner Zukunft benutzen. Beides wollen wir versuchen, indem wir vom räumlich und zeitlich Nahen ausgehen. Daß solche Extrapolationen in geologische Zeiträume der Zukunft aufgrund der Komplexität erdgeschichtlicher Vorgänge mit einer großen Unsicherheit behaftet sind, versteht sich von selbst, doch meinen wir, daß die Gesetzmäßigkeit geologischen Geschehens grundsätzlich zu solchen Voraussagen herausfordert.

Die gegenwärtig auffälligsten und wohl auch künftig wichtigsten geologischen Vorgänge auf dem Festland sind die Verwitterung, Abtragung und Umlagerung von Gesteinsmaterial. An steileren Hängen eiszeitlicher Landschaftsformen im Tiefland und an den Mittelgebirgshängen beobachten wir, wie Regengüsse Gesteinsmaterial abschwemmen und dieses in Geländedepressionen abgelagert oder von Flüssen talwärts transportiert wird. Zwar enthält ein Liter Flußwasser dabei nur wenige Milligramm bis Gramm Feststoff, diese Anteile summieren sich aber über die Menge des Flußwassers und über die Tage eines Hochwassers und schließlich über alle Hochwässer des Jahrzehnts und Jahrhunderts und schließlich der Jahrtausende und größerer geologischer Zeiträume. Damit summiert sich auch die Größe des Ergebnisses: Die Jungmoränengebiete des Tieflands südlich der Ostsee werden in 100000 Jahren ebenso verwischt und eingeebnet sein wie heute die Altmoränengebiete im Gebiet Magdeburg – Halle – Leipzig – Torgau. In wenigen Millionen Jahren werden – gleichbleibende Abtragung vorausgesetzt – unsere Mittelgebirge zu flachwelligen Hügelgebieten erniedrigt sein, die sich kaum über die heutigen Vorlandsgebiete erheben. Ihr Material hat dann das heute noch vorhandene Relief der umliegenden Landschaft ausgeglichen und die Becken der Nordsee und Ostsee weitgehend aufgefüllt.

Solange diese Meere aber mit Wasser gefüllt sind, werden die Brandung und Meeresströmungen die Sedimente immer wieder umlagern und vor allem durch Abtragung und Sedimentation an der Küste den Küstenverlauf immer wieder verändern. Wie das im einzelnen verläuft, läßt sich natürlich nicht angeben, und zwar aus zweierlei Gründen. Erstens werden der Verlauf und das Ergebnis dieser Vorgänge in starkem Maße von örtlichen Faktoren bestimmt, deren Entwicklung sich im einzelnen nicht vorausberechnen läßt; zweitens hängt der Verlauf der weiteren geologischen Erdgeschichte von anderen allgemeinen Faktoren ab, deren Möglichkeit und Wahrscheinlichkeit zwar theoretisch formuliert, ihr Eintreten aber nicht garantiert werden kann.

Ein solcher Faktor, der die geologisch »nahe« Zukunft betrifft, ist die Möglichkeit einer künftigen Eiszeit. Eine eiszeitartige Ausdehnung der Polareiskappen und der Gebirgsgletscher tritt bekanntlich schon bei einer relativ geringen Erniedrigung der Durchschnittstemperatur ein, die durchaus im Bereich künftig möglicher Klimaschwankungen liegt. Der Klimaablauf des Eiszeitalters und der geologischen Gegenwart ist heute ziemlich genau erforscht. Auf kurze Warmzeiten von 10000 bis 30000 Jahren Dauer folgten Kaltzeiten, die 70000 bis 110000 Jahre andauerten. Das Eis der letzten Kaltzeit, des Weichselglazials, ist im Gebiet der DDR vor etwa 10000 Jahren abgeschmolzen. Allein nach diesen Zeitangaben wäre es also möglich, daß geologisch »bald«, d. h. spätestens in 20000 Jahren, eine neue Kaltzeit eintritt und eine neue Inlandeisdecke entsteht.

Die drei in der Vergangenheit nachweisbaren Vereisungen im Norden der DDR haben allerdings immer weniger weit nach Süden gereicht. Extrapoliert man diese Gesetzmäßigkeit, käme man zu der Annahme, daß die nächste Vereisung nur das Gebiet der Ostsee und ihr südliches Vorland betreffen dürfte. Hier würde am Ende dieser Kaltzeit eine neue Jungmoränenlandschaft entstehen wie im nördlichen Tiefland vor 10000 Jahren am Ende der Weichselkaltzeit.

Nach Einschätzung mehrerer Geowissenschaftler sollen bereits heute klimatische Anzeichen für den Beginn einer neuen Kaltzeit sprechen. Doch ist noch weithin unbekannt, in welchem Maße die rein natürliche Entwicklung durch Zivilisationseinflüsse verändert wird, so z. B. durch die Zunahme des CO_2-Gehaltes in der Lufthülle der Erde infolge der industriellen Entwicklung.

Andere allgemeine Faktoren, die der Einebnung durch Abtragung und Sedimentation entgegenwirken, sind die Bewegungen der Erdkruste. Langsames Aufsteigen bestimmter größerer Gebiete und Absenken anderer in der Größenordnung von Zehntel Millimeter je Jahr hat man auch gegenwärtig in Mitteleuropa gemessen. Auch hier können sich die Ergebnisse des Vorgangs über geologische Zeiträume so summieren, daß daraus grundlegende Wandlungen des Landschaftsbildes resultieren. Senkt sich Mitteleuropa »nur« 1,5 Millionen Jahre lang um 0,1 mm im Jahr, dann vereinigen sich Nordsee und Ostsee über Dänemark hinweg und dringen nach Süden bis etwa zur Linie Wernigerode – Eisleben – Naumburg – Altenburg – Dresden – Görlitz vor. Der Nordrand des Harzes würde eine Steilküste am Südufer des Meeres bilden. Im Raum Halle und bei Wurzen – Eilenburg würden die Porphyrberge als Inseln aus dem Meere ragen. Im Raum Halle – Leipzig würde eine Bucht des Meeres weit nach Süden reichen und in den Tälern der Mulde, Elster und Saale fjordähnlich in das sächsisch-thüringische Hügelland eingreifen. Was hier als Zukunftsmöglichkeit genannt wird, war vor etwa 50 Millionen Jahren (im Oligozän nach der Bildung der nordwestsächsischen Braunkohlenflöze) schon einmal realisiert: Damals hatte sich Mitteleuropa so gesenkt, daß die Urnordsee ihre Küste im Bereich Böhlen – Borna hatte und dort Meeressedimente mit Muscheln ablagerte. Das könnte sich in geologischer Zukunft durchaus wiederholen.

Aber auch Bewegungen einzelner Schollen an Verwerfungen sind denkbar, sogar wohl mit größerer Geschwindigkeit (Millimeter im Jahr und mehr). So hat man am Elbtalgraben bei Dresden gegenwärtige Senkungsvorgänge von etwa 0,2 mm im Jahr festgestellt. Dauern diese genügend lange an, könnte sich von Heidenau über Dresden bis etwa Coswig ein Seebecken bilden.

Diese tektonischen Senkungsvorgänge dürfen jedoch nicht mit den Senkungen verwechselt werden, die durch Auslaugung löslicher Gesteine im Untergrund bedingt werden und ebenfalls Seen bilden können. Die auslaugungsbedingten Seen sind kleiner und entstehen viel schneller, durch Erdfälle oft innerhalb von Tagen, Wochen oder Monaten. Der Süße See und der Rollsdorfer See westlich Halle sowie der Arendsee in der Altmark sind Beispiele dafür.

Tektonische Bewegungen können künftig auch zur Hebung von Erdkrustenschollen führen. Wenn wir bedenken, daß unsere Mittelgebirge in zahlreichen einzelnen Phasen gehoben worden sind, von denen die ersten in der Kreidezeit, die letzten nachweisbaren erst vor geologisch »kurzer« Zeit (im Pleistozän) stattgefunden haben, dann müssen wir weitere Hebungen auch in der Zukunft für möglich halten. Diese werden im Meter- bis Dekameterbereich liegen, die Flüsse zu entsprechender Tiefenerosion anregen und in Sohlentälern zur Bildung von Terrassen Anlaß geben. Die heutigen Talsohlen sind dann nur noch in Resten erhalten und bilden Terrassen, die um den Hebungsbetrag oberhalb der künftigen Talsohlen liegen werden.

Die tektonischen Bewegungen werden von den Spannungen ausgelöst, die großräumig die ganze Erdkruste betreffen und die durch Verformung und Verschiebung von Kontinenten und anderen plattenförmigen Erdkrustenteilen bedingt sind. Aus dem Ablauf der Erdgeschichte kann man dabei (stark vereinfacht) folgende Gesetzmäßigkeiten ableiten: Jede Faltengebirgsbildung läßt aus großräumigem marinem Sedimentationsraum neue konsolidierte Erdkruste entstehen. Diese Bereiche werden an die zuvor konsolidierte Erdkruste angefügt. Im Laufe der Zeit wachsen dadurch die Kontinentschollen. So war im Kambrium der Kern Europas im wesentlichen das baltisch-schwedische Gebiet. Im Silur-Devon wurde von Süden und Westen das Kaledonische Gebirge und im Karbon das Varistische Gebirge angefügt. Während die Wurzeln des Kaledonischen Gebirges im nördlichen Tiefland unter einigen tausend Metern jüngeren Sediments verdeckt liegen, bilden in Harz, Thüringer Wald, Vogtland und Erzgebirge die Wurzeln des Varistischen Gebirges den unmittelbaren Untergrund. Das Gebirge selbst ist zwar auch abgetragen, das unterschiedliche Verhalten der varistisch gefalteten Gesteine prägt heute aber dennoch das Landschaftsbild.

In Kreidezeit und Tertiär wurden dem damals bis etwa zur Donau reichenden Europa die Faltengebirge der Alpen, Karpaten, Apenninen und die der Balkanhalbinsel und Südwesteuropas angefügt. Wenn dereinst diese geologisch jüngsten Gebirge abgetragen sein werden, können (in 100 bis 200 Millionen Jahren?) aus dem Mittelmeer als dem neuen Sedimentationsraum möglicherweise nochmals Faltengebirge aufsteigen. Diese würden dann vermutlich Europa und Afrika so zusammenschweißen, wie seit dem Perm Europa und Asien durch den Ural zusammengefügt sind.

Das Festland wird aber künftig durch Gebirgsbildungen nicht nur vergrößert, sondern es reißt an großen Spaltensystemen auf, driftet auseinander und bildet einzelne Platten, die dann oft durch mehr oder weniger breite Meeresarme getrennt werden. Solche Vorgänge bahnen sich in Afrika in dem N–S-gerichteten System der ostafrikanischen Gräben und im Roten Meer an. Weiter westlich lagen einst Südamerika und Afrika eng zusammen. Sie waren nur durch ein Spaltensystem getrennt, das sich heute zu dem Tausende Kilometer breiten Südatlantik erweitert hat.

In Europa könnte sich in den nächsten 10 bis 50 Millionen Jahren längs des Rhonetals, des Oberrheingrabens und der Hessischen Senke der Westen vom Zentrum trennen. Bewegungen, die darauf hindeuten, sind seit etwa 50 Millionen Jahren im Gange, formten tektonische Störungszonen und haben im Tertiär bereits zu einer zeitweisen Überflutung dieses generell N–S-gerichteten Streifens geologischer Strukturen geführt.

So ordnen sich die Lagerungsformen der Gesteine, die unser Landschaftsbild bestimmen, gesetzmäßig in den Entwicklungsgang der Erdkruste ein. Daraus kann man ein Kartenbild Europas zeichnen, wie es sich möglicherweise in geologischer Zukunft einmal darstellen wird.

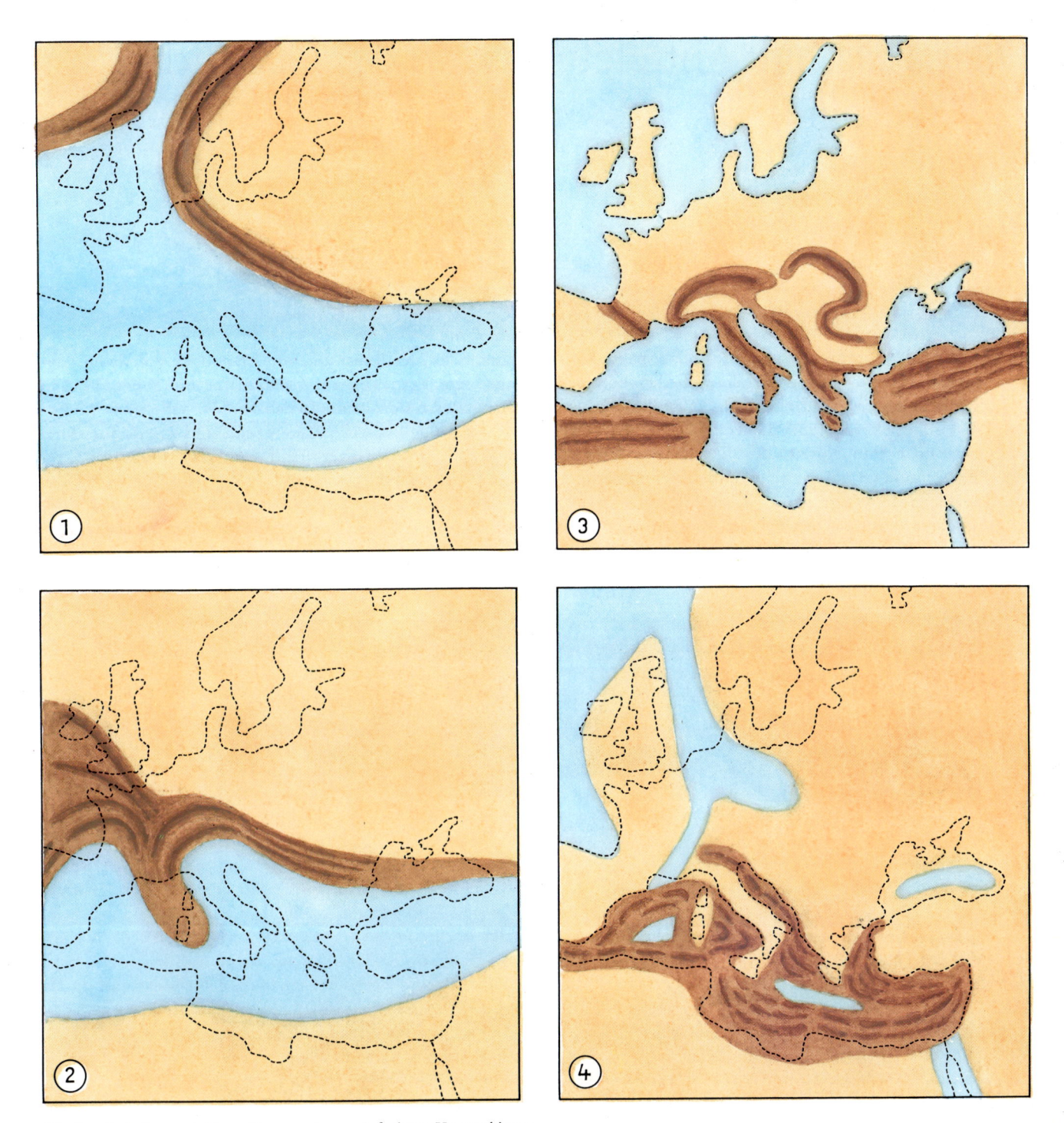

Die Landschaftsentwicklung Europas in vereinfachten Kartenskizzen
(blau: das Meer; dunkelbraun: junge Faltengebirge; hellbraun: der Festlandssockel einschließlich abgetragener Faltengebirge und junger Sedimentationsgebiete)
① nach der Kaledonischen Gebirgsbildung im Devon
② nach der Varistischen Gebirgsbildung im Karbon – Perm
③ nach der Alpidischen Gebirgsbildung in der Gegenwart
④ nach der nächsten Gebirgsbildung in etwa 200 Millionen Jahren: Der Mittelmeerraum ist weitgehend zu einem Gebirge aufgefaltet, die Ostsee durch Hebung Festland geworden, Westeuropa durch Meer im Senkungsgebiet Rhonetal – Rheintal – Niederrhein – Hessen von Mitteleuropa getrennt, der Norden der DDR von der Nordsee her überflutet

Die Landschaft Mitteleuropas in der Geschichte der Geologie

Die Geologie als Wissenschaft hat historisch zwei ganz verschiedene Wurzeln: die von der Philosophie her kommenden Spekulationen über die Entstehung und Geschichte der Erde als Himmelskörper und die von der Bergbaupraxis angeregten oder zum Nutzen des Bergbaus angestellten Einzelbeobachtungen des Gesteins und seiner Lagerungsverhältnisse. In der erstgenannten Entwicklungslinie spielt die Landschaft verständlicherweise kaum eine Rolle. In der zweiten Entwicklungslinie finden wir schon früh, z. B. in den Schriften von G. AGRICOLA um 1530/1555, Überlegungen, ob der Metallreichtum von Erzgängen von deren Lage und ihrem Verhältnis zur Landschaftsform abhängt.

Eins der ersten geologischen Profile, auf denen die Zusammenhänge zwischen Untergrund und Landschaftsform dargestellt wurden, veröffentlichte J. G. LEHMANN 1756 vom Südharzrand.

Eine Vereinigung beider Entwicklungslinien der Geologie zeigt sich um 1780/1800 im Werk des Freiberger Geologen A. G. WERNER (1749 bis 1817). Dieser übernahm die für die gesamte Erde ausgearbeitete Entwicklungshypo-

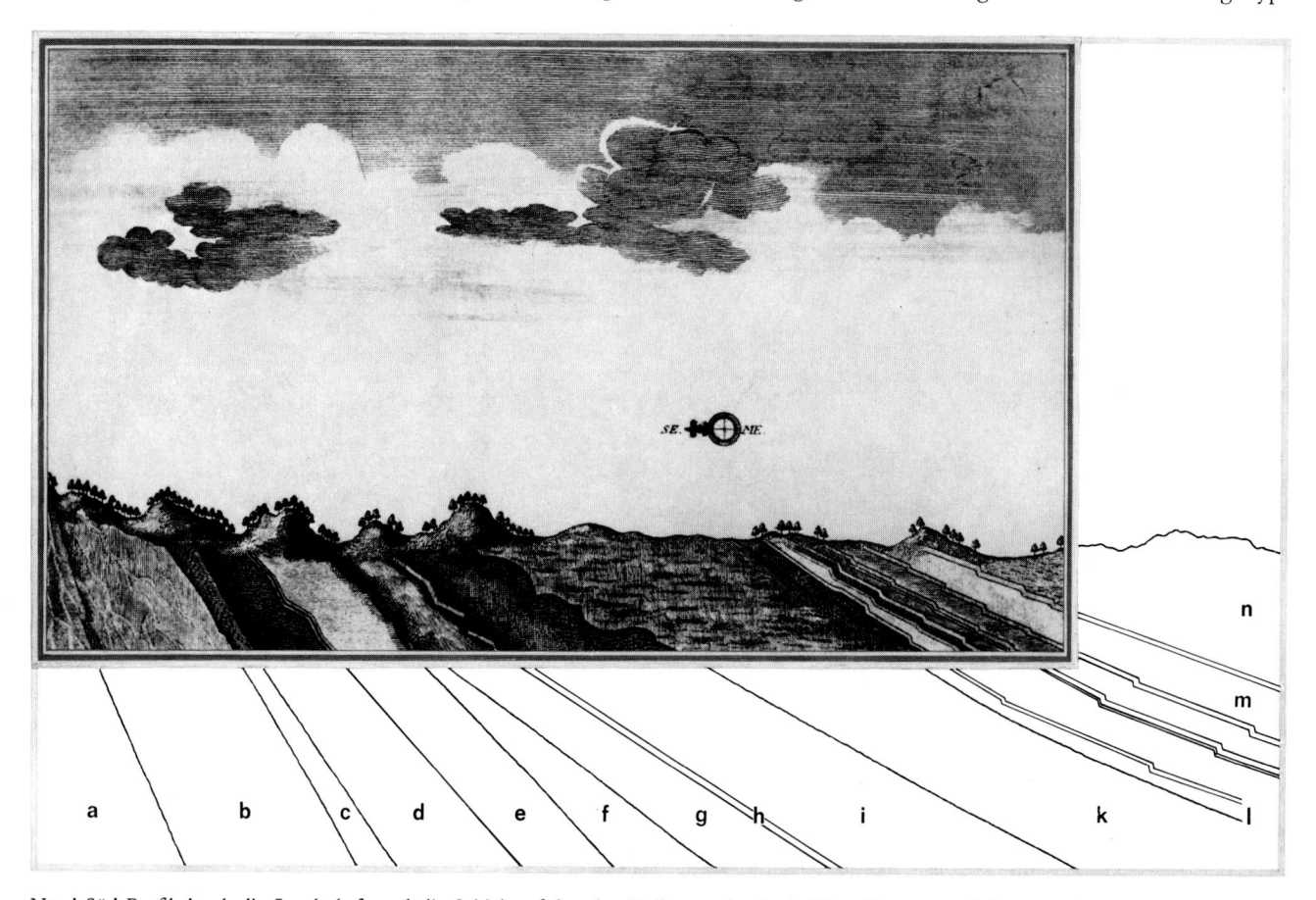

Nord-Süd-Profil durch die Landschaft und die Schichtenfolge des Südharzvorlandes bei Nordhausen nach JOHANN GOTTLOB LEHMANN, 1756
a–k bedeuten die Schichten des Rotliegenden mit den Bergen der Ilfelder Porphyrite, *l–n* die Schichten des Zechsteins mit den Gipsbergen bei Niedersachswerfen

these des Franzosen BUFFON und machte sie mit seiner Lehre vom Neptunismus auf die Deutung des einzelnen Gesteinsvorkommens anwendbar. Er postulierte für den Beginn der geologischen Erdgeschichte einen Urozean, in dem die Urgesteine Granit, Quarzporphyr, Gneis u. a. abgelagert worden seien. In der Folgezeit bis heute sei der Spiegel des ehemaligen Urozeans stetig bis zum Stand des gegenwärtigen Meeresspiegels gesunken. Jedem Niveau des Urozeans sollen dabei die maximalen Höhenlagen der jeweiligen Sedimente entsprechen.

Wenn wir die Verbreitung und Höhenlage der verschieden alten Gesteine in WERNERS Gliederung im Gelände überprüfen, müssen wir feststellen, daß sie in Mitteleuropa tatsächlich diese Vorstellung zu bestätigen scheinen. WERNERS Urgesteine, wie Granit, Quarzporphyr, Gneis und andere kristalline Schiefer, bauen im Harz, Thüringer Wald und Erzgebirge, aber auch in den Alpen die höchsten Berge auf. WERNERS »Übergangsgebirge«, Tonschiefer, Grauwacken und ähnliche Gesteine des Kambriums, Silurs, Devons und Unterkarbons, reichen im Harz nicht so hoch empor wie der Granit des Brockens, im Frankenwald nicht so hoch wie der Henneberg, in Sachsen nicht so hoch wie das Erzgebirgskristallin und in der Lausitz nicht so hoch wie Czorneboh und Bieleboh. WERNERS »Flözgebirge«, heute die Gesteine des Oberkarbons, des Perms sowie aus Trias, Jura und Kreide, bauen im wesentlichen das sächsisch-thüringische Hügelland und die Höhenzüge des Harzvorlandes auf, erreichen also nur geringere Höhen als das Übergangsgebirge. Vom »aufgeschwemmten Gebirge«, den jungen Lockergesteinen des Tertiärs und Quartärs, nahm WERNER an, daß sie der jüngsten geologischen Vergangenheit entstammen, als der Meeresspiegel nur noch wenig über dem heutigen Niveau lag. Er fand also in der konkreten Landschaft und ihrem Gesteinsuntergrund seine erdgeschichtliche Theorie bestätigt.

Gegen seinen Neptunismus erhob sich aber heftiger Widerspruch, als er, ausgehend von den erzgebirgischen Basalttafelbergen, auch den Basalt als Sediment erklären wollte. In diesem bekannten, von GOETHE in der Walpurgisnacht des »Faust« verklärten Neptunistenstreit hatten beide Seiten gewichtige Argumente. Vergleichen wir jedoch einerseits WERNERS Vorstellung der Basaltlagerung im Erzgebirge mit der heutigen Erkenntnis und andererseits das von dem Weimarer Vulkanisten J. C. W. VOIGT 1785/1794 gezeichnete Profil von der Rhön bis in den Raum Halle mit unseren Vorstellungen, dann erkennen wir, daß der Neptunist hinsichtlich Gesteinslagerung und Landschaft der Wahrheit näher gekommen war. VOIGT hatte jedoch dort, wo wir heute große Störungszonen kennen, senkrechte Gesteinsgrenzen eingezeichnet und schon richtig nachträgliche Bewegungen der Erdkruste vermutet. Darüber hinaus läßt VOIGTS Profil einige richtige Korrelationen zwischen Untergrund und Landschaftsform erkennen.

Im weiteren Gang der geologischen Forschung ging es nicht speziell um das Verhältnis von Gesteinslagerung und

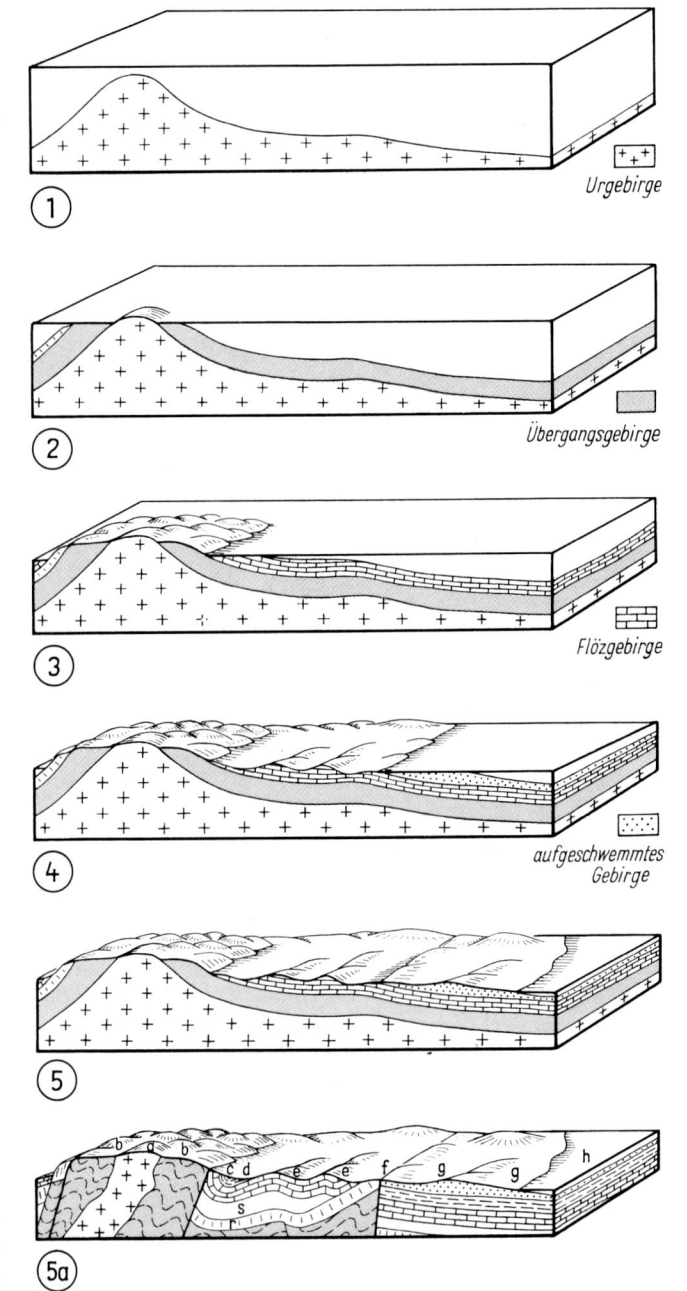

WERNERS neptunistische Theorie vom sinkenden Urozeanspiegel am Beispiel des Harzes und seines Vorlandes

①–⑤ Perioden der Sedimentation:
① Urgebirge
② Übergangsgebirge
③ Flözgebirge
④ aufgeschwemmtes Gebirge
Die gegenwärtige Landschaft nach WERNERS Deutung ⑤
und nach heutiger Kenntnis (5a):
a Brocken, *b* Harzhochfläche, *c* Aufrichtungszone am Harznordrand, *d* subherzyne Kreidemulde, *e* Triassättel der saxonischen Tektonik, *f* Flechtinger Höhenzug, *g* Tiefland im Norden der DDR, *h* Ostsee, *s* Zechsteinsalz, *r* Rotliegendes

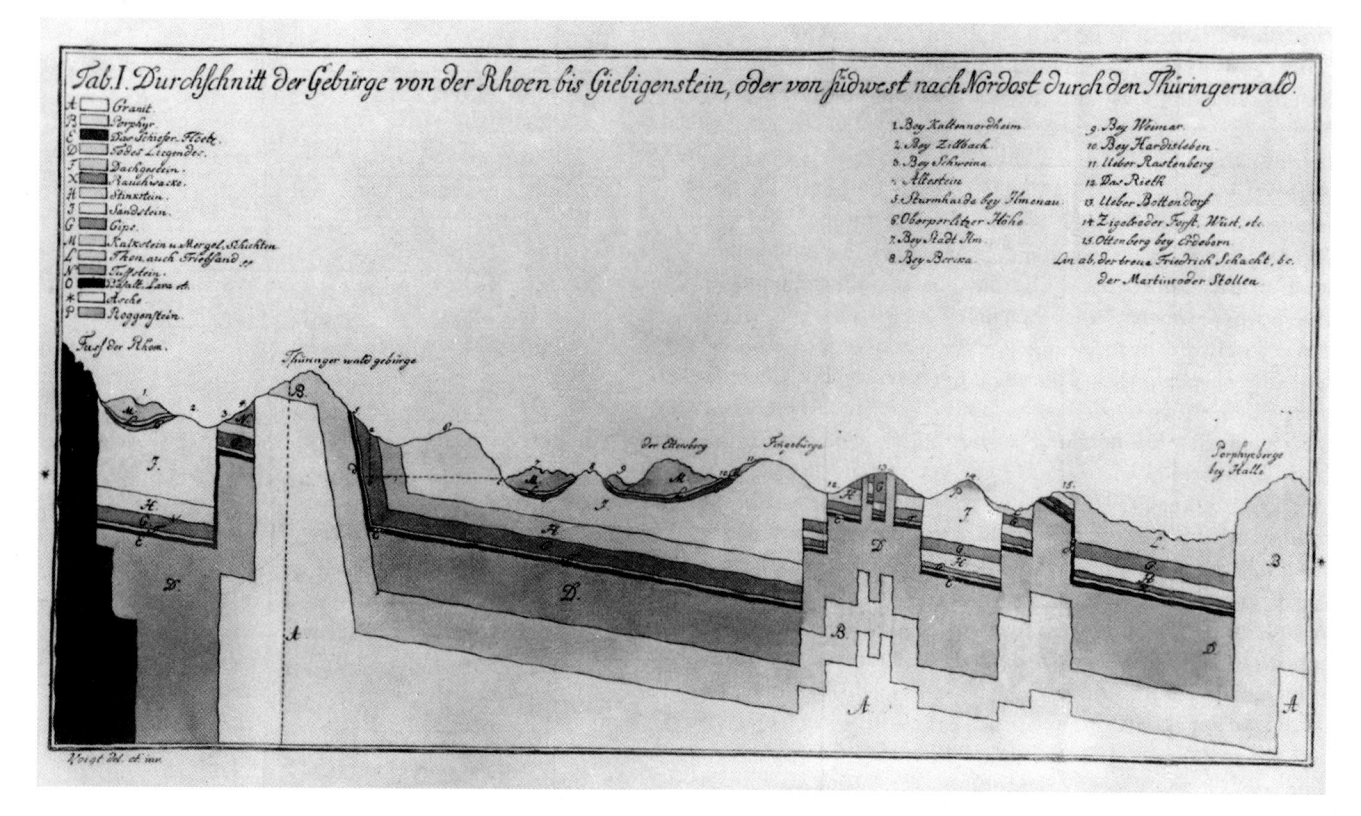

Johann Carl Wilhelm Voigts Profil von der Rhön (links) über Thüringer Wald, Ettersberg, Finne bis zum Halleschen Porphyrkomplex
(aus Voigt: Mineralogische Reisen durch das Herzogtum Weimar und Eisenach, Dessau 1785)

Landschaftsform. Die Geologen des 19. Jahrhunderts befaßten sich in erster Linie mit der erdgeschichtlich-stratigraphischen Detailgliederung der Schichtfolgen mit Hilfe der Fossilien. Dafür spielten die Formen der Landschaft keine Rolle.

Bei tektonischen Detailforschungen wurden Landschaftsformen als Ansatzpunkte gezielter geologischer Forschung ausgenutzt. Als B. v. Cotta von 1840 an die NW–SO-streichenden Störungszonen des Thüringer Beckens entdeckte und erforschte, brauchte er nur entsprechend gerichteten Landschaftsformen nachzugehen, so z. B. an der Finnestörung, am Ilmtalgraben und am Leuchtenburggraben. Bei Hohnstein in der Sächsischen Schweiz beschrieb Cotta 1838 die Unterschiede der Talformen im Granit und Quadersandstein und nutzte sie zur Festlegung der Gesteinsgrenze. C. F. Naumann glaubte 1833 das Granulitgebirge mit dem umgebenden Schieferwall und den Kirchberger Granit mit den Höhenrücken der Kontaktgesteine ringsum als Erhebungskrater im Sinne der damals herrschenden tektonischen Hebungstheorie L. v. Buchs deuten zu können. Voraussetzung für diesen damals zulässigen Deutungsversuch war eine zutreffende Erkenntnis der Gesetzmäßigkeit von Gesteinsverbreitung und Landschaftsform.

Bernhard v. Cotta, der »Philosoph der Geologie im Zeitalter sammelnder Detailforschung«, verallgemeinerte die Zusammenhänge zwischen Geologie und Landschaft mehr als seine Zeitgenossen und schloß sogar siedlungs- und kulturgeschichtliche Besonderheiten in diese Gedankengänge ein. Er schrieb z. B. 1854 über seine Kartierung: »Bei einer geologischen Untersuchung der Gegenden von Königsbrück und Kamenz in Sachsen fiel es auf, daß dort die Dörfer vorzugsweise auf kleinen Grauwackeninseln liegen, welche aus dem sandigen aufgeschwemmten Lande (Diluvialgebilde) hervorragen. Der natürliche Zusammenhang ergab sich sehr leicht, die Grauwackengesteine liefern nicht nur einen festen Baugrund, sondern auch einen fruchtbareren Boden für Felder als die vorherrschend mit Kiefernwald bedeckten Sandstrecken. Es zeigte sich demnach hier eine auffallende Übereinstimmung der geologischen mit den Kulturgrenzen.« (Cotta, B. v.: Deutschlands Boden, sein geologischer Bau und dessen Einwirkungen auf das Leben der Menschen. Leipzig 1854, S. 3.) Und er verallgemeinert schon 1851: »Der Boden, den wir Menschen bewohnen, ist nie ohne Einfluß auf unsere Zustände und Sitten, er ist eine der Ursachen besonderer nationaler Entwicklung, und zwar eine der unveränderlichsten. So reichen denn eine Menge Wurzeln des menschlichen und des staatlichen Lebens tief hinab in das Innere der Erde und zurück in längst vergangene Zeiten …«. (Cotta, B. v.: Deutschlands äußere und innere Bodengestaltung und ihr Einfluß auf die Kulturverhältnisse des Landes. In: »Germania«, Leipzig 1851.)

In der Folgezeit, etwa ab 1870, wurde die Problematik Landschaftsform und Untergrund von verschiedenen Seiten her in einer bis heute gültigen Weise näher untersucht.

Die wichtigsten Ergebnisse dafür lieferte die geologische Spezialkartierung 1 : 25 000, die in Sachsen 1872, in Preußen einschließlich Thüringen 1873 begonnen wurde. Die kartierenden Geologen erkannten überall die Abhängigkeit der Landschaftsformen, auch im Detail, vom geologischen Untergrund, benutzten aber auch diese Zusammenhänge für die weitere Kartierung. Als Beispiele für solche Formen seien hier nur genannt: die Diabaskuppen in Gebieten devonischer Gesteine, die Quarzporphyrberge im nordwestsächsischen Eruptivgebiet und die Schichtstufen bzw. Schichtrippen des Schaumkalks und des Trochitenkalks im Muschelkalk vom Harzvorland und von Thüringen. Die Ergebnisse dieser Arbeiten wurden in geologischer Heimatliteratur breiten Kreisen nahegebracht, so z. B. durch die 1902 bis 1927 in sechs Auflagen erschienene »Geologische Heimatkunde von Thüringen« von J. WALTHER (1860 bis 1937) und 1930 durch die »Erdgeschichtlichen Naturkunden aus dem Sachsenlande« von P. WAGNER.

Im nördlichen Tiefland war die geologische Spezialkartierung in noch stärkerem Maße auf eine Analyse der Landschaftsformen angewiesen, da hier die Landschaft weniger durch nachträgliche Abtragung als vielmehr durch die Ablagerung der Gesteinsmassen selbst geformt worden ist. Die Erkenntnis der eiszeitlichen Sedimentbereiche der Grundmoränen, Endmoränen, Sander und Urstromtäler etwa 1880/1910 durch BERENDT, KEILHACK, WAHNSCHAFFE u. a. war deshalb sogleich verbunden mit der Kennzeichnung dieser Bereiche hinsichtlich ihrer Landschaftsformen. Länger und sogar zum Teil bis heute problematisch geblieben sind jedoch andere eiszeitliche Formen, wie z. B. die Oser und die Rinnenseen.

Von anderer Seite kamen die Geographen an das Problem Landschaft und Untergrund. Indem sie in der physischen Geographie die Formen der Landschaft immer genauer analysierten, gelangten sie mit der Deutung der Formen immer mehr in geologische Fragestellungen. Sie wurden, besonders in der Erforschung der Abtragungsvorgänge, zu Partnern der Geologen. Erwähnt sei dafür als Beispiel die »Zykluslehre der Abtragung« von W. M. DAVIS 1899 zur Erklärung der Fastebenen, die erdgeschichtlich nachweisbar waren. Diese Theorie war allerdings nach ihrer

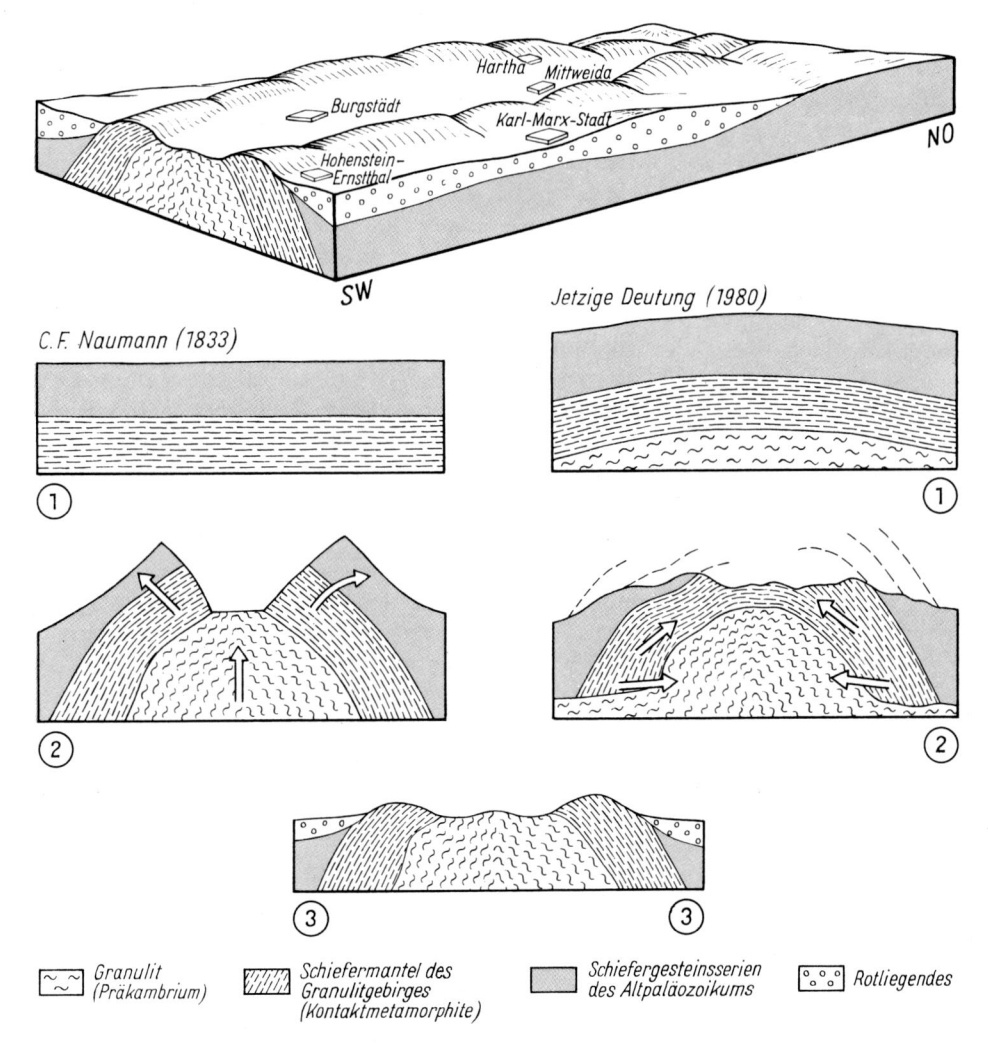

Die Landschaft des Granulitgebirges mit dem Schieferwall in der Deutung von CARL FRIEDRICH NAUMANN und nach gegenwärtiger Erkenntnis

Oben: die Gesteinsverteilung in der Landschaft;
links: NAUMANNS Deutung des Granulitgebirges als Erhebungskrater
① die primäre Schichtfolge
② Granulit eruptiv, Aufbersten des Schiefermantels
③ die heutige Landschaft
rechts: gegenwärtige Deutung (stark vereinfacht)
① Granulit als Metamorphit in der Tiefe wird ② bei der varistischen Tektogenese aufgefaltet, der Schiefermantel wird steilgestellt und parallel zur Granulitoberfläche aufgeschoben
③ Abtragung und Sedimentation des Rotliegenden

JOHANNES WALTHERS Profile durch das Tambacher Becken und den Suhler Granitkessel (WALTHER: Geologische Heimatkunde von Thüringen, 1927)

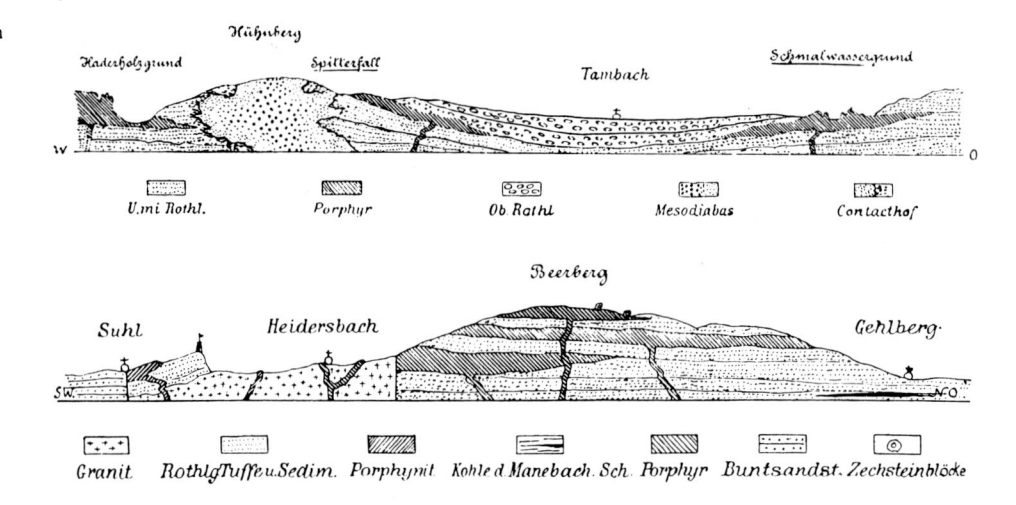

Formulierung heftig umstritten, dürfte in ihrer klassischen Form sicher die Vorgänge auf der Erdoberfläche auch kaum treffen, hat aber doch einen erheblichen Wahrheitsgehalt, wie die von PHILIPPI 1910 nachgewiesenen und von B. v. FREYBERG 1923/1928 genauer analysierten Rumpfflächen im sächsisch-thüringischen Raum bezeugen. Allerdings gab es 1929/1966 eine Diskussion zwischen B. v. FREYBERG und H. WEBER über Existenz und Bedeutung von einstigen Rumpfflächen im Ostthüringischen Schiefergebirge und Thüringer Wald sowie den Bereichen des Thüringer Beckens, die heute (in tieferem Niveau, d. h. unterhalb der einstigen Rumpfflächen) von den Schichtstufen und Schichtrippen der Trias geprägt werden.

Geographen und Geologen haben beide auch die Flußterrassen und ihre Geschichte gemeinsam erforscht.

Eine dritte Entwicklungslinie, die aus der Geschichte der Geologie im 19./20. Jahrhundert für das Problem Untergrund und Landschaft zu nennen ist, betrifft die Paläogeographie und Paläomorphologie. B. v. FREYBERG ging ab 1924 den Einflüssen der Morphologie des Varistischen Gebirges auf die Geographie des Zechsteinmeeres nach und erklärte damit die heutige Verbreitung der Zechsteinriffe. Nachdem F. KOSSMAT 1927 das Varistische Gebirge in Zonen verschiedenen tektonischen Baustils gegliedert hatte, analysierte E. SPENGLER 1949 mit Hilfe von jüngeren Sedimenten und Geröllanalysen karbonischer und permischer Konglomerate die Landschaftsform und den Einebnungsvorgang des Varistischen Gebirges in Sachsen und klärte damit die Frage, seit wann die Landschaft in Sachsen etwa ihre gegenwärtige Form erhalten hat. H. STILLE, S. v. BUBNOFF und ihre Schüler erforschten die Stratigraphie, die Lagerungsverhältnisse und vor allem die Diskordanzen der Trias-, Jura- und Kreidegesteine im nördlichen Harzvorland und schlossen daraus auf die Hebung des Harzes in ihren einzelnen Phasen und auf die mehr oder weniger nahe am Harzrand gelegene Küste der Meere jener Zeiten.

Die schon erwähnte Erforschung der Terrassengliederung in den Flußtälern ab 1923 insbesondere durch W. SOERGEL und seine Schüler ermöglicht eine Rekonstruktion der Talquerschnitte zu den verschiedenen Zeiten seit dem Ende des Tertiärs.

Mit diesen und zahlreichen anderen Beispielen tragen die Paläogeographie und die Paläomorphologie dazu bei, das Ziel zu erreichen, das mit diesem Buch verfolgt wird: unsere gegenwärtige Landschaft in ihren Beziehungen zum Gestein des Untergrundes und seinen Lagerungsformen und damit als Ergebnis stetiger Entwicklungsprozesse der Erdgeschichte zu verstehen. Beim heutigen Erkenntnisstand weist die geologische Detailforschung die Abhängigkeit zahlreicher Landschaftsformen von den Strukturen des geologischen Untergrundes nach und erklärt die gegenwärtige Landschaft bis ins Detail aus ihrer geologisch-erdgeschichtlichen Entwicklung.

Geologische Museen und Museen mit größeren geologischen Abteilungen

Altenberg, *Bezirk Dresden*
Technische Schauanlage (Geologie des Zinns)

Altenburg, *Bezirk Leipzig*
Mauritianum, Naturkundliches Museum (Ausstellung Regionale Geologie der Umgebung Altenburgs mit besonderer Betonung der tertiären Braunkohlenvorkommen und des Quartärs; geologische Sonderausstellungen)

Annaberg-Buchholz, *Bezirk Karl-Marx-Stadt*
Heimatmuseum (Geologie der Umgebung)

Aschersleben, *Bezirk Halle/S.*
Kreisheimatmuseum (Regionale Geologie der Umgebung, insbesondere Tertiär und Quartär von Nachterstedt – Königsaue; Fossiliensammlung Martin Schmidt)

Bad Dürrenberg, *Bezirk Halle/S.*
Borlach-Museum (Geologie der Zechsteinsalze, Geschichte des Salinenwesens)

Bad Frankenhausen, *Bezirk Halle/S.*
Heimatmuseum, Schloß (Erdgeschichte des Kyffhäusers und seiner Umgebung. Fossile Pflanzenreste, insbesondere verkieselte Hölzer aus den oberkarbonischen Rotsedimenten des Kyffhäusers)

Bad Schandau, *Bezirk Dresden*
Heimatmuseum (Geologie des Elbsandsteingebirges, Abbau und Nutzung des Sandsteines)

Berlin
Museum für Naturkunde an der Humboldt-Universität
Paläontologisches Museum (Ausstellungen zur Erd- und Lebensgeschichte, insbesondere bedeutende Fossilreste, u. a. Saurier von deutschen Fundplätzen, Saurierfunde aus Afrika, darunter der 23 m lange und 12 m hohe Sauropode [Saurischier] Brachiosaurus aus dem Oberen Jura Tansanias in Lebensstellung. Berliner Exemplar des Urvogels Archaeopteryx aus dem oberjurassischen Solnhofener Plattenkalk. Entwicklung der Pflanzenwelt)
Mineralogisches Museum (Mineralien und Gesteine aus aller Welt, darunter aller wichtigen Fundorte der DDR; Meteoriten-Sammlung)

Bernburg, *Bezirk Halle/S.*
Kreismuseum (Schloß) (Erdgeschichtliche Sammlung, Buntsandsteinsaurier, alte Mineraliensammlung aus dem Unterharz)

Bilzingsleben, *Bezirk Halle/S.*
Museum der Forschungsgrabung des Landesmuseums für Vor- und Frühgeschichte Halle/S. (Ausstellung über Geologie, Paläontologie, Vorgeschichte und Anthropologie der Homo-erectus-Fundstelle im Travertin von Bilzingsleben)

Bitterfeld, *Bezirk Halle/S.*
Kreismuseum (Geologie und Lagerstätten der Umgebung von Bitterfeld)

Dessau, *Bezirk Halle/S.*
Museum für Naturkunde und Vorgeschichte (Saurierreste aus Bernburg, Tertiärfossilien von Latdorf)

Dresden
Staatliches Museum für Mineralogie und Geologie (Sammlungen zur Erdgeschichte Sachsens, insbesondere Karbon, Perm, Kreide und Tertiär. Überregionale Mineraliensammlung mit seltenen großen Schaustufen; Sammlung R. Baldauf; geologische, lagerstättenkundliche und bergbaugeschichtliche Sonderausstellungen)

Erfurt
Naturkundemuseum (Geologie des Thüringer Beckens)

Freiberg/Sa., *Bezirk Karl-Marx-Stadt*
Bergakademie Freiberg
Mineralogische Sammlung (schöne und eindrucksvolle Mineralien aus aller Welt; Ausstellung typischer Minerale aus der DDR, z. B. aus dem Freiberger Revier)
Lagerstättensammlung (die wichtigsten Lagerstättentypen der Welt; spezielle Ausstellung Lagerstätten der DDR)
Petrographische Sammlung (Überblick über die Gesteine und ihre Systematik)

Geologisch-stratigraphische Sammlung (Überblick über die geologische Entwicklung des europäischen Raumes) Paläontologische Sammlung (Einblick in die Entwicklung der Lebewelt, aufgebaut nach systematischen Gesichtspunkten. Fossilien von berühmten Fundpunkten) Naturkunde-Museum (Mineralien und Gesteine, insbesondere des Freiberger Reviers)

Freital, *Bezirk Dresden*

Haus der Heimat, Kreismuseum (Geologie, Fossilien und Geschichte des Steinkohlenbergbaus im Döhlener Becken)

Fürstenwalde, *Bezirk Frankfurt/Oder*

(Geologie des Bezirkes)

Gera

Museum für Naturkunde (Geologische Entwicklung und Lagerstätten des Bezirkes, Geschichte der geologischen Erforschung. Vorstellung landschaftsökonomischer Einheiten, wie Seenplatte von Schleiz, Landschaft der Zechsteinriffe und Buntsandsteinlandschaft)

Glauchau, *Bezirk Karl-Marx-Stadt*

Kreismuseum Schloß Hinterglauchau (Bedeutende Sammlung von Mineralien aus aller Welt; ständige AGRICOLA-Ausstellung)

Göhren (Rügen), *Bezirk Rostock*

Heimatmuseum (Geologie und Fossilfunde der Insel Rügen; Bernsteinsammlung)

Goldberg, *Bezirk Rostock*

Heimatmuseum Alte Wassermühle (Fossilien Lias [Unterer Jura] von Dobbertin und Tertiär »Sternberger Kuchen«)

Görlitz, *Bezirk Dresden*

Staatliches Museum für Naturkunde (Entstehungsgeschichte der Erde und der Organismen. Allgemeine erdgeschichtliche Sammlung. Geologie der Oberlausitz, Geologie des Berzdorfer Braunkohlenbeckens, tertiäre Pflanzenfossilien. Wertvolle alte geowissenschaftliche Bibliothek)

Gotha, *Bezirk Erfurt*

Museum der Natur (Geologie des Thüringer Waldes; bedeutende Sammlung von Fährtenabdrücken rotliegender Saurier von Tambach-Dietharz und anderen Fundorten des Thüringer Waldes, Fossilien und Gesteine aus dem gesamten Thüringer Raum)

Greifswald, *Bezirk Rostock*

ERNST-MORITZ-ARNDT-Universität Sektion Geologische Wissenschaften (Geologie der Nordbezirke sowie Fossilien, u. a. Lias von Dobbertin und Grimmen sowie aus der Schreibkreide. Bedeutende Sammlung nordischer Geschiebe – ehem. »Deutsches Geschiebearchiv«, hervorgegangen aus ehem. Mecklenburgischer Landessammlung. Bedeutende geologisch-landschaftskundliche Gemälde des Prof. für Geologie und Paläontologie O. JAEKKEL)

Greiz, *Bezirk Gera*

Kreisheimatmuseum, Unteres Schloß (Geologie und Mineralogie der Umgebung von Greiz)

Halberstadt, *Bezirk Magdeburg*

Museum »Heineanum« (Saurier aus dem Keuper und dem Jura [Lias] von Halberstadt in Lebensstellung)

Haldensleben, *Bezirk Magdeburg*

Heimatmuseum (Fossile Pflanzenreste aus dem Magdeburger Unterkarbon)

Halle/Saale

MARTIN-LUTHER-Universität, Sektion Geographie, WB Geologische Wissenschaften und Geiseltalmuseum (Geologie und Fossilien der Braunkohlenlagerstätte Geiseltal bei Merseburg)

Museum für Ur- und Frühgeschichte (Geologie des Eiszeitalters unter dem Gesichtspunkt des frühen Menschen und seiner Kultur. Großsäuger des Eiszeitalters. Vollständiges Skelett eines Mammuts vom Fundort Pfännerhall/Geiseltal in Lebensstellung)

Salinenmuseum (Geschichte der Salzgewinnung, ausgehend von den zechsteinzeitlichen Steinsalzvorkommen im Untergrund)

Hohenleuben, *Bezirk Gera*

Kreismuseum Reichenfels (Geologie des Ostthüringischen Schiefergebirges; Graptolithen aus dem Weinbergbruch bei Hohenleuben)

Jena, *Bezirk Gera*

FRIEDRICH-SCHILLER-Universität, Phyletisches Museum (Biologische Grundlagen zur Entwicklung der Fossilien, insbesondere der Entwicklung des Menschen; Sammlung bedeutender Muschelkalkfossilien)

Kamenz, *Bezirk Dresden*

Museum der Westlausitz (Geologie der nördlichen Oberlausitz, Tertiärfundstelle Wiesa)

Karl-Marx-Stadt

Museum für Naturkunde (Geologie des Karl-Marx-Städter Rotliegenden; bedeutende Sammlung verkieselter Hölzer des Rotliegenden – Sterzeleanum –; vor dem Gebäude der »Versteinerte Wald«)

Leipzig

Naturwissenschaftliches Museum (Geologie des DDR-Südteils mit einigen Schwerpunkten wie Pflanzenreste aus Steinkohlenvorkommen und Tertiärfossilien Weißelsterbecken und Fossilien aus dem Eiszeitalter; bedeutende Geschiebesammlung. Interessantes und gültiges Monumentalgemälde des quartären Inlandeisrandes im Raum Leipzig zur Zeit der Saalevereisung)

Magdeburg
Kulturhistorisches Museum (Erdgeschichtliche Ausstellung. Geologie der Umgebung von Magdeburg; Fossilien, u. a. Pflanzen aus Unterkarbon und eiszeitliche Großsäuger aus dem Elbtal. Im Hof eiszeitliche Gletschertöpfe von Gommern)

Mühlhausen, *Bezirk Erfurt*
Naturkundemuseum (Geologie des westlichen Thüringer Beckens, Fossilien)

Mylau, *Bezirk Karl-Marx-Stadt*
Kreismuseum Burg Mylau (Gesteine des Vogtlandes, variszische Gebirgsbildung, Erzgebirgsaufbau, Fossilien des Ordoviziums, Devons, Karbons)

Ranis, *Bezirk Gera*
Kreismuseum Pößneck (Geologie Orlasenke, geophysikalische Erforschung des Erdkörpers)

Ribnitz-Damgarten, *Bezirk Rostock*
Bernsteinmuseum (Entstehung, Gewinnung und Verarbeitung des Ostsee-Bernsteins)

Rudolstadt, *Bezirk Gera*
Museum Heidecksburg (Geologie der Umgebung)

Saalfeld, *Bezirk Gera*
Thüringer Heimatmuseum (Geologie der Umgebung von Saalfeld. Mineralien des Saalfelder Bergbaus)

Sangerhausen, *Bezirk Halle/S.*
SPENGLER-Museum (Geologie des Kupferschieferbergbaus. Funde von eiszeitlichen Großsäugern aus dem Pleistozän von Voigtstedt-Edersleben. Gesamtskelett eines Steppenelefanten Mammuthus trogontherii in Lebensstellung)

Schmalkalden, *Bezirk Suhl*
Heimatmuseum Schloß Wilhelmsburg (Eisenerzlagerstätten des Thüringer Waldes. Entwicklung der Verhüttung von Eisenerz und der Eisenverarbeitung)

Schleusingen, *Bezirk Suhl*
Heimatmuseum Bertholdsburg (Geologie des Bezirkes Suhl)

Seifhennersdorf, *Bezirk Dresden*
Museum (Geologie von Seifhennersdorf mit den vulkanischen Gesteinen und dem Polierschiefervorkommen des Tertiärs. Vorstellung der fossilen Pflanzen- und Tierreste. Geschichte des Polierschieferbergbaus)

Uftrungen, *Bezirk Halle/S.*
Karstmuseum (Geologie des Südharzes; Phänomene des Gipskarstes)

Waldenburg, *Bezirk Karl-Marx-Stadt*
Heimatmuseum (LINK'sches Naturalienkabinett. Alte naturkundliche Sammlung des 18. Jahrhunderts in Originalaufstellung)

Weimar, *Bezirk Erfurt*
Museum für Ur- und Frühgeschichte Thüringens (Geologische, paläontologische und archäologische Funde aus den pleistozänen Kiesen von Süßenborn und Travertinen von Ehringsdorf)
Geologisch-mineralogische Sammlungen des GOETHEhauses (GOETHES Sammlungen zur Geologie, Mineralogie und Paläontologie)

Wernigerode
Harzmuseum, Städtisches Museum (Geologie des Harzes und des Harzvorlandes, Bergbau, Fossilien, Umweltprobleme)

Zeitz, *Bezirk Halle/S.*
Kreismuseum (Geologie und Bergbau der Braunkohlengewinnung)

Zittau, *Bezirk Dresden*
Dr.-CURT-HEINKE-Museum (Geologie und Paläontologie der Oberlausitz)

Zwickau, *Bezirk Karl-Marx-Stadt*
Städtisches Museum (bedeutende Mineraliensammlung aus dem Raum Zwickau – Aue – Schwarzenberg, Geologie und Paläobotanik des Oberkarbons von Zwickau, Tertiär von Mosel)

Quellen-, Literatur- und Bildquellenverzeichnis

Die geologische Fachliteratur zu den in diesem Buch behandelten Problemen und Gebieten ist so umfangreich, daß die verfügbare Seitenzahl auch für eine Auswahl nicht ausreichen würde. Es sollen deshalb nur einige Sammelwerke sowie eine Anzahl allgemeinverständlicher Darstellungen genannt werden, die als selbständige Veröffentlichungen, z. B. in Schriftenreihen örtlicher Museen, erschienen sind, in den Literaturverzeichnissen von Spezialarbeiten aber oft nicht mit aufgeführt werden. Gerade diese Arbeiten können nach Gesamtanlage und Inhalt für das Anliegen des vorliegenden Buches als weiterführende Literatur betrachtet werden.

Genannt sind weiterhin die im Text dieses Buches zitierten Veröffentlichungen.

Summarisch hinzuweisen ist auf folgende Schriftenreihen und Einzelveröffentlichungen:

Exkursionsführer der Gesellschaft für Geologische Wissenschaften der DDR (Einzelheiten zu erfragen in deren Sekretariat 1040 Berlin, Invalidenstraße 43)

Werte der Heimat, herausgegeben von der Akademie der Wissenschaften der DDR (Akademie-Verlag, Berlin)

Tourist-Wanderhefte und Tourist-Reisehandbücher (VEB Tourist Verlag, Berlin und Leipzig)

Quellen- und Literaturverzeichnis

Autorenkollektiv: Eroberung der Tiefe, 6. Aufl. Leipzig: VEB Deutscher Verlag für Grundstoffindustrie 1983

Autorenkollektiv: Die Entwicklungsgeschichte der Erde, 4. Aufl. Leipzig: VEB F. A. Brockhaus Verlag 1970

Autorenkollektiv: Grundriß der Geologie der DDR, Bd. 1: Geologische Entwicklung des Gesamtgebietes. Berlin 1968

BARTHEL, H.: Bergbau, Landschaft und Landeskultur. Gotha 1976

BUBNOFF, S. v.: Geologie von Europa, Bd. 2, T. 3: Die Struktur des Oberbaus und des Quartärs Nordeuropas. Berlin 1936

BEEGER, H. D., und W. QUELLMALZ: Geologischer Führer durch die Umgebung von Dresden. Dresden und Leipzig 1965

BERENDT, G.: Gletschertheorie oder Drifttheorie in Norddeutschland? Z. Dtsch. Geol. Ges. 31 (1879), S. 17

BÜLOW, K. v.: Abriß der Geologie von Mecklenburg. Berlin 1952

COTTA, B.: Die Lagerungsverhältnisse an der Grenze zwischen Granit und Quadersandstein bei Meißen, Hohnstein, Zittau und Liebenau. Dresden und Leipzig 1838

COTTA, B.: Bemerkungen über Hebungslinien im Thüringischen Flözgebirge. N. Jb. Min. Heidelberg (1840) S. 292–300 (und weitere Arbeiten!)

DAVIS, W. M.: The Geographical Cycle. Geogr. Jb. 14 (1899)

DORN, P., u. F. LOTZE: Geologie Mitteleuropas. Stuttgart 1971

EISSMANN, L.: Geologie des Bezirkes Leipzig, eine Übersicht. Natura regionis Lipsiensis. Leipzig (1970) H. 1 u. 2

FREYBERG, B. v.: Die tertiären Landoberflächen in Thüringen. Fortschr. Geol. Paläont. Berlin (1923) H. 6 (und weitere Arbeiten bis 1928)

FREYBERG, B. v.: Paläogeographische Karte des Kupferschieferbeckens. Jb. Hall. Verband, Halle 4 (1924) S. 266

FREYBERG, B. v.: Über das tertiäre Landschaftsbild in Thüringen. Beitr. z. Geol. v. Thür. Jena 3 (1931) H. 1/2, S. 4–7

FREYBERG, B. v.: Ergebnisse geologischer Forschungen in Minas Gerais (Brasilien). N. Jb. f. Min., Sonderb. 2, Stuttgart 1932

FREYBERG, B. v.: Abdeckung oder Einebnung, zur Diskussion über die Entstehung der ostthüringischen Schiefergebirgs-Rumpffläche. Peterm. geogr. Mitteil. Gotha 83 (1937) H. 6, S. 161–166

FREYBERG, B. v: Thüringen – Geologische Geschichte und Landschaftsbild. Öhringen 1937

FREYER, G.: Geologie des Vogtlandes. Museumsreihe, H. 16, Plauen 1958

FREYER, G., und K. A. TRÖGER: Geologischer Führer durch das Vogtland. Leipzig: VEB Deutscher Verlag für Grundstoffindustrie 1965

GELLERT, J. F.: Grundzüge der physischen Geographie in Deutschland, Bd. 1: Geologische Struktur und Oberflächengestaltung. Berlin: VEB Deutscher Verlag der Wissenschaften 1958

GLÄSEL, R.: Die geologische Entwicklung Nordwestsachsens, 2. Aufl. Berlin 1955

HARDT, H.: Die Rüdersdorfer Kalkberge. Berlin: Aufbau-Verlag 1952

HAUBOLD, H., BARTHEL, M., u. a.: Die Lebewelt des Rotliegenden. Neue Brehm-Bücherei Nr. 154, Wittenberg: A. Ziemsen Verlag 1982

HOHL, R., u. a.: Unsere Erde. Eine moderne Geologie, 2. Aufl. Leipzig/Jena/Berlin: Urania-Verlag 1978

HOPPE, W., und G. SEIDEL (Hrsg.): Geologie von Thüringen. Gotha u. Leipzig: VEB Hermann Haack 1974

HURTIG, Th.: Physische Geographie von Mecklenburg. Berlin 1957

KAISER, E.: Südthüringen. Das obere Werra- und Itzgebiet und das Grabfeld. Gotha 1954

KEILHACK, K.: Die Stillstandslagen des letzten Inlandeises und die hydrographische Entwicklung des pommerschen Küstengebietes. Jb. Preuß. Geol. Landesanstalt. Berlin 19 (1899), S. 90–152

KRUMBIEGEL, G., und M. SCHWAB: Saalestadt Halle und Umgebung, ein geologischer Führer. Halle/Saale 1974

KRUMBIEGEL, G., L. RÜFFLE und H. HAUBOLD: Das eozäne Geiseltal. Neue Brehm-Bücherei Nr. 237. Wittenberg: A. Ziemsen Verlag 1983

Lehmann, J. G.: Versuch einer Geschichte von Flözgebürgen. Berlin 1756
Mägdefrau, K.: Geologischer Führer durch die Trias um Jena, 2. Aufl. Jena 1957
Mania, D., und A. Dietzel: Begegnung mit dem Urmenschen. Die Funde von Bilzingsleben. 2. Aufl. Leipzig/Jena/Berlin 1980
Marcinek, J., und B. Nitz: Das Tiefland der DDR. Leitlinien seiner Oberflächengestaltung. Gotha und Leipzig: VEB Hermann Haack 1973
Martin, E.: Kleine Geologie des Kreises Greiz. Staatl. Museen Greiz 1976
Möbus, G.: Einführung in die geologische Geschichte der Oberlausitz. Berlin: VEB Deutscher Verlag der Wissenschaften 1956
Möbus, G.: Abriß der Geologie des Harzes. Leipzig 1966
Müller, O.: Heimatboden; Aufbau, Oberflächengestaltung und Entwicklungsgeschichte des Nordharz-Vorlandes. Halberstadt 1958
Naumann, C. F.: Über einige geologische Erscheinungen in der Gegend von Mittweida. (Karstens) Arch. f. Min. Geogn., Bergb. u. Hüttenkde. Berlin 6 (1833), S. 277–289 (ref. in N. Jb. Min. 1835, S. 542)
Nestler, H.: Die Fossilien der Rügener Schreibkreide. Neue Brehm-Bücherei Nr. 486, Wittenberg: A. Ziemsen Verlag 1982
Nowel, W.: Die geologische Entwicklung des Bezirkes Cottbus. Natur und Landschaft Bez. Cottbus 2 (1979) S. 3–30 (u. folg. Veröff.)
Pfeiffer, H., u. a.: Feengrotten und Stadt Saalfeld. Saalfeld 1955
Philippi, E.: Über die präoligozäne Landoberfläche in Thüringen. Z. Dtsch. Geol. Ges. Berlin 62 (1910), S. 305–404
Pietzsch, K.: Geologie von Sachsen. Berlin: VEB Deutscher Verlag der Wissenschaften 1962
Prescher, H.: Geologie des Elbsandsteingebirges. Dresden u. Leipzig 1959
Rast, H.: Aus dem Tagebuch der Erde. Akzent-Reihe H. 6. Leipzig/Jena/Berlin: Urania-Verlag 1974
Rast, H.: Nordwestsachsen; geologische Exkursionen. Exkursionsführer 14. Fernstudium Bergakademie Freiberg 1964
Rast, H.: Geologischer Führer durch das Elbsandsteingebirge. Fernstudium Bergakademie Freiberg 1969
Schönenberg, R., und J. Neugebauer: Einführung in die Geologie Europas. 4. Aufl. Freiburg/Br. Rombach 1981
Schulz, W.: Abriß der Quartärstratigraphie Mecklenburgs. Arch. d. Freunde d. Naturgesch. Mecklenb. 13 (1967), S. 99–119
Seidel, G.: Das Thüringer Becken; geologische Exkursionen, 2. Aufl. Geograph. Bausteine, N. F. H. 11. Gotha u. Leipzig: VEB Hermann Haack 1978
Sitte, J., und H. Weigel: Zur physischen Geographie des Kreises Eisenach. Eisenacher Schriften zur Heimatkunde, H. 1. Eisenach 1978
Sitte, J.: Der junge Vulkanismus der Mühlsteinbrüche von Johnsdorf bei Zittau. Jena 1954
Soergel, W.: Die diluvialen Terrassen der Ilm und ihre Bedeutung für die Gliederung des Eiszeitalters. Jena 1924
Spengler, E.: Über die Abtragung des Varistischen Gebirges in Sachsen. Abh. Geol. Landesanstalt Berlin, N. F. H. 212. Berlin: Akademie-Verlag 1949
Steiner, W.: Der geologische Aufbau des Untergrundes von Weimar. Weimarer Schriften z. Heimatgesch. u. Naturkde. H. 23. Weimar 1974
Steiner, W.: Der Travertin von Ehringsdorf und seine Fossilien. Neue Brehm-Bücherei Nr. 522. Wittenberg: A. Ziemsen Verlag 1979
Steiner, W.: Die große Zeit der Saurier. Leipzig/Jena/Berlin: Urania-Verlag 1986
Urban, G.: Der versteinerte Wald von Karl-Marx-Stadt, 2. Aufl. Museum f. Naturkunde. Karl-Marx-Stadt 1976
Voigt, J. C. W.: Mineralogische Reisen durch das Herzogtum Weimar und Eisenach, 1. u. 2. Aufl. Leipzig 1785/1794
Wächter, K.: Flechtingen-Roßlauer Scholle, Weferlingen-Schönebekker Triasplatte, Allertalstörungszone. Freiberg 1965
Wagenbreth, O.: Die geologischen Naturdenkmale von Gera und Umgebung. Veröff. Mus. Gera, Naturwiss. Reihe H. 1. Gera 1973, S. 7–20.
Wagenbreth, O.: Die sächsischen Serpentinite. Abhandl. des Staatlichen Museums f. Min. u. Geol., Dresden, Bd. 31. Leipzig: VEB Dtsch. Verlag f. Grundstoffindustrie 1982, S. 215–260, Anhang S. 67–80
Wagner, P.: Erdgeschichtliche Naturkunden aus dem Sachsenlande. Dresden: Verlag Sächsischer Heimatschutz 1930
Wahnschaffe, F.: Die Oberflächengestaltung des norddeutschen Flachlandes, 3. Aufl. Stuttgart 1909
Walther, J.: Geologie von Deutschland. Leipzig 1921
Walther, J.: Geologische Heimatkunde von Thüringen, 6. Aufl. Jena 1927
Walther, H.: Die geologische, paläontologische und bergbaugeschichtliche Ausstellung des Museums Seifhennersdorf. Seifhennersdorf 1978
Weber, H.: Geomorphologische Studien in Westthüringen. Forsch. z. Dtsch. Landes- u. Volkskde. 27 (1929) H. 3
Weber, H.: Geomorphologische Probleme des Thüringer Landes. Z. f. Geomorphologie. Berlin 7 (1932) H. 4/5, S. 177–205
Weber, H.: Untergrund und Oberflächengestaltung im Thüringer Walde. Monogr. z. Geologie u. Paläontologie 2, 8. Berlin 1941
Weber, H.: Thüringen und die Strukturlandschaft im Staate Minas Gerais. Hallesches Jb. Mitteldtsch. Erdgesch. Halle 1 (1949), S. 16 bis 23
Weber, H.: Der Ilmenauer Naturpfad. Ilmenau 1950
Weber, H.: Einführung in die Geologie Thüringens. Berlin 1955
Weber, H.: Zum Stand der Diskussion über die Abtragungslandschaft. Hallesches Jb. Mitteldtsch. Erdgesch. Leipzig 7 (1966), S. 68 bis 81
Wolstedt, P., und K. Duphorn: Norddeutschland und angrenzende Gebiete im Eiszeitalter. 3. Aufl. Stuttgart 1974

Bildquellenverzeichnis

Sämtliche Zeichnungen und geologischen Blockbilder stammen, wenn nicht ausdrücklich anders angegeben, von den Autoren.
Alle Fotos in diesem Buch wurden von W. Steiner, Weimar, aufgenommen und zur Verfügung gestellt, mit Ausnahme der nachstehend aufgeführten:
Seiten 16 (links oben), 83 (rechts unten), 121, 136, 144 und 171 von O. Wagenbreth, Freiberg
Seite 138 von der Deutschen Fotothek Dresden
Seite 141 von H. Barthel, Dresden
Seite 146 von der Deutschen Fotothek Dresden (Möbius)
Seite 156 vom VEB BKK Espenhain, Werksfotograf Weissenborn
Seite 160 von der Deutschen Fotothek Dresden (Kaubisch)
Seiten 166 und 168 von der Deutschen Fotothek Dresden (Hahn)
Die Reproduktion auf Seite 184 aus J. C. Voigt, Mineralogische Reisen durch das Herzogtum Weimar, Teil I, Dessau 1782 – Sign. Nr. ZB Bb, 6 : 42 a. b. wurde von den Nationalen Gedenkstätten der klassischen deutschen Literatur in Weimar angefertigt und mit freundlicher Genehmigung zur Veröffentlichung bereitgestellt.

Sachwörterverzeichnis

A
Ablagerung 11, 14–17, 20ff., 43ff., 48, 50, 52, 62
Abtragung 11, 14, 16–24, 26f., 32, 39, 43, 45, 48, 50, 52f., 60, 62ff., 66, 68, 70f., 73f., 78, 80, 85–90, 93, 95, 97, 99f., 102f., 106, 109, 111f., 114ff., 118–123, 128–132, 136ff., 140, 142, 144f., 147f., 150, 157ff., 161f., 164, 166, 168, 170ff., 174–177, 179ff., 185, 191
Alaunschiefer 12, 120, 123, 129, 134
Alpidische Gebirgsbildung, alpidische Tektogenese 12, 86, 181
Amphibolit 17, 138f., 167
Anhydrit 11f., 34, 68, 70, 81–84, 110, 129, 158
Auelehm 35, 94
Aufrichtungszone 53, 60–64
Aufschiebung 73
Ausgleichsküste 43ff., 52
Auslaugung 10, 35f., 54, 57f., 68, 81–84, 95ff., 105f., 108, 113–116, 129ff., 158, 180

B
Bänderton 27, 36
Bankung 172f.
Basalt 12, 17, 22f., 86, 114f., 135f., 140ff., 144ff., 166f., 169f., 174ff., 183, 189
Baustein 84, 100, 108, 111, 134, 153f., 166, 169, 172f.
Beckensand, Beckensedimente 32, 34, 53
Beckenton 24, 27, 34, 36
Bergbau 10, 21, 67f., 71f., 80f., 83, 92, 119, 123, 127f., 136, 140–143, 148, 156ff., 162, 170, 174, 176ff., 182, 187–190
Bergsturz 93, 97ff.
Bernstein 188
Blei 78, 136, 142f.
Blockpackung 37
Bordenschiefer 120
Brandenburger Stadium 25f., 28, 30ff., 35f.
Braunkohle 11ff., 21, 23, 30ff., 34, 53, 57f., 77, 80ff., 84, 90, 97, 135f., 145, 150f., 153f., 156–159, 170, 174–178, 180, 187f.
Buntsandstein 11f., 22, 36f., 54f., 57–61, 63, 68f., 76ff., 79, 81ff., 84f., 87–99, 102, 104ff., 107, 109–116, 118f., 121, 123ff., 127–134, 148, 150, 158, 186ff.

C
Chloritschiefer 139
Cordieritgneis 146

D
Dachschiefer 17, 120f., 124, 126f., 130
Dekorationsstein 74, 80, 100, 108, 124, 138, 153, 161, 169, 171f.
Devon 12, 17f., 22f., 64f., 67, 69–73, 85, 119f., 123f., 126f., 129f., 132, 147f., 171, 180f., 183, 185
Diabas 12, 15, 65ff., 72, 107f., 119f., 129f., 132, 185
Diorit 73, 76
Diskordanz 16ff., 60ff., 64, 86, 124, 133f., 186
Dolerit 66, 107f.
Doline (s. a. Erdfall) 71, 73
Dolomit 12, 63, 70, 81, 85f., 99f., 105f., 109, 113, 117f., 129, 131f.
Drenthe-Vereisung 25
Drumlin 24, 26, 37f., 40ff.
Düne 11, 32ff., 43ff., 47, 52, 56

E
Eemwarmzeit 25, 45, 94ff.
Einebnung s. Rumpffläche
Eisenerz 65, 71f., 105, 116, 118f., 128ff., 136, 189
Eiskeile 24
Eisrandlagen (s. a. Endmoräne) 26, 30f., 42, 50, 52
Eiszeit s. Pleistozän
Eiszeitdenksteine 27, 169
Elsterkaltzeit 25–28, 34, 36, 172
Endmoräne 21, 23–48, 50, 52f., 55, 88, 150, 178f., 185
Erdfall (s. a. Doline) 57f., 68, 82f., 92, 94ff., 105, 109, 114, 130, 133f., 180
Erosion s. Abtragung
Erz 68

F
Faltung 11, 13–19, 34, 50, 53, 60, 62, 64, 66f., 71, 85f., 93, 99f., 102, 104, 119, 124f., 127, 130f., 134f., 137ff., 146f., 158, 171, 178, 180f., 185
Fastebene (s. a. Rumpffläche) 64f.
Faulschlamm 34, 44, 47, 52
Feuersteinlinie 26f.
Flexur 92, 106
Fließerde 27
Flußspat 68, 105, 118
Frankfurter Stadium 25f., 28, 30f., 36
Franzburger Staffel 42, 50
Fruchtschiefer 17, 147, 154

G
Gabbro 73, 76
Gang 18, 67f., 71, 108, 122, 124, 128, 136f., 142ff., 171f.
Gebirgsbildung 12f., 17, 19, 180f.
Geologische Kartierung 184f.
Geosynklinale 13ff.
Geschiebe 39, 51
Geschiebelehm 11f., 25, 31, 34, 51, 87, 153, 156ff.
Geschiebemergel 11, 23–26, 34ff., 39, 43–48, 50, 52, 57
Gips 11f., 34f., 57–60, 63, 68ff., 82–86, 88, 92, 94f., 97, 99f., 102, 105f., 108ff., 113, 128–134, 158, 182, 189
Gipshut 35
Glassand 177f.
Gletscherschliffe 32, 150, 153
Gletscherschrammen 34, 37, 56, 80, 150, 153
Gletscherspalten 26, 29, 37ff.
Gletschertöpfe 32, 34, 54, 56, 58f., 188
Gletscherzunge 24
Glimmerschiefer, 12, 17, 109, 112, 120, 122, 134, 137–140, 147
Gneis 12, 17, 82f., 106, 118, 134–140, 143, 145ff., 149, 161f., 166f., 183
Gold, Goldseifen 78, 122
Grabenbruch 77, 87, 91, 93–96, 98f., 118f., 162, 184
Granit 12, 15, 17f., 22f., 31, 53, 64–68, 70–76, 79, 82f., 102, 104f., 109, 112f., 116, 118ff., 126f., 135ff., 140ff., 147, 149ff., 153, 157, 159–162, 167f., 170ff., 174–178, 183f., 186, 190
Granitporphyr 137, 140f.
Granodiorit 151, 153, 158, 170–173

Granulit 12, 17f., 21, 23, 146f., 149, 151, 154, 185
Grauwacke 12, 15, 31, 33, 35, 55f., 63, 65–73, 82, 90, 120, 123ff., 128f., 132ff., 151, 153, 156, 158, 170ff., 177f., 183f.
Greisen 142
Grundmoräne 21, 24–29, 31–39, 41, 43, 46–48, 55, 178f., 185
Grundmoränensee 24, 27f., 39f., 42
Grundwasser 10, 25, 36, 57, 95, 113ff., 151

H
Halden 10, 56, 67f., 78–81, 105, 118, 121, 127ff., 139, 143f., 148, 151, 156f., 162, 170, 177
Härtlinge 19, 64, 68, 70, 76, 78, 86, 129, 177
Höhlen 68f., 71, 73, 82f., 102, 123, 129, 166
Holozän 12, 20, 23ff., 29, 32, 34f., 38, 43ff., 47, 52, 56, 67ff., 94, 96ff.
Holstein-Warmzeit 25, 27, 34f.
Hornfels 17, 71, 105
Horst 64, 102ff.

J
Jura 12, 21ff., 30, 53ff., 60, 63f., 86, 100, 148, 160, 168, 183, 186ff.

K
Kaledonische Tektogenese, Kaledonische Gebirgsbildung 12, 180f.
Kalisalz 11f., 54f., 57f., 81f., 85, 92f., 103, 113ff., 133
Kalk, Kalkstein 11f., 17, 29, 60, 62ff., 66f., 71ff., 85, 93f., 98ff., 116–119, 123, 129, 134f., 138f., 141, 160, 167f.
Kalkindustrie 37, 71, 138
Kalkknotenschiefer 16, 18, 124
Kambrium 12, 119–122, 135, 170f., 180, 183
Kames 24, 27
Kaolin 80, 150f., 153, 156, 161, 178
Karbon 12, 18, 21ff., 32f., 42, 55f., 64–68, 70–73, 75ff., 79f., 82f., 85f., 90, 102f., 119f., 122–126, 128f., 132–137, 139ff., 147–153, 157–161, 167, 171f., 180f., 183, 186–189
Karst 68f., 71, 73, 92, 95f., 100, 102, 189
Kartierung 184f.
Keramische Industrie 150, 178
Keratophyr 66, 71ff.
Keuper 12, 22, 36, 54f., 58ff., 62f., 77f., 82, 85ff., 89–97, 99–102, 104, 107, 111f., 115, 118f., 121, 188
Kies 11f., 20, 23f., 25, 31, 34f., 37, 39, 44–48, 52, 57, 82, 85, 99, 102, 113, 115, 132f., 136, 143–146, 149–154, 156, 158, 172, 189
Kieselschiefer 12, 65f., 82, 120, 123, 129, 134
Klamm 113
Klüfte, Klüftung, Kluftsysteme 73ff., 99, 111, 113, 118, 139, 142, 154, 164, 166, 168, 172ff., 176
Knotenkalk 12, 120, 124, 129f.

Knotenschiefer 17, 71, 147
Kobalt 118, 129, 136, 142
Kohlen (s. a. Braunkohle bzw. Steinkohle) 11
Kohlensäure 114f., 118
Konglomerat 11f., 33, 55f., 63–67, 69, 80, 82f., 94, 103, 105–108, 111f., 126, 132f., 147ff., 153, 157, 161, 167, 186
Kontakthof, Kontaktgesteine 17, 70, 73f., 105, 136, 147, 184f.
Kreide 12, 19, 21ff., 30, 34, 47, 53ff., 59–64, 70, 73, 78, 80, 86, 90, 93, 96, 102ff., 112, 121ff., 127, 130, 133–142, 148ff., 153, 159 bis 162, 164, 166–172, 174ff., 178, 180, 183, 186f.
Kristallin, Kristalline Schiefer 17, 22f., 109f., 113, 116, 118, 130, 135, 137, 139f., 144, 146f., 183
Kulm 15, 55f., 65f., 71f., 90, 120, 124–130, 132
Kupfer 129
Kupferschiefer, Kupferschieferbergbau 56, 77ff., 83, 102, 105f., 108–112, 118, 132f., 189f.
Küste 10f., 18, 133, 162, 166, 179f., 186

L
Lamprophyr 171f., 177
Lehm (s. a. Auelehm bzw. Geschiebelehm) 73
Lias 12, 60, 62f., 86, 100, 102, 111f., 188
Lineament 23, 159f., 166
Löß 11f., 27, 31, 55, 57, 94, 156, 158

M
Magma, Magmatite 17, 23, 70, 135
Mandelstein 103
Marmor 17, 124, 130, 138f.
Massenkalk 12, 66
Melaphyr 65ff., 69, 147
Mergel (s. a. Geschiebemergel) 12, 35, 59f., 63, 89, 99, 132, 162
Metamorphite (s. a. Kristalline Schiefer) 17, 83, 134–137, 146, 149, 185
Metamorphose 17f., 22, 66, 137f., 146f., 149, 172, 177
Moor 11, 13, 29f., 34f., 38, 43, 45, 53, 60, 81f., 96f., 99ff., 135f., 145, 151, 153f., 157ff., 177f.
Muschelkalk 11f., 22, 35f., 54f., 58–63, 71ff., 77f., 81–85, 87–100, 102–105, 107, 110ff., 114f., 118f., 121, 123, 133, 148, 185, 188

N
Nacheiszeit (s. a. Holozän) 23
Natursteinindustrie 172
Nickel 136, 142f.
Nordrügen-Ostusedom-Staffel 26, 42, 46f., 50

O
Ockerkalk 12, 120, 123
Olisthostrom 65f., 68, 72
Oolithbank 88f., 91

Ordovizium 12, 22, 64, 66, 85, 119–124, 126f., 129–132, 134, 172, 178
Os 24, 27, 29, 37f., 41f., 48, 185

P
Paläomorphologie 186f.
Pechstein 161
Perm 12, 18, 22f., 30, 32, 42, 64, 67, 70, 73, 77, 79f., 85, 102, 105, 119, 122, 136f., 139ff., 147f., 150f., 153f., 158–162, 171, 180f., 183, 186f.
Petersberger Stadium 26, 31
Phonolith 23, 135f., 138f., 146, 166, 174ff., 189
Phyllit 12, 17, 120ff., 130, 134, 139ff., 147, 149
Pinge 10, 67, 71, 109, 118, 129, 140ff.
Pläner 12, 60, 159–162, 164, 167f.
Plankener Stadium 26, 31, 35
Plattenschiefer 68
Pleistozän 12, 20ff., 32, 34ff., 38, 41, 44–47, 50, 52, 54f., 58, 64f., 67f., 74, 77f., 80, 82, 87f., 92, 94, 96, 102, 115, 122, 127, 133f., 150–154, 156ff., 160ff., 164, 169f., 172, 177–180, 184f., 188f., 191
Pommersches Stadium 25f., 28–31, 36f., 39–42
Porphyrit 12, 15, 55f., 65, 67–70, 103, 107, 119, 150, 154, 161, 182, 186
Porphyroid 130
Porphyrtuff s. Tuff
Porzellanindustrie, Porzellanrohstoffe 80, 153, 161
Präkambrium 12, 30, 119–122, 134, 136, 138f., 146, 153, 157f., 160, 167, 170ff., 177, 185
Pultscholle 22f.
Pyroxengranitporphyr 150, 153
Pyroxenquarzporphyr 153f.

Q
Quadersandstein 159ff., 164, 166–170, 174, 176, 184, 190
Quartär 12, 20f., 31f., 35f., 54f., 57f., 80, 82, 86f., 96–99, 102, 107, 150f., 153, 156f., 170, 183, 187, 190f.
Quarzit 12, 17, 32–35, 56f., 63, 65ff., 73, 82, 106, 120–124, 130f., 137, 139, 167, 177f.
Quarzkeratophyr 71
Quarzporphyr 12, 15, 17f., 31f., 55f., 64f., 67f., 77–81, 103, 106–109, 112, 115, 118f., 137, 139ff., 147, 150f., 153f., 159–163, 180, 183, 185f.
Quellen 11, 80f., 92–96, 98, 100, 102, 118

R
Randsenke 54, 57f., 81
Reff 44f.
Reliefumkehr 92, 98ff., 145f.
Restloch 10
Riege 44f.
Riffkalk 65ff., 71, 73, 109f., 116ff., 122f., 127–130, 158, 186, 188
Rinnensee 24, 26ff., 39f., 185

Rosenthaler Staffel 25f., 29f., 40, 42
Rotliegendes 12, 21, 33, 35, 54ff., 63ff., 67–71, 76f., 79, 81–84, 86ff., 91, 93, 102–113, 116, 118–123, 132–136, 140, 147–151, 154, 158 bis 162, 167, 182f., 185f., 188
Rumpffläche 19, 68, 70f., 73, 76, 86ff., 90, 99, 120, 122f., 127, 130, 133–137, 139ff., 145, 148f., 154, 169, 175f., 185f., 190
Rundhöcker 150
Rutschung 93

S

Saalekaltzeit 25–28, 31–36, 93f., 127, 152f., 157, 188
Saline 67, 80
Salz s. Steinsalz bzw. Kalisalz
Salzhang 84
Salztektonik, Salzsattel, Salzstock 12, 19, 22, 25, 34–37, 42, 53ff., 57–60, 77f., 87, 95, 100, 187f.
Sand 11f., 20, 24f., 30ff., 34–39, 42–48, 52f., 57f., 66, 99, 122, 144ff., 149ff., 153, 156ff., 168, 174, 178, 184
Sander 21, 24–28, 30f., 35, 37–43, 55, 177, 185
Sandstein 11f., 17, 23, 33, 54ff., 59ff., 63–67, 69, 80, 82f., 85ff., 88, 93, 97, 99f., 103, 105–108, 111ff., 133f., 137, 147f., 153, 161f., 164, 166–170, 174ff.
Saxonische Tektonik 12, 19, 22, 53f., 86ff., 89, 95, 133, 183
Schalstein 12, 65f., 71ff.
Schaumkalk 84, 88f., 91, 98, 185
Schichtfolge 11
Schichtrippe 19, 58, 62, 89, 101, 110, 122, 128, 137, 153, 158, 185f.
Schichtstufe 19, 89, 97, 185f.
Schichtung 121
Schiefer s. Tonschiefer
Schieferton 11f., 60, 63, 69, 84f., 88ff., 93, 95, 97, 99f., 103, 106, 108, 111ff., 133, 147f., 161
Schieferung 16f., 18, 66, 71, 120f., 124, 127, 138f.
Schmelzwasser, Schmelzwasserkies 23–29, 31f., 34–40, 56
Schreibkreide 12, 45–52, 188
Schwerspat 105, 118
Sedimente, Sedimentation 11f., 20, 23, 25, 27, 32, 35, 42f., 54, 66, 73, 78, 81, 86f., 102
Septarienton 32, 34f.
Serpentinit 135, 138f., 146
Silber 78, 129, 136, 142ff.

Silur 12, 22, 64ff., 85, 119f., 123f., 126f., 129f., 132, 134, 147f., 153, 171, 180, 183
Soll 24, 27, 29
Solquellen 80f., 83, 90
Steinkohle 11f., 66f., 69, 80, 86, 103, 139f., 147ff., 159f., 162, 186, 188
Steinmergel 100f.
Steinsalz 10ff., 19, 21f., 32, 34ff., 53ff., 57f., 77, 79–85, 88, 93f., 97, 99, 103, 105f., 133ff., 129, 133, 158, 183, 187f.
Strudelloch 113, 121
Sturmflut 9ff., 43, 45, 48, 52f.
Süßwasserkalk 95, 97f.
Syenit, Syenodiorit 23, 31, 159–162, 168

T

Tagebau 156
Tal, Talbildung 19f., 23, 34, 38, 64f., 68, 71, 80, 83, 87ff., 92f., 107, 121f., 132, 134–137, 140, 145f., 149, 160f., 186
Terebratelzone 88f., 91, 98
Terrasse 19f., 29, 50, 67f., 82, 84f., 88, 94, 122, 124, 127, 133f., 152, 154, 180, 186, 191
Tertiär 12f., 19f., 30ff., 34ff., 37, 54f., 57f., 64f., 68, 70f., 73, 77, 79ff., 84, 86ff., 90, 97, 99, 102ff., 112, 114f., 118, 121ff., 127, 130, 132–142, 145f., 148–151, 153f., 156–162, 164, 167, 169f., 172, 174–178, 180, 183, 186–190
Tiefebene s. Rumpffläche
Tiefengestein 14, 18
Ton 11f., 20, 30ff., 37, 45, 57f., 60f., 64, 66, 95, 100, 106, 144ff., 150f., 153, 156ff., 160, 168, 175, 178
Tonschiefer 12, 15, 17f., 32f., 56, 63, 65ff., 70–73, 82, 105, 120–126, 128ff., 132f., 139, 149ff., 153f., 158, 162, 167, 170f., 177, 183ff.
Torf 11, 29, 35, 44, 47, 52f., 81, 99, 101, 159
Toteis 23f., 26f., 29, 36–42, 48
Travertin 11f., 88, 92, 94–97, 187, 189, 191
Trias 12f., 21ff., 30, 37, 53ff., 62f., 77f., 85ff., 89, 98, 104f., 107 119–122, 148, 170, 177, 183, 186, 190f.
Trochitenkalk 185
Tuff 15, 29, 55, 65ff., 69, 102f., 106ff., 115, 130, 139, 147, 150, 154, 186

Ü

Überkippung 62f., 111f.

Überschiebung 62ff., 72, 91, 102, 105, 159f., 162, 167f., 170, 174ff.

U

Uran 136
Urstromtal 21, 24–33, 35ff., 39, 177f., 185

V

Varistisches Gebirge, Varistische Gebirgsbildung, Varistische Tektogenese 12, 18f., 22f., 64–75, 77, 79, 85f., 102ff., 112, 118–121, 124, 127, 130, 132, 134–138, 140ff., 146ff., 150f., 153, 157–161, 171f., 180f., 185f., 191
Velgaster Staffel 26, 42, 50
Verwerfung 14, 16–19, 22, 53f., 56ff., 65, 68, 70, 77, 79f., 82–86, 91, 93f., 96, 100, 102–105, 110f., 118ff., 123f., 127, 129, 133f., 148, 162, 167, 175, 180
Verwitterung 9, 14, 18f., 66, 72, 74, 101f., 119, 123, 132, 137, 139, 142f., 147, 149, 153, 164, 166, 172, 178f.
Voigtstedt-Warmzeit 25
Vulkanismus, Vulkanite 9, 14f., 17, 22, 29, 67, 86, 102, 136–139, 141, 147, 153, 161, 170, 174ff.

W

Wallberg s. Os
Warthe-Stadium 25f., 30–35, 178
Wasserbau 32
Watzkendorfer Staffel 40
Weichsel-Kaltzeit 25, 28, 30, 34ff., 39–42, 47, 94, 179
Werkstein s. Baustein bzw. Dekorationsstein
Wismut 136, 142f.
Wüste 11

Z

Zechstein 12, 17f., 21f., 32, 34ff., 53–58, 60, 62ff., 67–71, 76–87, 91–94, 99, 102–107, 109f., 112ff., 115–124, 127–134, 148, 150, 154, 158, 182, 186ff.
Zementindustrie 37, 54, 58f., 84f.
Ziegelindustrie 27, 32, 34, 37, 111
Zink 78, 136, 142f.
Zinn 136, 140ff.
Zinnowitzer Staffel 42, 45
Zungenbecken, Zungenbeckensee 24, 26–30, 40–43, 52

Ortsverzeichnis

(Geographische Bezeichnungen und regional-geologische Strukturen)

A

Achterwasser 50, 52
Acker-Bruchberg (Harz) 65
Adorf 130
Afrika 180, 187
Agnesdorf (Harz) 69
Ahlbeck 42, 52f.
Ahrenshoop 43ff.
Aland (Altmark) 35
Allendorf (bei Königsee) 122f.
Aller 53ff.
Allertalstörung 54
Alpen 19, 86, 115, 180, 183
Alte Elbe (bei Magdeburg) 33
Altdarß 43f.
Altenberg (Erzgebirge) 134f., 140ff.
Altenburg 27, 150, 153, 156f., 180, 187
Altenkirchen 47
Altenstein (bei Bad Liebenstein) 116, 118, 184
Altensteiner Höhle 118
Altentreptow 40
Althüttendorf 37
Altmark 28, 33ff., 53ff., 180
Altmersleben (Altmark) 35f., 42
Altreddevitz (Rügen) 50
Ameisenberg (Zittauer Gebirge) 174, 176
Ammerbach (bei Jena) 97
Ammern (bei Mühlhausen) 94f.
Amselgrund (Elbsandsteingebirge) 164
Angermünde 30f., 37
Anklam 30, 52
Annaberg (Erzgebirge) 14, 22, 134f., 137, 142ff., 187
Annatal (bei Eisenach) 112
Ansprung 138ff.
Apfelstädt 100, 102, 106f.
Apolda 77, 87
Appenin 180
Arendsee (Altmark) 34ff., 180
Arkona 42, 47ff.
Arneburg (Altmark) 35
Arnsdorf (Lausitz) 172
Arnstadt 87, 89, 99f., 104, 115
Arnstadt-Gothaer Störungszone 104
Artern 77, 83
Aschersleben 58, 67, 187

Asien 180
Asseburg (bei Meisdorf/Harz) 67
Atlantik 180
Auerbach/Vogtland 137
Auerberg (Harz) 64, 67ff., 86
Auersberg (Erzgebirge) 135
Augustusburg 134, 139ff.

B

Baabe (Rügen) 47, 50
Bad Berka 87, 96f.
Bad Blankenburg (Thüringen) 87, 99, 104, 121, 122
Bad Doberan 29
Bad Düben 27, 31
Bad Dürrenberg 187
Bad Elster 130
Bad Frankenhausen 77, 82, 187
Bad Freienwalde 30
Bad Kösen 83ff.
Bad Köstritz 133
Bad Langensalza 27, 86f., 94f.
Bad Lausick 153
Bad Liebenstein 104f., 115–118
Bad Liebenwerda 170
Bad Müritz – Neuhaus 29
Bad Salzungen 105, 113, 115
Bad Schandau 27, 159f., 164, 166–169, 175
Bad Schmiedeberg 31f.
Bad Sulza 77, 87, 90f.
Bahra 164, 166f.
Baier (bei Dermbach) 114f., 118
Bairode (bei Bad Liebenstein) 116
Balkan 180
Ballenstedt 22, 54, 63, 65, 67
Bansin (Usedom) 50, 52f.
Barbarine (Elbsandsteingebirge) 166
Barbarossahöhle (Kyffhäuser) 82f.
Barchfeld 113
Bärenklippe (Brocken) 76
Bärenstein (Erzgebirge) 135, 144ff., 164
Barnim 28, 31, 36
Barth 42ff.
Barther Bodden 43f.
Baruth 26, 30f.
Baruther Urstromtal 26, 28, 30f., 35f., 177f.

Bärwalde 178
Bastei (Elbsandsteingebirge) 164f., 167f.
Baumannshöhle (Harz) 73
Bautzen 170, 172, 177f.
Bebertal (bei Haldensleben) 55f.
Beelitz 25, 28
Beerberg (Thür. Wald) 119, 186
Beesenstedt 78
Behre 69f.
Behren-Lübchin 29
Beidersee (bei Halle) 80
Belgern 31f.
Beltgletscher 26, 48, 50
Belzig 28
Benneckenstein 66
Benshausen (Thür.) 119
Benzingerode 63
Berbersdorf 149
Berga/Elster 120, 130
Bergaer Sattel 18, 120, 129–133, 135, 147, 149
Bergen (Rügen) 42, 47f., 50
Bergen (Vogtland) 120
Berggießhübel 164, 166f.
Berka s. Bad Berka
Berlin 21, 26, 28, 30f., 36f., 39, 149, 187
Berliner Urstromtal 26, 28, 31, 36
Bernau (bei Berlin) 30
Bernburg (an der Saale) 187
Bertsdorf (bei Zittau) 176
Berzdorf (bei Görlitz) 176f., 188
Berzdorfer Becken 176f., 188
Bessin 45, 48
Beucha 150–153
Bibra 84
Biela 164, 167
Bieleboh 170f., 183
Biesern 152
Bilzingsleben 82, 88, 92, 187, 191
Bindersee (bei Halle) 81
Binz 47, 50
Bischofferode 93, 95
Bischofswerda 172, 175
Bismarck (Altmark) 35
Bitterfeld 9, 22f., 27, 31f., 80, 153, 178, 187
Bittkau (Altmark) 35
Bittstädt 99f.

195

Blankenburg (Harz) 22, 27, 54, 59, 60f., 63, 65, 67
Blankenburg (Thüringen) s. Bad Blankenburg
Blankenburger Mulde 54, 60, 62f.
Blankenburger Zone 65–67
Blankenhain (bei Weimar) 87, 96f.
Blankenheim (bei Sangerhausen) 79
Blankensee 41
Bleicherode 93, 95
Bleicheröder Berge 93
Bleilochtalsperre 124
Blintendorf 120
Bobbin (Rügen) 47, 50
Bobritzsch 137
Bock 43ff., 48
Bode 54, 57–60, 65, 70–73
Bodendorf 56
Bodstedter Bodden 43f.
Bohlen bei Saalfeld 17f., 123f.
Böhlen 13, 151f., 157, 180
Böhlscheiben 121
Böhmisches Massiv 18
Böhmisches Mittelgebirge 23, 27, 135f., 166, 174ff.
Böhmische Schweiz 166
Born (Darß) 43ff.
Borna 13, 150, 156ff., 180
Borsberg (bei Dresden) 168
Bottendorfer Höhenzug 77, 83f., 184
Boží Dar 46
Brachwitz 80
Brandenburg 26, 28, 32
Brand-Erbisdorf 143
Brandenstein 128f.
Brandesbach (Harz) 66, 69f.
Brandis 151f.
Bramhakensee 44
Braune Sumpf (Harz) 72
Breeger Bodden 47
Breiter Luzin (bei Feldberg) 39f.
Breitungen (Harz) 69
Breitungen (an der Werra) 113, 115
Breternitz 123f.
Brieske 178
Brocken (Harz) 59f., 64–69, 72–76, 82, 86, 183
Brodowin 39
Brohmer Berge 29
Bröthen 178
Brotterode 116, 118
Bucha 128
Buchenwald 94f.
Buchfahrt 89, 96
Buckower Schweiz 28
Bülstringen 55
Bug 48, 50
Bugsinsee 39
Burg (bei Magdeburg) 35
Burgau 97
Bürgel 97

Burgk (Saale) 129
Burgkemnitz 80
Burgstädt 149, 185
Burg Stargard 41
Burgtonna 87f., 94f.
Burkersdorf (bei Freiberg) 137
Buttelstedt 87
Buttstädt 87, 91
Bützow 37f.

C
Caaschwitz 132
Cainsdorf 148
Calau 170
Calvörde 35, 54f.
Camburg 77, 87, 89–92
Caminau 177f.
Carolafelsen (Elbsandsteingebirge) 164
Carwitz 39f.
Chemnitz (Fluß) 149
Chorin 30f., 37, 39
Clanzschwitz 151ff.
Closewitz 97
Colbitz 55
Colditz 153f.
Colliser Alpen (bei Gera) 132, 134
Collmberg (bei Oschatz) 150–153
Collmen-Böhlitz 153
Conradsdorf 143
Cospeda 97
Coswig (bei Meißen) 161f., 180
Cotta 169
Cottaer Spitzberg 166, 169
Cottbus 26, 42, 177f., 191
Cranzahl 145
Creuzburger Graben 105, 111f.
Crinitz (Mecklenburg) 29
Crivitz 37
Crottendorf 138, 145
Cursdorf (Thür. Wald) 122
Czorneboh 170f., 183

D
Dachrieden 89
Dänemark 180
Dahlen 150
Dahlener Heide 27, 31f., 35, 150
Damerow (Usedom) 52
Dankmarshausen 115
Darlingerode 76
Darß 26, 42–45, 48
Darßer Ort 43ff.
Darzer Moor (bei Parchim) 29
Datze 42
Deditzhöhe (bei Grimma) 150f., 153
Dehlitz (bei Weißenfels) 31
Demitz-Thumitz 172f.
Dequede 34f.
Derben-Ferchland (Altmark) 35
Dermbach 114

Dessau 31f., 187
Deubach 110
Deuna 93, 95
Diebshöhle (Elbsandsteingebirge) 166
Diedorf 114
Diethensdorf 149
Dietrichsberg (Nordrhön) 114f.
Dietrichshäger Berge 29
Dillstedt 118f.
Dippoldiswalde 134, 141, 159, 162, 166f.
Dobbertin 188
Dobbrun (Wische) 34
Döbeln 20, 149
Doberan s. Bad Doberan
Dobergast 158
Doberlug-Kirchhain 30f., 42
Dobritz (bei Meißen) 161
Döbritz (bei Pößneck) 129f.
Döhlener Becken 23, 159, 161f., 166f., 188
Dohlenstein (bei Kahla) 98f.
Dolchau (Altmark) 35, 55
Dolgener See 39f.
Dolmar (bei Meiningen) 114, 118f.
Domberg (bei Suhl) 118f.
Donau 180
Dönges 113f.
Dönstedt 56
Dornburg 11, 97
Dornbusch 45
Dorndorf (Rhön) 114
Dornreichenbach 150f.
Dörnthal 137
Doupovské hory (Duppauer Gebirge) 135f.
Drachenschlucht (bei Eisenach) 112f.
Drahnsdorf 31
Dranske (Rügen) 47f.
Dreetz 40
Drei Gleichen 87, 99
Dresden 20f., 26, 30f., 138, 159–162, 164, 166, 168, 170, 172, 180, 187, 190
Dresden-Bühlau 162
Dresden-Klotzsche 168
Dresden-Plauen 161f.
Dresden-Weißer Hirsch 159, 161f., 168
Drispeth 29
Drömling (Altmark) 35, 55
Drüsedau (Altmark) 34
Düben s. Bad Düben
Dübener Heide 27, 31f., 35
Dün 93ff.
Dürrenberg s. Bad Dürrenberg
Dürrengleina 98

E
Ebeleben 94
Ebenheit (Elbsandsteingebirge) 164
Ebersbach (Lausitz) 172
Ebersbrunn 148
Eberswalde 26, 30f., 37, 39

Eberswalder Urstromtal 26, 30f., 36
Ebertswiese (Thür. Wald) 107f.
Eckartsberga 87, 90ff.
Edderitz 79
Edersleben 189
Egeln 54, 57f.
Ehrenberg (bei Ilmenau) 105
Ehringsdorf (bei Weimar) 88, 94, 96, 189, 191
Eichicht 126f.
Eichsfeld 21, 85, 95
Eilenburg 31, 151, 153, 180
Eine (Harz) 65, 67
Eisenach 86, 102, 104f., 111ff., 191
Eisenacher Mulde 102, 104, 111f., 118
Eisenberg 87, 89ff., 153
Eisleben 76–79, 180
Elbe 20f., 25f., 28, 30–36, 53, 56, 150, 159–162, 164, 166–169, 172, 174f., 180, 188
Elbingerode 65f., 71ff.
Elbingeröder Komplex 64–67, 71ff.
Elbsandsteingebirge 11, 23, 159f., 164–169, 174, 184, 191
Elbtalgraben 160ff., 164, 180
Elbtalschiefergebirge 23, 159f., 162, 166f.
Elbtalzone 21, 23, 136, 159–169, 170, 174
Elgersburg 103, 105f.
Ellrich 68
Elsterberg 130
Elsterwerda 26f., 30ff.
Emden (bei Haldensleben) 54ff.
Enddorn (Hiddensee) 45
Endschütz 132
Erbstrom 109f.
Erdeborn 184
Erdmannsdorf 139
Erfurt 21, 26f., 87, 96f., 100, 102, 120, 187
Ermsleben 61, 63, 65, 67
Erzgebirge 13f., 18, 21ff., 119, 121, 130, 134 bis 146, 147–150, 153, 159–162, 164, 167, 169, 172, 174, 176, 180, 183
Erzgebirgisches Becken 21ff., 120f., 135, 139, 146–149
Erzgebirgssattel 135, 147, 149
Erzgebirgssüdrand 135f., 176
Espenhain 151, 157
Esper Ort 43ff.
Ettenhausen 113
Ettersberg (b. Weimar) 21, 27, 86f., 94–97, 184
Etzleben 95
Europa 179–181, 183, 190

F

Fährinsel 45
Fahner Höhe 87, 94ff.
Falkenau (Sachsen) 139f.
Falkenstein (Harz) 67f.
Falkenstein (Elbsandsteingebirge) 164
Falkenstein (Thür. Wald) 107
Falkenstein (Vogtland) 137
Fallstein 58ff.

Falster 43, 48
Farnroda 110
Feengrotten (bei Saalfeld) 123f.
Feldberg 28, 31, 39f.
Feldstein (bei Themar) 114f.
Felsengasse (Zittauer Gebirge) 176
Ferchland (Altmark) 35
Ferdinandshof 30
Feuersteinklippen (bei Schierke) 74
Fichtelberg 134f., 137, 144f.
Fichtelgebirge 18, 119, 130
Fiener Bruch 35
Filzteich 143
Finne 21, 78, 83, 85, 87, 89ff., 184
Finnestörung 22, 77f., 85, 87, 89–92, 99, 132, 134, 184
Finnland 37
Finow 26, 30, 37
Finsterbergen 87, 107
Fischbach 116
Fischersdorf 123f.
Fischland 42–45
Fläming 28, 32–35, 56
Flechtingen 22, 53, 55f., 191
Flechtinger Höhenzug 18, 21f., 35, 53f., 56f., 183
Flechtinger Scholle 33, 53–57
Flöha 139ff., 147
Floßberggang (bei Ilmenau) 104f.
Förtha 113
Frankenberg 139, 147, 149
Frankenberg-Hainichener Zwischengebirge 139
Frankenhain 102
Frankenhausen s. Bad Frankenhausen
Frankenwald 119, 183
Frankenwälder Querzone 120, 126f.
Frankfurt/Oder 21, 26, 28
Frankreich 64, 144
Frauensee 114
Frauenstein 134, 136f.
Freiberg 22, 134–138, 142ff., 182, 187
Freiberger Mulde 20, 137, 142, 154
Freienwalde s. Bad Freienwalde
Freital 23, 27, 159–162, 188
Freital-Potschappel 161f.
Freyburg (Unstrut) 27, 77, 84f., 89
Friedersdorf (Lausitz) 171
Friedland 29f., 40
Friedrichroda 87, 105, 107ff.
Friedrichsbrunn (Harz) 27, 70
Friedrichswalde 37
Fröbelturm 122f.
Frohburg 150, 157
Fürstenbrunnen (bei Jena) 97f.
Fuchsturm (bei Jena) 97f.
Fuhne 79

G

Gaberndorf (bei Weimar) 94

Gager 47
Galenbecker See 30
Gardelegen 28, 35, 54f.
Garkenholz (bei Rübeland) 73
Garnsdorf 123f.
Garsebach 161
Gartenkuppen (bei Saalfeld) 123f.
Garz (Rügen) 48
Gatersleben 59
Geba 114
Gebesee 94
Gefell 120
Gegensteine (bei Ballenstedt) 60, 63
Gehaus (Rhön) 115
Gehlberg 186
Gehren 87, 103f., 122f.
Geiseltal 77, 81f., 84, 188
Geisingberg 135, 140ff.
Gellen 44–47
Gembdental 28
Genthin 28, 35
Genzien (Altmark) 34
Georgenthal 87, 102, 104, 106f.
Gera 18, 22, 78, 87, 90f., 99, 120, 132ff., 188, 191
Gera (Fluß) 89
Geraer Becken 86, 120, 133
Geraer Vorsprung 87
Gerberstein (bei Ruhla) 116
Gerbstedt 78f.
Gernrode 54, 62, 65, 67
Gessental (bei Gera) 132, 134
Gestien (Altmark) 35
Giebichenstein (bei Halle) 80f., 184
Gimmlitz 137
Glashütte 167
Glauchau 23, 134, 146–149, 188
Gleichberge (bei Römhild) 114f.
Gnoien 27, 29
Göhren 47, 50, 188
Gohrischstein 164, 166f.
Goldberg (Mecklenburg) 188
Goldene Aue 65, 68f., 77, 82f., 90
Göldewitzer Hochmoor (Meckl.) 29
Goldisthal 120, 122
Goldlauter 103, 119
Golken (bei Bad Langensalza) 95
Golpa 80
Golßen 30f.
Gommern 32–35, 56f., 188
Görlitz 21, 23, 170, 172, 174ff., 180, 188
Görlitzer Schiefergebirge 170
Göschwitz 98
Goseck 84
Gositzfelsen (bei Saalfeld) 123f.
Gossel 99
Goßwitz 127f.
Gotha 27, 86ff., 95, 99f., 102, 104, 106, 108, 188
Gothensee (Usedom) 52f.

197

Gottleuba 166f.
Gottlob (bei Friedrichroda) 107
Graal-Müritz 29, 43 ff.
Grabfeld 190
Grabow 43 f.
Gräfenthal 120
Granitz 46f., 50
Gransee 28
Granulitgebirge 18, 21, 23, 134f., 146–151, 153f., 184f.
Granulitgebirgssattel 134f., 147
Greifenstein (bei Bad Blankenburg/Thür.) 99
Greifswald 29, 42, 48, 188
Greifswalder Bodden 42. 46f., 50, 53
Greifswalder Oie 42, 50, 52
Greiz 120f., 130, 133, 188, 191
Greußen 94
Grillenburger Wald 159, 161 f.
Grimma 20, 150f., 153f.
Grimmen 29, 188
Grimnitzsee 28, 37, 39
Groitzsch 156
Gröningen 54, 58f.
Großbreitenbach 122 ff.
Großenhain 30ff. ,162
Großenstein 134
Großer Seeberg (Gotha) 87, 100, 102
Großer Winterberg (Elbsandsteingebirge) 164, 166
Großfalka 132
Großhennersdorf 175
Großradisch 178
Großschirma 142
Großschönau 176
Großsteinberg 150f., 154
Großthiemig 30f.
Großvargula 89
Großzicker 46f., 50
Großziethen 37
Gründelloch (bei Kindelbrück) 92, 95
Guben (Wilhelm-Pieck-Stadt-Guben) 28
Gumpelstadt 113f.
Günthersberge 65
Günthersleben 102
Güstrow 28f., 37f.
Gutenberg (Saalkreis) 79
Gutendorf 96

H
Haarhausen 99f.
Haderholzgrund (Thür. Wald) 186
Hadmersleben 57f.
Haff 42, 52
Haffstausee 29f.
Hagelberg (bei Belzig) 28
Hagensche Wieck 47
Hagenwerder 176
Hainewalde 176
Hainich 94f., 100
Hainichen 27, 147f.

Hainleite 77, 82f., 87, 91–94
Hainsberg 161f.
Hakeborn 58
Hakel 54, 58 ff.
Halberstadt 54, 58ff., 62, 188
Halberstädter Mulde 54, 60 62f.
Haldensleben 22, 32, 35, 53 ff., 188
Halle/Saale 20ff., 26f., 67, 77–83, 179f., 183, 188, 190
Halle-Hettstedter Gebirgsbrücke 65, 77–80
Hallesche Marktplatzverwerfung 77, 80
Hallescher Porphyrkomplex 18, 21, 77, 79ff., 184
Halsbrücke 143
Hamburg 14, 56, 159
Hammerunterwiesenthal 137ff., 145f.
Hamwartenberg (bei Quedlinburg) 54, 60
Hardelsberg (Huy) 54, 58
Hardisleben 91, 184
Hartha 149, 185
Hartmannsdorf (bei Frauenstein) 137
Hasenburg 93
Harz 9, 18 21ff., 26f., 53f., 58–64, 66–75, 76ff., 82f., 86ff., 90, 93, 102, 134, 136, 146, 167, 180, 182f., 186ff., 189, 191
Harz-Aufrichtungszone 53, 60–64, 183
Harzgerode 65ff., 70
Harz-Hochfläche 76, 183
Harz-Nordrand 27, 53f., 58f., 62f., 65, 67, 71, 76, 180, 186
Harzvorland, nördliches 22f., 35, 53–65, 67, 70f., 76f., 90, 170, 183, 185, 186, 189, 191
Harzvorland, östliches 22, 76, 80
Harzvorland, südliches 22, 68f., 82
Harzungen 69
Hauptmannsberg (bei Feldberg) 39f.
Hausberg (bei Feldberg) 39f.
Hausberg (bei Jena) 97f.
Haussachsener Gangzug 123f.
Hautsee (bei Dönges) 113
Havel 33, 35
Havelberg 26, 28, 31ff., 35
Havelseen 28
Having (Rügen) 47
Hecklingen 58
Heidenau 168, 180
Heidersbach 186
Heiligenstein 109
Heilige Reiser (bei Hettstedt) 80
Heimburg 60, 63
Heimkehle (bei Rottleberode) 68f.
Helbe 83
Helbra 78
Hellberge (bei Gardelegen) 28, 55
Helme 82
Helmershausen 114
Helmstedt 57
Helpter Berg 29
Henneberg (bei Wurzbach) 126f., 183
Hergisdorf 78

Heringen 82
Heringsdorf 52f.
Hermannshöhle (bei Rübeland) 71, 73
Hermsdorf 89, 134
Hermundurische Scholle 77f., 83ff., 90–92
Herzquelle (bei Weimar) 96
Herzfelde 36
Hessen 99, 181
Hessische Senke 85, 180
Hessisches Bergland 22, 93
Hettstedt 27, 65, 77–80
Hetzdorf (bei Flöha) 139
Heuberghaus (Thür. Wald) 109f.
Hexentanzplatz (bei Thale) 70f.
Hiddensee 9f., 42, 44f., 48
Hildburghausen 120
Himmelreich (bei Bad Kösen) 83ff.
Hinterhermsdorf 168
Hirschbacher Heide 167
Hirschfelde 174, 176
Hirschstein 32
Hirtstein (bei Satzung) 146
Hochwald (Zittauer Gebirge) 170, 172, 174ff.
Hochweitzschen 154
Hockstein (Elbsandsteingebirge) 168
Höckendorf 166
Hörschel 112
Hörsel 110f.
Hörselberge 105, 109ff.
Hohburg 153
Hohburger Berge 150f., 153
Hohe Dubrau 177f.
Hohenbocka 177f.
Hohenfelden 96
Hohenfichte 139
Hohenleipisch 27, 30f.
Hohenleuben 188
Hohenstein-Ernstthal 149, 185
Hohenthurm (bei Halle) 79f.
Hohenwarthe (bei Magdeburg) 32f., 35
Hohe Schrecke 91
Hohe Sonne (bei Eisenach) 112
Hohes Ufer (bei Ahrenshoop) 43f., 47
Hohneklippen (Harz) 74
Hohnekopf (Brocken) 73, 76
Hohnstädt 154
Hohnstein (Elbsandsteingebirge) 159, 164, 166ff., 184, 190
Holtemme 58ff., 76
Holungen 93
Holzhausen (bei Arnstadt) 99
Holzland 89, 134
Hoppelberg (bei Quedlinburg) 54, 60
Hornberg (Harz) 72
Hornburger Sattel 65, 77–80
Hoyerswerda 26, 170, 177f.
Hucke (Hiddensee) 45
Hühnberge (Thür. Wald) 107f., 186
Hüttchenberge (bei Wünschendorf) 130ff.
Hüttenrode 72

Hundisburg 55f.
Huy 54, 58ff.
Huy-Neinstedt 54, 58

I

Ichtershausen 100
Ihlowberge 37
Ilfeld 65, 68ff., 182
Ilfelder Becken 64–67, 69f., 86, 93
Ilm 20, 87, 89, 90f., 94ff., 191
Ilmenau 87, 104ff., 123, 184, 191
Ilm-Saale-Platte 96
Ilmtalgraben 87, 94ff., 184
Ilse 59f.
Ilsenburg 60f., 65, 76
Ilsenhöhle (bei Ranis) 129
Immelborn 113–116
Inselsberg 86, 108, 116, 118

J

Jänschwalde 177f.
Jaromarsburg (bei Arkona) 48
Jasmund 46ff., 50
Jasmunder Bodden 47f., 50
Jena 11, 26f., 86f., 89f., 97ff., 115, 118, 120, 134, 188, 190
Jenaprießnitz 97
Jenzig (bei Jena) 97f.
Joachimsthal 28, 37, 39
Johanngeorgenstadt 134, 142, 144
Jonastal (bei Arnstadt) 89, 99
Jonsberg (Zittauer Gebirge) 174, 176
Jonsdorf 174, 176, 191
Josephshöhe (Harz) 68
Juliusruh 47, 50
Jüterbog 28, 32

K

Kachliner See (Usedom) 52
Kahla 87ff., 97ff.
Kahleberg (Erzgebirge) 135, 140f.
Kaiserkrone (Elbsandsteingebirge) 164
Kaiseroda 113
Kalbe (Milde) 35f., 55
Kälberfeld 110
Kaltennordheim 114
Kaltohmfeld 93
Kamelfelsen (bei Wedderslingen) 54, 60
Kamenz 170ff., 177f., 184
Kamernsche Berge (Altmark) 35
Kaminke (Usedom) 50, 52
Kamsdorf 127ff.
Kap Arkona s. Arkona
Karl-Marx-Stadt 21, 23, 26f., 134f., 146–149, 185, 188, 191
Karl-Marx-Stadt-Hilbersdorf 148
Karlovy Vary 135
Karlshagen 52
Karpaten 180
Karsdorf (Unstrut) 77, 83ff.

Karsdorf (bei Dippoldiswalde) 167
Katzhütte 120f.
Kaulsdorf 123f., 127
Kelbra 83
Kelchstein (bei Oybin) 176
Kemberg 31
Kemmlitz 153
Kernberge (bei Jena) 97f.
Kickelhahn (bei Ilmenau) 105f.
Kieshofer Moor (bei Greifswald) 29
Kindelbrück 87, 92, 95
Kipperquelle (bei Ehringsdorf) 96
Kipsdorf 140
Kirchberg (Sachsen) 184
Kirchohmfeld 93
Kirnitzsch 164, 169
Kittelsthal 110
Kleinbobritzsch 137
Kleine Goldene Aue 82f.
Kleinhennersdorfer Stein 164
Kleinzicker 50
Kleiner Seeberg (bei Gotha) 100
Kleiner Winterberg (Elbsandsteingebirge) 164, 166
Klietzer Hochfläche 35
Klinge (Thür. Wald) 116, 118
Klinovec (Keilberg, Erzgebirge) 135, 137, 144
Klötze (Altmark) 28, 35
Kloster (Hiddensee) 45
Klosterbuch 154
Klosterlausnitz 89, 134
Klostermansfeld 78
Knautnaundorf 157f.
Kniebreche 140
Kniegrotte (Döbritz bei Pößneck) 129
Köditz 124
Kohnstein (bei Nordhausen) 69f.
Kolba 130
Kölpinsee 53
Königsaue 187
Königsbrück 184
Königsee 104, 122ff., 129
Königshain 171f.
Königshütte 72
Königstein 164, 166f., 175
Königstuhl (Rügen) 47, 50
Königswartha 178
Könitz 127ff.
Könnern 76f., 79f.
Konradsburg (bei Ermsleben) 67
Koschenberg (bei Senftenberg) 177f.
Kösen s. Bad Kösen
Koserow 50, 52
Köstritz s. Bad Köstritz
Köthen 21, 23, 77
Kottmar 175
Kötzschenbroda 168
Kraftsdorf 134
Kraja 93
Kranichfeld 87, 96f.

Krauthausen 112
Kreischa 161f.
Kröllwitz (bei Halle) 80f.
Krölpa 128f.
Kroppenstedt 58
Krossen (a. d. Weißen Elster) 84
Krumminer Wieck 52
Kühles Tal (bei Friedrichroda) 108
Kühlung 29
Kühlungsborn 29
Kulkwitz 156f.
Küllstedt 94
Kulm (bei Saalfeld) 87, 99
Kulpenberg (Kyffhäuser) 82
Kummerower See 28, 40
Kunitz (bei Jena) 97f.
Kupfersuhl 113f.
Kurort Rathen 164
Kyffhäuser 18, 21f., 27, 54, 68, 77f., 82ff., 86f., 90, 187

L

Laacher See 29f.
Laage (Mecklenburg) 38
Laas 151ff.
Laasan (bei Jena) 97
Lampertsstein (Elbsandsteingebirge) 167
Landeskrone (bei Görlitz) 170, 174ff.
Landgrafenschlucht (bei Eisenach) 112
Landow (Rügen) 48
Landsberg (bei Halle) 79f.
Langebrück 161
Langensalza s. Bad Langensalza
Langenstein 54
Langer Berg (bei Gehren) 122f.
Langer Berg (bei Bansin) 50, 52f.
Lange Wand (bei Ilfeld) 69f.
Langewiesen 105
Lappwald 54f.
Latdorf 187
Laucha (Unstrut) 84
Lauchhammer 30, 177
Laudenbach 116
Lausche 174ff.
Lausick s. Bad Lausick
Lausitz 21, 23, 159–162, 164, 167f., 170–178, 183, 189, 191
Lausitzer Granitmassiv 18, 21, 27, 160f.
Lausitzer Grenzwall 28, 32, 177
Lausitzer Hauptabbruch 170
Lausitzer Überschiebung 159, 162, 164, 167, 170, 174ff.
Lauta (Erzgebirge) 144
Lehesten 124, 126f.
Leimbach 78
Leine 93
Leinefelde 93
Leisnig 150, 153f.
Leipzig 9, 14, 20–23, 26, 31, 77, 86, 134ff., 145, 149–154, 156–159, 179f., 180, 188, 190

Leipzig-Großzschocher 153, 157f.
Leipzig-Knauthain 157
Leipzig-Leutzsch 156, 158f.
Leipzig-Lößnig 157f.
Leipzig-Plagwitz 153, 156
Leipzig-Stötteritz 157
Leipziger Tieflandsbucht 150f., 154, 156
Leitzkau 32, 34f., 56f.
Lettin 80
Letzlinger Heide 35, 55
Leuchtenburg (bei Kahla) 87, 98f., 126, 184
Leutra 98
Leutraquelle (in Weimar) 96
Leutenberg 126
Leutnitz 122f.
Lewitzow 27
Lichtenhain (bei Jena) 97
Liebenstein s. Bad Liebenstein
Liebenwerda s. Bad Liebenwerda
Liebschwitz 132
Lieps 40ff.
Lieskau 80
Lietzow 48
Lilienstein (Elbsandsteingebirge) 164, 167ff.
Limbach 149
Löbau 23, 170, 174f.
Löbauer Berg 170, 174f.
Lobbe 46f., 50
Lobdeburg (bei Jena) 97
Lobeda 27, 97
Löbejün 79f.
Lobenstein 126f.
Loburg 35
Löbschütz 98
Löbstedt 97
Lohme (Rügen) 47
Lohmgrund 169
Lohsa 178
Loitz 29
Lokomotive (Elbsandsteingebirge) 166
Lolland 48
Loquitz 124
Lübben 30f.
Lübbenau 177
Lübchin 29
Luckau 28, 31, 170
Luckenwalde 28, 32
Lugau 148
Lüge (Altmark) 35
Lunzenau 149
Luppe 156
Lüptitz 151, 154
Lützen 31, 156

M

Madelungen 112
Magdala 87
Magdeburg 21ff., 26, 32f., 35, 42, 53, 55f., 171, 179, 188
Magdeburger Börde 57

Magdeburger Urstromtal 26, 28, 31f., 177f.
Mägdesprung 67f.
Mahlpfuhl (Altmark) 55
Malchiner See 28, 40
Malter 161f., 166
Mandau 176
Mandelholz (Harz) 66
Manebach 103, 108
Mankenbachmühle 122
Mansfeld, Mansfelder Mulde 65, 76–81
Marienberg 22, 134, 137f., 140, 142ff.
Marienglashöhle (bei Friedrichroda) 108f.
Marisfeld, Marisfelder Störung 118f.
Markersbach (Bahratal) 167
Markersdorf (Chemnitztal) 149
Markkleeberg (bei Leipzig) 156f.
Markranstädt 77, 156f.
Martinroda 105f.
Masserberg 123f.
Maxen 167
Meckfeld 97
Mecklenburg 28f.
Meilitz 132
Meiningen 114, 118f.
Meisdorf 63, 67, 69
Meisdorfer Becken 63ff., 69
Meißen 23, 27, 30, 32, 159–162, 166ff., 190
Mellenbach 121
Mellingen 95
Menteroda 93, 95
Merkers 113f.
Merseburg 77, 81, 84, 188
Meseberg (Altmark) 34f.
Metzdorf 139
Meura, Meurastein 122
Meuselbacher Kuppe 122f.
Meuselwitz 157
Michaelstein 63
Michelskuppe (bei Eisenach) 111f.
Milde 35
Miltitz-Roitzschen 161
Mittelmeer 180f.
Mittweida 23, 146, 149, 185, 191
Möckern (bei Burg) 32, 34f.
Moderwitz 129f.
Mohorn 161ff.
Möhra 113f., 118
Mohsdorf 149
Mommel 116, 118
Mönchgut 46f., 50, 53
Moorgrund (bei Gumpelstadt) 113f., 116
Moritzburg (bei Dresden) 162
Morl (Saalkreis) 79f.
Most (ČSSR) 14
Müchelm 84
Müggelberge 28, 30 36
Müglitz 167
Mühlberg (Thüringen) 99
Mühlburg (Thüringen) 99f.

Mühlhausen (Thüringen) 27, 94f.
Mühltroff 129
Mulda 136f.
Mulde (s. a. Freiberger Mulde und Zwickauer Mulde) 20, 27, 31, 142, 149ff., 153f., 180
Muldenstein 80
Müritz 28
Müritz-Neuhaus s. Bad Müritz-Neuhaus
Muskau 28, 178

N

Nachterstedt 187
Nauen 36
Naumburg 77, 84, 115, 180
Naumburger Mulde 77, 84
Naundorf (bei Freiberg) 137
Naundorf (Saalkreis) 79
Naunhof 20, 153
Nebra 11, 13, 77, 83f.
Neinstedt 54, 61, 63, 69
Neiße 172, 176
Netzkater (Südharz) 66, 69f.
Neubrandenburg 21, 26, 30, 39–42
Neudorf (Erzgebirge) 139
Neudorf (Harz) 68
Neuendorf (Hiddensee) 45
Neuendorf (Usedom) 52
Neukalen 23, 29
Neunhofen (Orla) 129f.
Neusalza-Spremberg 172
Neustadt (Südharz) 69
Neustadt (Orla) 87ff., 129f.
Neustädtel (Erzgebirge) 143
Neustaßfurt 58
Neustrelitz 29, 41
Neuwerk (Harz) 72
Niebra 132
Niederbobritzsch 137
Niederlausitz (s. a. Lausitz) 21, 23, 170, 177f.
Niedersachsen 19
Niedersachswerfen 68ff., 82, 182
Niederschöna 164, 166
Niemberg 80
Niemegk (Fläming) 34
Nietleben (bei Halle) 77, 81
Nochten 178
Nordböhmen 136, 174, 176
Nordgermersleben 56
Nordhausen 27, 56, 69, 182
Nordsächsischer Eruptivkomplex 18, 21, 23, 135, 150–151, 153f., 185
Nordsächsischer Sattel 18, 76, 120, 134f., 150, 153, 157ff.
Nordsee 13, 25, 33, 39f., 42, 151, 179ff.
Nordwestsachsen 22f., 136, 150–159
Nossen 137
Nossenthin 29

O

Oberau 168
Oberhof 102–107, 119
Oberhöfer Mulde 102, 104, 118, 120f.
Oberlausitz (s. a. Lausitz) 21, 23, 27, 161, 170 bis 178, 189
Obernitz 16ff., 124
Oberoderwitz 175
Oberrheingraben 180
Oberrohn 113
Oberweimar 94
Oberweißbach 122
Oberwiesenthal 134, 137, 144f.
Oberwirbach 123f.
Obstfelder Schmiede 121
Öchsen (bei Vacha) 114f.
Odenwald 18
Oder 25, 29
Oderberg 28
Oderbruch 30f., 36
Oderhaff 29, 41f., 50, 52
Oederan 147
Oelsnitz (Erzgebirge) 147ff.
Oelsnitz (Vogtland) 130
Ohmgebirge 86, 93
Ohřetalgraben 14, 135f., 145, 176
Ohrdruf 87, 100
Olbernhau 134, 140
Olbersdorf 174, 176
Ölsa 167
Olvenstedt 56
Öpitz 128
Opperode (Harz) 67f.
Oppin (Saalkreis) 79
Oppurg 130
Oranienburg 28, 30f.
Orla 129f.
Orlamünde 87
Ortrand 30f., 170
Oschatz 27, 135, 150f., 153
Oschersleben 54, 57f.
Oßling 177f.
Ostafrikanische Gräben 180
Osterburg (Altmark) 34f.
Osterfeld 77, 84
Osterwieck 58ff.
Ostritz 175f.
Ostsee, Ostseeküste 9, 21, 23, 25f., 28f., 37–47, 179ff., 183, 188, 190
Ostthüringisches Schiefergebirge s. Schiefergebirge
Otterwisch 150f., 153
Ottendorf (bei Berggießhübel) 166
Ottendorf-Okrilla 172
Öttersdorf 129f.
Oybin 27, 168f., 174ff.

P

Pahna 156
Pansfelde 67
Papststein (Elbsandsteingebirge) 164, 167
Parchim 28f.
Parsteiner See 28, 37, 39
Pasenow 29
Pasewalk 26, 29f., 42
Passendorf (bei Halle) 81
Paulinzella 89
Pausa 129
Peene 29, 50, 52
Peenemünde 52
Pegau 151, 156ff.
Penig 149
Pennickental (bei Jena) 97f.
Periodischer See (bei Roßla/Südharz) 69
Petersberg (bei Halle) 26f., 31, 77–80
Pfaffenstein (Elbsandsteingebirge) 164, 166f.
Pfännerhall 188
Picho (bei Bautzen) 170
Pillnitz 162, 167f.
Pirna 159, 164, 166ff.
Planitz 148
Plaue (bei Arnstadt) 87, 89, 102
Plaue (bei Flöha) 139ff.,
Plauen (Vogtland) 120, 130
Plauenscher Grund (bei Dresden) 159, 161f.
Plauer See 28
Pleiße 150, 156f.
Plessenburg (Harz) 76
Plothener Seenplatte 129f., 188
Plötz (Saalkreis) 79f.
Plötzky 32f., 56
Pobershau 144
Poel 42
Pöhlberg 135, 144ff.
Polenz 164, 167f.
Polkern (Altmark) 34
Polleben 78
Pommersches Urstromtal 26
Poppenberg (Südharz) 64, 68f.
Poseritz (Rügen) 48
Possendorf 166
Pößneck 22, 87, 127–130
Prag 164
Prenzlau, Prenzlauer See 28ff., 40, 42
Prebischtor (Pravčická brána) 166
Prerow 43ff.
Pretzien 32f., 56
Pretzsch 32
Probstzella 126f.
Profen 158f.
Prora 50
Prorer Wieck 47
Pruchten 44
Pudagla (Usedom) 52
Pulsnitz 159
Putbus 47

Q

Quedlinburg, Quedlinburger Sattel 54, 60, 62ff
Querfurt 27, 77
Querfurter Mulde 77, 81, 84
Questenberg 68, 82
Quetz (bei Halle) 80
Quirl (Elbsandsteingebirge) 164, 166f.
Quohrener Kipse 162, 167

R

Rabenau, Rabenauer Grund 161f.
Radeberg 159
Radebeul 162, 168
Ralswiek 47f.
Ramberg (Harz) 54, 64f., 67–71
Ranis 127ff.
Rastenberg 77, 87, 90f., 184
Rathen 164
Rathenow 32
Rathewalde 167
Rauener Berge 28
Rauno 178
Recknitz 29, 37f.
Regenstein (Harzvorland) 54, 60
Regis 150
Rehefeld 140
Reichenbach (bei Unterloquitz) 16
Reichenbach (Vogtland) 130
Reinhardtsgrimma 166
Reinsberge (Plaue bei Arnstadt) 89
Reiser (bei Mühlhausen) 94
Remda · s. Stadtremda
Rentzschmühle 130
Retzow-Gülitzer Höhen 29
Rhein 181
Rheinisches Schiefergebirge 18, 64
Rheinsberg 28
Rhön 21f., 114f., 174, 183f.
Rhonetal 180f.
Ribnitz-Damgarten 188
Riechheim 96f.
Rieder 54, 63
Riesa 21, 23, 30, 32, 149ff., 159f.
Riestedt 79
Ringberg (bei Ruhla) 109f.
Röblingen 81
Rochlitz 146, 149–154
Rochlitzer Berg 147, 151, 154f.
Roda (bei Ilmenau) 105f.
Rodias 98
Rodishain 68
Rohr 118f.
Röhrensee 99f.
Roitzschen 161
Rollsdorf 81, 180
Römhild 114f.
Ronneburg 132, 134
Rositz 154
Roßleben 84
Roßtrappe 54, 70f.
Roßwein 23, 27, 146, 149
Rostock 21, 26, 29, 42, 48
Roter Berg (bei Saalfeld) 124, 129

Rotes Meer 180
Rote Weißeritz 161 f.
Rötha 151
Röthenbach 137
Rothenburg (Saale) 79 f.
Rothenburg (Lausitz) 170
Rothenstein 87, 99
Rottenbach 89
Rottleben 83
Rottleberode 68, 82
Rübeland 65, 71 ff.
Rückmarsdorf 26, 31
Rudelsburg 11, 84 f., 87
Ruden, 50 52 f.
Rüdersdorf (bei Berlin) 21, 36 f., 42, 190
Rudolstadt 87, 97, 99
Rugard (bei Bergen/Rügen) 47 f.
Rügen 26, 42, 44–50, 53, 188
Ruhla 18, 86, 105, 109 f., 113, 116, 118
Ruhlaer Sattel 86, 102, 104, 106, 110, 112, 116
Ruhrgebiet 18
Rumburk 171 f.
Růžovský vrch (Rosenberg/ČSSR) 166, 175

S

Saalborn 96 f.
Saalburg 124, 130
Saale 20 f., 77, 79 f., 83–87, 89 f., 96 ff., 120, 123 f., 126 f., 129, 180
Saaleck 85
Saaler Bodden 43 f.
Saalfeld 18, 22, 87 ff., 99, 104, 120, 123 f., 127 ff., 188, 191
Saalfeld-Arnstadt-Gothaer Störungszone 87, 99, 100, 104
Saalfelder Kulm 99
Sächsische Pultscholle 22 f.
Sächsische Schweiz s. Elbsandsteingebirge
Saarsenke 86
Sachsa 69
Sachsenburg (Thüringen) 77 f., 83, 87, 90 ff.
Sadisdorf 137
Sagard 47
Salziger See 77, 80 f.
Salzmünde 80
Salzungen s. Bad Salzungen
Sandersleben 79
Sangerhausen 77 ff., 189
Sangerhäuser Mulde 77 ff., 81
Saßnitz 42, 47, 50
Satzung 146
Sayda 22, 137
Schaabe 47, 50
Schandau s. Bad Schandau
Schaprode, Schaproder Bodden 45
Scharfenstein (bei Oybin) 176
Schauenburg (bei Friedrichroda) 107 ff.
Scheibenberg 135, 144 ff.
Schellenberg 139
Schellerhau 140 f.

Schiefergebirge 15, 18, 21 f., 85 f., 91, 99, 104, 119–134, 136, 161, 167, 169, 186, 188, 190
Schierke 65 f., 74
Schildau 150 f.
Schirgiswalde 175
Schkeuditz 156
Schkölen 84
Schlabendorf 178
Schlagebach 122
Schleiz 120, 129 f., 188
Schlettau 145
Schlettwein 128
Schleusingen 104, 120, 189
Schloß Gleichen 99 ff.
Schlotheimer Graben 87, 94
Schmale Heide 47
Schmaler Luzin 39 f.
Schmalkalden 104 f., 116, 118, 189,
Schmalwassergrund 107, 186
Schmerbach 110, 116
Schmiedebach 126 f.
Schmiedeberg s. Bad Schmiedeberg
Schmollensee (Usedom) 52 f.
Schmooksberg 29
Schnarcherklippen (Brocken) 74
Schneeberg 134, 142 ff.
Schneekopf (Thür. Wald) 119
Schobse (bei Gehren) 105
Schochwitz 78
Schöna (Elbe) 164
Schönau (Thüringen) 110
Schönebeck 32, 54 f., 191
Schöneck (Vogtland) 137
Schönburg (bei Naumburg) 84
Schorfheide 37, 39
Schorte (bei Ilmenau) 105
Schrammsteine (Elbsandsteingebirge) 164, 167
Schwaan 38
Schwaara 132 ff.
Schwanebeck 54, 59 f.
Schwartenberg (bei Seiffen) 136
Schwarza (Fluß, Ort bei Rudolstadt) 99, 120, 122
Schwarza (Südthüringen) 118 f.
Schwarzburg 18, 87, 121 f.
Schwarzburger Sattel 18, 102, 104, 120, 122 ff., 132 f., 153, 158 f.
Schwarze Berge (bei Taucha) 31, 150, 177
Schwarze Elster 28, 30 f., 177
Schwarzenberg 22, 134
Schwarze Pockau 140
Schwarze Pumpe 177 f.
Schwarzwald 18, 64
Schweina 113 f., 116, 118
Schwerin, Schweriner See 21, 26, 28 f., 37
Schwetzin 27
Sebnitz 175
Seebach (Thüringer Wald) 110
Seebergen 102
Seega 82, 89, 92

Seehausen (Altmark) 34 f.
Sehma 145
Seidenberg 171
Seiffen 134, 136 f.
Seifhennersdorf 189, 191
Seilitz 161
Seitenroda 98
Selke 59 f., 63, 65–68
Sellin 47, 50
Senftenberg 32, 170, 176 ff.
Seweckenberge (bei Quedlinburg) 54, 60, 63
Siebenlehn 27
Siebleben 102
Singer Berg 99, 123
Sitzendorf 121
Skandinavien 27, 37
Sollstedt 93, 95
Solnhofen 187
Sömmerda 87
Sondershausen 27, 82, 84, 87, 92, 94, 115
Sonneberg 120
Sonnenstein (bei Pirna) 167
Sormitz 124, 126 f.
Spaargebirge (bei Meißen) 161 f.
Spessart 18, 64
Spichra 112
Spießberg (Thür. Wald) 107
Spittergrund (Thür. Wald) 107, 186
Spitzberg 146
Spitzkunnersdorf 176
Spree, Spreewald 28, 30 f., 177
Spremberg 28, 172, 177 f.
Spring (bei Mühlberg/Thür.) 100
Spring (bei Plaue/Thür.) 102
Stadtilm 87, 89, 99, 184
Stadtremda 87, 99
Stadtroda 27, 87, 89
Stadt Wehlen 164, 169
Stahlberg (bei Schmalkalden) 116, 118
Stangerode (Harz) 65
Staßfurt 54, 57 f., 67
Stavenhagen 29
Stein (Chemnitztal) 149
Steinach 105
Steinbach (Thür. Wald) 105, 116
Steinbach-Hallenberg 105
Steinheid 121
Steinicht (Elstertal) 130
Steinigtwolmsdorf 172
Steinsburg (bei Römhild) 115
Stempeda 68
Stendal 32, 35, 55
Sternberg (Mecklenburg) 37
Stolberg (Harz) 27, 65, 68
Stollberg (Erzgebirge) 149
Stöntzsch 158
Stolpen 172, 174 f.
Stralsund 26, 42, 45, 48, 50
Straßgräbchen 177
Straußfurt 94

Streckelsberg (bei Koserow) 50, 52f.
Stregda 111
Strehla 32, 150, 153
Strelasund 48, 50
Striegis 149
Ströbeck 59
Stubbenfelde 52f.
Stubbenkammer 50f.
Stubnitz 47
Stützerbach 87
Subherzyn s. Harzvorland, nördliches
Südamerika 180
Südatlantik 180
Südharz, Südharzmulde 65ff., 69f., 87, 182, 189
Suhl 105, 118f., 186, 189
Sülsdorf 25
Sulza s. Bad Sulza
Süplingen 55
Süßenborn 189
Süßer See 77, 81, 180
Swantiberg (Hiddensee) 45

T
Tabarz 109, 116
Tambach-Dietharz 87, 103, 106ff., 186, 188
Tambacher Becken 106ff., 186
Tangermünde 32, 35
Tanndorf 154
Tanne (Harz) 65–68
Tanner Zone 65ff.
Tannroda, Tannrodaer Gewölbe 17, 86f., 96f.
Tarthun 58
Taubach (bei Weimar) 88, 94, 96
Taucha (bei Leipzig) 31, 150
Taurastein (bei Burgstädt) 149
Tegau 130
Teicha (Saalkreis) 79
Teltow-Hochfläche 28f., 31, 36
Tennstedt 87, 94
Teplice 140f.
Teterow 27, 29
Teufelsmauer (bei Thale) 54, 60–63
Teutschenthal, Teutschenthaler Sattel 77, 81
Thal (Thür. Wald) 104f., 109f., 116, 129
Thale (Harz) 22, 54, 60f., 63, 65, 68, 70f.
Thangelstedt 97
Tharandt 160–163
Theerbrennersee (Darß) 43ff.
Themar 114f.
Thiessow 46f., 50
Thüringer Becken 22, 54, 65, 76ff., 82, 85–102, 104, 110, 120–123, 127, 129, 134, 170, 184 bis 187, 191
Thüringer Pforte 83, 87
Thüringer Wald 9, 18, 21f., 54, 78, 85ff., 102 bis 119, 128f., 134, 146, 170, 180, 183f., 186, 188
Thüringisches Schiefergebirge s. Schiefergebirge

Thyra 68
Tiefengruben 96
Tiefenort 113
Töpfer (Zittauer Gebirge) 174, 176
Tollense 29
Tollensesee 28, 40ff.
Tonndorf 96f.
Torgau 27, 30ff., 179
Trassenheide 52
Trattendorf 177
Trautenstein 66
Trent 48
Treseburg 71
Triebisch 161f.
Trippstein (bei Schwarzburg) 121f.
Triptis 87, 89
Tromper Wiek 47
Trüstedt (Altmark) 35
Trusetal 104f., 108, 116, 118
Tuttendorf 143

U
Uchte 34
Ücker 29f., 42
Ückeritz (Usedom) 52f.
Ückermünde 29, 42
Ückersee s. Prenzlauer See
Uckro 31
Ufhoven 95
Uftrungen 27, 69, 189
Ummanz (Rügen) 45
Umpfen (bei Kaltennordheim) 114f.
Unstrut 11, 13, 20, 83ff., 87, 89f., 94f.
Unterharz 27, 64f., 68, 70, 77ff., 82, 86, 187
Unterloquitz 16, 126f.
Unterpörlitz 105
Unterweißbach 121
Unterwellenborn 124, 128f.
Unterwiesenthal 137
Ural 180
Usedom 26, 29, 50, 52f.
Ütteroda 112

V
Vacha 114f.
Valtenberg (Lausitz) 170
Varbelvitz (Rügen) 48
Veronikaberg (bei Martinroda) 105
Vetschau 177f.
Vilm 47
Vitt (Rügen) 47f.
Vitte (Hiddensee) 45
Vogesen 18
Vogtland 130, 136, 180, 190
Vogtländische Mulde 120, 130
Vogtländisches Schiefergebirge s. Schiefergebirge
Voigtstedt 189
Volkenroda 93
Volkstedt 78

W
Wachsenburg 99ff.
Walbeck 55
Walddrehna 30f.
Waldenburg 149, 189
Waldheim 23, 146
Wallwitz (Saalkreis) 79
Waltersdorf (Lausitz) 176
Waltershausen 104
Wandersleben 100
Wansleben 81
Wanzleben 54f.
Warnemünde 42
Warnow 29, 37f.
Wartberge (bei Ruhla) 101, 109f., 116
Wartburg (bei Eisenach) 100, 111ff.
Wechselburg 154
Weddersleben 63
Weesenstein 167
Weferlingen 54f., 191
Wegeleben 59
Wehlen s. Stadt Wehlen
Wehlgrund (bei Rathen) 165
Weida 27, 130, 132
Weimar 21, 26f., 87, 94ff., 120, 184, 189, 191
Weinböhla 159, 168
Weischwitz 123f.
Weiße Elster 20, 77, 84, 90, 120, 130–134, 150f., 156ff., 180
Weißelsterbecken 21, 150f., 156, 188
Weißenberg 178
Weißenfels 31, 77, 84
Weißeritz 161f.
Weißwasser 177f.
Welbsleben 65, 67
Welzow 178
Wendelstein 83f.
Wendtorf (Altmark) 34
Werbellinsee 28, 37, 39
Werdau 148
Wermsdorf 151
Wernburg 127f.
Wernigerode 22, 27, 54, 60, 63, 65, 68, 74, 180, 189
Werra 104f., 113ff., 118f., 128, 190
Westeregeln 54, 57f.
Westerhausen 54, 60
Westeuropa 181
Wethau 84
Wetterzeube 84
Wettin 80
Wieck (Darß) 44
Wiek (Rügen) 47
Wiepke (Altmark) 35
Wildenfels 147
Wilde Weißeritz 161f.
Wilhelm-Pieck-Stadt-Guben 28
Wilisch (bei Dippoldiswalde) 167
Wilsdruff 162
Wimmelburg 78

Windberg (bei Freital) 162
Windischleuba 156
Windleite 82f., 87, 92, 94
Winterstein 116
Winzerla 97
Wipper 66, 82, 87, 89, 92ff.
Wippra, Wippraer Zone 65f.
Wische (Altmark) 34f.
Wismar 28, 42, 48
Wittenberg (Lutherstadt Wittenberg) 32f., 54
Wittenberge 32, 34
Wittenburg (Mecklenburg) 29
Wittichenau 178
Wittow (Rügen) 46ff., 50
Wogau 97
Woldeck 29
Wolferode 78
Wolgast 42, 52
Wöllnitz 97
Wolmirsleben 59
Wolmirstedt 55
Wootzen 40

Worbis 93
Wünschendorf (bei Gera) 90, 130ff., 134
Wünschendorfer Becken 131f.
Wünsdorf (bei Berlin) 30f.
Wurzbach 126
Wurzen 150f., 153f., 180
Wustrow (Fischland) 42ff.
Wutha 109ff.
Wyhra 150, 156

Z

Zabeltitz 31
Zansen 39f.
Zaßnitz 152
Zecherin 52
Zehren 161
Zeitz 27, 77, 84, 150, 157f.
Zella-Mehlis 118f.
Zempin (Usedom) 52f.
Zeulenroda 129f.
Zichtau (Altmark) 35
Zicker (Rügen) 46f., 50
Ziegelrodaer Forst 89, 184

Ziegenhain (bei Jena) 97f.
Ziegenrück 15, 120, 123–126, 129, 132
Ziegenrücker Mulde 120, 124f., 127, 129, 132
Zielitz 54
Zießau (Altmark) 34
Zillbach 184
Zingst 43ff.
Zinnowitz 42, 52
Zinnwald 134, 141
Zirkelstein (Elbsandsteingebirge) 164
Zittau 21, 23, 168, 170, 172, 174–177, 189f.
Zittauer Becken 174–177
Zittauer Gebirge 23, 27, 170, 174, 176
Zitzschen 157f.
Zöblitz 138ff.
Zorge 69
Zschirnsteine (Elbsandsteingebirge) 164
Zschopau 139ff., 149
Zwätzen 97
Zwenkau 157
Zwickau 23, 26f., 134f., 146–149, 189
Zwickauer Mulde 20, 148f., 152, 154

ISBN 3-342-00227-1
4., unveränd. Auflage
© Deutscher Verlag für Grundstoffindustrie, Leipzig 1982
Unveränderte Auflage: © Deutscher Verlag für Grundstoff-
industrie, Leipzig 1990
VLN 152-915/117/90
LSV 1419
Lektor: Magda Dautz/Helene Schwarz
Illustrationen: Heinz Kutschke
Gesamtgestaltung: Barbara Neidhardt
Printed in the German Democratic Republic
Satz und Druck: Interdruck GmbH Leipzig
Redaktionsschluß: 6. 7. 1990
Bestell-Nr. 541 629 6